U0395742

页岩气
勘探装备

"十三五"国家重点图书

中国能源新战略——页岩气出版工程

国家出版基金项目
NATIONAL PUBLICATION FOUNDATION

编著：杨甘生　潘令枝
　　　王树学　唐　玄

华东理工大学出版社
EAST CHINA UNIVERSITY OF SCIENCE AND TECHNOLOGY PRESS
·上海·

上海高校服务国家重大战略出版工程资助项目

图书在版编目（CIP）数据

页岩气勘探装备/杨甘生等编著. —上海：华东
理工大学出版社,2017.12
（中国能源新战略：页岩气出版工程）
ISBN 978－7－5628－5333－6

Ⅰ.①页… Ⅱ.①杨… Ⅲ.①油页岩—油气勘探—机
械设备 Ⅳ.①P618.120.8

中国版本图书馆 CIP 数据核字（2017）第 324697 号

内容提要

本书全面介绍了页岩气勘探过程中需要使用的仪器、设备与工具的工作原理与使用方法。全书共分 8 章,第 1 章介绍地球化学、岩石学与物性、岩石力学、页岩含气性等的测试方法与仪器设备;第 2 章介绍地震勘探、重磁电法勘探、测井等页岩气地球物理勘探设备的组成、工作原理;第 3 章介绍地质录井、综合录井、工程录井、地化录井、页岩气解吸、元素分析等方面的仪器设备的组成与工作原理;第 4 章对立轴钻机、动力头钻机、转盘钻机的组成、结构、工作原理进行详细介绍;第 5 章介绍往复式泥浆泵的工作原理与结构组成;第 6 章介绍井口常用工具与装置;第 7 章对螺杆钻具、涡轮钻具、水平定向钻井工具、井下事故处理工具进行简介;第 8 章简单介绍水力压裂的地面设备与井下工具。

本书可供从事页岩气勘探开发和其他油气资源勘探开发的工程技术人员、高校师生及其他关心资源勘探开发的各界人士参考阅读。

....

项目统筹／周永斌　马夫娇

责任编辑／韩　婷

书籍设计／刘晓翔工作室

出版发行／华东理工大学出版社有限公司

　　　　　地　址：上海市梅陇路 130 号,200237

　　　　　电　话：021－64250306

　　　　　网　址：www. ecustpress. cn

　　　　　邮　箱：zongbianban@ ecustpress. cn

印　　刷／上海雅昌艺术印刷有限公司

开　　本／710 mm×1000 mm　1/16

印　　张／32.5

字　　数／522 千字

版　　次／2017 年 12 月第 1 版

印　　次／2017 年 12 月第 1 次

定　　价／298.00 元

....

总序

一

　　能源矿产是人类赖以生存和发展的重要物质基础，攸关国计民生和国家安全。推动能源地质勘探和开发利用方式变革，调整优化能源结构，构建安全、稳定、经济、清洁的现代能源产业体系，对于保障我国经济社会可持续发展具有重要的战略意义。中共十八届五中全会提出，"十三五"发展将围绕"创新、协调、绿色、开放、共享的发展理念"展开，要"推动低碳循环发展，建设清洁低碳、安全高效的现代能源体系"，这为我国能源产业发展指明了方向。

　　在当前能源生产和消费结构亟须调整的形势下，中国未来的能源需求缺口日益凸显。清洁、高效的能源将是石油产业发展的重点，而页岩气就是中国能源新战略的重要组成部分。页岩气属于非传统（非常规）地质矿产资源，具有明显的致矿地质异常特殊性，也是我国第172种矿产。页岩气成分以甲烷为主，是一种清洁、高效的能源资源和化工原料，主要用于居民燃气、城市供热、发电、汽车燃料等，用途非常广泛。页岩气的规模开采将进一步优化我国能源结构，同时也有望缓解我国油气资源对外依存度较高的被动局面。

　　页岩气作为国家能源安全的重要组成部分，是一项有望改变我国能源结构、改变我国南方省份缺油少气格局、"绿化"我国环境的重大领域。目前，页岩气的开发利用在世界范围内已经产生了重要影响，在此形势下，由华东理工大学出版社策划的这套页岩气丛书对国内页岩气的发展具有非常重要的意义。该丛书从页岩气地质、地球物理、开发工程、装备与经济技术评价以及政策环境等方面系统阐述了页岩气全产业链理论、方法与技术,并完善了页岩气地质、物探、开发等相关理论,集成了页岩气勘探开发与工程领域相关的先进技术,摸索了中国页岩气勘探开发相关的经济、环境与政策。丛书的出版有助于开拓页岩气产业新领域、探索新技术、寻求新的发展模式,以期对页岩气关键技术的广泛推广、科学技术创新能力的大力提升、学科建设条件的逐渐改进,以及生产实践效果的显著提高等,能产生积极的推动作用,为国家的能源政策制定提供积极的参考和决策依据。

我想,参与本套丛书策划与编写工作的专家、学者们都希望站在国家高度和学术前沿产出时代精品,为页岩气顺利开发与利用营造积极健康的舆论氛围。中国地质大学(北京)是我国最早涉足页岩气领域的学术机构,其中张金川教授是第376次香山科学会议(中国页岩气资源基础及勘探开发基础问题)、页岩气国际学术研讨会等会议的执行主席,他是中国最早开始引进并系统研究我国页岩气的学者,曾任贵州省页岩气勘查与评价和全国页岩气资源评价与有利选区项目技术首席,由他担任丛书主编我认为非常称职,希望该丛书能够成为页岩气出版领域中的标杆。

让我感到欣慰和感激的是,这套丛书的出版得到了国家出版基金的大力支持,我要向参与丛书编写工作的所有同仁和华东理工大学出版社表示感谢,正是有了你们在各自专业领域中的倾情奉献和互相配合,才使得这套高水准的学术专著能够顺利出版问世。

中国科学院院士

2016年5月于北京

总 序

二

　　进入21世纪,世情、国情继续发生深刻变化,世界政治经济形势更加复杂严峻,能源发展呈现新的阶段性特征,我国既面临由能源大国向能源强国转变的难得历史机遇,又面临诸多问题和挑战。从国际上看,二氧化碳排放与全球气候变化、国际金融危机与石油天然气价格波动、地缘政治与局部战争等因素对国际能源形势产生了重要影响,世界能源市场更加复杂多变,不稳定性和不确定性进一步增加。从国内看,虽然国民经济仍在持续中高速发展,但是城乡雾霾污染日趋严重,能源供给和消费结构严重不合理,可持续的长期发展战略与现实经济短期的利益冲突相互交织,能源规划与环境保护互相制约,绿色清洁能源亟待开发,页岩气资源开发和利用有待进一步推进。我国页岩气资源与环境的和谐发展面临重大机遇和挑战。

　　随着社会对清洁能源需求不断扩大,天然气价格不断上涨,人们对页岩气勘探开发技术的认识也在不断加深,从而在国内出现了一股页岩气热潮。为了加快页岩气的开发利用,国家发改委和国家能源局从2009年9月开始,研究制定了鼓励页岩气勘探与开发利用的相关政策。随着科研攻关力度和核心技术突破能力的不断提高,先后发现了以威远-长宁为代表的下古生界海相和以延长为代表的中生界陆相等页岩气田,特别是开发了特大型焦石坝海相页岩气,将我国页岩气工业推送到了一个特殊的历史新阶段。页岩气产业的发展既需要系统的理论认识和配套的方法技术,也需要合理的政策、有效的措施及配套的管理,我国的页岩气技术发展方兴未艾,页岩气资源有待进一步开发。

我很荣幸能在丛书策划之初就加入编委会大家庭,有机会和页岩气领域年轻的学者们共同探讨我国页岩气发展之路。我想,正是有了你们对页岩气理论研究与实践的攻关才有了这套书扎实的科学基础。放眼未来,中国的页岩气发展还有很多政策、科研和开发利用上的困难,但只要大家齐心协力,最终我们必将取得页岩气发展的良好成果,使科技发展的果实惠及千家万户。

这套丛书内容丰富,涉及领域广泛,从产业链角度对页岩气开发与利用的相关理论、技术、政策与环境等方面进行了系统全面、逻辑清晰地阐述,对当今页岩气专业理论、先进技术及管理模式等体系的最新进展进行了全产业链的知识集成。通过对这些内容的全面介绍,可以清晰地透视页岩气技术面貌,把握页岩气的来龙去脉,并展望未来的发展趋势。总之,这套丛书的出版将为我国能源战略提供新的、专业的决策依据与参考,以期推动页岩气产业发展,为我国能源生产与消费改革做出能源人的贡献。

中国页岩气勘探开发地质、地面及工程条件异常复杂,但我想说,打造世纪精品力作是我们的目标,然而在此过程中必定有着多样的困难,但只要我们以专业的科学精神去对待、解决这些问题,最终的美好成果是能够创造出来的,祖国的蓝天白云有我们曾经的努力!

中国工程院院士

2016年5月

总　序

三

页岩气属于新型的绿色能源资源，是一种典型的非常规天然气。近年来，页岩气的勘探开发异军突起，已成为全球油气工业中的新亮点，并逐步向全方位的变革演进。我国已将页岩气列为新型能源发展重点，纳入了国家能源发展规划。

页岩气开发的成功与技术成熟，极大地推动了油气工业的技术革命。与其他类型天然气相比，页岩气具有资源分布连片、技术集约程度高、生产周期长等开发特点。页岩气的经济性开发是一个全新的领域，它要求对页岩气地质概念的准确把握、开发工艺技术的恰当应用、开发效果的合理预测与评价。

美国现今比较成熟的页岩气开发技术，是在20世纪80年代初直井泡沫压裂技术的基础上逐步完善而发展起来的，先后经历了从直井到水平井、从泡沫和交联冻胶到清水压裂液、从简单压裂到重复压裂和同步压裂工艺的演进，页岩气的成功开发拉动了美国页岩气产业的快速发展。这其中，完善的基础设施、专业的技术服务、有效的监管体系为页岩气开发提供了重要的支持和保障作用，批量化生产的低成本开发技术是页岩气开发成功的关键。

我国页岩气的资源背景、工程条件、矿权模式、运行机制及市场环境等明显有别于美国，页岩气开发与发展任重道远。我国页岩气资源丰富、类型多样，但开发地质条件复杂，开发理论与技术相对滞后，加之开发区水资源有限、管网稀疏、人口稠密等不利因素,导致中国的页岩气发展不能完全照搬照抄美国的经验、技术、政策及法规,必须探索出一条适合于我国自身特色的页岩气开发技术与发展道路。

华东理工大学出版社策划出版的这套页岩气产业化系列丛书,首次从页岩气地质、地球物理、开发工程、装备与经济技术评价以及政策环境等方面对页岩气相关的理论、方法、技术及原则进行了系统阐述,集成了页岩气勘探开发理论与工程利用相关领域先进的技术系列,完成了页岩气全产业链的系统化理论构建,摸索出了与中国页岩气工业开发利用相关的经济模式以及环境与政策,探讨了中国自己的页岩气发展道路,为中国的页岩气发展指明了方向,是中国页岩气工作者不可多得的工作指南,是相关企业管理层制定页岩气投资决策的依据,也是政府部门制定相关法律法规的重要参考。

我非常荣幸能够成为这套丛书的编委会顾问成员,很高兴为丛书作序。我对华东理工大学出版社的独特创意、精美策划及辛苦工作感到由衷的赞赏和钦佩,对以张金川教授为代表的丛书主编和作者们良好的组织、辛苦的耕耘、无私的奉献表示非常赞赏,对全体工作者的辛勤劳动充满由衷的敬意。

这套丛书的问世,将会对我国的页岩气产业产生重要影响,我愿意向广大读者推荐这套丛书。

中国工程院院士

胡文瑞

2016年5月

总序

四

　　绿色低碳是中国能源发展的新战略之一。作为一种重要的清洁能源，天然气在中国一次能源消费中的比重到2020年时将提高到10%以上，页岩气的高效开发是实现这一战略目标的一种重要途径。

　　页岩气革命发生在美国，并在世界范围内引起了能源大变局和新一轮油价下降。在经过了漫长的偶遇发现（1821—1975年）和艰难探索（1976—2005年）之后，美国的页岩气于2006年进入快速发展期。2005年，美国的页岩气产量还只有1134亿立方米，仅占美国当年天然气总产量的4.8%；而到了2015年，页岩气在美国天然气年总产量中已接近半壁江山，产量增至4291亿立方米，年占比达到了46.1%。即使在目前气价持续走低的大背景下，美国页岩气产量仍基本保持稳定。美国页岩气产业的大发展，使美国逐步实现了天然气自给自足，并有向天然气出口国转变的趋势。2015年美国天然气净进口量在总消费量中的占比已降至9.25%，促进了美国经济的复苏、GDP的增长和政府收入的增加，提振了美国传统制造业并吸引其回归美国本土。更重要的是，美国页岩气引发了一场世界能源供给革命，促进了世界其他国家页岩气产业的发展。

　　中国含气页岩层系多，资源分布广。其中，陆相页岩发育于中、新生界，在中国六大含油气盆地均有分布；海陆过渡相页岩发育于上古生界和中生界，在中国华北、南方和西北广泛分布；海相页岩以下古生界为主，主要分布于扬子和塔里木盆地。中国页岩气勘探开发起步虽晚，但发展速度很快，已成为继美国和加拿大之后世界上第三个实现页岩气商业化开发的国家。这一切都要归功于政府的大力支持、学界的积极参与及业界的坚定信念与投入。经过全面细致的选区优化评价（2005—2009年）和钻探评价（2010—2012年），中国很快实现了涪陵（中国石化）和威远–长宁（中国石油）页岩气突破。2012年，中国石化成功地在涪陵地区发现了中国第一个大型海相气田。此后，涪陵页岩气勘探和产能建设快速推进，目前已提交探明地质储量3 805.98亿立方米，页岩气日产量（截至2016年6月）也达到了1387万立方米。故大力发展页岩气，不仅有助于实现清洁低碳的能源发展战略，还有助于促进中国的经济发展。

然而，中国页岩气开发也面临着地下地质条件复杂、地表自然条件恶劣、管网等基础设施不完善、开发成本较高等诸多挑战。页岩气开发是一项系统工程，既要有丰富的地质理论为页岩气勘探提供指导，又要有先进配套的工程技术为页岩气开发提供支撑，还要有完善的监管政策为页岩气产业的健康发展提供保障。为了更好地发展中国的页岩气产业，亟须从页岩气地质理论、地球物理勘探技术、工程技术和装备、政策法规及环境保护等诸多方面开展系统的研究和总结，该套页岩气丛书的出版将填补这项空白。

该丛书涉及整个页岩气产业链，介绍了中国页岩气产业的发展现状，分析了未来的发展潜力，集成了勘探开发相关技术，总结了管理模式的创新。相信该套丛书的出版将会为我国页岩气产业链的快速成熟和健康发展带来积极的推动作用。

中国科学院院士

2016年5月

丛书前言

　　社会经济的不断增长提高了对能源需求的依赖程度,城市人口的增加提高了对清洁能源的需求,全球资源产业链重心后移导致了能源类型需求的转移,不合理的能源资源结构对环境和气候产生了严重的影响。页岩气是一种特殊的非常规天然气资源,她延伸了传统的油气地质与成藏理论,新的理念与逻辑改变了我们对油气赋存地质条件和富集规律的认识。页岩气的到来冲击了传统的油气地质理论、开发工艺技术以及环境与政策相关法规,将我国传统的"东中西"油气分布格局转置于"南中北"背景之下,提供了我国油气能源供给与消费结构改变的理论与物质基础。美国的页岩气革命、加拿大的页岩气开发、我国的页岩气突破,促进了全球能源结构的调整和改变,影响着世界能源生产与消费格局的深刻变化。

　　第一次看到页岩气(Shale gas)这个词还是在我的博士生时代,是我在图书馆研究深盆气(Deep basin gas)外文文献时的"意外"收获。但从那时起,我就注意上了页岩气,并逐渐为之痴迷。亲身经历了页岩气在中国的启动,充分体会到了页岩气产业发展的迅速,从开始只有为数不多的几个人进行页岩气研究,到现在我们已经有非常多优秀年轻人的拼搏努力,他们分布在页岩气产业链的各个角落并默默地做着他们认为有可能改变中国能源结构的事。

　　广袤的长江以南地区曾是我国老一辈地质工作者花费了数十年时间进行油

气勘探而"久攻不破"的难点地区，短短几年的页岩气勘探和实践已经使该地区呈现出了"星星之火可以燎原"之势。在油气探矿权空白区，渝页 1、岑页 1、西科 1、常页 1、水页 1、柳页 1、秭地 1、安页 1、港地 1 等一批不同地区、不同层系的探井获得了良好的页岩气发现，特别是在探矿权区域内大型优质页岩气田（彭水、长宁－威远、焦石坝等）的成功开发，极大地提振了油气勘探与发现的勇气和决心。在长江以北，目前也已经在长期存在争议的地区有越来越多的探井揭示了新的含气层系，柳坪 177、牟页 1、鄂页 1、尉参 1、郑西页 1 等探井不断有新的发现和突破，形成了以延长、中牟、温县等为代表的陆相页岩气示范区和海陆过渡相页岩气试验区，打破了油气勘探发现和认识格局。中国近几年的页岩气勘探成就，使我们能够在几十年都不曾有油气发现的区域内再放希望之光，在许多勘探失利或原来不曾预期的地方点燃了燎原之火，在更广阔的地区重新拾起了油气发现的信心，在许多新的领域内带来了原来不曾预期的希望，在许多层系获得了原来不曾想象的意外惊喜，极大地拓展了油气勘探与发现的空间和视野。更重要的是，页岩气理论与技术的发展促进了油气物探技术的进一步完善和成熟，改进了油气开发生产工艺技术，启动了能源经济技术新的环境与政策思考，整体推高了油气工业的技术能力和水平，催生了页岩气产业链的快速发展。

该套页岩气丛书响应了国家《能源发展"十二五"规划》中关于大力开发非常规能源与调整能源消费结构的愿景，及时高效地回应了《大气污染防治行动计划》中对于清洁能源供应的急切需求以及《页岩气发展规划（2011—2015 年）》的精神内涵与宏观战略要求，根据《国家应对气候变化规划（2014—2020）》和《能源发展战略行动计划（2014—2020）》的建议意见，充分考虑我国当前油气短缺的能源现状，以面向"十三五"能源健康发展为目标，对页岩气地质、物探、工程、政策等方面进行了系统讨论，试图突出新领域、新理论、新技术、新方法，为解决页岩气领域中所面临的新问题提供参考依据，对页岩气产业链相关理论与技术提供系统参考和基础。

承担国家出版基金项目《中国能源新战略——页岩气出版工程》（入选《"十三五"国家重点图书、音像、电子出版物出版规划》）的组织编写重任，心中不免惶恐，因为这是我第一次做分量如此之重的学术出版。当然，也是我第一次有机会系统地来梳理这些年我们团队所走过的页岩气之路。丛书的出版离不开广大作者的辛勤付出,他们以实际行动表达了对本职工作的热爱、对页岩气产业的追求以及对国家能源行业发展的希冀。特别是,丛书顾问在立意、构架、设计及编撰、出版等环节中也给予了精心指导和大力支持。正是有了众多同行专家的无私帮助和热情鼓励,我们的作者团队才义无反顾地接受了这一充满挑战的历史性艰巨任务。

该套丛书的作者们长期耕耘在教学、科研和生产第一线,他们未雨绸缪、身体力行、不断探索前进,将美国页岩气概念和技术成功引进中国;他们大胆创新实践,对全国范围内页岩气展开了有利区优选、潜力评价、趋势展望;他们尝试先行先试,将页岩气地质理论、开发技术、评价方法、实践原则等形成了完整体系;他们奋力摸索前行,以全国页岩气蓝图勾画、页岩气政策改革探讨、页岩气技术规划促产为己任,全面促进了页岩气产业链的健康发展。

我们的出版人非常关注国家的重大科技战略,他们希望能借用其宣传职能,为读者提供一套页岩气知识大餐,为国家的重大决策奉上可供参考的意见。该套丛书的组织工作任务极其烦琐,出版工作任务也非常繁重,但有华东理工大学出版社领导及其编辑、出版团队前瞻性地策划、周密求是地论证、精心细致地安排、无怨地辛苦奉献,积极有力地推动了全书的进展。

感谢我们的团队,一支非常有责任心并且专业的丛书编写与出版团队。

该套丛书共分为页岩气地质理论与勘探评价、页岩气地球物理勘探方法与技术、页岩气开发工程与技术、页岩气技术经济与环境政策等4卷,每卷又包括了按专业顺序而分的若干册,合计20本。丛书对页岩气产业链相关理论、方法及技术等进行了全面系统地梳理、阐述与讨论。同时,还配备出版了中英文版的页岩气原理与技术视频(电子出版物),丰富了页岩气展示内容。通过这套丛书,我们希望能为页岩气科研与生产人员提供一套完整的专业技术知识体系以促进页岩气理论与实践的进一步发展,为页岩气勘探开发理论研究、生产实践以及教学培训等提供参考资料,为进一步突破页岩气勘探开发及利用中的关键技术瓶颈提供支撑,为国家能源政策提供决策参考,为我国页岩气的大规模高质量开发利用提供助推燃料。

国际页岩气市场格局正在成型,我国页岩气产业正在快速发展,页岩气领域中的科技难题和壁垒正在被逐个攻破，页岩气产业发展方兴未艾，正需要以全新的理论为依据、以先进的技术为支撑、以高素质人才为依托，推动我国页岩气产业健康发展。该套丛书的出版将对我国能源结构的调整、生态环境的改善、美丽中国梦的实现产生积极的推动作用，对人才强国、科技兴国和创新驱动战略的实施具有重大的战略意义。

　　不断探索创新是我们的职责，不断完善提高是我们的追求，"路漫漫其修远兮，吾将上下而求索"，我们将努力打造出页岩气产业领域内最系统、最全面的精品学术著作系列。

丛书主编

2015 年 12 月于中国地质大学（北京）

前言

页岩气是一种清洁、高效的能源资源,其主要成分为甲烷。页岩气已在全球油气勘探领域异军突起,勘探开发页岩气已经成为世界主要页岩气资源大国和地区的共同选择。随着经济的高速发展,我国油气资源供需矛盾日益突出,对天然气的需求量不断加大,国际市场竞争激烈。立足国内,加快我国页岩气勘探开发,对于改变我国油气资源格局,甚至改变整个能源结构,缓解能源短缺,保障国家能源安全,减少碳排放,促进经济社会发展等都具有十分重要的意义。

经过十余年前期研究与调查,2012 年国务院批准页岩气为新的独立矿种,我国油气资源"家族"增添一个新"成员"。自此,我国掀起了一轮页岩气勘探开发的高潮。除传统的常规油气资源勘探开发企业投入大量的资金进行页岩气勘探开发外,各种地方与民间资本也纷纷投入到页岩气勘探开发中。国土资源部第二轮页岩气招标中,参与竞标的企业多达 16 家,其中中央企业 6 家、地方企业 8 家、民营企业 2 家。按照中标企业的标书,19 个区块 3 年内将投入 128 亿元的勘查资金,这加快了我国页岩气规模化、产业化发展进程。

为了使我国参与页岩气勘探开发工作的管理人员、工程技术人员对页岩气勘探开发过程中常用的仪器、设备、工具有一全面的了解,特邀请实验测试、地球物理勘探、录井、钻井等方面的专家学者编写了本书,以达到提高我国页岩气勘探开发装备设计制造水平、促进我国页岩气勘探开发技术进步的目的。

本书前言、第4~第7章由杨甘生、赵衡编写;第1章由唐玄、张金川、卢登芳、赵盼旺编写;第2章由潘令枝、邹长春、唐叶叶、刘安琪、焉力文编写;第3章由王树学、李博、罗光东编写;第8章由裴森龙编写。全书初稿编写完成后,由杨甘生、赵衡统稿。

编著过程中,引用了大量的文献资料,我谨代表本书的全体编著人员,对这些文献的作者表示衷心的感谢!

由于编者水平有限,书中难免存在疏漏与不当之处,敬请广大读者批评指正。

杨甘生

2017 年 6 月

目

录

第 1 章　　　页岩气实验测试设备　　　001

　1.1　页岩地球化学测试方法及设备　　　003
　　1.1.1　TOC 测试设备　　　003
　　1.1.2　有机质成熟度测试设备　　　005
　　1.1.3　有机质类型测试设备　　　008
　　1.1.4　Rock‑Eval 烃源岩快速评价仪器　　　011
　　1.1.5　有机元素分析　　　013
　1.2　页岩岩石学及物性测试方法与设备　　　015
　　1.2.1　光学、电学观察方法　　　015
　　1.2.2　页岩矿物成分测定仪器　　　022
　　1.2.3　氦气孔隙度测定仪　　　024
　　1.2.4　脉冲式渗透率测定仪　　　026
　　1.2.5　核磁共振法测饱和度　　　027
　　1.2.6　压汞实验　　　028
　　1.2.7　低温氮气吸附试验　　　029
　　1.2.8　储集层敏感性　　　032
　1.3　页岩岩石力学测试方法及设备　　　033
　　1.3.1　三轴应力测试　　　033
　　1.3.2　巴西圆盘测试　　　034
　1.4　页岩含气性测试方法及设备　　　035
　　1.4.1　现场含气量解吸仪　　　035
　　1.4.2　等温吸附法测定页岩吸附能力　　　037
　　1.4.3　气体组分测定仪　　　038
　　1.4.4　气体同位素测定仪　　　039

第 2 章　　　页岩气地球物理勘探装备　　　043

　2.1　地震勘探仪器　　　044

2.1.1　仪器结构组成　　　　　　　　　　　045

2.1.2　仪器工作原理　　　　　　　　　　　048

2.1.3　仪器分类　　　　　　　　　　　　　049

2.1.4　常用的地震仪器装备　　　　　　　　050

2.1.5　应用实例　　　　　　　　　　　　　058

2.2　测井仪器　　　　　　　　　　　　　　　061

2.2.1　测井仪器的组成　　　　　　　　　　062

2.2.2　仪器工作原理　　　　　　　　　　　064

2.2.3　仪器分类　　　　　　　　　　　　　065

2.2.4　常用的成像仪器装备　　　　　　　　077

2.3　重磁电法勘探仪器　　　　　　　　　　　090

2.3.1　电法勘探仪器结构组成　　　　　　　091

2.3.2　电法勘探仪器工作原理　　　　　　　092

2.3.3　电法勘探仪器产品介绍　　　　　　　095

第3章　　　　页岩气录井装备　　　　　　　　　　099

3.1　地质录井　　　　　　　　　　　　　　　101

3.1.1　钻时录井　　　　　　　　　　　　　101

3.1.2　岩屑录井　　　　　　　　　　　　　103

3.1.3　岩心录井　　　　　　　　　　　　　103

3.1.4　常规荧光录井　　　　　　　　　　　104

3.1.5　钻井液录井　　　　　　　　　　　　105

3.1.6　井壁取心录井　　　　　　　　　　　107

3.2　综合录井　　　　　　　　　　　　　　　107

3.2.1　配电箱系统原理　　　　　　　　　　109

3.2.2　SK－3Q02 氢焰色谱分析仪　　　　　109

3.3　工程录井　　　　　　　　　　　　　　　114

3.3.1　传感器的分类　　　　　　　　　　　115

3.3.2 综合录井仪传感器的工作原理、结构组成 115

3.4 地球化学录井 125

3.4.1 结构组成 125

3.4.2 工作原理 132

3.4.3 分类 133

3.5 煤层气解吸 133

3.5.1 煤层气解吸结构组成 133

3.5.2 仪器原理 139

3.6 元素分析 141

3.6.1 结构组成 141

3.6.2 工作原理 142

3.6.3 产品介绍 144

第4章 钻机 147

4.1 钻机的类型 149

4.2 钻机的组成 150

4.3 立轴钻机 151

4.3.1 动力系统 151

4.3.2 传动系统 154

4.3.3 回转系统 165

4.3.4 卡夹系统 173

4.3.5 升降系统 181

4.3.6 给进系统 186

4.4 动力头钻机 187

4.4.1 动力头钻机的组成及其结构特点 188

4.4.2 底座与装载形式 189

4.4.3 液压泵站 190

4.4.4 操纵台 192

4.4.5 回转机构   193

4.4.6 给进机构   198

4.4.7 升降机构   204

4.4.8 钻杆夹持器   205

4.5 国外岩心钻机现状与发展趋势   209

4.5.1 国外岩心钻机分类   209

4.5.2 国外岩心钻机现状与发展趋势   210

4.6 转盘钻机   221

4.6.1 动力设备   223

4.6.2 传动系统   226

4.6.3 提升系统   241

4.6.4 旋转系统   264

4.6.5 泥浆循环系统   278

4.6.6 控制系统   292

第 5 章   泥浆泵   311

5.1 往复式泥浆泵的分类   313

5.2 往复式泥浆泵的基本结构和工作原理   314

5.3 往复式泥浆泵的流量   316

5.3.1 理论平均流量   316

5.3.2 瞬时流量与流量的不均匀性   317

5.3.3 实际流量   322

5.3.4 流量调节   323

5.4 往复式泥浆泵的压力   324

5.4.1 往复泵吸入过程中液缸内的压力变化规律   324

5.4.2 往复泵排出过程中液缸内的压力变化规律   327

5.5 往复式泥浆泵的压头、功率和效率   329

5.5.1 往复泵的有效压头   329

5.5.2	往复泵的功率	331
5.5.3	往复泵的效率	332
5.6	往复泵的工作特性	333
5.6.1	往复泵的工作特性曲线	334
5.6.2	往复泵的管路特性曲线	335
5.6.3	泥浆泵的临界特性曲线	337
5.7	往复式泥浆泵的结构及特点	339
5.7.1	双缸双作用活塞泵	341
5.7.2	三缸单作用活塞泵	344
5.7.3	柱塞泵	348
5.8	往复式泥浆泵的易损件与配件	350
5.8.1	缸套和活塞	351
5.8.2	柱塞-密封总成	354
5.8.3	介杆-密封总成	357
5.8.4	阀芯和阀座	360
5.8.5	空气包	364
5.8.6	安全阀	365
第6章	井口工具与装置	369
6.1	井口工具	370
6.1.1	起吊工具	370
6.1.2	卡夹工具	376
6.1.3	丝扣拧卸装置	382
6.2	井控装置	394
6.2.1	双闸板防喷器	396
6.2.2	环形防喷器(万能防喷器)	397
6.2.3	旋转防喷器	399

第 7 章　　　井下工具　　　401

7.1　螺杆钻具　　　403

　7.1.1　螺杆钻具的结构组成　　　403

　7.1.2　螺杆钻具分类　　　408

　7.1.3　螺杆马达的工作特性　　　410

7.2　涡轮钻具　　　413

　7.2.1　涡轮钻具的结构组成　　　414

　7.2.2　工作液在涡轮中的运动　　　415

　7.2.3　涡轮钻具的工作特性　　　416

7.3　水平定向钻井工具　　　421

　7.3.1　常规钻进造斜工具　　　422

　7.3.2　滑动钻进造斜工具　　　425

　7.3.3　旋转导向工具　　　427

　7.3.4　国外典型旋转导向钻井系统　　　434

7.4　井下事故处理工具　　　449

　7.4.1　套管开窗工具　　　449

　7.4.2　震击解卡工具　　　452

　7.4.3　钻具打捞工具　　　459

　7.4.4　井下落物打捞工具　　　464

第 8 章　　　页岩气压裂装备　　　469

8.1　地面大型压裂设备　　　470

　8.1.1　压裂车　　　471

　8.1.2　混砂车　　　473

　8.1.3　仪表车　　　475

　8.1.4　压裂液罐车和砂罐车　　　476

　8.1.5　压裂管汇车　　　476

8.1.6　其他地面设备　　477

8.2　井下工具　　477

8.2.1　封隔器　　477

8.2.2　滑套　　479

8.2.3　可钻式桥塞　　481

8.2.4　悬挂器　　482

8.2.5　投球器　　483

8.2.6　水力锚　　483

参考文献　　486

页岩气
勘探装备

第 1 章

页岩气实验
测试设备

1.1   003-015   页岩地球化学测试方法及设备

003   1.1.1 TOC 测试设备

005   1.1.2 有机质成熟度测试设备

008   1.1.3 有机质类型测试设备

011   1.1.4 Rock－Eval 烃源岩快速评价仪器

013   1.1.5 有机元素分析

1.2   015-033   页岩岩石学及物性测试方法与设备

015   1.2.1 光学、电学观察方法

022   1.2.2 页岩矿物成分测定仪器

024   1.2.3 氦气孔隙度测定仪

026   1.2.4 脉冲式渗透率测定仪

027   1.2.5 核磁共振法测饱和度

028   1.2.6 压汞实验

029   1.2.7 低温氮气吸附试验

032   1.2.8 储集层敏感性

1.3   033-035   页岩岩石力学测试方法及设备

033   1.3.1 三轴应力测试

034   1.3.2 巴西圆盘测试

1.4   035-041   页岩含气性测试方法及设备

035   1.4.1 现场含气量解吸仪

037   1.4.2 等温吸附法测定页岩吸附能力

038   1.4.3 气体组分测定仪

039   1.4.4 气体同位素测定仪

在常规含油气系统中,泥页岩常常作为烃源岩或者盖层。而针对页岩油气这种非常规含油气系统,页岩作为一种既是烃源岩又具有储集性的特殊岩石,对其地球化学性质和储集性的分析,需要大量的测试和分析手段。页岩地球化学参数的测试方面与常规烃源岩相关测试基本相同,但作为储层,由于页岩具有超低孔渗性,因此常规储集性测试仪器对其孔渗性和孔隙研究精度难以企及,因此需要一些更具针对性的专用仪器。本章就针对页岩测试实验中需要用到的专门实验设备,对其测试原理、常用测试设备、测试规范等进行综述,并对部分仪器在使用过程中的特点进行简单评述。

1.1 页岩地球化学测试方法及设备

1.1.1 TOC 测试设备

有机质丰度是烃源岩评价的第一位标志,其主要指标为总有机碳(Total of Carbon, TOC)、氯仿沥青 A 和总烃。其中,总有机碳含量是指单位重量岩石中有机碳的重量,用百分数表示,其可以表明烃源岩中含有机物质的丰富程度。目前常用的 TOC 测试方法是燃烧法。

1. 测试原理

燃烧法测定 TOC 基本原理是:先通过稀盐酸去除页岩样品中的无机碳后,再将有机质的碳进行高温燃烧氧化成二氧化碳,消除干扰因素后再经数据处理,把二氧化碳气体含量转换成页岩中有机质的含量。

2. 测试设备

测定 TOC 的主要设备是碳硫分析仪。其中进口碳硫分析仪主要有美国力可(LECO)、德国埃尔特(ELTRA)、日本堀场(Horiba)、德国 ELEMENTAR、美国 PE 以及意大利 FISONS - CARLO ERBA 等,其中德国 ELEMENTAR、美国 PE 及意大利 FISONS - CARLO ERBA 的仪器叫作元素分析仪。下文主要以 LECO SC832 系列设

图 1-1 美国 LECO SC832
系列碳硫分析仪

备(图 1-1)为例,说明 TOC 测试规范和过程。

3. 测试规范

泥页岩总有机碳含量测试参照《GB/T 19145—2003 沉积岩中总有机碳的测定》。在实际操作中,首先将样品磨碎至粒径小于 0.2 mm,称取 0.01 ~ 1.00 g 试样,在盛有试样的容器中缓慢加入过量的盐酸溶液,放在水浴锅或电热板上,温度控制在 60 ~ 80℃,溶样 2 h 以上,至反应完全为止;将酸处理过的试样置于抽滤器上的瓷坩埚里,用蒸馏水洗至中性;将盛有试样的瓷坩埚放入 60 ~ 80℃ 的烘箱内,烘干待用。然后在烘干的盛有试样的瓷坩埚中加入 1 g 铁屑助熔剂和 1 g 钨粒助熔剂。输入试样质量,使用碳硫分析仪进行测定获得最终结果。

4. 仪器使用特点

LECO SC832 系列碳硫分析仪使用红外检测系统,样品检测灵敏度高,从 10^{-6} 级到高含量硫碳元素都可以进行分析。碳硫分析仪用于测定包括煤、焦、水泥、化肥、催化剂和土壤等有机物质,操作简便,无须使用有害的化学试剂,能快捷准确获得数据结果。

1.1.2 有机质成熟度测试设备

有机质成熟度是衡量页岩热演化程度和生烃能力的重要指标之一,也是评价页岩生烃量及页岩油气资源前景的重要依据。常规有机质成熟度测定的方法包括镜质体反射率测定、孢粉颜色法、有机元素分析以及岩石热解(Rock‐Eval)等方法。以上方法主要适用于低‐中等热演化程度岩石,但不适用于中国南方古生界高热演化样品,因此研究人员试图利用表征岩石变质程度的方法(伊利石结晶度测定)来替代。中国页岩气储层类型多、有机质成熟度相差大,选择适宜的有机质成熟度测试方法,对页岩气储层评价具有重要意义。下文主要以最常用的镜质体反射率和专门针对高过成熟页岩的伊利石结晶度测定为例,来介绍有机质成熟度测试相关设备和方法。

1. 镜质体反射率(R_o)测定

镜质体是一种煤素质和显微组分,主要是由稠环芳香化合物组成。镜质体反射率也称镜煤反射率(一般用 R_o 来标识),它是温度和有效加热时间的函数,且具有不可逆性。随着煤化程度的增大,芳香结构的缩合程度也加大,镜质体的反射率增大。镜质体反射率是确定煤化作用阶段的最有效的参数之一。自 1969 年以来,镜质体反射率被广泛应用于页岩和其他岩石中分散有机质的测定,成为确定干酪根成熟度的一种有效指示。生油母质的热裂解过程与镜质体的演化过程密切相关,所以镜质体反射率也是一个良好的有机质成熟度指标,有机质热变质作用愈深,镜质体反射率愈大。

(1) 测试原理

镜质体反射率是测定在绿光中镜质体的反射光强度对垂直入射光强度的百分率。其依据是利用光电倍增管所接收的反射光强度与其光电信号成正比的原理,在入射光强度一定时,对比煤(或者干酪根)光片中的镜质体和已知反射率的标准样的光电信号值而确定。可用干物镜测定其空气中的反射率(R_a),用油浸物镜测定其油浸中的反射率(R_o),后者测值精度较高、分辨力强,应用更广泛。

(2) 测试设备

镜质体反射率测定仪器需要使用偏光显微镜和分光光度计。偏光显微镜的测量光源为功率不小于 30 W 的钨卤灯泡或钨丝白炽灯,起偏和检偏器应能装卸和旋转,孔径光圈和视域光圈其中心和大小能调节,并能调节到同一水平光轴上;物镜为无应变的油浸物镜,观察目镜中应装有十字线和测微尺,载物台垂直于显微镜竖轴。

（3）测试规范

镜质体反射率测定操作遵循《GB/T 6948—2008 煤的镜质体反射率显微镜测定方法》。具体操作包括制备干酪根光片,校准仪器将样品平放入推动尺中,滴准油浸液并对焦;从测定范围一角开始,用推动尺移动样品,至十字丝中心对准一个合适的镜质体测区;确保测区内不含裂隙、剖光缺陷、矿物包体和其他显微组分碎屑,并远离显微组分边界和凸起。将光线投到光电转换器上,缓慢转动载物台360°,记录旋转过程中出现的最高反射率。根据样品中镜质体含量设置合适的点距和行距,以保证所有测点均匀布满全片,以固定步长和行距推动样品,直至测区内所有镜质体反射率测试完毕。

（4）仪器优缺点

镜质体反射率的测定方法主要适用于晚古生代以来的Ⅱ型和Ⅲ型有机质的成熟度标定;对于Ⅰ型有机质,由于缺乏镜质体,因此 R_o 难以发挥作用。在热演化程度过高的情况下,腐泥组和壳质组随着成熟度的提高发生了变质,富氢的类脂物及沥青浸染扩散到镜质体内,或者在热演化过程中镜质体吸附或结合了壳质组分沥青化产生的油沥青或藻类体生成的烃类,沥青体与镜质体的光学性质出现了趋同现象,有机质成熟度难以测试准确。

另外,针对沥青的普遍存在,也有科学家发展了类似镜质体反射率的沥青反射率的测定方法,方法基本相同,再利用沥青反射率和镜质体反射率之间的线性关系和经验公式来推算有机质的成熟度。由于不同地区沥青和镜质体之间的关系不尽相同,而且经验公式往往受限于前期数据的有无,因而在推广应用上存在一定的局限。

2. 伊利石结晶度的方法

（1）测试原理

伊利石的结晶度（Illite Crystallinity, IC）,又称 Kubler 指数（K. I. ）,是通过 X 射线衍射方法测定黏土矿物伊利石 10 Å[①] 衍射峰的半高宽。若该衍射峰的半高宽狭窄而对称,则伊利石的结晶程度高;反之,衍射峰宽阔而不对称,则其结晶程度就低。影响伊利石结晶度的因素包括形成温度、化学环境、岩性及孔隙度等。研究证实,伊利石的结晶度随着埋藏深度的增加和变质程度的增高而变窄,因此伊利石结晶度指数成为确

---

① 1 Å $= 10^{-10}$ m。

定埋藏–成岩–初始变质相带界限的最主要参数,广泛用于区域成岩作用和变质作用的研究。在一定情况下,伊利石结晶度与镜质体反射率有较好的相关性。因此,可以用伊利石结晶度来反映有机质的成熟度,也具有一定的参考价值。成岩作用至低级变质作用的划分与界限见表 1 – 1。

表 1 – 1 成岩作用至低级变质作用的划分与界限

成岩阶段	成岩作用			埋藏变质	低级变质
	早 期	中 期	晚 期		
温度/℃	100	150	200	300	>300
有机质成熟度	未成熟	成熟	中–高成熟	过成熟	
R_o/%	0.5	0.8	2.0	3.0 ~ 4.0	>4.0
伊利石结晶度/(°)	1.0	0.6	0.42	0.25	<0.25

(2)测试设备

伊利石的结晶度测试仪器为 X 射线衍射仪。下文以 Bruker 公司生产的 D8 ADVANCE X 射线衍射仪(图 1 – 2)为例来介绍伊利石的结晶度测试方法。D8 ADVANCE X 射线衍射仪是 Bruker 公司最新型号的衍射仪,完全模块化设计,可以实现粉末、块体、薄膜等不同类型样品的测试分析,同时支持高温或者低温条件下的原位分析。

(3)测试规范

试验操作依据行业标准《JY/T 009—1996 转靶多晶体 X 射线衍射方法通则》,主要操作包括样品处理与实验测试两个阶段。

样品预处理:称取小于 2 μm 粒级的 40 mg 样品置于 10 mL 试管中,加约 0.7 mL 蒸馏水,用超声波振荡成悬浮液后,滴在干净的载玻片(25 mm ×27 mm)上,每个样品制成 2 个定向片,自然风干后进行测量。为了消除样品的厚度对结晶度测定结果的影响,每块样品测定 4 次,再经乙二醇处理后测定 4 次。乙二醇饱和处理是在 50℃下历经 7.5 h;加热片处理是在 450℃下,历经 2.5 h。

实验测试:样品预处理完成后,对自然风干样品和乙二醇处理样品的 XRD 谱图上伊利石 10×10^{-8} cm 峰和绿泥石/高岭石 7×10^{-8} cm 峰的半高宽都进行了测定,单

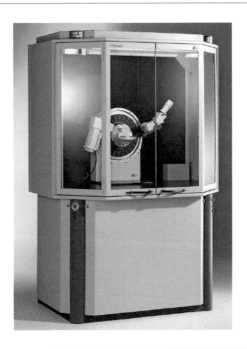

图1-2 Bruker 公司生
产的 D8 ADVANCE X 射
线衍射仪

位为(°),运用 MDI Jade 5.0 软件进行数据处理。首先进行平滑处理,划出背景线,然
后进行寻峰处理。

(4)仪器优缺点

伊利石结晶度虽然可以作为有机成熟度的一个指标,但是对伊利石结晶度的测定
由于缺少标准样品,各实验室在分析时由于在样品制备、仪器条件、测量方法等方面存
在不同,导致获得的数据有很大不同,因而使得分析结果不确定性较高。

1.1.3 有机质类型测试设备

有机质类型是反映有机质来源、沉积环境和有机质显微组成的重要参数。有机
质类型直接决定了有机质热演化产物类型和转化率的高低,是评价烃源岩性质不可
缺少的参数。常用的有机质类型分析方法包括有机质元素(碳、氢及氧)组成分析

法、Rock – Eval 热解参数图版等方法和有机质显微组分分析法。由于前两种方法在后文会具体介绍,这里仅介绍有机质显微组分分析法。

1. 有机质类型测试原理

以煤岩学分类命名的原则为基础,利用透射白光及落射荧光功能的生物显微镜,对岩石中的干酪根显微组分进行鉴定,不同显微组分采用不同加权系数,经数理统计得出干酪根样品的类型指数(Type Index, TI),然后根据类型指数将干酪根划分为 I、II_1、II_2、III 型,以确定有机质类型。

有机质可以利用从岩石中分离或者提纯出来的干酪根样品,也可以直接利用全岩薄片观察。从岩石中分离出来的干酪根一般是很细的粉末,颜色从灰褐到黑色,肉眼看不出形状、结构和组成。显微镜下可见两部分组成,一部分为具有形态和结构的、能识别出其原始来源的有机碎屑,如藻类、孢子、花粉和植物组织等,通常这只占干酪根的一小部分;另一部分,即主要部分为多孔状、非晶质、无结构、无定形的基质,镜下多呈云雾状、无清晰的轮廓,是有机质经受较明显的改造后的产物。显微组分就是指这些在显微镜下能够识别的有机组分,见表 1 – 2。

表 1 – 2 显微组分分类及来源

大 类	显微组分组	显微组分	母 质 来 源
水生生物	腐泥组	藻类体	藻类
		腐泥无定形体	藻类为主的低等水生生物
	动物有机组	动物有机残体	有孔虫、介形虫等的软体组织及笔石等的硬壳体
陆源生物	壳质组	树脂体	来自高等植物的表皮组织、分泌物及孢子花粉等
		孢粉体	
		木栓质体	
		角质体	
		壳质碎屑体	
		菌孢体	来自低等生物菌类的生殖器官
		腐殖无定形体	高等植物经强烈生物降解形成
	镜质组	正常镜质体	高等植物木质纤维素经凝胶化作用形成
		荧光镜质体	母源富氢或受微生物作用或被烃类浸染而形成
	惰性组	丝质体	高等植物木质纤维素经丝炭化作用形成

2. 测试设备

有机质类型分析仪器为生物显微镜,必须具有蓝光激发荧光功能、照相设备、网形测微尺及十字丝,比如德国徕卡 Leica 偏光显微镜(图 1 - 3)。

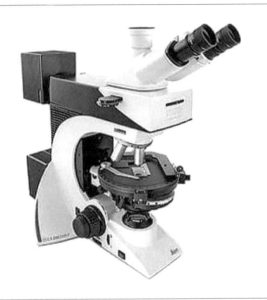

图 1 - 3　徕卡(Leica)
DM 2500P 偏光显微镜

3. 测试规范

测试标准为《SY/T 5125—2014 透射光-荧光干酪根显微组分鉴定及类型划分方法》。具体操作包括样品预处理、薄片制备、薄片观察三个阶段。首先,选取干酪根粗样,用蒸馏水浸泡 24 h 后进行 30 min 超声波处理,再离心富集;制备薄片前先用无水乙醇将载玻片、盖玻片洗净擦干,在载玻片上标明样品编号;用玻璃棒蘸取适量含有丙三醇的干酪根样品于载玻片上,涂布均匀,用尖头镊夹盖玻片从一边压在样品上,轻压挤出气泡,用描笔蘸适量乳胶,涂画在盖玻片和载玻片接触处,晾干后备用;随后将聚乙烯醇和蒸馏水按 1∶9 配成聚乙烯醇溶液;用玻璃棒蘸取样品于盖玻片上,加适量聚乙烯醇溶液,将其充分混合,并均匀涂满盖玻片,室温下自然风干;在已风干的盖玻片上加适量的无荧光黏合剂,立即翻盖到载玻片上,待完全固结后备用;调试显微镜后,在 40 倍物镜下,统观样品,确定其代表性粒径,然后依次等距离地移动视域,每个视域的中心点作为被鉴定物的固定坐标,凡进入坐标的样品颗粒,根据其透射光、落射荧光特征和粒径单位进行鉴定统计,然后按各组分的单位数算出其相应的百分含量。

针对全岩光片分析,参考国家标准《GB/T 8899—2013 煤的显微组分和矿物测定方法》。该标准对不同煤阶的褐煤、烟煤和无烟煤中的显微组分特征和测定方法进行了规定。

4. 仪器使用特点

页岩有机质在热演化程度高、高过成熟演化阶段时,腐泥组和壳质组随着成熟度的提高发生了变质,形成沥青质或者油气,其特征与镜质组在镜下趋于一致,有机质的光学性质出现了趋同现象,利用此方法识别有机质类型困难较大。

另外,显微组分的识别对观察者的经验要求较高,结果可能存在一定的主观性差异。

1.1.4　　　　Rock‐Eval 烃源岩快速评价仪器

1. 测试原理

岩石快速热解仪是一种多温阶(300℃和600℃)的体积流热解技术。该方法是于缺氧条件下对岩样进行快速加热,进行连续的热脱附‐热裂解分析的方法(图1‐4)。加热过程中同步检测其各种气态和液态产物的数量,但对产物的化合物成分不作具体分析。

第一温阶加热到300℃,对岩石作热脱附分析,测得游离的可溶烃峰(P_1);第二温阶继续加热到600℃,作热裂解分析,测得热解烃峰(P_2)。由 P_1、P_2 峰面积计算出可溶烃含量 S_1、热解烃含量 S_2 以及 P_2 峰顶温度 T_{max} 三项基本参数,并可派生出其他热解参数。岩石快速热解分析法具有样品用量少、简便、快速、分析成本低、室内与现场均可适用的特点。分析结果得出一系列热解参数,可对烃源岩的有机质类型、丰度、成熟度与热演化程度等进行评价,识别油气显示,在钻井现场进行随钻地球化学测井,评价储层流体性质,以及开展热模拟实验、估算烃源岩的生烃量等。具体过程见图1‐4。

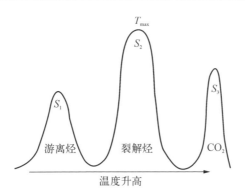

图1-4 Rock-Eval岩
石热解仪的测试图

2. 测试仪器

Rock-Eval分析仪是法国石油研究院Espitalie等于1977年研制的仪器,主要用于烃源岩分析评价。通过分析参数评价其产油气潜量(生烃势)、有机质类型和成熟度。Rock-Eval烃源岩快速评价仪器主要是法国Vinci Technologies公司制造的,现在市场上的主流产品是其第六代产品Rock-Eval 6(图1-5)。

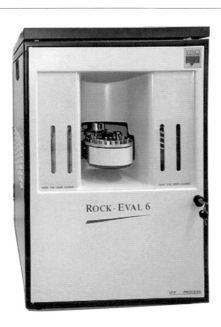

图1-5 Vinci Technologies
公司生产的Rock-Eval 6热
解仪

3. 测试规范

岩石热解分析测试可参照国家标准《GB/T 18602—2012 岩石热解分析》实施。其实验原理为通过氢火焰离子化检测器检查岩样在载气流热解过程中排出的烃,有机质热解过程中生成的 CO 与 CO_2 和热解后的残余有机质加热氧化生成的 CO_2,由热导检测器或红外检测器检测。

4. 仪器使用特点

该仪器热解分析速度快、对样品量要求少,在短时间内能进行大量岩样分析,根据分析结果得到烃源岩的初步评价后可以确定烃源岩的地质分布层段和埋深,从而可为筛选需要作更深层次的地球化学分析测试项目的岩样提供依据。

1.1.5　有机元素分析

1. 测试原理

有机元素(碳、氢、硫、氮、氧)是石油及沉积岩中有机质的基本组成,其中以碳、氢元素为主。从干酪根至沥青到原油,氢元素显著地增加、碳元素稍有增加,而硫、氮、氧元素却一直减少。通过有机元素在油气演化阶段和沉积中的差异,可以用来划分干酪根类型,确定生油相、生油岩质量和有机质热演化程度。

(1)划分干酪根类型、确定生油相和生油岩质量

不同的沉积相,其干酪根类型和生油岩质量也不同,C、H 和 O 元素含量存在差异,根据干酪根 H/C 和 O/C 原子比就可以划分干酪根类型,确定沉积相和生油岩的级别。陆相生油岩评价标准见表 1-3。

表 1-3　陆相生油岩评价标准

生油岩级别	最好烃源岩	好烃源岩	较好烃源岩	较差烃源岩
岩相	深湖相为主	半-深水湖湘	浅湖-半深湖相	滨湖-浅湖相
干酪根类型	腐泥型	腐殖-腐泥型	腐泥-腐殖型	腐殖型
干酪根 H/C 氯仿	1.4~1.6	1.0~1.4	0.8~1.0	0.5~0.8

（2）划分生油岩成熟阶段

应用范克雷维伦（van Krevelen）类型图解可以表示出不同类型干酪根的演化方向和成熟程度。在热演化过程中，相应于 CO_2、H_2O 和重质杂原子产物（即胶质和沥青质），有机质未成熟阶段 O/C 原子比值比 H/C 原子比值降得更多；相应于逐渐变轻的烃类（原油-湿气），成熟-高成熟阶段 H/C 原子比值降低较多，而 O/C 原子比值较稳定或略有升高；过成熟阶段 H/C 原子比值进一步下降，这一阶段只能形成干气，碳构架改组时最终的一些复杂原子和官能团变成了简单分子。

2. 测试仪器

岩石中有机元素的检测方法主要是依靠元素分析仪，如德国 Elementar 元素分析仪（图 1-6）。样品有机质中的碳、氢、氮在通入氧气的高温燃烧管中被氧化成二氧化碳、水和氮的氧化物。再通过还原管，氧化氮被还原成氮气。生成的二氧化碳、水和氮气由色谱柱或硅胶柱分离，利用热导检测器进行检测。

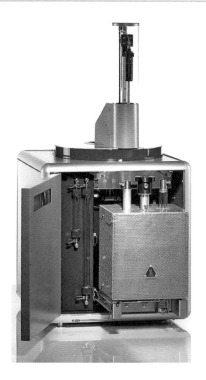

图 1-6　德国 Elementar
元素分析仪

3. 测试规范

分析测试依照国家标准《GB/T 19143—2017 岩石有机质中碳、氢、氧、氮元素分析方法》实施。具体操作包括样品预处理阶段将干酪根或煤用玛瑙研钵研细混合均匀,在烘箱中于 60℃ 干燥 4 h,实验测试中检查气路,启动仪器,称样量为 0.50 ~ 5.00 mg,将称好的标样及待测样品装入进样盘中,标样测定值符合质量要求之后,启动对样品的分析。

1.2　页岩岩石学及物性测试方法与设备

1.2.1　光学、电学观察方法

1. 岩石薄片分析

岩石薄片鉴定是将矿物或岩石样品磨制成薄片,在偏光显微镜下观察页岩组成结构、孔隙大小、形状、分布特征及类型、裂缝及矿物成分等。薄片类型根据研究目的和光源特征,可以分为偏光薄片、铸体薄片、荧光薄片和阴极发光薄片等不同类型薄片。由于岩石薄片是岩石常规分析项目,这里不再赘述。

2. 扫描/透射电镜研究

由于光学显微镜的分辨率是微米级以上,在分辨率要求更高的情况下,必须借助电子手段来放大,因此,研究亚微米–纳米级结构、矿物或者孔隙等,必须使用扫描电镜和透射电镜等具有更高分辨率的观测设备。

（1）测试原理

扫描电子显微镜(Scanning Electron Microscope, SEM)利用聚焦得非常细的高能电子束在试样上扫描,激发出各种电子信息,通过对这些电子信息的接收、放大和显示成像,获得试样表面形貌。具有高能量的入射电子束与固体样品的原子核及核外电子发生作用后,产生多种电子信号(图 1 - 7)。次级电子的数量与电子束入射角有关,也

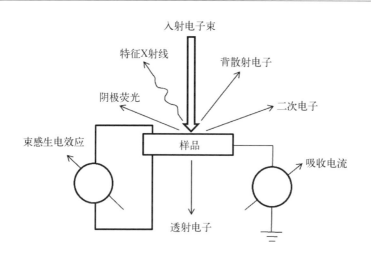

图1-7 电子束和固
体样品表面作用时的
物理现象

就是说与样品的表面结构有关,次级电子由探测体收集,并在那里被闪烁器转变为光信号,再经光电倍增管和放大器转变为电信号来控制荧光屏上电子束的强度,显示出与电子束同步的扫描图像。图像为立体形象,可以反映标本的表面结构。

利用扫描电镜检测背散射电子或二次电子形成不同类型成像,二次电子是指被入射电子轰击出来的核外电子,其成像主要反映出样品的表面形貌;背散射电子是指被固体样品中的原子核反弹回来的一部分入射电子,其成像信号不仅能反映出样品的形貌特征,还可用来显示原子的序数衬度,从而对物质成分进行定性分析,如相对于其他矿物成分而言,有机质的颜色发暗。在观察样品扫描形貌的同时,X 射线能谱也可对样品微区进行元素分析。

除此之外,也可以利用透射电镜检测透射电子形成透射成像。透射电子显微镜(Transmission Electron Microscope, TEM),是把经加速和聚集的电子束投射到非常薄的样品上,电子与样品中的原子碰撞而改变方向,从而产生立体角散射。散射角的大小与样品的密度、厚度相关,因此可以形成明暗不同的影像,影像将在放大、聚焦后在成像器件(如荧光屏、胶片以及感光耦合组件)上显示出来。由于电子的德布罗意波长非常短,透射电子显微镜的分辨率比光学显微镜高很多,可以达到 $0.1 \sim 0.2$ nm,放大倍数为几万到百万倍。因此,使用透射电子显微镜可以用于观察样品的精细结构,甚至可以用于观察一列原子的结构。通过使用 TEM 不同的模式,可以通过物质的化学特性、晶体方向、电子结构、样品造成的电子相移以及对电子吸收等对样品成像。

（2）测试设备

扫描电镜的品牌很多,这里以 VERRONT 51SM Schottky 型扫描电镜为代表进行介绍(图1-8),将扫描电镜配 X 射线能谱仪装置,可同时进行显微形貌观察和微区成分粗略分析。另外,在页岩分析过程中,为研究有机质表面的孔隙,由于页岩断面常常比较粗糙,需要增加离子减薄仪进行泥岩表面精细抛光,以方便观察页岩发育的孔隙和各组构间关系。

图1-8　VERRONT 51SM Schottky 场发射扫描电镜

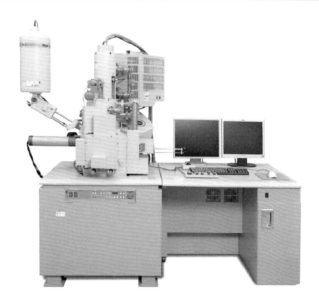

世界上能生产透射电镜的厂家较少,主要为欧美日的大型电子公司,如德国蔡司(Zeiss)、美国 FEI(电镜部门的前身是飞利浦的电子光学公司)、日本的日本电子(JEOL)以及日立(Hitachi)。

以蔡司公司 LIBRA 200 EF-TEM 透射电子显微镜为例(图1-9),其点分辨率为0.24 nm,能量分辨率小于0.7 eV,加速电压为200 kV,放大倍率为1 000 000 倍;电子枪为热场发射电子枪,照明系统为 Koehler(库勒)(平行束照明系统),真空系统为完全无

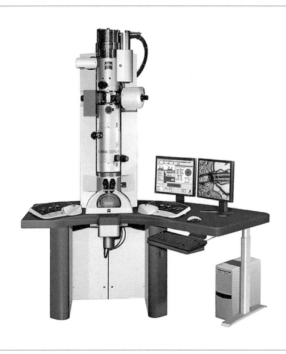

图 1-9 ZEISS LIBRA
200EF-TEM 透射电子
显微镜

油系统。此款电镜带能量过滤器,可以使用能量损失谱对样品的微区进行元素分析。

(3) 测试规范

根据研究目的,可选择进行样品表面抛光或者不抛光。如果需要进行有机质表面孔隙研究,对样品表面须进行离子抛光;如果不需要观察有机质孔隙,则可不抛光。利用离子减薄仪(常使用氩气作为离子源)对岩石表面进行抛光。参照行业标准《SY/T 5162—2014 岩石样品扫描电子显微镜分析方法》对岩样进行前期处理,在真空度低于 10^{-2} Pa 的环境下,采用离子溅射仪(SCD500)镀金(或者镀碳,目前也有科学家为了进行有机质孔隙的高分辨率分析,样品表层不镀任何物质),厚约 15 nm;然后在扫描电子显微镜下观察分析。现在通常采用场发射环境扫描电子显微镜进行有机质观察,其分辨率可达 1.2 nm,该仪器为二次电子成像(Secondary Electron, SE)、背散射电子衍射成像(Backscattered Electron Detector, BSED)和 X 射线能谱分析(Energy Dispersive Spectrometer, EDS,简称能谱分析)三元一体化系统,可同时切换使用。

透射电镜研究岩样通常分为粉末样品和薄膜样品两大类。粉末状岩样的透射电镜观察可以得到各种显微组分中植物残体的超显微结构、判断页岩的成因,还可以直接研究岩样中的超微气孔和裂隙结构及各种共生矿物的鉴定,又可用于显微组分中亚显微成分的研究。同是粉末状岩样,不同的制样手段将得出不同的结果。要观察显微组分,就要用氢氟酸除去 SiO_2,用 HCl 除去碳酸盐;要分析植物残体,通常采用化学分离方法,也可以进行某些动态观察。制备超薄薄片分为切片、磨薄片和最终减薄三个过程,具体方法基本上同扫描电镜页岩薄片的方法类似。在这一过程中要注意以下 4点:① 页岩切片前要经过煮胶(通常是松香和石蜡);② 磨薄片时尽量降低温度;③ 进入最终减薄时要采用化学减薄和离子薄化相结合;④ 喷导电层。

3. CT 扫描分析

(1)测试原理

显微 CT(Micro-computed Tomography,微计算机断层扫描技术)又称微型 CT,是一种非破坏性的 3D 成像技术,其可以在不破坏样品的情况下清楚了解样品的内部显微结构。显微 CT 按照其分标率可以分为微米 CT 和纳米 CT,与普通 CT(分辨率为 10 μm)最大的差别在于其分辨率极高,可以达到亚微米和 50 nm 级别。其工作原理是当 X 射线透过样品时,样品的各个部位对 X 射线的吸收率不同。X 射线源发射 X 射线穿透样品,最终在 X 射线检测器上成像。对样品进行180°以上的不同角度成像。通过计算机软件,观察和分析样品内部的各个截面的信息,对样品感兴趣部分可进行 2D 和 3D 分析。另外也可以将 CT 单张图像进行处理生成 CT 图像序列,用可视化重构算法中的体绘制算法对其进行三维重构,生成岩石的三维数字图像,可计算基于 CT 图像序列的岩石孔径、孔隙率及两者间的变化规律。

(2)测试设备

以 Xradia 公司生产的微米 CT 扫描仪 MicroXCT‐400(简称"微米 CT")和纳米 CT 扫描仪 UltraXRM‐L200(简称"纳米 CT")(图 1‐10)为例,两者虽然放大倍数不一样,但光学原理基本相同。测试系统包括显微 X 射线成像系统和计算机系统,X 射线成像系统主要由高精度工作转台和夹具、X 射线源、氦气充填单毛管聚焦器、数字平板探测器、X 射线光学平台、闪烁器、氦气填充飞行隧道机座和采集分析系统等结构部分组成。目前尚未有专门针对页岩研究的显微 CT/纳米 CT 测试规范。

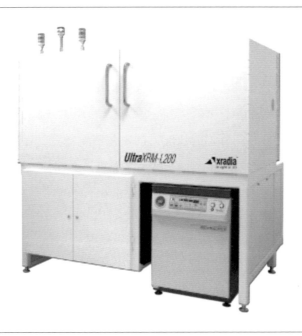

图1-10 Xradia 公司生
产的 UltraXRM-L200 纳
米 CT

（3）仪器使用特点

微米 CT 扫描基本可以分辨出页岩的水平层理发育情况，但是无法表征页岩的微观孔隙结构；纳米 CT 扫描表征页岩内部的有机质、黄铁矿和孔隙等微观结构，但是 CT 扫描法的孔隙度结果偏小，孔径分布不符合页岩实际特征。造成孔隙度和孔径分布结果差异较大的主要原因为纳米 CT 的分辨率（50 nm）不能完全满足表征页岩中纳米级孔隙尺度的要求，同时页岩中有机质和孔隙之间的灰度值相差较小，对孔隙和有机质的分割造成很大的困难（薛庆华等，2015）。

4. 原子力显微镜

（1）测试原理

原子力显微镜（Atomic Force Microscope，AFM）利用原子之间的范德瓦尔斯力探测并获取样品表面结构形貌特征，是一种纳米级高分辨的扫描探针显微镜，优于光学衍射极限 1 000 倍。观察时无须对材料进行预处理，适用于不同样品材质。利用原子力显微镜可对页岩储层微观孔隙结构特征和变化规律进行分析。

AFM 的关键组成部分是一个头上带有一个用来扫描样品表面的尖细探针的微

观悬臂。当探针被放置到样品表面附近的地方时,悬臂上的探针头会因为受到样品表面的力而遵从胡克定律弯曲偏移。通常这种偏移会由射在微悬臂上的激光束反射至光敏二极管阵列而测量到。探针被装载在垂直压电扫描器上,而样品则用另外的压电结来扫描样品表面 x 和 y 方向。扫描的结果 $z = f(x, y)$ 就是样品的形貌图。原子力显微镜的品牌和种类很多,以 Bruker 公司制造的 Dimension Icon 品牌原子力显微镜为例(图 1 – 11),该显微镜使用简便、扫描速度快、噪声低、漂移少,可快速成像。

图 1 – 11　Bruker 公司 Dimension Icon 原子力显微镜

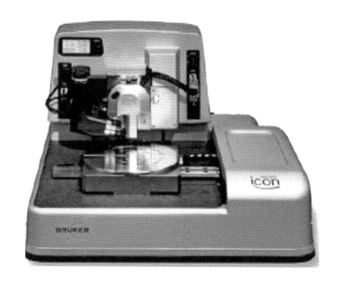

（2）仪器特点

相对于扫描电子显微镜,原子力显微镜具有许多优点。不同于电子显微镜只能提供二维图像,AFM 提供真正的三维表面图。同时,AFM 不需要对样品的任何特殊处理,如镀铜或碳。另外,电子显微镜需要运行在高真空条件下,原子力显微镜在常压下甚至在液体环境下都可以良好工作。这样可以用来研究生物宏观分子,甚至活的生物组织。和扫描电子显微镜相比,AFM 的缺点在于成像范围太小,速度慢,受探头的影响太大。

1.2.2　页岩矿物成分测定仪器

1. X 射线衍射仪

页岩矿物组成是页岩岩石构成研究中的基本内容,是研究岩石形成、来源、结构和岩石物理性质等方面必不可少的参数。例如页岩储层中脆性矿物及黏土矿物的种类和含量直接影响页岩储层的储渗性能。页岩中脆性矿物含量对富有机质泥岩人工造缝能力影响明显,是页岩储层描述及评价的重要方面。X 射线衍射仪(X-ray Diffraction, XRD)是利用 X 射线衍射原理研究物质内部结构的一种大型分析仪器。

(1)测试原理

特征 X 射线是一种波长很短(为 0.01～10 nm)的电磁波,能穿透一定厚度的物质,并能使荧光物质发光、照相乳胶感光、气体电离。在用电子束轰击金属"靶"产生的 X 射线中,包含与靶中各种元素对应的具有特定波长的 X 射线,称为特征(或标识)X 射线。X 射线是利用衍射原理,精确测定物质的晶体结构,对物质进行物相分析,还可以实现定性和定量分析。

用一束 X 射线和样品交互,用生成的衍射图谱来分析物质结构。它是在 X 射线晶体学领域中在原子尺度范围内研究材料结构的主要仪器,也可用于研究非晶体。X 射线衍射能够获得页岩中各矿物的相对含量,这为认识和分析页岩储层特征奠定了基础。

(2)测试设备

X 射线衍射仪的形式多种多样,用途各异,但其基本构成很相似,主要部件包括 4 部分:高稳定度 X 射线源、样品及样品位置取向的调整机构系统、射线检测器及衍射图的处理分析系统。

(3)测试规范

岩石矿物的 XRD 测试标准为《SY/T 5163—2010 沉积岩中黏土矿物和常见非黏土矿物 X 射线衍射分析方法》。该标准规定了应用 X 射线衍射技术测定沉积岩中黏土矿物和常见非黏土矿物含量分析方法及对分析结果的质量要求。标准适用于沉积岩中黏土矿物及石英、方解石、白云石、铁白云石、菱铁矿、硬石膏、石膏、无水芒硝、重晶石、黄铁矿、石盐、斜长石、钾长石、钙芒硝、浊沸石、方沸石等常见非黏土矿物的定性与定量分析。针对页岩而言,主要矿物是黏土矿物和石英、长石、方解石、白云石和黄铁矿等矿物。

黏土矿物在测试时,原样经风干后取 10 g 左右,用双氧水去除有机质,超声波振动分散后,采用沉降法分离出全部小于 2 μm 的黏粒用于黏土矿物分析。除制备自然定向片外,另外称取分离出的黏粒 40 mg 用氯化钾溶液饱和 3 次,用去离子水洗去 Cl⁻,制成钾饱和片。利用 X 射线衍射仪(以荷兰帕纳科 Panalytical 公司的 X'Pert Pro MPD 多晶 XRD 为例),分别进行自然片、乙二醇饱和片、550℃加热 2 h 片及钾饱和片测试。实验条件为:Cu 靶,K_α 辐射,管压 35 kV,管流 25 mA,扫描速度 3°/min。对鉴定出的黏土矿物采用权重系数法作半定量计算。

全岩矿物在测试时,测试条件为 Cu - K_α 辐射;工作电压和电流分别为 40 kV、40 mA;发散狭缝与散射狭缝均为 1°,接收狭缝为 0.2 mm;采用连续扫描方式,扫描范围:5°~ 70°(2θ),扫描时间为 19.685 s;扫描步长为 0.016 7°(2θ)。为了最大限度减少仪器精度和样品制备引起的误差,每个样品重复测定 3 次,每次都重新压片。

2. 矿物定量扫描电子显微镜

(1) 测试原理

矿物定量扫描电子显微镜(Quantitative Evaluation of Minerals by Scanning electron microscopy,QEMSCAN)能够通过沿预先设定的光栅扫描模式加速的高能电子束对样品表面进行扫描,并得出矿物集合体嵌布特征的彩图。仪器能够发出 X 射线能谱并在每个测量点上提供出元素含量的信息。通过背散射电子(Back-scattered Electron,BSE)图像灰度与 X 射线的强度相结合能够得出元素的含量,并转化为矿物相。QEMSCAN 数据包括全套矿物学参数以及计算所得的化学分析结果。通过对样品表面进行面扫描,几乎所有与矿物结构特征相关的参数都能够计算获得:矿物颗粒形态、矿物嵌布特征、矿物解离度、元素赋存状态、孔隙度以及基质密度。在数据的处理方面包括将若干矿物相整合成矿物集合体、分解混合光谱(边界相处理)、图像过滤及颗粒分级。定量分析结果能够对任意所选样品、独立颗粒、具有相近化学成分或是结构特征(粒级、岩石类型等)的颗粒生成。

(2) 测试设备

矿物定量扫描技术是澳大利亚联邦科工组织 1970 年代研发的专利技术,后

来在 2009 年被 FEI 公司购买,现在通用的产品就是 FEI 公司提供的 QEMSCAN
(图 1 - 12)。

图 1 - 12 QEMSCAN
仪器   第 1 章

(3)测试规范

QEMSCAN 样品的制备要求包括:粒级、干燥的样品表面以及表面导电涂层
(如镀碳或者镀金)。样品的测试条件必须是稳定的高真空度环境下,15 ~ 25 kV
的电子束。通常情况下,需要将待测页岩样品制作成 30 mm 的树脂浸渍块或者
光薄片。

1.2.3　氦气孔隙度测定仪

1. 测试原理

岩样的有效孔隙度采用气体膨胀原理(波义耳定律: $p_1V_1 = p_2V_2$)计算出来。已
知体积的气体(V_1)在确定的压力下向未知体积等温膨胀,膨胀后可测定最终的平衡

压力,平衡压力的大小取决于未知体积($V_1 + V_2$)的大小,未知体积的大小由波义耳定律求得。常规使用氮气和氦气作为气体介质,一般砂岩可以用氮气,但对于致密岩性(灰岩、致密砂岩和泥岩),需要用氦气作为载气,这是因为氦气作为一种惰性气体,不容易被岩石表面吸附,且氦气分子半径小,对岩石的渗透能力较强。

2. 测试设备

氦气测试孔隙度所使用仪器以美国岩心公司(Core Lab)制造的 Ultrapore - 300A 氦孔隙仪为例(图1 - 13),孔隙度为 0.01% ~ 40%,可以与已有的岩心夹持器配用,测量覆压下的孔隙度,测量过程完全自动化,一键完成,所有阀门开启关闭均由电脑软件自动控制,计算机数据采集系统自动采集记录数据,自动计算孔隙度。

图1 - 13
岩心公司
Ultrapore -
300A 氦孔
隙仪

3. 测试规范

使用 Ultrapore - 300A 氦孔隙仪测定页岩孔隙度的方法与常规方法没有太大的差异,可以按照行业标准《SY/T 5336—2006 岩心常规分析方法》严格操作,检测页岩的物性。

操作方法:将样品放入密封的岩心夹持器,往已知体积的容器里面施加压力,当压力稳定后,打开阀门,让容器里面的气体扩张至夹持器里面。当达到平衡后,新的压力被测定并记录下来。利用自带软件可以计算孔隙体积和孔隙度。

1.2.4　　脉冲式渗透率测定仪

1. 测试原理

试验室常用的测试岩石渗透率的方法可分为稳态法和非稳态法,渗流介质可以使用气体(如氮气、氦气)、水或煤油。为防止发生水岩反应,在石油工业和岩土工程领域多以气体作为渗流介质进行岩石渗透率测试。用常规稳态法测试致密岩石渗透率时,一般需要进行不同孔隙压力(驱替压力)下多次测量以校正滑脱效应,获得与测试压力无关的克氏渗透率。

而对于非常规致密储层,克氏渗透率测试效率较低,试验过程易受环境温度影响,测试结果误差相对较大。相关行业标准推荐的稳态法渗透率测试,一般要求岩样渗透率大于 10^{-4} μm^2。基于稳态法测试致密岩石渗透率的上述缺点,与稳态法渗透率测试不同,脉冲渗透率的测试不需记录岩样出口流速和驱替压差,通过在测试岩样入口端施加一定的压力脉冲,记录该压力脉冲在岩样中的衰减数据,然后结合相应的理论公式计算渗透率。渗透率仪原理采用非稳态法,即压力脉冲衰减法。控制模块首先给岩心施加一个孔隙压力,然后通过岩心传递一个压差脉冲,随着压力瞬间传递通过岩心,计算机数据采集系统记录岩心两端的压力差、下游压力和时间,并在电脑软件屏幕上绘制出压差和平均压力与时间的对数曲线,软件通过对压力和时间数据的线性回归计算渗透率基于一维非稳态渗流理论分析及巧妙的仪器设计,使非稳态脉冲渗透率测试具有较高的测试效率,在超低渗泥岩盖层及致密油气藏储层渗透率测试中的应用越来越广泛。

2. 测试设备

以美国 CoreLab 公司脉冲式渗透率所使用仪器为 SMP‐200 渗透率仪为例(图1‐14),该设备设计用于在模拟地层覆压(最大压力 10 000 psi①)条件下,按美国石油学会标准(API RP‐40)的要求,测量岩心样品的克氏渗透率,测量范围为 0.000 1 ~ 0.1 mD②,以及测量岩心样品的孔隙体积和孔隙度。仪器主要包括脉冲衰减控制模块、

①　1 磅/平方英寸(psi) = 6 894.8 帕斯卡(Pa)。

②　1 mD = 10^{-3} μm^2

图 1 - 14 超低岩石渗透
率仪 SMP - 200

孔隙度测量模块、岩心夹持器面板、计算机控制及数据采集系统。

脉冲式渗透率测定具有速度快、准确度高的特点,适用于气体和流体渗透率测量。高压气体大大减少了 Klinkenberg 气体滑脱效应,且对岩石结构没有损伤。

3. 测试规范

目前针对 SMP - 200 仪器在国内还没有形成标准和测试规范,可比照渗透率仪操作时按照《岩心常规分析方法》SY/T 5336—2006 进行操作。将样品粉碎和筛选成粒径为 0.5 ~ 0.85 mm 的颗粒,放入测试杯,采用氦气加压到 200 psi 的压力,使气体膨胀到样品内部,压力会逐渐衰减下降,然后根据压力衰减曲线的过程,利用程序计算渗透率。利用颗粒的较大表面积,从而减少压力平衡时间,进而缩短测量时间。

1.2.5　核磁共振法测饱和度

1. 测试原理

油气水饱和度是评价储层含油气的基本参数。常规确定含油饱和度的方法主要有:① 油基泥浆取心,测定岩心残余水饱和度,剩下即为含油饱和度;② 利用测井(电阻法测井)资料求出地层真电阻率,根据相关图版查询确定其含油饱和度;③ 高压密闭取心测饱和度。针对非常规储层,由于其自身极低-超低的孔渗特征,常规饱和度的测定方法很难奏效。核磁共振的方法是获取油气饱和度的有效方法。

岩石的固体基质部分一般不含氢原子,岩样核磁共振检测的对象只能是岩样孔隙流体中的氢原子核。水中的氢原子核被激发后吸收能量,产生核磁共振现象,当固体表面性质和流体性质相同或相似时,弛豫时间 T_2 的差异主要反映岩样内孔隙大小的差异。孔隙越大,氢核越多,核磁共振信号衰减越慢,对应弛豫时间 T_2 也越长。因此,进行岩石核磁共振测量不仅可以得到孔隙度、渗透率等常规物性参数,与气水离心、多相渗流实验相结合后还可以获得可动流体饱和度、残余油饱和度等参数,将室内岩心核磁共振实验结果用于地层核磁测井信息刻度与校正,还可以获得实际地层原位信息。

2. 测试设备

现在市场上有多款核磁共振分析仪,例如中国石油勘探开发研究院研制的 RecCore 系列核磁共振岩心分析仪、纽迈科技的 MicroMR 系列核磁共振岩心分析仪、NM12-核磁共振岩心分析仪(12 MHz)、SPEC-PMR 核磁共振岩心分析仪、牛津仪器和绿色成像科技的 GeoSpec2+ 等产品。

1.2.6　压汞实验

1. 测试原理

压汞法(Mercury Intrusion Porosimetry,MIP),又称汞孔隙率法,是测定部分中孔和大孔孔径分布的方法。其基本原理在于汞对一般固体的非润湿性。欲使汞进入孔隙,需施加外压,外压越大,汞能进入的孔半径越小,测量不同外压下进入孔中汞的量,即可知相应孔大小的孔体积。在不断增压的情况下,汞体积作为外压力的函数,即可得到在外力作用下进入样品中的汞体积,从而测得样品的孔径分布。测定方式可以采用连续增压方式,也可以采用步进增压方式。对于非常规致密储层样品,其对进汞压力要求更高,一般需要使用高压压汞仪。

2. 测试设备

目前在全世界生产压汞仪的厂商很多,国际上比较大的品牌商有美国的康塔

（Quantachrome）PoreMaster 系列和麦克默瑞提克公司 AutoPore 系列产品。以 PoreMaster 60 为例（图 1 - 15），该设备可以产生的压力最大值可达 60 000 psi，进汞的孔隙直径分布在 0.003 6 ~ 950 μm，可以得到页岩样品累计总孔体积、累计比表面积、平均孔径、孔径分布（孔隙度）曲线、孔喉比、注汞/退汞曲线等。

图 1 - 15 美国康塔（Quantachrome）
公司生产的 PoreMaster 60 压汞仪

3. 测试规范

压汞实验的检测国标是《GB/T 21650.1—2008 压汞法和气体吸附法测定固体材料孔径分布和孔隙度 第 1 部分：压汞法》。一般情况下，压汞法不需要对样品进行预处理，但为了最优化预处理条件，也可以在 3 Pa 的真空烘箱中加热至 110℃ 处理 4 h，但需要保证预处理不影响样品的多孔性能。预处理之后将样品放置于干净干燥的样品膨胀计中，然后转移至测孔仪中。在完成抽真空之后，向样品膨胀计中注入汞，开始测量样品孔隙喉道分布。

1.2.7 低温氮气吸附试验

页岩储层与常规储层的最大区别在于其超微观复杂孔隙结构特征，储集层页岩的孔隙结构是影响气藏储集能力和页岩气开采的主要因素,对不同尺度的微观、超微观孔隙和裂隙结构特征及内因研究,有助于页岩气资源和储层开发评价。常规的压汞分析手段一般不能有效反映孔隙直径小于 500 nm 左右的孔隙,因而无法满足页岩储层孔隙结构特征的需求。为此,借助于低温氮气吸附-脱附试验可以全方位地对页岩储层孔隙结构特征进行综合测定。低温吸附是指在恒定温度下,在平衡状态时,一定的气体压力对应于固体表面一定的吸附量,改变压力可改变吸附量。平衡吸附量随压力而变化的曲线称为吸附等温线,对吸附等温线的研究与测定,不仅可以获取有关吸附剂和吸附质性质的信息,还可以计算固体的比表面和孔径分布。

1. 测试原理

将吸附于一定表面上的气体量记录为吸附物质相对压力的函数,可以采用等温吸附分支上一列逐步升高的相对压力或等温线脱附分支上一系列逐步降低的相对压力,也可两者并用,在恒定温度下,气体吸附量与气体平衡相对压力之间的关系即为吸附等温线。所能测定的最小孔径由吸附气体分子的尺寸决定。低温氮气吸附容量法测物体比表面积的理论依据就是 Langmuir 方程和 BET 方程。

2. 测试设备

岩石孔隙参数(比表面、孔隙体积、孔隙分布)测试设备也很多,与压汞实验一样,国际上比较大的品牌商有美国麦克默瑞提克公司 ASAP 系列产品(图 1 - 16)和康塔

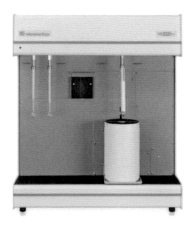

图 1 - 16　麦克公司
ASAP 系列

(Quantachrome)autosorb IQ 系列(图 1 - 17)。这些仪器都具有多种计算方法,可进行 BET 多点法、BET 单点法、Langmuir 多点法、Langmuir 单点法、固体标样参比法等测试,粒度估算,测试相对误差小于 ±2% ;固体标样参比法测试相对误差小于 ±1.5% 。测试范围广,可测定比表面积在 0.01 m²/g 以上的范围内的物质,满足所有粉体物质及多孔物质比表面积的测试;样品类型包括粉末、颗粒、纤维及片状材料等。

图 1 - 17　康塔公司
autosorb IQ 系列

3. 测试规范

低温氮气吸附实验可以参照国标《GB/T 21650.2—2008 压汞法和气体吸附法测定固体材料孔径分布和孔隙度 第 2 部分: 气体吸附法分析介孔和大孔》。

样品的制备和吸附气体的选择非常重要。首先是样品制备,吸附法的关键是吸附质气体分子有效地吸附在被测颗粒的表面或填充在孔隙中,预处理的目的是让非吸附质分子(有机物质、水、空气等)占据的表面尽可能被释放出来,如通过加热除去表面吸附物质,要有足够的空气(或氧气)在足够高的温度下并保证足够长的加热时间,此过程通常在高温炉中完成。预处理后,称量样品,准确称量样品管重量和脱气后总重,保证脱气前后管内气体重量一致。二是吸附气体的选择,虽然原则上几乎任何普通小分子都可作为吸附质,但在实践中通常只选用那些易于操作的气体,如 Ar、O_2 或 N_2 。介孔材料一般选氮气作吸附质,微孔材料选择饱和蒸气压小的氩气或氪气。

1.2.8　　储集层敏感性

储集层敏感性是指储集层物性参数随环境条件(温度、压力)和流动条件(流速、酸、碱、盐、水等)而变化的性质,一般称为"五敏实验"。

1. 测试原理

衡量储集层页岩的敏感程度常用敏感指数来表征。敏感指数的物理含义是指条件参数变化一定数值以后,页岩物性参数改变的百分率(主要是孔隙度和渗透率)。在实际情况中,渗透率的变化比孔隙度更能影响储集层产能,因此渗透率的研究尤为重要。

2. 测试规范

五敏实验参照执行中国石油天然气《SY/T 5358—2010 储层敏感性流动实验评价方法》行业标准,对所取岩心进行洗油、烘干,进行物性参数测试然后是五敏实验评价。实验流程如下。

(1) 流速敏感性(速敏)评价实验

流速敏感性(速敏)是页岩骨架颗粒排列方式的改变导致的油田储集层渗透率改变的情形。在页岩骨架颗粒中,有一些尺度极小的颗粒,它们杂乱无章地分布在页岩的空隙中,它们在流体低速流动时并不会有明显的改变,对储集层的渗透率不会产生太大的影响。但是,如果流速增大,这些颗粒的排列方式将发生显著改变,颗粒将发生运移,从而堵塞流体运动的通道,致使页岩的渗透率降低,从而影响产量,这就是速敏的原理。产生速敏的固体颗粒往往是一些特定的黏土矿物成分,如高岭石等。以不同的注入速度向岩心注入模拟地层水,并测定各个注入速度下岩心的渗透率,从注入速度和渗透率的变化关系曲线上判断储层岩心对流速的敏感性,找出渗透率明显下降的临界流速。

(2) 水敏、盐敏性评价实验

储层的水敏、盐敏性是指与储层不配伍的外来流体与储层接触时,当低于地层水矿化度的流体进入储层后,可能引起黏土的膨胀和分散。当高于地层水矿化度(即临界矿化度)的流体进入储层后,可能引起黏土的收缩、失稳、脱落,这些都将导致储层孔隙空间和喉道的缩小及堵塞,引起渗透率的下降从而损害储层。因此,水敏、盐敏性评价实验的目的是评价岩心渗透率随注入流体矿化度降低/升高而变化的情况,并确定工作液的临界矿化度,为现场确定合理入井流体矿化度提供依据。

（3）碱敏感性评价实验

碱敏实验的目的是找出碱敏发生的条件，主要是临界 pH 值以及由碱敏引起的储层损害程度，为各类工作液的设计提供依据。评价方法与实验步骤为：① 在地层水中加 NaOH 来调节溶液的 pH 值，pH 值从 7.0 开始，从 7、8、9 一直增加到 12，将配制好的碱液密闭保存；② 将饱和好的岩心以低于临界流速的条件下，用与地层水相同矿化度 KCl 盐水测出岩心初始渗透率 K；③ 分别注入 10 倍孔隙体积的 pH 值分别为 6、7、8、9、l0、11、12、13 的碱液，浸泡 20～24 h，然后在相同流速下，测试对应的渗透率。

（4）酸敏感性评价实验

酸敏感性是指酸液进入储层后与储层的矿物及储层流体发生反应，产生沉淀或释放出微粒，使储层渗透率发生变化的现象。酸敏性评价实验目的在于了解酸液是否会对地层产生伤害及伤害的程度，以便优选酸液配方，寻求更为合理、有效的酸化处理方法，为油田开发中的方案设计、油气层损害机理分析提供科学依据。

实验酸液选择盐酸（15% HCl）和土酸（12% HCl + 3% HF）两种，实验步骤为：① 用与地层水相同矿化度的 KCl 盐水正向测其初始渗透率 K；② 反向注入 0.5～1.0 倍空隙体积酸液，停止驱替，关闭夹持器阀门，反应 1 h；③ 再用 KCl 盐水正向驱替测出恢复渗透率。

1.3   页岩岩石力学测试方法及设备

针对岩石力学进行测试的方法也很多，有单轴应力测试和三轴应力测试，最近国外还发展了刻印法测试岩石力学性质。这里介绍最常用的三轴应力测试方法。

1.3.1   三轴应力测试

泥页岩储层具有极低的基质孔隙度和渗透率，需要大规模压裂才能形成工业产能。除自身天然裂缝外,开发过程中还应考虑储层是否易于改造。进行泥页岩力学特性和脆性评价方面的实验研究,可以为泥页岩油钻井和压裂设计工作提供技术支撑。表征岩石的可压裂性的一个重要参数是脆性指数,脆性指数是遴选高品质泥页岩储层的重要参数,包括抗压强度、杨氏模量、泊松比、体积压缩系数、颗粒压缩系数以及孔隙弹性系数等页岩力学物性参数。

通常采用岩石三轴试验机进行岩石压缩和剪切试验,绘制岩石应力-应变全过程曲线和抗剪强度曲线,了解有围压条件下岩石变形破坏机理,计算岩石抗剪强度和变形指标。

三轴应力测试设备较为简单,只需要一个液压机即可,一般要求加载载荷为20 MPa(2 900 psi)。市场上的这类产品很常见,这里不作详细介绍。

一般要求伺服液压控制器控制应变率、轴压、围压、孔压以及流速;岩石应变测量可通过 LVDTs 或应变片等方式进行;测试所用轴向位移和径向位移传感器均满足应变灵敏度 5×10^{-6} mm/mm,精度 0.2% 和耐温 200℃ 的性能指标。通过对标准岩样,即直径 1 in①、长度 2 in 且两端面平行的标准圆柱体试样进行围压、孔隙压力以及轴向压力的加载,最终获得岩样变形至破坏的应力-应变曲线,计算可以得到抗压强度、杨氏模量、泊松比、体积压缩系数、颗粒压缩系数以及孔隙弹性系数等页岩力学物性参数。

测试标准有美国材料与试验协会岩石力学测试标准,标准号为 ASTMD2664—2004(三轴测试)、ASTMD2936—1995(抗张测试)及 ASTMD4543—2004(岩样制备)。

1.3.2   巴西圆盘测试

页岩的脆性特征使得采用直接拉伸试验来确定其抗拉强度困难较大,而采用巴西圆盘劈裂试验来间接测定页岩的抗拉强度则是一个选择。圆盘压劈试验是间接测定

---

① 1 英寸(in) =2.54 厘米(cm)。

岩石抗拉强度的常用方法。圆盘试件受到来自夹具接触力作用而发生弹性变形,其内部应力和位移的确定对于试验测定岩石的抗拉强度和弹性模量至关重要。

圆盘试样利用页岩岩心加工而成。圆盘试样两平行表面的平行度在0.05 mm以内,各表面的平面度在0.02 mm以内。试验是在电子万能试验机上实施的,通过上下凹形圆柱面压头对页岩圆盘试样进行静态加载。

根据应力分析的结果和Griffith强度准则,为了保证试样在加载过程中由中心部位起裂,平台对应的加载角必须大于一个临界值(≥20°),并以此条件确定平台的最小相对宽度。理论分析表明,可以根据记录的载荷-位移破坏全过程曲线(包括最大载荷之后过程的记录),来确定和计算相关参数。用巴西圆盘试样在一次试验中同时可以测定脆性岩石的弹性模量、拉伸强度和张开型断裂韧度。

1.4　　页岩含气性测试方法及设备

页岩含气量是指每吨页岩中所含天然气折算到标准温度和压力条件下(101.325 kPa,25℃)的天然气总量,赋存状态包括游离气、吸附气和溶解气等。游离气是指以游离状态赋存于孔隙和微裂缝中的天然气,吸附气是指主要以吸附方式存在的天然气,溶解气则可能包括了油溶气、水溶气及干酪根溶解气。目前主要测试吸附气的含量。

1.4.1　　现场含气量解吸仪

1. 含气量测试原理

现场解吸法是在模拟实际地层温度条件下,直接测量页岩中所含天然气总量的方法。目前的现场解析一般使用USBM方法,它是基于煤层甲烷的解吸过程发展的一种分类测量含气量的方法,其方法简单,相关标准可参照《GB/T 19559—2008煤层气含量测定方法》。

页岩快速解吸法中的页岩含气量分为三部分,即解吸气量、损失气量和残余气量,其解吸基本流程是在钻井过程中准确记录几个关键时刻,岩心提上井口后迅速装入密封罐,在模拟地层温度条件下测量页岩中自然解吸气量,解吸结束后,利用实测解吸气量和解吸时间的平方根进行线性回归求得损失气量,最后将岩心粉碎,测量其残余气量。

2. 含气量现场测定设备

最初的页岩气现场解吸设备主要是借用煤层气解吸仪来操作,而煤层气往往解吸气量大,对解吸气测量精度要求不用太高,但是相比较而言,页岩含气量往往较低,因而对测量精度要求很高。常规煤层气解吸往往在地表条件下进行,页岩气则要求能在地层温度条件进行。因而必须研制适合于页岩解吸的设备。国内现在出现了很多种现场解吸设备,这里利用地质大学专利产品——高精度表面张力法含气量测试仪(SHF-Ⅰ 低温型解吸仪)(图1-18)来进行介绍。该吸附气含量测量仪结构紧凑、体积小、气密性好、加热均匀、操作方便、简单快捷、测量精确、便于移动和携带、适合野外现场使用,且可专用于各种气体尤其是小体积气体的收集和测量。

图1-18 表面张力法页岩含气量解吸仪

3. 测试规范

含气量现场测定可参照行业标准《SY/T 6940—2013 页岩含气量测定方法》执行。

1.4.2　　等温吸附法测定页岩吸附能力

由于页岩气是以吸附状态赋存于泥页岩之中,因此需要人为降低储层压力,使吸附态的甲烷气体解吸变为游离态。目前普遍将解吸看作是吸附的逆过程,可以简单地用 Langmuir 方程来表达。等温吸附曲线就是确定其临界吸附/解吸压力的重要途径,它是指在固定的温度条件下,以逐步加压的方式使已经脱气的干燥泥页岩样品重新吸附甲烷,据此建立的压力和吸附气量的关系曲线可以反映页岩对甲烷气体的吸附能力。在给定的温度下,页岩中被吸附的气体压力与吸附量呈一定的函数关系,代表页岩中游离气与吸附气之间的一种平衡关系,由等温吸附线得到的气体含量反映了页岩储层所具有的最大容量。

1. 实验原理及方法

页岩等温吸附实验基本流程是,首先将页岩岩样粉碎后加热以排除其所吸附的天然气,然后将岩样放在密封容器内,在温度恒定的甲烷环境下不断对其加大压力,测量其所吸附的天然气量,将结果与 Langmuir 方程式拟合后形成等温吸附曲线。通过等温吸附曲线可以获得等温吸附的两个重要参数——Langmuir 体积和 Langmuir 压力。Langmuir 体积是指在给定温度条件下单位质量页岩饱和吸附气体时吸附的气体体积,反映为给定泥页岩的最大吸附能力;Langmuir 压力为吸附体积等于二分之一Langmuir 体积时的压力,Langmuir 方程为

$$V = V_{\mathrm{L}} \frac{p}{p + p_{\mathrm{L}}} \qquad (1-1)$$

式中,V 为在压力 p 条件下的吸附量;p 为储层压力;V_{L} 为 Langmuir 体积;p_{L} 为 Langmuir 压力。

等温吸附获得的是页岩的最大吸附含气量,其结果往往比通过解吸法测得的结果

偏大,反映了页岩样品对天然气的吸附能力,因此等温吸附实验一般用来评价页岩的吸附能力,确定页岩含气饱和度的等级,在求取页岩含气量大小时一般不用,只有缺少现场解吸实验数据时才用来定性地比较不同页岩含气量的大小。

2. 实验设备

等温吸附设备可以实现实验数据定量描述在恒定储层温度下随地层压力的变化气体吸附/解吸特性。等温实验系统可应用单一气体或甲烷、二氧化碳、氦气或者氮气等不同类型气体等温特性测量。

3. 测试规范

等温吸附法测试可参照行业规范《SY/T 6132—2013 煤岩中甲烷等温吸附量测定干燥基容量法》进行。

1.4.3　气体组分测定仪

天然气是一种可燃混合气体,其主要包括甲烷、乙烷、氮气、二氧化碳等,其各部分组成的量的大小关系到天然气的经济价值。因此,在获得泥页岩解吸气量之后,有必要对天然气的气体组成进行分析,这样可以得到天然气中各混合气体的百分含量,分析天然气质量。

1. 测试原理

气相色谱法是一种物理化学分离分析方法。分析天然气成分时,通过色谱仪的定量管把被测天然气样品送进气相色谱仪的进样口内。天然气样品中的各种组分经过进样口后被载气送进色谱柱逐渐被分离,然后进入检测器,由检测器把通过色谱柱后按一定顺序逐个流出的各组分的浓度信号转变为电信号,经过测量臂检测形成按时间顺序排列的谱峰面积图,这些色谱图通过微机软件定性分析处理和定量计算后,就可以求得被分析天然气样品中各组分的百分含量。

2. 测试设备

气相色谱应用很广,现在气相色谱的品牌很多,国际上著名的公司有安捷伦、岛津、PerkinElmer、Thermo Fisher Scientific、HP 等公司。气相色谱仪的基本构造有两部分,即分析单元和显示单元,前者主要包括气源及控制计量装置、进样装置、恒温器和色谱柱;后者主要包括检定器和自动记录仪。色谱柱(包括固定相)和检定器是气相色谱仪的核心部件。

3. 测试标准

《GB/T 13610—2014 天然气的组成分析 气相色谱法》规定了用气相色谱法测定天然气及类似气体混合物的化学组成的分析方法。

4. 气相色谱的特点

现在气相色谱分离效率高,分析速度较快,一般而言色谱仪可在几分钟至几十分钟的时间内完成一个复杂样品的分析。检测灵敏度高,随着信号处理和检测器制作技术的进步,可直接检测 $10^{-9} \sim 10^{-6}$ 级微量物质。样品用量少,一次分析通常只需数微升甚至数纳升的样品。选择性好,通过选择合适的分离模式和检测方法,可以只分离和检测需要的物质组分。自动化水平高,目前在线色谱分析仪已经可以实现从进样到数据处理的全自动化操作。

1.4.4　　气体同位素测定仪

1. 测试原理

气体同位素测定仪主要是利用同位素比例质谱仪进行分析。首先将样品转化成气体(如 CO_2、N_2、SO_2 或 H_2),由于是将样品转化成气体才能测定,所以又叫气体同位素比例质谱仪。在离子源中将气体分子离子化(从每个分子中剥离一个电子导致每个分子带有一个正电荷),接着将离子化气体打入飞行管中,飞行管是弯曲的,磁铁置于其上方,带电粒子在磁场中运动时因洛仑兹力而偏转,导致不同质量同位素的分离,重同位素偏转半径大,轻同位素偏转半径小。实际测定中,不是直接测定同位素的绝对含量,因为这一点很难做到,而是测定两种同位素的比值,例如 18O/16O 或 34S/32S 等。用作稳定同位素分析的质谱仪是将样品和标准的同位素比值作对比进行测量。

2. 测试设备

同位素比例质谱仪与其他质谱仪一样其结构主要可分为进样系统、离子源、质量分析器和离子检测器四部分,此外还有电气系统和真空系统支持。

(1)进样系统:即把待测气体导入质谱仪的系统,它要求导入样品但不破坏离子源和分析室的真空,为避免扩散引起的同位素分馏,要求在进样系统中形成黏滞性气体流,即气体的分子平均自由路径小于储样器和气流管道的直径,因此气体组分之间能够彼此频繁碰撞,分子间相互作用形成一个整体。

(2)离子源:在离子源中,待测样品的气体分子发生电离,加速并聚焦成束。针对某种元素,往往可以采用不止一种离子源测定同位素丰度。对离子源的要求是电离效率高、单色性好。

(3)质量分析器:接收来自质量分析器的具有不同荷质比的离子并将其分开。主体为一扇形磁铁,要求其分离度大、聚焦效果好。

(4)离子检测器:接收来自质量分析器的具有不同荷质比的离子束,并加以放大和记录。由离子接收器和放大测量装置组成离子通过磁场后,待分析离子束通过特别的狭缝后,重新聚焦落到接收器上并收集起来。接收器一般为法拉第筒。现代质谱仪都有两个或多个接收器以便同时接收不同质量数的离子束,交替测量样品和标准的同位素比值并将两者加以比较,可以得到高的测量精度。对检测部分的要求是灵敏度高,信号不畸变。

以美国 Thermo Fisher Scientific 公司生产的气体同位素质谱仪(MAT253)为例(图 1 – 19),MAT253 是气体同位素比值质谱仪中灵敏度较高、质量数范围较宽的仪器,主机即质谱仪,由离子源、质量分析器、检测器、电气系统以及真空系统组成。三个外设包括:燃烧型元素分析仪(Flash EA 2000)、气相色谱仪(Gas Chromatography,GC)和 GasBench II。一个接口——连接元素分析仪的连续流接口。同时具有双路进样系统,以精确测量 13C/12C,15N/14N,18O/16O,34S/32S 和 H/D 等元素相对同位素丰度。

3. 测试规范

参照行业标准《SY/T 5238—2008 有机物和碳酸盐岩碳、氧同位素分析方法》,在稳定同位素分析中均以气体形式进行质谱分析,因此常有气体质谱仪之称。同位素质谱分析仪的测量过程可归纳为以下步骤:① 将被分析的样品以气体形式送入离子源;② 把被分析的元素转变为电荷为 e 的阳离子,应用纵电场将离子束准直成为一定能量

图 1 - 19 MAT253 型气
体同位素质谱仪

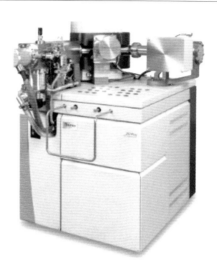

的平行离子束;③ 利用电、磁分析器将离子束分解为不同 m/e 比值的组分;④ 记录并测定离子束每一组分的强度;⑤ 应用计算机程序将离子束强度转化为同位素丰度;⑥ 将待测样品与工作标准相比较,得到相对于国际标准的同位素比值。

第2章

页岩气地球物理
勘探装备

2.1　　044-061　　地震勘探仪器

045　　2.1.1　仪器结构组成

048　　2.1.2　仪器工作原理

049　　2.1.3　仪器分类

050　　2.1.4　常用的地震仪器装备

058　　2.1.5　应用实例

2.2　　061-090　　测井仪器

062　　2.2.1　测井仪器的组成

064　　2.2.2　仪器工作原理

065　　2.2.3　仪器分类

077　　2.2.4　常用的成像仪器装备

2.3　　090-098　　重磁电法勘探仪器

091　　2.3.1　电法勘探仪器结构组成

092　　2.3.2　电法勘探仪器工作原理

095　　2.3.3　电法勘探仪器产品介绍

与常规天然气藏相比,页岩气藏在成藏机理、运聚方式、储存条件等方面均有较大的差别。页岩气储层具有典型的低孔、低渗物性特征,页岩气含量越多,储层体积密度越小,弹性波速也降低,相关地球物理参数的敏感性弱,对地球物理技术评价预测页岩气藏提出了新的挑战。国外各大石油公司利用现有成熟的地球物理技术对页岩气藏进行了勘探开发,并积累了可供国内借鉴的经验,尤其是地震和测井的应用最为广泛。本章将主要介绍页岩气地球物理勘探装备,包括地震、测井和重磁电勘探仪器等装备。

2.1　　　　地震勘探仪器

地震勘探技术的发展经历了从光点地震、模拟地震、数字地震、三维地震,一直到现在的高密度、全波地震逐步发展的过程。目前,先进的通信技术、计算机技术、网络技术、微电子学及软件技术、遥控技术、海量数据管理技术等不断被引入地震勘探技术中,使地震仪器在信号质量、采集能力、海量数据处理、传输方式、交互管理以及施工效率等方面都有了质的飞跃。

在页岩气勘探阶段,地震勘探可以探明页岩层区块地层构造位置、构造演化及发育特征,划分页岩层区块沉积环境、沉积相,识别页岩气层段的分布特征,确定页岩气层段储层特征和岩层力学特征,预测页岩气"甜点"等。在页岩气开发阶段,微地震监测技术可以对水力压裂进行实时监测。

目前,应用于页岩气勘探开发的地震勘探方法主要为二维和三维地震勘探,所使用的仪器有新一代遥测地震仪、数字地震仪、垂直地震剖面(Vertical Seismic Profiling, VSP)地震仪等。本节从地震勘探仪器的结构组成、工作原理、地震仪分类及一些常用的地震仪 4 个方面进行介绍,最后给出几个应用实例。

2.1.1 仪器结构组成

地震勘探仪器一般由检波器、放大装置和记录装置组成。

1. 检波器

地震检波器是一种将地面振动转变为电信号的传感器，或者说地震检波器是将机械能转化为电能的能量转换装置。作为接收地震信号的最前端环节，检波器是直接感应大地质点振动的器件，对能否较为精确地接收地震波信号起着决定性作用。能否精确地感应地震波在检波器所在位置上引起的振动是由检波器的响应特性决定的，因此在地震勘探中检波器是至关重要的。

常规地震检波器有压电式、电磁感应式、超级检波器等，新型的有基于微机电系统（Micro-Electro-Mechanical System，MEMS）的数字检波器、光纤光栅地震检波器等（陈金鹰等，2007）。

（1）压电式检波器：当陶瓷材料受到外界压力作用变形时，极板上可以产生电荷，压电式检波器利用该原理制成，其电荷数与所受外力成正比，从而达到把机械能转化为电量的目的。HYD－1型压电检波器如图2－1所示。

图2－1　HYD－1型压电检波器

（2）电磁感应式检波器：由传统磁电式传感器演变而来，主要由线圈、永久磁体、弹簧和壳体组成。当震源激发时，地面与传感器壳体一起产生相同的振动。由于质量

体的惯性,使线圈与磁钢产生相对运动,线圈切割磁力线产生感应电动势,其电压的大小取决于运动的速度,因此这种检波器也叫速度型检波器。

(3)超级检波器:又叫高精度检波器,目前,勘探市场上应用的超级检波器的原理和结构与电磁感应式检波器完全一致,区别主要在于检波器的制造工艺和器件材料。本质上,超级检波器只是传统电磁感应式检波器的改进型,改进的主要措施包括改进磁路、改进弹簧片、改进生产工艺、缩小允差范围、改进设计方案,提高设计标准,降低设计偏差。SN7C 系列超级地震检波器如图2-2所示。

图2-2　SN7C 系列超级地震检波器

(4)基于 MEMS 的数字检波器:数字检波器与 MEMS 传感器集成在一起,构成了新型数字地震检波器。其特点是内部包含 MEMS 传感器和微型化的 24 位 ADC 电路,直接输出24位数字信号;动态范围可达到120 dB,比传统检波器的动态范围至少高出50 ~ 60 dB;幅频特性十分平坦,在1 ~ 800 Hz 范围内,始终保持平直,而输出相位为零相位;超低噪声特性、极高的向量保真度、不受外界电磁信号干扰的影响。MEMS 检波器如图2-3所示。

(5)光纤光栅地震检波器:由光纤光栅构成的振动传感器,其工作原理是利用光纤光栅对应力应变的敏感作用,把对应变物理量的测量转化为对光学物理量的测量。

2. 放大装置

人工地震引起的地面位移,一般只有几微米,经地震检波器转换为电能后也只有

图2-3 MEMS检波器

几微伏。要把这种微弱电信号记录下来,必须进行放大,为此制作的装置叫作"地震放大器"。由于地震波包括有效波和干扰波,有效波中的浅层波与深层波之间的振幅相差达一百万倍以上,因此地震放大器必须具有滤除干扰和增益(放大)控制的作用。

3. 记录装置

在地震采集中磁带是主要的存储介质,要求具有很高的安全性和可靠性,仪器及环境等对磁带的数据存储都有很大的影响。磁带机是指单个磁带驱动器与磁带的有机组合,是以磁带为记录介质的数字磁性记录装置,其基本功能是准确而迅速地将数字信息写入磁带或从磁带读出。IBMTS1130磁带机如图2-4所示。

图2-4 IBMTS1130磁带机

2.1.2 仪器工作原理

地震勘探过程由地震数据采集、数据处理和地震资料解释 3 个阶段组成。地震数据采集工作原理如图 2-5 所示,震源车产生的人工地震波经地层反射到达地面后,被地震数据采集记录系统接收和记录,经过数据分析和处理,可以推断出被测区域的地质构造以及矿藏的储量、品质和分布情况。

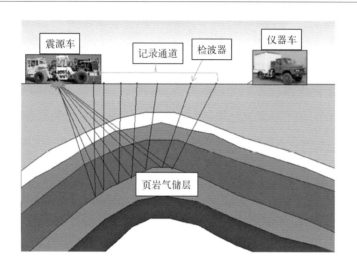

图 2-5 地震数据采集工作原理

在地震数据采集中,一般是沿地震测线等间距布置多个检波器来接收地震波信号(汪海山,2010),布设测线采用与地质构造走向相垂直的方向。依观测仪器的不同,检波器或检波器组的数量少的有 24 个、48 个,多的有 96 个、120 个、240 个甚至 1 000 多个。每个检波器组等效于该组中心处的单个检波器。每个检波器组接收的信号通过放大器和记录器,得到一道地震波形记录,称为记录道。为适应地震勘探各种不同要求,各检波器组之间可有不同排列方式,如中间放炮排列、端点放炮排列等。记录器将放大后的电信号按一定时间间隔离散采样,以数字形式记录在磁带上,磁带上的原始数据可回放而显示为图形。

常规的观测是沿直线测线进行,所得数据反映测线下方二维平面内的地震信息。这种二维的数据形式难以确定侧向反射的存在以及断层走向方向等问题,为精细详查地层情况以及利用地震资料进行储集层描述,有时在地面的一定面积内布置若干条测线,以取得足够密度的三维形式的数据体,这种工作方法称为三维地震勘探。三维地震勘探的测线分布有不同的形式,但一般都是利用反射点位于震源与接收点连线中点的正下方这一特点来设计震源与接收点位置,使中点分布于一定的面积之内。

由于页岩气的分布区地质情况各不相同,地震勘探所采用的施工方法需根据各地区不同情况所确定。

2.1.3   仪器分类

用于页岩气地震勘探的仪器主要有 20 世纪 90 年代推出的采用 $\Delta\Sigma$ 技术的 24 位 A/D 型新一代遥测地震仪器、21 世纪初开始面向勘探市场的全数字地震仪器以及 VSP 地震仪(罗福龙,2005;张胜,2008;王文良,2004)。

1. 新一代遥测地震仪器

这代仪器的核心技术为 24 位 A/D 转换器和 $\Delta\Sigma$ 技术,系统的瞬时动态范围上升到 110 dB 或更多,可记录地震信号的频带达 800 Hz 或更高,在实际工作中受模拟检波器的制约,整个接收系统的瞬时动态范围仍在 70 dB 左右,其有效频带宽度也在 300 Hz 以下。随着计算机技术的发展以及数字处理技术在地震勘探仪器上的应用,仪器的集成度和采集能力进一步得到提高,其 2 ms 的基本采集能力一般都在 5 000 道左右。

2. 全数字地震仪器

和新一代遥测地震仪相比根本区别是,全数字地震仪器系统中包含了以 MEMS 技术为核心的加速度数字传感器(数字检波器),整个接收系统的瞬时动态范围在 90 dB 以上,而且从 0 ~ 500 Hz 都能等灵敏度和等相位响应地震波信号。这代仪器的关键技术突破了传统模拟检波器(通常的失真度是 1‰)长期以来制约着系统的瞬时动态范围,真正实现了完全数字化,不怕电磁干扰,有万道以上实时采集能力。它是今后实现宽频带万道多波高精度采集的方向。

3. VSP 地震仪

垂直地震剖面法是一种特殊的地震观测方法。该方法是在地表激发地震波,在沿井孔不同深度布置的多级多分量的检波器上进行观测。因为检波器被放置于井孔内部，所以不仅能接收自下而上传播的上行纵波和上行转换波，也能接收自上而下传播的下行纵波及下行转换波，甚至能接收到横波。另外，与其他井中地球物理技术相比，VSP 在探测范围上有很大的优势，能探测到井周围几平方公里到十几平方公里的三维直达波、纵波、转换波和横波数据体，成像分辨率更高，降低了时间-深度的不确定性，能帮助量化各向异性，更有效地解决实际生产中的地质问题。

VSP 仪器的发展经历了从单分量到三分量、单级到多级、地面模数转换到井下模数转换、模拟传输到数字传输的过程。目前 VSP 仪器供应商主要以法国 Sercel、英国 Avalon 和美国 Geospace 等公司为代表。

2.1.4　　常用的地震仪器装备

目前国内外可用于页岩气勘探的部分地震仪如表 2 - 1 所示。

表 2 - 1　部分用于页岩气勘探的地震仪

类　　型	仪 器 生 产 商	设 备 名 称
遥测地震仪	法国 Sercel	408XL/428XL/428Lite
	吉林大学	GEIST438
	中国 BGP 仪器厂	WF - 1006
	中国西安石油仪器厂	GYZ - 4000
全数字地震仪	法国 Sercel	408UL - DSU
	美国 I/O	I/O System Four
VSP 地震仪	法国 Sercel	Geowaves
	英国 Avalon	Geochain
	美国 Geospace	HDVSP
	美国 Schlumberger	VSI 系统
	美国 P/GSI	LARS 3C80 Level/3C160level
	西安石油仪器厂	DJY - 15

下面主要介绍法国 Sercel 公司生产的 428XL、428Lite、Geowaves VSP 和吉林大学研制的 GEIST438 等仪器。

1. Sercel 公司 428XL 系统

Sercel 408UL 是 Sercel 公司推出的一种地震数据采集系统，突破了原有遥测系统的局限性，采用全新的局域网络传输数据，使得施工灵活，提高了采集数据的质量。在408UL 取得成功之后，Sercel 公司于 2006 年推出了 428XL 地震数据采集系统。428XL系统与 408UL 电子设备单元相互兼容，增加了一些功能。与 408UL 相比，428XL 系统功耗更低，工作时间更长，工作更加稳定可靠。428XL 系统在改进常规作业的同时，提供了为满足更多道数作业需求而专门设计的全新硬件和软件，针对用户设计了更多的功能（王文良，2006）。

428XL 系统硬件为可升级的系统结构。中央硬件单元 LCI－428 是排列和 e－428客户/服务器结构体系之间的接口，支持多达 10 000 个地震道（实时 2 ms 采样），如图2－6 所示。LCI－428 十分紧凑且轻便，体积为 483 mm×421 mm×86 mm，重 4.1 kg，承担着在野外地震数据和 e－428 软件高速以太网之间的路由器职能，另外还管理其他一些外围设备，例如震源控制器等。

图2－6　428XL 中央单元（图中下面箱体为 LCI－428 单元）

428XL 系统地面电子设备单元主要包括采集链、电源采集站、交叉站和交叉线、无线电遥测选项等，如图 2－7 所示。

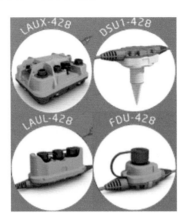

图 2 - 7　428XL 系统地
面电子设备

与 408UL 采集链结构相似,428XL 链路将野外数字化单元(Field Digital Unit,
FDU)和电缆集成在一起,可作为一个独立的轻便设备使用,是业内集电缆、电池和
FDU 于一身的重量最轻、效率最高的地面设备。此外,将检波器直接连接到 FDU 上,
可以省去记录系统中大的模拟线路。

电源采集站 LAUL 通过有线方式给 FDU 或二极管供电单元(Diode Supply Unit,
DSU)供电。电源是常规的 12 V 电池,典型容量是 60 A/h。LAUL 可以将 FDU 或
DSU 的数据可靠地传输到记录系统、缓冲本地数据、测试仪器。

交叉站(LAUX)是用于将三维排列中的每条排列线连接到高速交叉线上,而高速
交叉线连接到记录系统。交叉站也可以将 FDU 或 DSU 的数据可靠地传输到记录系
统、缓冲本地数据、测试仪器。交叉线是标准的以太网络硬件,使用标准的 TCP/IP 传
输控制协议,基于 100 Mb/s 以太网协议,每条线只用一个交叉站单元(LAUX)即能实
时传输和处理 10 000 道 2 ms 采样的地震数据。

无线遥测单元包括无线电数据采集单元 LAUR - 428 和无线电电缆中继站单元。
LAUR - 428 使用 215 ~ 250 MHz 射频带宽,具有强大的传输特性;还装备了数据存储
器,可以临时存储被采集的数据,避免因发射或电源等故障而造成数据丢失。它可以
管理 30 道以内的实时采集数据(2 ms 采样时间)。无线电电缆中继站把无线电传输网
络和电缆网络联成一体。

2. Sercel 公司 428Lite 便携式系统

法国 Sercel 公司在推出标准型 428XL 万道仪器的同时,也推出了 428Lite 便携式千道仪系统。428Lite 系统采用脉冲震源,主机仅采用一台便携式笔记本电脑,可以全面兼容 428XL 标准型仪器的功能,也可以兼容使用 408UL 的地面设备。该系统的最大优点是体积小、重量轻、功能强,整个主机系统可装在一个密封的箱体中,便于人力抬至车辆无法通行的复杂区域施工(张志勇等,2008)。

428Lite 系统主要包括一台便携式服务器、一台便携式客户机(也可以将服务器与客户机一体化)、一个 Break - out 接口盒、一个 LAUX - 428、一套 GPS 天线以及辅助道、绘图仪和网络交换机等,其连线如图 2 - 8 所示。

图 2 - 8　428Lite 系统

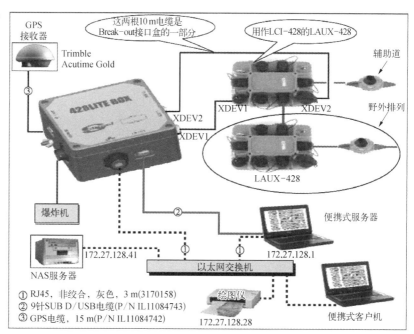

428Lite 系统与标准型 428XL 仪器的区别如下。

(1)带道能力。428Lite 仪器最大可以使用的记录道数为 1 000 道(2D 或 3D),而标准型的 428XL 仪器为 10 000 道,最大可扩展为 100 000 道。

(2)震源使用。428Lite 仪器不支持可控震源扫描作业方式,428XL 标准型仪器支持驳接各种震源,包括可控震源、重锤、气枪、井炮等。

(3)搬运。428Lite 所有设备(不包括 NAS 和绘图仪)放置于一个密封防水的高强度玻璃钢运输箱内,总重量不超过 20 kg,为便携式装备。标准型的 428XL 仪器没有防水运输箱,不适合野外使用。

3. Sercel 公司 Geowaves 数字多级 VSP 系统

Sercel 公司生产的 Geowaves 数字多级 VSP 系统是当前世界上最先进的 VSP 采集系统,主要由井下、地面以及震源系统三部分组成(张禹坤等,2009),如图 2-9 所示。

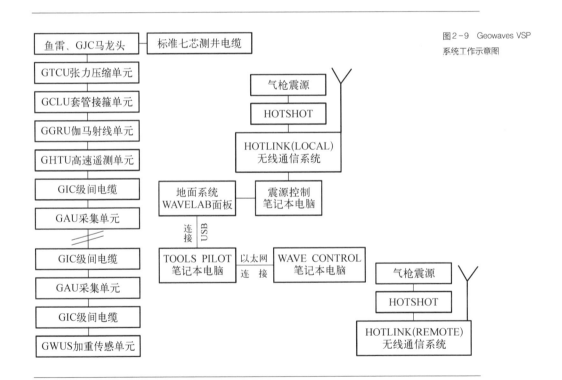

图 2-9 Geowaves VSP 系统工作示意图

1)地面系统

地面系统主要由 WAVELAB 和两台笔记本组成。WAVELAB 包括两个 19 in 3U

机架和一个 19 in 2U 机架、SCIP（地面控制接口面板）、SCPP（地面控制供电面板）和 WIB（地面连接盒）。SCIP 面板通过标准的 USB 连接线连接到一台控制笔记本，该控制笔记本安装 WAVEPILOT 软件，和另外一台安装 WAVECONTROL 软件的笔记本连接，两台笔记本之间通过双绞线连接实现 1 GMbps 通信，和 WAVELAB 面板一起构成地面系统。

2）震源系统

震源系统包括无线连接系统 HOTLINK、震源控制 HOTSHOT 和震源气枪，空压机系统则不作介绍。

（1）HOTLINK 无线连接系统。HOTLINK 用于两个以上的 HOTSHOT 震源控制器进行无线通信和同步，或者远程震源点火控制。

（2）HOTSHOT 震源控制器。HOTSHOT 包含电子点火线圈和气枪同步装置，控制气枪点火和枪阵同步。每个 HOTSHOT 有 4 个通道的气枪同步装置，所以最多控制 4 支气枪。最多 4 个 HOTSHOT 面板通过级联方式，最多控制 16 支气枪组成的阵列。第一个 HOTSHOT 控制器叫作主控台，连接笔记本电脑进行参数设置并连接到 WAVELAB 接口由采集笔记本进行控制。

（3）G GUN 震源气枪。G GUN 属于气枪家族中的一种地震能量震源，该气枪采用 SLEEVE 结构，与传统的 BOLT 型气枪相比，从结构上进行优化，能够有效抑制气泡效应，压制多次波。

3）井下仪器组成

Geowaves 系统结构如图 2 - 10 所示，左侧为井下仪器部分。

（1）张力计（GTCU）。GTCU（GEOWAVES 高速遥测短节）的张力计安装在遥测数传单元的顶部，监测张力压缩单元处张力变化，以便判断仪器下放上提过程中是否遇阻遇卡。

（2）自然伽马工具（GGRU）。进行自然伽马计数以便进行准确的深度校正。在进行 VSP 采集前，对照地层 GR 变化明显的井段，记录一段 GR 曲线，与常规测井 GR 曲线进行对比，将 VSP 深度校正到与常规测井 GR 曲线一致。

（3）CCL 工具（套管接箍定位仪 GCLU）。用于套管井中 VSP 测量的准确校深。该仪器内置永久磁铁，过套管接箍时切割磁力线而产生电信号；记录该电信

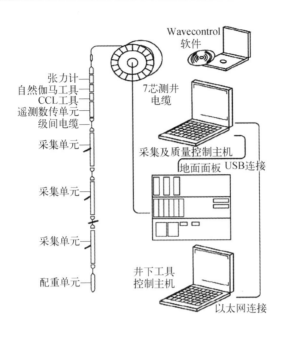

图2-10　Geowaves 系
统结构

号,并根据套管接箍的已知深度与记录的套管接箍深度进行对比,校正 VSP 记录
深度。

(4) 遥测数传单元(GHTU)。通过屏蔽同轴电缆与井下采集单元进行高速数据
传输,信号传输方式为正交频分复用的数字传输方式。与井下通过 CR4 遥测传输,采
用较低的下行传输速率:1 kbit/s 数据传输率以伪正弦波曼彻斯特 II 编码方式向下发
送地面命令,采用 4 kHz 正弦波发送同步频率。与地面系统通过 HST 遥测传输,高速
上行传输速率可达 4Mbit/s,支持最大电缆长度 7 000 m。

(5) 采集单元(GAU)。采集单元(GAU)是 Geowaves 井下地震信号采集工具,由
GSU 和 GDU 组成,其中,GSU 是 Geowaves 地震单元,包括机械推靠臂、固定或万向架
式的检波器支架筒;GDU 是 Geowaves 数字化单元,包括电子前放和模数转换器。
GAU 可以挂接 1~32 级。

(6) 级间电缆(GIC)和增强器单元(GBU)。级间电缆(GIC)是一根单芯同轴电
缆,一般使用 2H464K 型电缆,其抗拉强度为 86 kN,标准长度可为 5 m、10 m、15 m、

20 m 或 30 m。增强器单元(GBU)则多用在多级配置的情况下,以放大 CR4 信号或在长电缆中传输高频 CR4 数据。

(7) 加重传感单元(GWUS)。加重传感单元配有动态传感器和滚轮,可以监测仪器底部运动情况。在仪器下放时,如果传感器检测到仪器串底部遇阻,会通过地面软件发出警告声,提醒操作人员注意。其底部可以挂接两根滚轮加重杆,共重 100 kg,便于仪器串下放。

4. 吉林大学有线遥测地震仪 GEIST438

整个 GEIST438 系统的数据传输部分基于 10/100 M 以太网,根据实际地震勘探施工中系统搬移较多的特点,采用接力式的网络拓扑结构,并针对地震勘探中数据传输特点提出了多采集站同步数据上传策略,以提高接力式网络的数据传输效率。仪器系统的采集站有 8 道数据采集,通过电缆连接到中央主机(张帅帅等,2014)。该系统在国内外有领先的水平,具体特点如下。

(1) 采集单元到主控单元所采集的信号为数字信号,从而消除了信号在传输过程中的畸变;

(2) 采集单元采用 24 位的 A/D 转换器,从而实现了最快采样率为 25 μs;

(3) 数据观测软件方便直观性强,支持反射的方法进行滚动式测量;

(4) 支持中文的 Windows 软件,支持各种地震勘探的方法;

(5) 基于 100 M 的以太网传输,有效数据传输速率超过 16 Mbps;

(6) 采集单元自检软件可以检查检波器和采集站的状态;

(7) 采集单元可以自动寻址,且布线快捷。

地震仪器通过交叉线连接交叉站,交叉站通过大线连接采集单元,地震仪主机通过 TCP/IP 协议进行命令的传输和交互保证了地震仪主机数据传输的可靠性和稳定性。接力式的拓扑结构简化了系统连线,便于野外施工,提高了作业效率。地震仪主机可通过自动配置 IP 的方式与采集单元进行交互;100 Mbps 的以太网传输技术提高了数据的传输速率,大线数据传输速率最高时可达到 30 Mbps,超过现有同类仪器仅能达到的 16 Mbps。主要性能指标见表 2 - 2。

指　标	参　数	指　标	参　数
单站道数	八道	同步精度	±20 μs
A/D 分辨率	24 位	增益一致性	≤1%
采样率	0.031 25 ~ 16 ms 可选	谐波畸变	≤0.001%
串音抑制	≥100 dB	数传速度	≥16 Mbps
输入阻抗	20 kΩ	系统动态范围	≥120 dB
共模抑制比	≥80 dB		

表 2 - 2　GEIST438
系统性能指标

2.1.5　应用实例

下面举例介绍页岩气勘探实际中所用到的地震勘探。

1. 湘西碳酸岩山区页岩气地震勘探

（1）区域地质情况

湘西某页岩气地震勘探工区属典型的山地喀斯特地貌,地表起伏大,地势由东南向西北倾斜,形成高山台地、丘陵地带,平均海拔 700 m,最大高差为 983 m。地表裸露自早古生代至晚中生代以来发育的碳酸盐岩和碎屑岩,岩溶地貌发育,部分地段发育喀斯特岩溶地貌,地表溶洞、裂隙、漏斗、地下暗河发育,同时地面断层造成破碎带,使地震有效波能量被吸收衰减、波形变化,同时产生各种原生和次生干扰,造成不利的激发条件和接收条件,给地表采集、激发和接收带来困难。

（2）施工情况

针对工区存在的难点,根据已有地质及测线的详细踏勘,划分测线地表出露岩性情况。在此基础上,提出以单/双井微测井结合的精细浅表层结构调查方法,掌握测线上高速层埋深及其速度结构变化情况;同时根据药柱长度和爆炸理论计算出的爆炸半径,以动态设计井深的方法,确保逐点在高速层中激发。为更好地压制勘探区内的面波及侧反射干扰波,通过室内计算模拟,对多种组合进行对比分析,最终得出 2 串 24

个检波器(型号 20DX - 10Hz)的等灵敏度组合压制效果较好。所采用的观测系统如表 2 - 3 所示。

表2-3 湘西碳酸岩山区页岩气地震勘探观测系统

观 测 系 统	道间距	炮间距	接收道数	覆盖次数
4790 - 10 - 20 - 10 - 4790 单线中间激发对称接收	20 m	60 m	480 道	80 次

(3) 取得的具体成果和应用效果

在优选适合采集参数基础上,获得的剖面波组特征明显,尤其目的层牛蹄塘组反射波组同相轴连续性好、能量强、地质信息丰富,且深层地震界面反射波组清晰,蕴含地质信息丰富,为后期的地质年代划分与构造解释奠定了基础(曾维望等,2015)。

2. 桑植-石门地区页岩气地震勘探

(1) 区域地质情况

工区地表主要以三叠系灰岩地层为主,灰岩出露区对地震波产生严重的吸收、衰减作用,另外灰岩区溶洞、裂缝以及含水性差等造成激发、接收条件变差。以上多种原因致使提高灰岩出露区资料信噪比较难,造成剖面叠加成像效果不好。另外桑植-石门地区地质构造属于隔槽式构造。由于构造运动形成大量背斜构造和向斜构造,背斜构造宽缓,而向斜成山,产状陡峭,几乎直立,射线发生散射以及路径满足不了水平叠加条件,致使难以获得高品质地震资料。

(2) 施工情况

仪器型号为 428Lite,采样间隔为 1 ms,记录长度为 6 s,前放增益为 12 dB,高截频为 0.8 FN,高截滤波器相位为线性相位(LIN),记录格式为 SEG - D,记录极性为监视记录初至下跳,磁带记录初至值为负。

采用的检波器类型为 10 Hz,串数为 2 串(6 串 2 并)共 24 个检波器,检波器组合方式为沿等高线线性摆放,组内距 $D_x = 2$ m,组合基距 $L_x = 20$ m(特殊地表压缩组合基距)。采用的观测系统如表 2 - 4 所示。

纵向观测系统	宽线	接收线距	道间距	炮间距	接收道数	覆盖次数
7190 - 10 - 20 - 10 - 7190	2 线 1 炮	60 m	20 m	60 m	1 440 道	240 次

表 2 - 4　桑植-石门地区页岩气地震勘探观测系统

（3）取得的具体成果和应用效果

通过不同岩性原始单炮记录可以看到,志留系砂岩、三叠系灰岩单炮可看到清晰同相轴。在 SZ2015 - 9 线叠加剖面上,下古生界反射层在剖面上显示较好,反射信息丰富,波组特征明显,分辨率适中,构造形态较为合理可靠,层位接触关系清楚。砂岩、泥岩地层中激发,资料信噪比高,同相轴连续性好。局部高陡、灰岩区反射相对零乱,波组特征不明显,不易连续追踪。总体上剖面的信噪比和同相轴的连续性较以往有较大的提高(侯明汉,2015)。

3. 焦石坝地区页岩气三维高精度地震勘探

（1）区域地质情况

焦石坝工区属山区和大山区地形,地层破碎严重、倾角变化较大,地震波被吸收、能量衰减严重。工区出露岩性以石灰岩为主,约占 90%。

（2）施工情况

为满足页岩气勘探地质任务的需要、提高石灰岩地区地震资料成像品质, 同时兼顾构造解释、岩性解释及裂缝预测的需求,该区三维地震采集采用了较宽方位、较高覆盖次数、较小搬动距离、较小道距和适中排列长度的高精度三维观测系统,采用了 6 炮 24 线的接收排列,观测系统宽度系数高达 0.83,覆盖次数高达 144 次,面元大小为 20 m × 20 m,纵向最大炮检距达 4 300 m。

（3）取得的具体成果和应用效果

三维地震资料上的标志层反射波同相轴(龙马溪组-五峰组)连续性、信噪比以及分辨率均较二维资料好。此外,三维资料在断层位置及其产状的刻画上也比二维资料要准确得多,还能对基底老地层进行成像,以满足深部地层页岩气勘探构造解释的任务要求。

焦页 1 井、2 井、4 井钻测井资料实测的 TOC 结果与三维地震资料反演的结果吻合较好。这说明高精度三维地震资料反演得到的页岩层 TOC 可以用于对优质泥页岩的评价工作，为后续勘探开发井位的选取提供依据。

三维地震资料预测的脆性指数可以更好地指导水平井轨迹设计。利用高精度三维地震资料宽方位的优势进行与裂缝发育情况相关联的各项异性分析，可以获得页岩层（高角度）裂缝反演的强度及主体方向，进而指导水平井轨迹最佳路线的设计和水力压裂施工最佳参数的确定（陈祖庆等，2016）。

2.2　　测井仪器

全面系统地评价页岩气储层，需要对储层的各种物性参数、岩石力学参数等进行分析，包括孔隙度、渗透率、含水饱和度、矿物学、岩相学、总有机碳含量、成熟度、页岩气地质储量、裂缝特征、动态和静态岩石地质力学特征、压力梯度、地应力体系、硅指数等。长期以来，地球物理测井在能源、金属/非金属矿产资源的勘探开发中发挥着重要的作用，矿产资源勘探开发工作的不断深入和科学技术的进步又有力地推动了测井技术的发展，逐渐形成了以电、磁、声、核、力及光等物理学原理为基础的一系列测井方法，因此，测井方法在页岩气储层全面系统的评价中可以发挥重要的作用。

含气页岩层系在测井曲线上的响应特征明显，总体表现为"三高两低"，即高自然伽马、高电阻率、高中子和低密度、低光电吸收截面（相对普通页岩而言），因此，地球物理测井技术可以在页岩气的勘探开发中发挥重要作用，一方面在勘探阶段识别含气页岩并对储层品质进行有效评价，另一方面在开发阶段为完井作业提供重要的岩石力学参数。目前使用的常规测井方法包括侧向测井、声波测井、自然伽马测井、补偿中子测井以及岩性密度测井。另外，一些新的测井技术的应用弥补了常规测井方法的不足，如元素俘获能谱测井、核磁共振测井、微电阻率成像测井和声波扫描测井。

本部分首先介绍上述测井仪器的结构组成和工作原理，然后重点介绍几套国内外常用的测井系统，如 ECLIPS - 5700 成像测井系统、EXCELL - 2000 成像测井系统以及 MAXIS - 500 成像测井系统。

2.2.1　测井仪器的组成

　　测井系统是把测量各种物理性质的下井仪器组合在一起,并以地面的计算机为中心按照一定的时序对地层的各种物理信息进行采集、传输、处理和快速解释,并在测量过程中实时地对下井仪器进行控制。根据测井数据采集系统的特点,测井技术及仪器的发展历程经历了模拟测井、数字测井、数控测井、成像测井及网络测井等几个阶段,如表 2-5 所示。测井仪器由地面仪器系统、下井仪器、电缆传输系统和辅助设备组成。

表2-5　测井技术发展状况及测井仪器

发展阶段		模拟测井 (—1964)	数字测井 (1965—1972)	数控测井 (1973—1990)	成像测井 (1990—)	网络测井 (21世纪—)
地面系统		检流计光点照相记录仪	数字磁带记录仪	计算机控制测井仪	成像测井仪	利用互联网技术;测井数据采集、处理、分析以及解释的远程控制;数据共享;统一数据传输格式;实时反馈;随钻测井
测量方式		单测为主	部分组合	多参数组合	多参数阵列组合	
下井仪器	电阻率	三侧向、七侧向 (1951)	双侧向(1972) 四臂地层倾角 (1969)	地层学高分辨率地层倾角(1982) 地层微电阻率扫描(1985)	方位电阻率成像 (1992) 全井眼微电阻率成像(1992)	
	电导率	感应(1948) 深聚焦测井 (1958)	双感应(1963)	数字感应(1984)	阵列感应成像 (1991)	
	介电		介电测井(1975)	电磁波传播测井 (1984)	多频多探头电磁波(1995)	
	声波速度	连续声波(1952)	补偿声波(1964)	长源距声波 (1978)	偶极子横波成像 (1990)	
	声波幅度	水泥胶结(1959)	变密度(1968)	水泥胶结评价 (1981) 井下声波电视 (1981)	超声成像(1991)	
	自然伽马	自然伽马(1956)	自然伽马能谱 (1971)	补偿自然伽马能谱(1984)	复杂环境自然伽马能谱(1991)	
	中子	中子伽马(1941) 单探测器中子 (1950)	双源距中子 (1972)	四探测器补偿中子(1981)	加速器中子源孔隙度(1991)	
	密度	地层密度(1950)	补偿地层密度 (1964)	岩性密度(1980)	岩性密度能谱 (1994) 三探测器密度 (1996)	

（续表）

发展阶段		模拟测井 （—1964）	数字测井 （1965—1972）	数控测井 （1973—1990）	成像测井 （1990—）	网络测井 （21世纪—）
下井 仪器	核磁测井			核磁测井样机 （1988）	核磁共振仪（1991） 核磁共振成像仪 （1996）	利用互联网技术； 测井数据采集、处理、分析以及解释的远程控制； 数据共享； 统一数据传输格式； 实时反馈；随钻测井
	地层测试	电缆地层测试 （1955）	重复式地层测试 （1972）	重复式地层测试	模块化地层测试 （1990） 套管井地层测试 （2000）	

1. 地面仪器系统

测井技术在从模拟测井到数字测井、数控测井再到成像测井发展的过程中，地面仪器系统也经历了从检流计光点照相记录仪、数字磁带记录仪发展到目前的人机交互智能控制系统的过程。地面仪器系统以车载一台或多台计算机为核心，配备若干外围设备和辅助设备。计算机通过井下仪器接口装置控制井下仪器工作，自动完成测井作业过程，同时进行数据采集、存储、显示和数据实时处理，包括地面信号处理、显示系统、记录系统、电缆驱动系统及井口参数检测系统等。

2. 下井仪器

下井仪器由探测器、电子线路、机械部件及承受高温高压的钢质外壳等组成。探测器是一个将被测量的物理性质或技术状态转换成电信号的装置，探测器本质上就是传感器。下井仪器是测井仪器系统的重要部分，是"测井技术的眼睛"，通过下井仪器可以把井眼周围的地质情况以及岩层的各种物性分析清楚。下井仪器测量岩层的电化学、电性、声学、放射性等物性参数，也可以测量岩层的物质组成等参数，所以测井仪器的种类很多（表2-6），本书将会在"仪器分类"小节中进行重点介绍。

表2-6 国内外页岩气勘探开发常用的测井项目

类别	项目	地质应用
常规 测井	自然电位测井	划分地层，识别渗透性地层，地层对比，计算地层水电阻率以判识地层水性质，估算泥质含量
	自然伽马测井	划分岩性，地层对比，估算泥质含量
	井径测井	井眼状况、井身轨迹

（续表）

类别	项目	地质应用
常规测井	双侧向测井	确定地层的真电阻率，划分岩性剖面，快速、直观判断油/气、水层
	微球形聚焦电阻率测井	划分薄层，计算冲洗带电阻率，判断地层流体性质，裂缝识别
	补偿声波测井	划分地层，识别气层，计算地层孔隙度
	岩性密度测井	识别岩石矿物组分，计算孔隙度、泥质含量、有机质含量
	补偿中子测井	确定地层孔隙度，识别岩性，确定双矿物的比例，与石灰岩孔隙度曲线重叠定性判断气层
	井斜/温度/井液	测井资料校正，监测井身轨迹，地温梯度、气体温度校正
特殊测井	地层微电阻率扫描成像测井	裂缝识别与评价，地质构造解释，地层沉积相和沉积环境解释，储层评价，地应力方向确定，岩心深度归位和定向，高分辨率薄层分析与评价。
	超声成像测井	分析井眼的几何形状，推算地应力方向，确定地层厚度和倾角，探测裂缝/识别裂缝/划分裂缝带，进行地层形态和构造分析，对井壁取心进行归位，测量套管内径和厚度变化，检查射孔质量及套管损坏情况，水泥胶结评价
	阵列声波测井	识别岩性、划分地层，判断气层，计算地层孔隙度，指示渗透层，划分裂缝带，计算地层岩石力学参数、分析岩石机械特性，为地震勘探提供相关数据
	自然伽马能谱测井	干酪根异常指示、黏土矿物类型、地层矿物组分
	核磁共振测井	计算地层中泥质含量，区分泥岩的黏土类型并确定其含量，判断岩性，研究沉积环境、生油层，识别储集层
	元素俘获能谱测井	评价孔隙结构，评价储层流体，计算孔隙度、渗透率

3. 电缆传输系统

电缆传输系统是完成地面系统和井下仪器之间信号传输的系统，包括地面和井下的编码解码系统、电缆以及电缆驱动电路。由导电缆芯、绝缘层和钢丝编织层组成单芯或多芯铠装电缆，是向井内传送下井仪、给下井仪供电、在下井仪和地面仪之间传送信息的设备。

4. 辅助设备

辅助设备包括井口装置、深度系统、水平井测井专用工具等，本部分不作介绍。

2.2.2　仪器工作原理

测井时，根据油气田的地质特点选择需要测量的物理参数，使用测井绞车将相应的下井仪器挂接在电缆末端放入数千米深的井中。当电缆沿井身匀速上提时,操作人员操作计算机,启动测井系统程序,按时序发出命令,通过电缆传送给下井仪器,控制下井仪器的工作流程。下井仪器把地层和井眼的各种参数(如电阻率、声波时差、声波幅度、放射性强度、井径等)的数据经放大、简单处理和编码后,以电信号的形式,按帧通过电缆发送到地面。再由测井仪器车上的地面记录系统记录下来,记录的方式可以是曲线图,也可以是数字磁带。地面计算机系统对数据进行一系列处理后,输出按深度变化的测井曲线或图像,如图2-11所示。

图2-11 测井工作原理

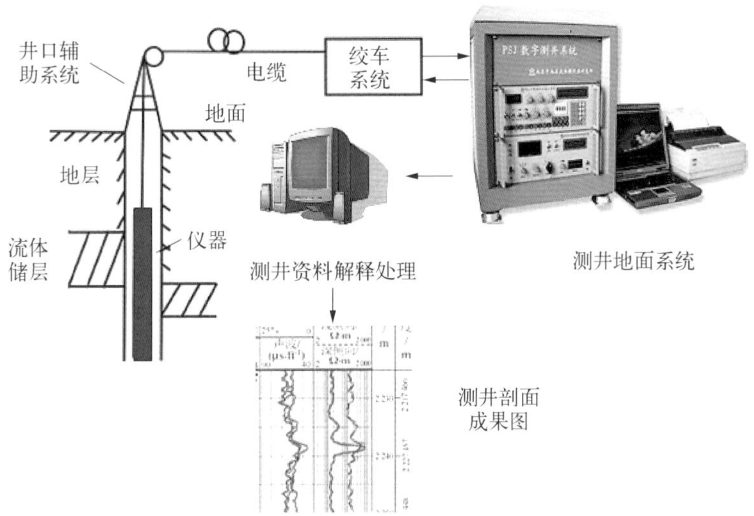

2.2.3 仪器分类

目前,在国内外页岩气勘探开发中使用了常规的9种测井仪,即自然电位测井仪、自然伽马测井仪、井径测井仪、双侧向测井仪、微球形聚焦电阻率测井仪、补偿声波测井仪、岩性密度测井仪、补偿中子测井仪以及井斜、温度、井液等测井仪器,另外还有一些特殊测井仪器,如微电阻率扫描成像测井仪、声成像测井仪、阵列声波测井仪、自然伽马能谱测井仪、核磁共振测井仪、元素俘获能谱测井仪等,下面分别作介绍。

1. 常规测井仪

(1) 自然电位测井仪

自然电位测井仪由一对测量电极、电子线路短节、耐高压高温钢质外壳组成。如图2-12所示。测井时,将测量电极 N 放在地面,电极 M 用电缆送至井下,沿井轴提升电极 M 测量自然电位随井深的变化,记录测井曲线 SP。

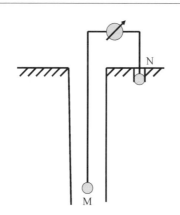

图2-12 自然电位测井原理

自然电位的大小受以下因素的影响: ① 地层水和泥浆滤液中含盐浓度比值; ② 地层岩性; ③ 地层温度; ④ 地层水和泥浆滤液中所含盐的性质; ⑤ 地层电阻率; ⑥ 地层厚度; ⑦ 井径扩大和泥浆侵入。

自然电位测井是一种最常用的测井方法,在页岩气勘探开发中具有划分地层、进行地层对比、计算地层水电阻率以及估算泥质含量的作用。

(2) 自然伽马测井仪

岩石所含的放射性核素的种类和数量不同,则岩石的自然放射性不同;不同的地层具有不同的自然放射性强度,因此自然伽马测井可以研究地层的性质。

自然伽马测井仪由探测器(闪烁计数器或盖革计数管)、电子线路短节、耐高压高温外壳等组成。电子线路短节包括测量电压/电流放大、检波器、振荡器、平衡放大器、检波滤波器、调制放大器、功率放大器。

自然伽马射线由岩层穿过泥浆、仪器外壳进入探测器,探测器将伽马射线转化为电脉冲信号,经过放大器把脉冲放大后,由电缆送到地面仪器,地面仪器把每分钟形成的电脉冲数(计数率)转变为与其成比例的电位差进行记录。仪器在井内自下而上移动测量,连续记录出井剖面岩层的自然伽马强度曲线 GR。

含气页岩层系的自然伽马曲线相对于碎屑岩类明显呈高值异常特征,并且固体有机质的含量越高,吸附岩石中放射性元素的能力越强,其放射性也就越高,自然伽马值显示高值(一般大于100API)。在页岩气勘探开发中,自然伽马测井是常用的一种方法,可以用来划分岩性、进行地层对比、估算泥质含量。

(3)双侧向测井仪

双侧向测井仪由双侧向电极系、电子线路短节、耐高压高温钢质外壳组成。

双侧向电极系有深浅2组电极系,如图2-13所示。主电极 A_0 居中,上下对称分布监督电极 M_1、M_1' 和 M_2、M_2',环状屏蔽电极 A_1、A_1',以及 A_1、A_1' 的外侧对称位置上的两个柱状电极。深侧向电极系使用两个柱状电极作为屏蔽电极 A_2、A_2';浅侧向电极系使用两个柱状电极作为回路电极 B_1 和 B_2。在电极系较远处装有对比电极 N 和深侧向电极系的回路电极 B。深、浅侧向测井记录的地层视电阻率分别为 R_{LLD} 和 R_{LLS}。

图2-13 双侧向测井仪电极系(左侧为深侧向电极系;右侧为浅侧向电极系)

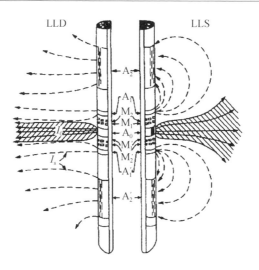

电子线路主要功能单元包括测量电压/电流放大、检波器、振荡器、平衡放大器、检波滤波器、调制放大器以及功率放大器。

含气页岩所含有的有机质不具有导电性,使得页岩的电阻率增大,测井曲线上含气页岩层的电阻率明显高于页岩,深、浅侧向电阻率曲线几乎重合。因此,在页岩气勘探开发中,双侧向测井是一种最常用的测井方法,可以用来:① 确定地层的真电阻率;② 划分岩性剖面;③ 快速、直观地判断油/气、水层。

(4)微球形聚焦电阻率测井仪

微球形聚焦电阻率测井仪由电极系、电子线路短节以及耐高压高温钢质外壳组成。

对于微球形聚焦电极系,在电极极板的中间矩形片状电极是主电极 A_0;依次向外矩形框电极为测量电极 M_0,辅助电极 A_1,监督电极 M_1、M_2,各电极均嵌在极板上。回路电极 B 设置在仪器外壳上或极板支撑架上。测井时借助于推靠器使电极系贴靠井壁进行测量(图 2 − 14)。

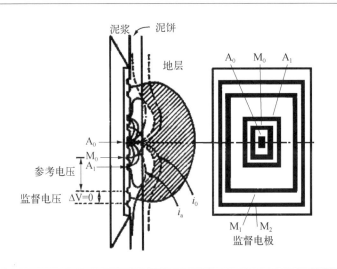

图 2 − 14　微球形聚焦电阻率测井电极系

电子线路主要功能单元包括测量电压/电流放大、检波器、振荡器、平衡放大器、检波滤波器、调制放大器以及功率放大器。

在页岩气勘探开发中,自然伽马测井可以用来划分薄层、计算冲洗带电阻率 R_{xo}。

(5)补偿声波测井仪

补偿声波测井仪由声系、电子线路和隔声体组成。

声系采用双发射双接收换能器,两个发射换能器 T_1、T_2,两个接收换能器 R_1、R_2(图 2-15)。测井时,电子线路每隔一定的时间给发射换能器一次强的脉冲电流,使换能器晶体受到激发产生振动而发射声波。声波信号经地层传播至接收换能器 R_1、R_2,经压电效应而形成电信号,电信号被放大后经电缆送至地面仪器记录为 Δt_1、Δt_2、Δt。

图 2-15 补偿声波测井仪声系及记录的声波时差曲线

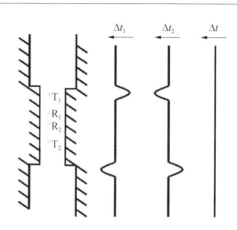

页岩比泥岩致密,孔隙度小,声波时差介于泥岩和砂岩之间。当其中的有机质含量增加时,其声波时差增大,页岩气储层声波时差值显示高值,或出现周波跳跃现象。在页岩气勘探开发中,补偿声波测井也是一种常用的方法,可以用来划分地层、判断气层以及计算地层孔隙度。

(6)岩性密度测井仪

不同的矿物具有不同的密度,不同的岩石其密度不同。岩性密度测井是根据伽马射线与地层的康普顿效应测定地层密度,用以识别岩性的一种测井方法。

岩性密度测井仪由一个放射性伽马源、两个接收伽马射线探测器(闪烁计数器,即长源距探测器和短源距探测器)以及电子线路短节、推靠滑板、耐高压高温外壳等组成,如图 2-16 所示。

电子线路短节主要功能单元有测量电压/电流放大、检波器、振荡器、平衡放大器、检波滤波器、调制放大器以及功率放大器等。

岩性密度测井仪的伽马源和探测器安装在滑板上,测井时被推靠到井壁上。通常

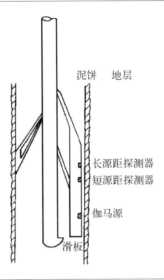

泥饼　地层

长源距探测器

短源距探测器

伽马源

滑板

图2-16　岩性密度测井示意

使用137 Cs作伽马源发射中等能量的伽马射线,伽马射线照射到物质上产生康普顿散射和光电效应。不同密度的地层对伽马光子的散射和吸收的能力不同,因此探测器接收到的伽马光子的数量也就不同。

在页岩气勘探开发中,岩性密度测井可以用来识别岩性、划分地层、计算孔隙度以及确定泥质含量、有机质含量。

(7) 补偿中子测井仪

中子测井利用中子和地层相互作用的各种效应来研究钻井剖面地层的性质。

补偿中子测井(Compensated Neutron Logging, CNL)仪由一个放射性中子源、长短源距探测器(闪烁计数器)、电子线路短节以及耐高压高温外壳等组成。电子线路短节包括中子脉冲处理板(模拟电路)、处理器板(数字处理)和高压部分,主要功能单元包括测量电压/电流放大、检波器、振荡器、平衡放大器、检波滤波器、调制放大器、功率放大器等。

测井时,由下井仪器中的中子源向地层发射快中子,快中子在地层中运动与地层物质的原子核发生一系列核反应,即快中子非弹性散射、快中子对原子核的活化、快中子的弹性散射和热中子的俘获,探测器探测超热中子、热中子或次生伽马射线的强度,用以研究地层的孔隙度、岩性以及孔隙流体性质等地质问题。

补偿中子测井仪示意如图 2 – 17 所示。测井时,利用中子源向地层发射快中子,快中子与地层中的原子核发生弹性散射被减速为热中子,两个探测器接收热中子并记录热中子数量,得到两个计数率 $N_t(r_1)$ 和 $N_t(r_2)$。根据用石灰岩刻度的仪器得到的计数率比值 $N_t(r_1)/N_t(r_2)(r_1 > r_2)$ 与石灰岩孔隙度 ϕ_N 的关系,补偿中子测井直接给出石灰岩孔隙度值。

图2–17 补偿中子测井仪示意

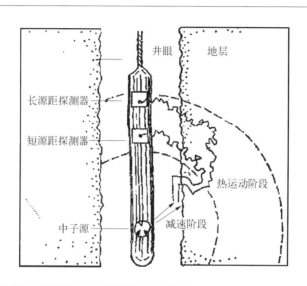

补偿中子测井可以反映地层的含氢指数,黏土含量较高的页岩束缚水含量较高,具有较高的中子测量值,而富有机质含气页岩中干酪根和天然气含氢指数低于黏土矿物中的结晶水,使中子测量值偏低。在页岩气勘探开发中,补偿中子测井也能发挥重要作用,可以用来:① 确定地层孔隙度 ϕ_N;② 与密度测井(Formation Density Logging,FDC)的体积密度值绘制交会图,确定地层的孔隙度 ϕ_{ND} 的大小和岩性,若是双矿物岩石,可以确定双矿物的比例;③ $\phi_D – \phi_N$ 交会图直观确定岩性;④ FDC 与 CNL 石灰岩孔隙度曲线重叠定性判断气层。

2. 特殊技术测井

(1)地层微电阻率扫描成像测井仪

地层微电阻率扫描成像测井代表性仪器包括斯伦贝谢 FMS/FMI、阿特拉斯公司

STAR Imager、哈里伯顿公司 EMI 等。下面将主要介绍斯伦贝谢的 FMI。

FMI 仪器主要包括遥测、控制、绝缘短节、采集等电子线路短节以及测斜部分、极板和探头等。FMI 仪器有四个相互垂直的推靠臂,每个推靠臂上有一个主极板和一个折页极板,在第 2 号、4 号、6 号、8 号极板上分别安装若干个间距很小的纽扣状电极(也称阵列电极),极板被推靠在井壁上进行电阻率测量。随着极板个数的增加,阵列电极对井壁围地层的覆盖率也不断增加,甚至几乎可以覆盖全井眼,形成井周地层微电阻率扫描图像。测井仪器纵向分辨率极高,能划分厚度为 0.2 in(5 mm)的超薄层,径向探测深度为 1 ~ 2 in(2.5 ~ 5 cm),获得的成像测井图像如实际岩心照片一样清晰且直观(图 2 - 18)。

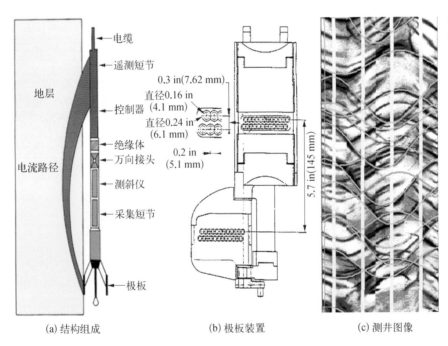

图 2 - 18 FMI 结构组成、极板装置和测井图像

(a) 结构组成　　(b) 极板装置　　(c) 测井图像

在页岩气勘探开发中,地层微电阻率扫描成像测井图像主要的地质应用包括:① 裂缝识别及评价;② 地质构造解释;③ 地层沉积相和沉积环境解释;④ 储层评价;⑤ 地应力方向确定;⑥ 岩心深度归位和定向;⑦ 高分辨率薄层分析与评价。

（2）超声成像测井仪

目前有代表性的超声成像测井仪器包括斯伦贝谢的 USI 和 UBI，阿特拉斯的 CBIL，哈里伯顿的 CAST，国内华北油田的井下电视仪等。

仪器的核心部件是一个由片状压电陶瓷材料制成的超声换能器，该换能器既用作发射器，也用作接收器。它由一个马达驱动，在井下可作 360°旋转［图 2 - 19（a）（b）］。通常用 1 500 Hz 的电脉冲激发换能器，使其发射超声波。声波沿井眼钻井液传播，在井壁被反射，又返回换能器。换能器将接收到的声波信号转换成电信号后经电子线路送到地面系统。地面系统记录两个参数，换能器接收到的回波信号幅度［图 2 - 19（c）］，以及声波从换能器到井壁并返回换能器的这一段传播时间。数据经处理后得到井壁声波成像图［图 2 - 19（d）］。

在页岩气勘探开发中，井壁超声成像测井图像主要的地质应用包括：① 360°空间

图 2 - 19
井壁超声成像测井测量原理以及成果

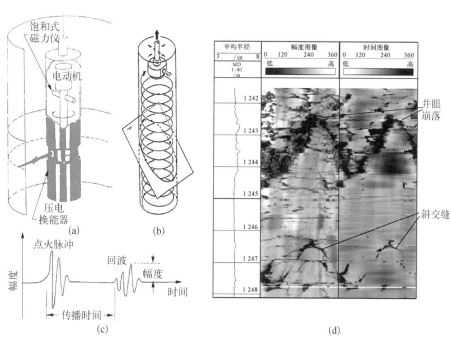

（a）驱动电机、换能器和磁力仪结构示意图；（b）换能器声脉冲在井壁的扫描线示意图；（c）测量的脉冲-回波信号；（d）井壁声波成像图

范围内的高分辨率井径测量,分析井眼的几何形状,推算地应力方向;② 确定地层厚度和倾角;③ 探测裂缝,识别裂缝,划分裂缝带;④ 进行地层形态和构造分析;⑤ 对井壁取心进行归位;⑥ 测量套管内径和厚度变化,以检查射孔质量及套管损坏情况;⑦ 水泥胶结评价。

(3) 阵列声波测井仪

阵列声波测井代表性的仪器有斯伦贝谢公司的偶极子声波成像测井仪(Dipoleshear Sonic Imager, DSI),阿特拉斯公司的多极子阵列声波测井仪(MAC)、正交多极子阵列声波测井仪(XMAC),以及哈里伯顿公司推出的低频偶极子横波测井仪、正交偶极子阵列声波测井仪。这些仪器的工作原理大同小异,下面以 DSI 为例予以介绍。

DSI 主要由发射器、接收器、隔声体和电子线路短节四部分组成,如图 2-20 所示。发射器由三个发射器单元组成,即一个单极子压电陶瓷换能器以及两个相互垂直且相距 6 in(15.2 cm)的偶极子换能器。接收器包括八个接收器组,每组有两对偶极子换能器,一对与上偶极子发射器在同一直线上,接收来自上偶极子的信号;另一对与下偶极子发射器在同一直线上,接收来自下偶极子的信号。

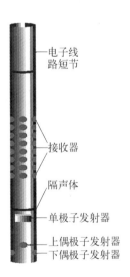

图 2-20 DSI 仪器结构示意

测井时,使用低频脉冲激励单极子发射器产生斯通利波,使用高频脉冲激励单极子发射器产生纵波及横波,使用低频脉冲激励偶极子发射器产生纵波及横波。在大井眼、非常低速的地层中,常使用小于1 kHz 的脉冲激励偶极子以获取横波。

电子线路短节部分并行采集并同时数字化 8 个独立波形,把多次发射产生的波形叠加起来进行自动增益控制,并把信号传输到地面系统,同时记录每条波形的幅度,并检测纵波首波计算出声波时差。

在页岩气勘探开发中,阵列声波测井资料可用于识别岩性、划分地层,判断气层,计算地层孔隙度,指示渗透层,划分裂缝带,计算地层岩石力学参数、分析岩石机械特性以及为地震勘探提供相关数据。

（4）自然伽马能谱测井仪

自然伽马能谱测井仪测量地层的天然辐射伽马能谱,通过能谱分析,能够确定地层中钍、铀、钾含量及放射性总强度。仪器由探测器、电子线路短节以及钢质外壳等组成。探测器由 CsI 晶体和光电倍增管构成。

测井时,地层中的自然伽马射线打到探测器上后,探测器输出电信号,电子线路对电信号进行处理后送到地面系统,地面系统进一步处理绘成伽马能谱图,经过解谱计算获取地层的钍、铀、钾含量及放射性总强度。

在页岩气勘探开发中,利用自然伽马能谱测井得到的这些参数可以计算地层中泥质含量,区分泥岩的黏土类型并确定其含量,判断岩性,研究沉积环境、生油层以及识别储集层等。

（5）核磁共振测井仪

核磁共振测井的代表性仪器有 NUMAR 公司的核磁共振成像测井（Magnetic Resonance Imaging Logging, MRIL）系列、磁共振成像（Magnetic Resonance Imaging, MRI）,阿特拉斯公司的 MRIL－C、MRIL－C/TP、MREx,哈里伯顿的 MRIL－Prime,斯伦贝谢公司的 CMR/CMR－Plus、MR Scanner 等。这些仪器的设计原理和工作原理大都相似,下面以 MREx 为例进行介绍。

MREx 核磁共振测井仪核心部件为磁铁和天线（图 2－21）,天线是由两组平行放置的、磁场极性一致的线圈组成,一组为负责脉冲信号发射和回波信号接收的天线,另外一组为降低井眼泥浆信号影响的扰流天线;可以使用 12 个频率（450～880 kHz）进

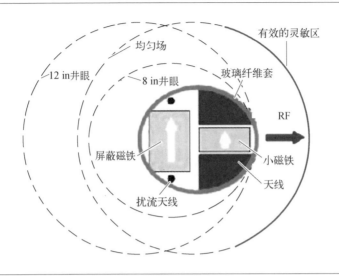

图2-21 MREx 天线和磁铁设计横截面示意

行工作,探测灵敏区为横截面为120°的扇形壳,MREx 仪器的探测范围在 2.6~4.5 in。仪器设计的频率带宽为 12 kHz,相邻两个频带主频相差 25 kHz,对探测区深度的选择非常灵活。

MREx 采用高度简化的模块化控制,针对不同的井眼和地层条件设置不同的测量模式,通过测量地层岩石孔隙流体中氢核的核磁共振弛豫信号的幅度和弛豫速率,分析地层岩石孔隙结构和孔隙流体的有关信息。

核磁共振测井不受岩石骨架的影响,核磁共振测井资料解释的孔隙度比常规测井解释的要准确,尤其对低孔地层效果更好。在页岩气勘探开发中,核磁共振测井资料可用于评价孔隙结构、测量孔隙度、进行储层流体评价以及计算渗透率。

(6)地层元素测井仪

元素俘获能谱测井仪主要由 Am - Be 中子源、BGO 晶体探测器、光电倍增管以及电子线路等构成(图 2-22)。

测井时,Am - Be 中子源产生的快中子进入地层,与地层物质的原子核发生作用而释放出伽马射线,BGO 晶体探测器检测到伽马射线后输出电信号。电信号经电子线路处理并被传输到地面系统,地面系统进一步处理得到非弹性散射和俘获伽马能谱,然后利用谱分析技术等方法得到地层元素含量、地层矿物类型及含量。

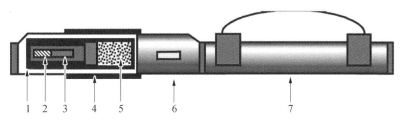

图2-22 元素俘获能谱测井仪结构简图

1—真空装置;2—散热片;3—电子线路;4—硼砂罩;5—BGO 晶体探测器;6—Am-Be 中子源;7—电子线路短接

页岩矿物成分复杂,地层元素测井技术在页岩气评价中有着独特的作用:① 可进行岩性识别,一般页岩储层呈中铝、高硅、低钙、中铁特征;② 计算矿物含量;③ 计算岩石骨架参数、储层孔隙度。

2.2.4　常用的成像仪器装备

下面简单介绍目前常用的三种成像测井系统,分别是阿特拉斯公司的 ECLIPS-5700、哈里伯顿公司的 EXCELL 2000、斯伦贝谢公司的 MAXIS 500,如表2-7 所示。

1. ECLIPS-5700 测井系统

ECLIPS-5700 测井系统是阿特拉斯公司在 CLS-3700 基础上研制、于20 世纪90 年代推出的成像测井系统,由地面仪器系统、电缆数据传输系统及配套下井仪器组成。地面仪器系统以 2 台 HPC3600 工作站为控制中心,采用多 CPU、多处理器操作系统 (UNIX),允许每个 CPU 同时执行多个任务、多进程同步进行,提供多用户、多任务工作系统,通过人机交互方式控制井下仪器感测地层的各项物性参数、处理并记录测量信号、存储测量数据并传送至地面进行显示,并且可现场快速直观解释。该系统满足现代测井仪器阵列化、谱分析化、成像化的大规模数据处理的要求。ECLIPS-5700 测井系统包括地面仪器系统、电缆数据传输系统和下井仪器系统。

1) 地面仪器系统

ECLIPS-5700 地面仪器系统主要可分为以下 6 部分。

系统名	ECLIPS-5700	EXCELL-2000	MAXIS-500
地面装备	两台 IBM RS6000 工作站计算机测井系统; 实时多任务; 智能接口; 全冗余系统	三台以太网连接的 HP730 工作站计算机测井系统; 实时多任务; 智能接口; 全 CPU 冗余	三台以太网连接的 Micro Vax Ⅲ + cpi3000 阵列处理器计算机测井系统; 实时多任务; 智能接口; 全冗余系统
电缆遥传	217.6 kb/s 传输速率可选	230 kb/s	500 kb/s 传输速率可选 兼容 CTS
井下仪器	微电阻率成像 EMI 阵列声波 DAC 六臂倾角 SEDT 高分辨率感应 HRI 声波扫描 CAST 自然伽马 NGRT 选择式地层测试器 SFT 使用 PIO 接口面板,支持其他非 DITS 传输仪器	阵列声波 DAC 多极阵列声波 MAC 井周声波 CBIL 微电阻率扫描成像 STAR 数字垂直测井 DVRT 磁共振成像 MRIL 双相量感应 DPIL 六臂倾角 HDIP 高分辨率电阻成像 通过转换接头(3516),可与其他非 WTS 仪器连接	地层微电阻扫描 FMI 偶极横波声波 DSI 超声波成像 USI 阵列感应 AIT 地震成像仪 CSI 核孔隙度岩性仪 NPLT 模块式地层地态测试仪 MDT 方位电阻率成像 ARI CSU 系列下井仪

表 2-7 三种成像测井系统的技术概况

(1) 基于 HP-UNIX 操作系统的计算机,根据用户指令对输入数据完成各种处理并将其输出到各种外围设备。

(2) 接线控制面板,其功能是连接电缆和固定面板,控制下井仪器的工作切换、马达供电和通信,把信号传输至采集面板。

(3) 采集面板,将编码信号或者由接线控制面板送来的原始信号转换成计算机可以接收的信号。

(4) 人机交互设备,包括键盘、鼠标和显示器等完成用户和计算机之间的联系。

(5) 外围设备,包括存储设备、输出设备、监视器和信号模拟器等,主要有硬盘、软驱、刻盘机、磁带机、绘图仪、示波器及信号模拟面板。

(6) 安全控制开关面板,确保电源能够通过电路连接到测井电缆;在射孔和取芯以及其他爆炸作业时将地面面板和下井仪器安全隔离。

2) 电缆数据传输系统

ECLIPS-5700 测井系统的电缆数据传输短节(3514)在井下建立起一期总线,作为数据转发器,它仅完成对地面控制命令和下传数据的解编,并根据命令中的仪器地址,将命令传给相应的仪器。挂在仪器总线上的各个数字下井仪器接受地面命令,并把采集的数据通过模式转换变压器直接发往地面测井系统。

电缆数据传输系统短节设计有内部传感器可采集保温瓶内温度、电缆头电压以及交流马达供电电压等并上传给地面系统。

3) 配套下井仪器

ECLIPS - 5700 测井系统除了具有所有 CLS - 3700 测井系统的常规测井项目外,还配备了下列特殊的下井仪器: 岩性密度测井仪(WTS Z - Density)、薄层电阻率测井仪(TBRT)、伽马能谱测井仪(WTS Spectralog)、可选择性双侧向测井仪(DLL - S)、核磁共振测井仪(MRIL - C MRex)、环周声波成像测井仪(CBIL)、微电阻率扫描成像测井仪(STAR Ⅱ、STAR Ⅲ、STAR Ⅳ)、多极子阵列声波测井仪(MAC、XMAC Ⅱ)、数字声波测井仪(DAL)、高分辨率感应测井仪(HDIL)、阵列感应测井仪(DPIL)以及分区水泥胶结测井仪(SBT)。

4) 下井仪器简介

目前用于页岩气勘探的测井仪器主要有以下 5 种。

(1) 自然伽马能谱测井仪

自然伽马能谱测井仪的技术指标如表 2 - 8 表示。

表 2-8 自然伽马能谱测井仪技术指标

参 数	技 术 指 标
直 径	3.625 in
最高温度	204℃
最大压力	137.9 MPa
重 量	64.4 kg
最大测井速度	能谱: 30 ft[①]/min 或 10 ft/min; GR: 30 ft/min
井眼范围	约 4.75 in
测量范围	0.04 ~ 3.5 MeV/2500API(±3%); K: 100%(±4%); U: 250 × 10⁻⁶ g/g(±4%); Th: 700 × 10⁻⁶ g/g(±4%)
放射源	137 Cs 2 Ci[②]
井径范围	6 ~ 16 in(±0.3 in)

① 1 英尺(ft) = 0.304 8 米(m)。
② 1 Ci = 3.7 × 10¹⁰ Bq。

（续表）

参　数	技　术　指　标
有效探测深度	12 in
垂向分辨率	15 in

（2）岩性密度测井仪

岩性密度测井仪采用长、短源距探测器，以 137 Cs 为放射源，测量地层对伽马射线的吸收特性以分析地层的体积密度（ρ）和光电吸收指数（Pe）。另外，仪器的推靠臂一方面使得探测器贴井壁测量，同时还可以进行井径测量。其技术指标见表 2－9。

表2－9 岩性密度测井仪技术指标

参　数	技　术　指　标	参　数	技　术　指　标
直　径	4.88 in	密度测量范围	1.3～3.0 g /mL(±0.025 g /mL)
最高温度	204℃	放射源	137 Cs　2 Ci
最大压力	137.9 MPa	井径范围	6～16 in(±0.3 in)
重　量	213.3 kg	有效探测深度	8 in
测井速度	30 ft /min	垂向分辨率	19 in
井眼范围	6～22 in		

（3）MRIL－C 型核磁共振测井仪

MRIL－C 型核磁共振测井仪主要由供电电容短节（Cap Sub 3206PA）、高压电源短节（Pwr. Boost 3206QA）、探头短节（Magnetic/Antenna 3207/8MB）和电子线路短节（Electronics 3206EC）组成（图 2－23）。3206QA 由 12 个电容集成板组成，测井时输出

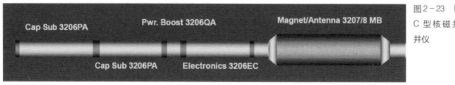

图2－23 MRIL－C 型核磁共振测井仪

10~16 A 的高压射频脉冲;3207/8MB 由永久磁铁和发射线圈(天线)组成。其技术指标见表 2-10。测井资料用于评价页岩气储层孔隙结构和储层流体以及计算孔隙度、渗透率等。

表 2-10　MRIL-C 型核磁共振测井仪技术指标

有效探测深度	4 in(对 8 in 井眼)
适应井径大小	5~7½ in(对 4.5 in 探头) 7½~13 in(对 6 in 探头)
探测直径	9~13 in(对 4.5 in 探头) 4~6 in(对 6 in 探头)
最高温度	155℃(311℉)
最低温度	−20℃
最小井眼电阻率	0.02 Ω·m
最大地层电阻率	0.15 Ω·m
测井速度	3~10 ft/min

(4) XMAC-II 交叉偶极子阵列声波测井仪

仪器将一个单极阵列和一个偶极子阵列正交组合在一起,两个阵列配置是完全独立的,各自具有不同的传感器。单极子阵列包括两个单极子声源和 8 个接收器。声源发射器发射的声波是全方位的,中心频率为 8 kHz。偶极子阵列是由两个正交摆放(相差 90°)的偶极子声源及 8 个交叉式偶极子接收器组成。接收器间距为 0.5 ft。由数据采集短节、接收探头短节、隔声体短节、发射探头短节及发射控制电子线路短节组成(图 2-24)。其仪器指标见表 2-11。测井资料用于识别页岩气储层气层,计算地层孔隙度和地层岩石力学参数等。

图 2-24
XMAC-II
交叉偶极子
阵列声波测
井仪

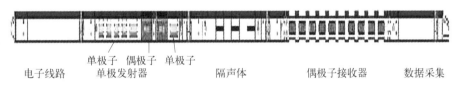

| 电子线路 | 单极子
单极发射器 | 偶极子 | 单极子 | 隔声体 | 偶极子接收器 | 数据采集 |

表2-11 XMAC-II交叉偶极子阵列声波测井仪技术指标

测量范围	单极全波列	40～300 μm/ft	
	偶极全波列	80～1 000 μm/ft	
	四极全波列	80～TBD μm/ft	
	斯通利波全波列	180～600 μm/ft	
仪器长度		35 ft 11.5 in(10.96 m)	
仪器最大外径		9.86 cm	
适应井眼范围		11.4～45.5 cm	
仪器承受最大拉力		26 500 lb(12 000 kg)	
推荐测速	模式1	15 ft(4.57 m)/min	
	模式2	28 ft(8.53 m)/min	
接收探头	数量	8个	
	间距	0.5 ft	
最高工作温度		177℃(8 h)	
最大承受压力		137 MPa	

（5）地层岩性能谱测井仪

地层岩性能谱测井仪（Formation Lithology Spectrometer，FLS）由高频率的 D－T 脉冲中子发生器、BGO 晶体闪烁探测器、高速井下传输线路和高强度钛外壳组成，并采用相应的中子和伽马屏蔽体来消除井眼等环境伽马的影响，仪器探测器示意如图 2－25 所示。测井资料可以用于计算矿物含量、识别岩性，计算岩石骨架参数、储层孔隙度和有机碳含量 TOC。

2. EXCELL2000 成像测井系统

EXCELL2000 成像测井系统是哈里伯顿公司推出的综合性测井平台。它采用冗余设计、双系统配置,使用 RISC6000 工作站,支持硬件升级,以 UNIX 为操作系统,提供多用户、多任务工作系统,主要由地面仪器系统、电缆数据传输系统及配套下井仪器组成。

1）地面仪器系统

地面仪器系统包括3个功能子系统：电源功能子系统、接口功能子系统和处理功能子系统。

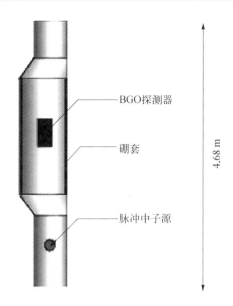

图 2 - 25 地层岩性能谱
测井仪

BGO探测器

硼套

脉冲中子源

4.68 m

2）下井仪器

下井仪器包括以下常规 DIT 系列仪器：高分辨率感应测井仪、双侧向测井仪、微球聚焦/微电极测井仪、全波列声波测井仪、谱密度测井仪、双源距中子测井仪、补偿自然伽马能谱测井仪、井眼特性测井仪以及套管接箍定位器等。

特殊仪器包括高温小井眼测井仪器系列（Heat）、微电阻率成像测井仪（EMI）、环井眼声波成像测井仪（CAST - V）、核磁共振测井仪（MRIL - Prime）及可释放电缆头（RWCH）等。

3）下井仪器简介

（1）双侧向测井仪

双侧向测井仪（Dual Latero-log Tool，DLLT）技术指标见表 2 - 12,测量指标见表 2 - 13。

（2）能谱密度测井仪

该能谱密度测井仪（Spectral Density Logging Tool，SDLT）使用两个探测器,这主要是用来补偿井眼流体和井眼不规则性对测量值的影响。其技术指标见表 2 - 14。

最大温度	177℃	要求测速	18 m/min
最大直径	92 mm	长度	10.3 m
最大压力	137 900 kPa	采样速率	4 或 10 点/ft
最大井眼	609.6 mm	信号发射速率	连续
最小井眼	114.3 mm	质量	182 kg
钻井液要求	咸水钻井液		
信号类型	131.25 Hz(LLD),1 050 Hz(LLS)		

表 2-12 双侧向
测井仪技术指标

项　　目	深侧向(LLD)	中侧向(LLS)
测量范围	0.2~40 000 Ω·m	0.2~2 000 Ω·m
垂直分辨率	61 cm	61 cm
探测深度	152~213 cm	61~91 cm
测量精度	±5%	±5%
主要曲线	LLD,LLS	

表 2-13 双侧向
测井仪测量指标

参　数	技 术 指 标	参　数	技 术 指 标
最大温度	177℃	要求测速	9 m/min
最大直径	114.3 mm	长度	5.87 m
最大压力	137 900 kPa	采样速率	4 或 10 点/ft
最大井眼	558.8 mm	信号发射速率	连续
最小井眼	139.7 mm	质　量	191 kg
钻井液要求	咸水钻井液、淡水钻井液、油基钻井液	信号源类型	1.5-Ci 铯-137
测 量 参 数			
	密度容量	Pe	Pe 高分辨
测量范围	1.0~3.1	0~5	0~5
垂直分辨率	33 in(标准的)	10 cm	5 cm
探测深度	3.8 cm	1.3 cm	1.3 cm
灵敏度	0.37%	1.6%	5.3%
主要曲线	RHOB, DHRO, Pec		

表 2-14 岩性密
度测井仪技术指标

（3）补偿自然伽马能谱测井仪

补偿自然伽马能谱测井仪（Compensated Spectral Natural Gamma, CSNG）采用 NaI 晶体来探测地层中的伽马射线，通过光电倍增管将光电信号转化为电压脉冲，通过 ADC 将电压信号变成数字信号，由 ADC 形成的数据被送入低、高谱存储器，并上传给地面系统，经处理形成所需要的测井信息。其技术指标见表 2-15。

表 2-15 补偿自然伽马能谱测井仪技术指标

参 数	技 术 指 标	参 数	技 术 指 标
最大温度	200℃	要求测速	3 m/min
最大直径	92 mm	长 度	4.5 m
最大压力	137 900 kPa	采样速率	4 或 10 点/ft
最大井眼	508 mm	信号发射	连续
最小井眼	114.3 mm	质 量	123 kg
钻井液要求	咸水钻井液、淡水钻井液、油基钻井液	测量范围	0～1 500 API
传感器类型	NaI 晶体	垂直分辨率	30 cm
最大探测深度	38.1 cm	测量精度	±3%
主要曲线	GRKUT、GRKT、GRTH 和铀、钍、钾成分		

（4）MRIL-P 核磁共振测井仪

MRIL-P 核磁共振测井仪主要功能是测量孔隙大小的分布，从而可以确定不受骨架影响的孔隙度、自由流体孔隙度、束缚水饱和度、黏土束缚水的孔隙度和渗透率。其技术指标见表 2-16。

表 2-16 核磁共振测井仪技术指标

参 数	技 术 指 标	参 数	技 术 指 标
最大温度	170℃	最大扭矩	454 kg
最大直径	12.38 mm	最大张力	14 515 kg
最大耐压极限	16 782 kg	长 度	15.36 m
最大工作压力	137 900 kPa	采样速率	4 或 10 点/ft
最大井眼	21.6 cm	信号发射速率	
最小井眼	17.78 cm	质 量	213.2 kg
钻井液要求	钻井液电阻率大于 0.02 Ω·m	信号类型	脉冲信号，500～800 kHz

（5）地球化学测井仪

哈里伯顿公司的地球化学测井仪（Geochemical logging，GEM）采用[241]Am－Be同位素中子源和1个BGO晶体探测器，采用优化的中子和伽马射线屏蔽来提高信噪比。GEM通过和直径90 mm的测井短节组合使用，一次下井能够进行补偿中子测井、伽马-伽马密度测井和自然伽马能谱测井（图2－26）。

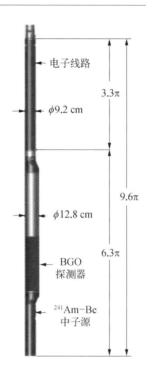

图2-26　GEM测井仪

测井过程中能够实时输出元素含量进行地层岩性评价。探测器部分最大直径为120 mm；探测器部分的上部和下部都是偏心设计，有利于其他偏心仪器的连接；仪器贴井壁测量，连接扶正器可在直径500 mm的井眼进行测量。该仪器可以在油基泥浆、水基泥浆及孔隙钻井条件下使用，纵向分辨率为54 cm。

3. MAXIS－500 成像测井系统

MAXIS－500 成像测井系统是斯伦贝谢公司20世纪90年代初推出的多任务采集成像测井系统。

1）地面仪器系统

MAXIS-500 成像测井系统中地面系统包括三台以太网连接的 Micro Vax 主机、两台彩色监视器、一台彩色绘图仪和一台黑白绘图仪、一台圆盘磁带记录仪、两台 4 mm 高密度微型盒式磁带记录仪、一台 5.25 in 或 3.5 in 软盘驱动器、井下仪模块接口以及双阵列处理器 CPI3000。

2）下井仪器

下井仪器包括地层微电阻率扫描成像（Formation Microscanner Images，FMI）、阵列感应测井仪（Array Induction Tool，AIT）、方位电阻率成像（Azimuthal Resistivity Imager，ARI）、超声波成像（Ultrasonic Imager，USI）、偶极横波声波、可组合地震成像仪（Combinable Seismic Imager，CSI）、核孔隙度岩性仪（Nuclear Porosity Lithology Tool，NPLT）、模块式地层动态测试仪（Modular Formation Dynamics Tester，MDT）、核磁共振测井仪（Combinable Magnetic Resonance，CMR）以及储层饱和度测井仪器（Reservoir Saturation Tool，RST）。

3）下井仪器简介

（1）CMR 核磁共振测井仪

组合式核磁共振测井仪采用磁性很强的永久磁铁产生静磁场，在井眼之外的地层中建立一个比地磁场强度大 1 000 倍的均匀磁场区域，天线发射 CPMG 脉冲序列信号并接收地层的回波信号。

CMR 仪为小型滑板仪，连接长度为 14.2 ft，重 150 kg，CMR 必须用弓形弹簧，在线偏心器或动力井径进行偏心测量。探测器最大宽度为 5.3 in，带有滑套弓形弹簧的最大总直径为 6.6 in。仪器的基本特点见表 2-17。

表 2-17 CMR 仪器的参数响应特征

仪器参数	最大测速	探测深度	纵向分辨率	共振频率	回波间隔	耐温	仪器外径	耐 压
回波串	82 m/h（砂岩）	2.5 cm（从井壁起）	25 cm（慢测）	2 MHz	0.32 ms	175℃	17/13.5 cm	137.9 MPa
	91 m/h（石灰岩）		15 cm（点测）					

（2）阵列感应测井仪

斯伦贝谢公司的阵列感应测井仪（AIT）采用 8 个不同发射器/接收器间距的方式，所有线圈都作为独立的仪器工作，间距为 6 in ~ 6 ft。它的另一特点是 8 对接收线圈共用一个发射线圈，同时以 3 种不同频率（26.325 kHz、52.65 kHz 及 105.3 kHz）工作（图 2 - 27）。AIT 共测量 28 个原始分量和虚分量信号。其性能指标及测井限制见表 2 - 18。

图 2 - 27 阵列感应测井仪

1—仪器头护帽
2—CTS 遥传短节
3—扶正器
4—仪器电源短节
5—DSP 数据采集短节
6—前置放大器
7—扶正器
8—线圈系
9—压力平衡短节
10—发射电路短节

表 2 - 18 AIT 性能指标及测井限制

参　　数		性　能　指　标
长　度		40.3 ft（12.3 m），若不带 SP 短节为 33.5 ft
直　径		3⅞ ft（1 180 mm）
质　量	探　头	290 lb（131 kg）
	电子线路	250 lb（113 kg）
	发射器部分	35 lb（16 kg）
测　速		3 600 ft/h
耐　温		350℉（177℃）

（续表）

参　数	性　能　指　标
耐　压	2 000 psi(14 MPa)
最小合适井眼尺寸	4¾ in(120.7 mm)
组合性	上端和下端除地层测试器以外的标准仪器均可配接
精度(深度)	上端和下端除地层测试器以外的标准仪器均可配接
精度(深感应曲线)	2%±0.7 ms/m

（3）元素俘获能谱测井仪

元素俘获能谱测井仪（Elemental Capture Spectroscopy，ECS）主要由 592 GBq（16 Ci）^{241}Am－Be 中子源和 1 个 BGO 晶体探测器组成,利用硼套来减少非地层俘获产生的伽马射线。中子进入地层后与元素原子核作用放出非弹性散射伽马射线和俘获伽马射线,利用 BGO 探测器记录 254 道伽马能谱,每种元素产生特定能量的特征伽马射线,其计数率与元素的丰度成比例（图 2－28）。

图 2－28　ECS 测井仪

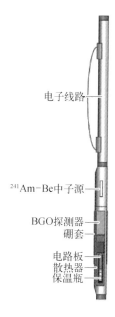

电子线路

^{241}Am-Be中子源

BGO探测器
硼套
电路板
散热器
保温瓶

4）贝克休斯的页岩气评价套件

针对页岩气储层的特点,贝克休斯公司近年来特意推出了评价页岩气储层评价套件,提供了一套完整的地层评价测井仪器系统,可以完成孔隙度测量、页岩气地质储量评估(其中包括吸附气和游离气)及气藏应力状态量分析等。这套测井仪器系列所包含的仪器组合如图 2-29 所示。常规测井包括井径、自然伽马能谱、高分辨率感应电阻率、中子孔隙度和密度孔隙度等测井仪器。特殊测井包括地层岩性探索仪器(FLeX™)、XMAC™ FI、高级核磁共振 T1-T2 谱测井仪器、STAR™ 成像仪(环井壁成像侧井 CBIL™)、EARTH 成像仪(EI™)及旋转式井壁取心 MaxCOR 等测井仪器。这一系列仪器将贝克休斯的优势产品融合在一起,为页岩气储层评价及开发提供解决问题的最佳方案。

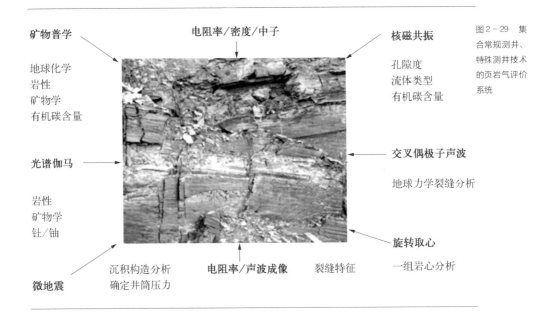

矿物普学

地球化学
岩性
矿物学
有机碳含量

电阻率/密度/中子

核磁共振

孔隙度
流体类型
有机碳含量

图 2-29 集合常规测井、特殊测井技术的页岩气评价系统

光谱伽马

岩性
矿物学
钍/铀

交叉偶极子声波

地球力学裂缝分析

微地震

沉积构造分析
确定井筒压力

电阻率/声波成像

裂缝特征

旋转取心

一组岩心分析

2.3 重磁电法勘探仪器

重力勘探、磁法勘探和电法勘探利用重磁电法勘探仪器测量天然重力场、电磁场,

从获得的重力异常、电磁异常信息来分析纵向和横向大尺度范围的地质构造、地层和岩石的相关特征,是区域构造和深部构造的重要手段。和地震、测井一样,重磁电法勘探技术在金属/非金属矿产资源、常规油气资源勘探中也发挥着重要的作用。

在我国南方复杂构造区页岩气产区,区域地表地形起伏剧烈、地质构造复杂、埋藏较深,高阻的碳酸盐岩层比较发育,地震勘探施工较为困难,且地震波散射严重,难以获得深部信息。重磁电法勘探探测天然重磁异常,所用装备便捷、施工简单、效率高,探测深度大,能够提供地质体的重、磁、电等相关物性参数,补充地震勘探所得不到的资料,辨识区域地质构造、寻找深部圈闭结构、圈定有利远景区。随着我国页岩气勘探工作的陆续开展,重磁电法勘探也逐步开始应用在南方页岩气资源勘查的基础地质调查工程中。

本部分主要介绍实际生产中应用较多的电法勘探仪器。

2.3.1　电法勘探仪器结构组成

电法勘探通常分为两大类,即传导类电法和感应类电法。前者以各种直流电法为主,如自然电场法、电阻率法、充电法和激发极化法;后者以交流电法为主,如大地电磁测深法、频率电磁测深法、瞬变电磁测深法。测量中一些方法还可以细分为多种分支方法,因此,电法仪器的种类也很多。

天然场源电法勘探仪器一般由供电电源、电极装置、数据采集处理装置、其他辅助设备(如导线、线架、通话设备)等组成。人工场源电法勘探仪器一般由供电电源、发送装置、接收装置、数据采集处理记录装置、显示装置、其他辅助设备(如导线、线架、通话设备)等组成。

电源给电法勘探仪器的各个装置供电,以直流电源为主,可以使用干电池或直流发电机,也可以取自市电或发电机经过整流、稳压后的输出电源。发送装置为电法勘探提供人工源。数据采集处理记录装置记录观测的数据并进行分析和处理,计算出相应的参数。显示装置一般为 LCD 字符及图形显示器,实时显示仪器状态和测量数据。

2.3.2 电法勘探仪器工作原理

富含有机质的页岩与普通页岩相比,电性差异明显,这使得电法仪器探测页岩气储层成为可能。目前,在页岩气勘探中常用的电磁勘探仪器有可控源音频大地电磁测深仪(Controlled Source Audiofrequency Magneto Tellurics, CSAMT)、复电阻率法仪(Complex Resistivity, CR)、时频电磁法仪(Time-Frequency Electromagnetic Method, TFEM)和瞬变电磁法仪(Transient Electromagnetic Methods, TEM)等。

1. 可控源音频大地电磁测深仪

可控源音频大地电磁测深仪(CSAMT)的野外施工布置示意如图 2 - 30 所示。

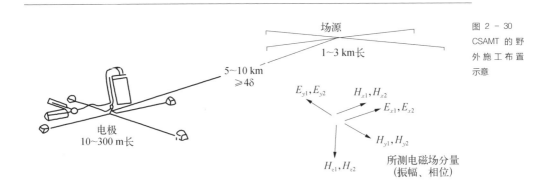

图 2 - 30 CSAMT 的野外施工布置示意

音频大地电磁测深仪供电偶极距一般为 1 ~ 3 km,测点距供电偶极的距离为 5 ~ 20 km,电极距 10 ~ 300 m 不等,可以同时记录磁场、电场信号,接收的磁场信号经绝缘线输送到接收。电源提供的工作频率范围很宽,为 20 ~ 100 A,电压高达 1 000 V,最高采样可达到 0.25 ms。

在实际测量工作中,如果供电偶极布在 x 方向,一般选 E_x/E_y 作为标量 CSAMT 的测量值,如图 2 - 31(a)所示,称供电偶极的赤道区为"垂向区"、轴向区为"共轴区",在垂向区 $r > 4\delta$ 为远区,在共轴区 $r > 5\delta$ 为远区,则图中的阴影部分为测量 E_x、E_y,计算 ρ_{xy} 的最佳区域。用 E_x、E_y 装置在垂向区工作时[图 2 - 31(b)],不但场的信号强,而且野外工作也方便,这是 CSAMT 常用的测量布置方法。发射端采用长导线源,利用大功率发电机供电,接收端利用采集站连续高频采样,同时采集电场和磁场信号,包括

图2-31
CSAMT的
测量布置

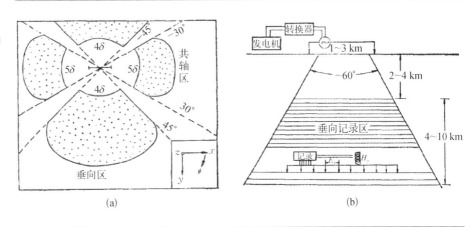

(a)　　　　　　　　　　　(b)

电场振幅、相位和磁场振幅、相位,现场采集的数据经过现场处理获得视电阻率 ρ_a 和相位 φ。其中低频信号可以进行时间域处理,低频时间衰减曲线记录测点处由浅至深的电性变化信息,对采集的时间域和频率域信号进行联合处理解释。CSAMT 获取的电阻率和激电异常特征信息有利于寻找页岩储层。

2. 复电阻率仪

复电阻率仪器的野外测量示意如图 2-32 所示,采用偶极-偶极装置,通过供电电极 AB 向地下供入足够强大的谐变电流(或方波电流),在测量电极 MN 之间观测该供电电流产生的复电位差,记录视复电阻率的振幅和相位。仪器以偶极距为点距在一个较宽的频段测量大地复视电阻率,在频率域观测复电阻率频谱。所测的频谱中包含了由导电性引起的近场区电磁谱(Electro-Magnetic,EM)和由电极化性引起的激电谱(Induced Polarization,IP),对这些数据进行处理后获得相关的参数,如视极化率、视电

图2-32 CR
法野外观测的
偶极-偶极方
式示意

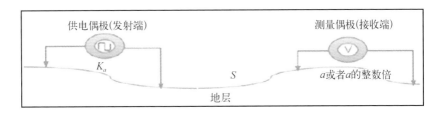

阻率、时间常数、频率相关系数,这些参数有助于寻找页岩气有利储层。

3. 瞬变电磁仪

瞬变电磁仪(TEM)采用的发射和接收线圈如图2－33(a)所示,测量过程分为发射、电磁感应和接收三部分。发射线圈向地下发射脉冲电磁波作为激发场源,当发射线圈中的稳定电流突然切断后,根据电磁感应理论,发射回线中电流突然变化必将在其周围产生磁场,该磁场称为一次磁场[图2－33(b)]。一次磁场在周围传播过程中,如遇到地下良导电的地质体,将在其内部激发产生感应电流,又称涡流或二次电流。由于二次电流随时间变化,因而在其周围又产生新的磁场,称二次磁场。由于导电矿体内感应电流的热损耗,二次磁场大致按指数规律随时间衰减。二次磁场的大小反映着与矿体有关的地质信息,一般通过接收线圈测量二次磁场大小来获取地下岩体的相关电性参数。

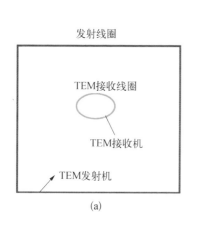
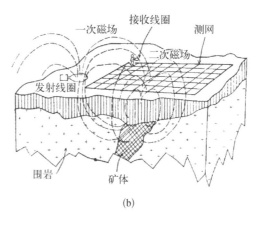

图2－33 瞬变电磁仪器线圈结构及工作原理示意

富含有机质的页岩与普通页岩相比,电性差异明显,因而具备了较好的时频电磁法工作前提。同时由于时频电磁采用大功率发射系统,相对于被动源电磁勘探法,采集数据具有较高的信噪比,有利于区分地下目标的激电异常特征。因而,时频电磁法能够在富有机质页岩勘探试验中取得较好的效果。

4. 时频电磁仪

时频电磁是在可控源音频大地电磁测深法和长偏移距瞬变电磁法(Long Offset

Transient Electromagnetic Method, LOTEM)的基础上发展起来的一类电磁勘探法。时频电磁仪的工作方式类似于地震勘探,分发射和接收两部分(图2-34)。发射机部分采用长导线源,利用大功率发电机供电,具有激发探测深度大、信噪比高的特点。接收机部分利用采集站连续高频采样,同时采集电场和磁场信号,经过傅里叶分析获得频率域信息,其中的低频信号可以进行时间域处理,低频时间衰减曲线记录了测点处由浅至深的电性变化信息,一次性采集到的时间域和频率域信号为两者联合处理解释。由于富有机质页岩具有较低的电阻率和相对较高的激电率,因此,对于提取和探测目标层位的电阻率和激电异常特征信息进而为寻找页岩储层提供了最佳可能。

图2-34 时频电磁法野外工作示意

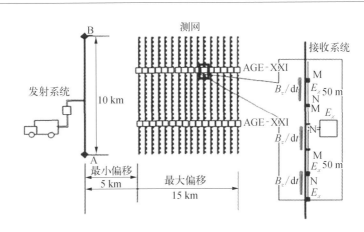

2.3.3　电法勘探仪器产品介绍

目前国内外用于页岩气电磁法勘探的仪器主要采用的是国外的综合电法勘探仪器,如美国 ZONGE 公司的 GDP - 32II 多功能电法工作站、加拿大凤凰地球物理公司的 V8 网络化多功能电法仪,以及西安强源物探研究所的 EMRS - 3 型电磁勘探仪等。

1. GDP - 32 II 多功能电法工作站

GDP - 32 为美国 Zonge 工程公司的第四代可控源和天然场源的电法和电磁法探

测仪器。它几乎具有全部中、低频段的电测功能,其主要电测方法包括: 直流电阻率法(Resistivity Method, Res)、直流域激电法(Time-domain Induced Polarization, TDIP, 又称时间域激电法)、交流激电法(Frequency-domain Induced Polarization, FDIP, 又称频率域激电法)、复电阻率法(Complex Resistivity, CR)、可控源音频大地电磁法(Controlled Source Audio-frequency Magneto Tellurics, CSAMT)、谐波分析可控源音频大地电磁法(Harmonic Analysis Controlled Source Audio-frequency Magneto Tellurics, HACSAMT)、音频大地电磁法(Audio-frequency Magneto Tellurics, AMT)、大地电磁法(Magneto-Tellurics, MT)、瞬变电磁法(Transient Electromagnetic Method, TEM)、毫微秒瞬变电磁法(Nanosecond Transient Electromagnetic Method, Nano TEM)、磁电阻率法(Magnetometric Resistivity, MMR)、磁激发极化法(Magnetic Induced Polarization, MIP)等。

GDP - 32 Ⅱ 是一个多功能的、多通道的接收机,其主要技术指标见表 2 - 19。配备 ZONGE 公司自产的电磁法探头(表 2 - 20),这些探头灵敏度高,可应用于可控源、瞬变电磁、大地电磁、音频大地电磁法中,保证了高质量有效数据。电源采用直流电源(蓄电池)供电的发射机,其中 NT - 20、ZT - 30 用于瞬变电磁法(表 2 - 21)。

表 2 - 19 GDP - 32 Ⅱ 接收机的主要技术指标

参　数	技　术　指　标
频率范围	0 ~ 8 000 Hz; MT 为 0 ~ 8 000 Hz
通道数	大箱子 1 ~ 16(用户任选); 小箱子 1 ~ 6(用户任选)
标准测量功能	Res、TDIP、FDIP、CR、CSAMT、HACSAMT、AMT、MT、TEM、Nano TEM、MMR、MIP 等
电源	可更换的 12 V 可充电电池
显示器	液晶图形显示器
软件语言	C + + 和汇编语言

表 2 - 20 ZONGE 电磁法探头参数

探头型号	标准测量功能	频　率　范　围	描　　述
ANT - 6	CSAMT/AMT	0.1 ≤ f ≤ 10 kHz	通带灵敏度为 250 mV/nT
ANT - 4	MT	0.000 5 ≤ f ≤ 1.0 kHz	通带灵敏度为 100 mV/nT

表 2 - 21 ZONGE 发射机技术指标

发射机型号	工作模式	技术指标
ZT - 30 瞬变电磁法发射机	TEM	供电电压: 120 V 发射电流: 30 A
	IP	供电电压: 400 V 发射电流: 7.5 A
GGT - 30 30 kW 大功率发射机	IP、Res、CR、TEM、FEM、CSAMT	关断时间: 10 ~ 125 μs 输出电压: 50 ~ 1 000 V 输出电流: 0.1 ~ 45 A 电流稳定度: ±0.2%
NT - 20 超浅层瞬变电磁法发射机	Res、TDIP、FDIP、TEM、Nano TEM	发射电流: 小回线(5 ~ 10 m)为 3 A; 常规大回线为 20 A 发射电压: 32 V 最小关断时间: 1 μs

2. V8 多功能数字电法勘探仪

V8 多功能电法勘探仪为加拿大凤凰地球物理公司研制的多功能电法测量系统,由发射系统、采集(接收)系统、定位系统(GPS 卫星同步)、数据记录处理系统组成(表 2 - 22),其主要电测方法包括: 天然场的远参考大地电磁(MT)、音频大地电磁(AMT)、人工场源的可控源声频大地电磁(CSAMT)、时域和频域电磁功能(TDEM、FDEM)、时间域和频率域的激发极化(TDIP、SIP)、电阻率法(Res,偶极法、斯伦贝谢法、温纳法)。

表 2 - 22 V8 多功能电法勘探仪的组成及技术指标

组成部分		技 术 指 标
发射系统	MG - 30 发电机	额定功率为 30 kW,发射频率为 400 Hz,三相电压输出,最高每相 208 V
	T - 30 发射机	最大输出功率为 25 kW,最大输出电压为 1 000 V,最大输出电流为 60 A,频率输出范围 0.015 6 ~ 9 600 Hz(时间域 0.015 6 ~ 32 Hz)
	RXU - TM 发射控制盒子	用于控制、记录发射机的发射频率、电流强度、相位等发射参数
采集(接收)系统	V8 主机	通过 GPS 无线或有线通信,记录、保存 RXU - 3 采集盒子的数据,具有三个电道和三个磁道
	RXU - 3 采集盒子	在 V8 主机控制下或单独进行数据的采集、记录、保存工作; 每个采集盒子有三个电道
	电极	电接收信号
	磁棒	分为 H_x、H_y、H_z,接收三分量磁信号
	电缆	电极、磁棒与主机及采集盒子之间的连接

（续表）

组 成 部 分	技 术 指 标
定位系统	全球卫星 GPS 定位系统，控制采集系统与发射系统之间及 V8 主机与 RXU－3 采集盒子之间时钟同步
数据记录 处理系统	V8 主机、RXU－TM 发射控制盒子、RXU－3 采集盒子将所采集的数据保存在 CF 卡上，由读卡器完成 与计算机之间的数据传输

3. EMRS－3 型瞬变电磁仪

西安强源物探研究所研制的 EMRS－3 型瞬变电磁仪，主要由供电部分、接收测量部分组成（表2－23）。仪器采用超强场源，增加了勘探深度；将所有的供电与测量设备集装为一个箱体以及选用 3 m×3 m 重叠回线，非常轻便，便于携带，在地形条件复杂的区域其优势更为明显。

表2－23　EMRS－3 型电磁勘探仪的组成及技术指标

组 成 部 分	技 术 指 标
供电部分	供电电流：2 000 A 供电脉宽：4 ms 脉冲前后沿延时：小于 2 μs 供电次数：1、4、8、16、32 次 供电线圈：3 m×3 m
接收测量部分	采样率：80 μm 分辨率：0.1 μV A/D：16 位 总增益：16 384 倍 浮点阶：128 倍 输入动态：140 dB 主机带宽：0～20 kHz 叠加次数：同供电次数 抗扰能力：大于 60 dB 采样程序：分22道，0.08～19.4 ms 原始采样延时：32 ms 接收线圈：636.5 cm×29.5 cm×14.5 cm

第3章

页岩气录井装备

3.1　101-107　地质录井

101　3.1.1　钻时录井

103　3.1.2　岩屑录井

103　3.1.3　岩心录井

104　3.1.4　常规荧光录井

105　3.1.5　钻井液录井

107　3.1.6　井壁取心录井

3.2　107-114　综合录井

109　3.2.1　配电箱系统原理

109　3.2.2　SK-3Q02 氢焰色谱分析仪

3.3　114-125　工程录井

115　3.3.1　传感器的分类

115　3.3.2　综合录井仪传感器的工作原理、结构组成

3.4　125-133　地球化学录井

125　　3.4.1　结构组成

132　　3.4.2　工作原理

133　　3.4.3　分类

3.5　　133-141　煤层气解吸

133　　3.5.1　煤层气解吸结构组成

139　　3.5.2　仪器原理

3.6　　141-146　元素分析

141　　3.6.1　结构组成

142　　3.6.2　工作原理

144　　3.6.3　产品介绍

3.1　地质录井

地质录井是指在钻井过程中,按顺序收集记录所钻经地层的岩性、物性、结构构造和含油气水情况等资料的工作。

地质录井包括直接录井和间接录井两部分,直接录井是指能直接观察来自地下地层的岩石和油气显示的录井,如岩心、岩屑等;间接录井是指用间接方法了解地下地层的岩石性质、油气显示的录井,如钻时、钻井液性能等。地质录井记录的录井资料也包含两部分:一是录井队自己采集的资料,包括利用综合录井仪、气测录井仪、地质采集仪等记录的井深、钻时、气体等自动采集数据,人工或半自动采集的地层、岩性、含油、荧光等数据;二是收集其他施工单位提供的资料,如钻井、测井、试油等资料。

地质录井主要分为钻时录井、岩屑录井、岩心录井、常规荧光录井、钻井液录井以及井壁取心录井等。

3.1.1　钻时录井

钻时是指钻头每钻进一个单位深度的岩层所需要的时间,通常以"min/m"或"min/0.5 m"表示。连续测量、每米一点或特殊情况按需要加密。现场工作中,通常把记录的钻时数据按井深绘制成钻时曲线,作为研究地层的一项资料,称为钻时录井。

在钻进过程中,当钻头钻遇不同性质的岩层,由于其坚硬程度不同,往往表现在钻时上也有明显的差异。因此,在钻井参数、钻头型号及新旧程度相同的情况下,钻时高低的变化在一定程度上可以反映不同性质的岩性特征。但钻时录井的影响因素甚多,单凭钻时录井资料不能得出正确的结论,必须对各种录井、测井资料进行综合分析,才能做出符合实际的判断。

在一般情况下,钻时录井可以作为一项重要参考资料。下面分别从钻井工程与地质两方面,阐述钻时曲线的应用。

1. 钻时在钻井工程方面的应用

钻时在钻井工程方面有以下 4 点应用。

（1）了解起下钻时间和纯钻进时间，进行效果分析。

（2）观察不同类型钻头对各种岩石的破碎效果，以便选择合适的钻头，提高钻速。

（3）观察跳钻、蹩钻、卡钻、溜钻的井深及其与岩性的关系，找出原因，采取措施、保证安全钻进。

（4）司钻可以根据钻时的突变，判断是否钻遇油、气层，以便及时循环钻井液，观察油、气显示情况。如果是油、气层，从钻时曲线上可以推断出油、气层顶部深度以及油、气层厚度，决定是否取心。

2. 钻时在地质方面的应用

钻时在地质方面有以下 2 点应用。

（1）利用钻时录井定性判断岩性，解释地层剖面。

当其他条件不变时，岩性的变化必然引起钻速的变化：疏松含油砂岩钻时最小；普通砂岩钻时较小；泥岩、灰岩钻时较大；玄武岩、花岗岩钻时最大。因此，根据钻时曲线，在砂泥岩分布地区，可以分辨出渗透层。与其他录井资料配合，可以帮助划分地层和解释地层剖面，发现油、气及水层。

（2）利用钻时录井资料判断缝洞发育井段。

对于碳酸盐岩地层，利用钻时曲线可以判断缝洞发育井段。当钻时突然加快、钻具放空等，说明井下可能遇到了缝洞，与岩屑、钻井液录井资料配合，可判断是否钻遇缝洞以及缝洞的大小和发育程度等，放空越大，说明钻遇的缝洞越大。如四川、华北等油、气田都有放空现象，这时要准确记录放空层位、起止井深，当时悬重、泵压变化及放空过程中的一切情况。放空是个预兆，随后可能发生井喷、井涌、井漏及油、气、水侵等，对这些现象要详细记录，同时做好各方面的准备，以免措手不及。

在钻进过程中，有时发生蹩、跳钻现象，也要记录蹩、跳钻的时间、深度和层位。一般来说，钻遇缝洞裂缝，容易发生蹩、跳钻，但是蹩、跳钻不一定都由缝洞裂隙引起，其原因甚多，如井下落物、牙轮卡死、泥包钻头、钻遇软硬地层交界面、岩层间的不同组合（如软硬极不相同的夹层）以及岩层中的特殊含有物和结构（如含铁质结核和燧石结核）、钻井液性能不好或司钻操作技术等都可引起蹩、跳钻。当发生蹩、跳钻时，应注意有无"蹩跳放空泵压落"的显示。发生上述情况时，地质和工程人员要共同研究，综合各种资料,判断是否钻遇缝洞裂隙以及缝洞大小和发育程度,从而可以帮助确定井下渗透层段。

3.1.2　岩屑录井

在井不断钻进过程中,地质人员按照一定的取样间距和迟到时间,将岩屑连续收集起来,进行观察、分析并综合运用各种录井资料进行岩屑归位,以恢复地下原始地层剖面的过程,即称岩屑录井。

岩屑录井是在钻井过程中进行的,它具有成本低、简便易行、了解地下情况及时及资料系统性较强等优点。而且根据岩屑录井资料,可以及时作出地质预告,对确保高速、优质、安全钻井有重要意义。

3.1.3　岩心录井

在露头区,地质家可以方便地观察研究岩层的各种特征,而在覆盖区,岩石深埋于地下,在勘探开发过程中,当地质家需要直接研究岩石时,就需要把岩石从地下取出来进行研究。岩心是钻井过程中用取心工具取出的井下岩石,如图 3-1 所示。

岩心录井,即在钻井过程中利用取心工具,将地下岩石取上来,再进行整理、描述、分析,获取地层的各项参数、恢复原始地层剖面的过程。

1. 各类探井设计钻井取心的目的

各类探井设计钻井取心有以下 7 点目的。

(1) 研究古生物特征,确定地层时代,进行地层对比。

(2) 研究生油层特征及各项生油指标;研究岩性、岩相特征,分析沉积环境。

(3) 研究地层产状、接触关系、裂隙、断层等构造发育情况。

(4) 发现油气层,研究油气水性质及分布特征。

(5) 研究储层的储油物性(孔隙度、渗透率、含油饱和度)及有效厚度。

图3-1 岩心

（6）研究储层的"四性"（岩性、物性、电性及含油性）关系。

（7）为钻井过程中的泥浆、可钻性及采油过程中的压裂、酸化等提供岩石物理和化学资料等。

2. 开发井设计钻井取心的目的

开发井设计钻井取心有以下 3 点目的。

（1）有的井仍需研究储层的储油物性和有效厚度等油层参数。

（2）检查油田开发效果,研究不同开发阶段油层的水洗特征和水淹层的驱油效率。

（3）研究水淹层的岩电关系,进行定性和定量解释,同时取得开发过程所必需的其他数据等。

3.1.4 常规荧光录井

1. 基本结构

（1）光源: 为高压汞蒸气灯或氙弧灯,后者能发射出强度较大的连续光谱,且在

300～400 nm 强度几乎相等,故较常用。

（2）激发单色器:置于光源和样品室之间的为激发单色器或第一单色器,筛选出特定的激发光谱。

（3）发射单色器:置于样品室和检测器之间的为发射单色器或第二单色器,常采用光栅为单色器。筛选出特定的发射光谱。

（4）样品室:通常由石英池(液体样品用)或固体样品架(粉末或片状样品)组成。测量液体时,光源与检测器成直角安排;测量固体时,光源与检测器成锐角安排。

（5）检测器:一般用光电管或光电倍增管作检测器,可将光信号放大并转为电信号。

2. 工作原理

石油和大部分石油产品在紫外光照射下能发出一种特殊光亮,这种现象叫荧光。石油的荧光性非常灵敏,只要在溶剂中含有十万分之一的石油或沥青物质,用荧光灯一照就可以发光。

所谓荧光录井,就是钻井中,直接对返出的岩屑样品、取的岩心样品等定时或定距作紫外光照射,观察有无荧光反应,以了解钻经地层何处有含油层迹象的一种录井方法。

实验表明,荧光的颜色和亮度与石油类型和含量有密切关系。根据发光的亮度可以测定石油含量,根据发光的颜色可以测定石油组分,这就是荧光录井的基本原理。荧光录井就是根据石油的这种特性,将现场采集的岩屑浸泡后,便可直接测定砂样中的含油量。

3.1.5　钻井液录井

钻井液俗称泥浆,是钻井时用来清洗井底并把岩屑携带至地面、维持钻井操作正常进行的流体。普通钻井液是由黏土、水和一些无机或有机化学处理剂搅拌而成的悬浮液和胶体溶液的混合物,其中黏土呈分散相,水是分散介质,共同组成固相分散体系。

钻井液是石油天然气钻井工程的血液。因此,根据地层条件,合理选用钻井液,可以防止钻井事故的发生,保证正常钻进,加快钻井速度,降低钻井成本,是打好井、快打井、科学打井的重要措施与前提。

由于钻井液在钻遇油、气、水层和特殊岩性地层时,其性能将发生各种不同的变化,所以根据钻井液性能的变化及槽面显示,可以判断井下是否钻遇油、气、水层和特殊岩性的方法称为钻井液录井。

1. 钻井液的组成及类型

钻井液成分比较复杂,不同类型的钻井液其成分组成不同,一般有以下组分:液相,可以是水或油;活性固相,包括加入的膨润土、地层进入的造浆黏土和有机膨润土(油基钻井液使用);惰性固相,岩屑和加重材料;各种钻井液添加剂。

随着钻井技术的发展,钻井液的种类越来越多,其分类各异,主要有水基钻井液、油基钻井液和清水。水基钻井液一般是用黏土、水、适量药品搅拌而成,是钻井中使用最广泛的一种钻井液。油基钻井液以柴油(约占90%)为分散剂,加入乳化剂、黏土等配成,这种钻井液失水量小、成本高、配制条件严格,一般很少使用,主要用十取心分析原始含油饱和度。清水钻进适用十井浅、地层较硬、无严重垮塌、无阻卡、无漏失及先期完成井。

API 及 IADC 把钻井液体系分为以下九类:不分散体系、分散体系、钙处理体系、聚合物体系、低固相体系、饱和盐水体系和完井修井液体系,这七类为水基钻井液;油基钻井液体系为油基型;空气、雾、泡沫和气体体系是以气体为基本介质。

2. 钻井液的功能

在钻井过程中,钻井液具有以下功能。

(1) 清洗井底岩屑　钻头在井底破碎的岩屑必须及时清除出去,以利于提高钻速和减少钻井事故。能否及时清除岩屑,与钻井液的密度、黏度、切力和流型有关。

(2) 冷却和润滑钻头和钻柱　钻头和钻柱在钻井过程中与地层摩擦会产生大量的热量,如不及时散失,钻头和钻柱温度会急剧升高。钻井液中添加的各类添加剂使钻井液具有较好的润滑性,从而有利于减小扭矩、延长钻头寿命、降低泵压、提高钻速。

(3) 保护井壁、防止地层坍塌　钻井液可以在井壁上形成一层比地层渗透率低得多的泥饼,可以起到巩固井壁、防止地层坍塌和阻止钻井液滤液进入地层的作用。

(4)控制地层压力　合适的钻井液密度可以平衡地层压力,防止井喷与井漏。

(5)悬浮岩屑和其他加重材料　循环良好的钻井液在循环停止时都具有切力,同时还具有悬浮岩屑和其他加重材料的能力,否则这些物质沉入井底会造成反复研磨和沉砂卡钻等事故。

(6)传递水力功率　通过钻井液可以将有用的水功率从地面传递到钻头及井底动力钻具,其类型、排量、流动特性和固相含量是影响水力功率传递的重要因素。

(7)携带地层资料　钻井液携带出的地层岩屑、油气水是录井的基础资料。另外,从钻井液性能的变化和滤液分析可知是否钻遇了盐岩层、盐膏层和盐水层。

3.1.6　井壁取心录井

井壁取心是发现落实含油显示的一种重要手段,是含油显示落实的最后一项手段。由于井壁取心是用取心器直接将井下岩石取出来,具有直观性强、方法简便、经济实用等优点,因此,在现场工作中被广泛使用。

井壁取心与岩心一样属于实物资料,可以利用井壁取心来了解储集层的物性、含油性等各项资料。通过观察描述井壁取心的含油性及砂岩物性,对油层进行解释评价。利用井壁取心进行分析实验,可以获得生油层特征及生油指标,可以弥补岩屑等其他录井项目的不足,用以解释其他录井资料与测井资料不能很好解释的层位,利用井壁取心还可以满足一些地质的特殊要求。

3.2　综合录井

综合录井仪在钻井过程中可以连续监视油气显示情况,并对显示作出解释评价,搜集分析岩屑样品,建立钻井地层剖面,实时采集钻井工程、泥浆、压力等各种钻井参数和显示各种钻井工作状态画面和图形,并贮存、处理、打印近几百项数据,具有多种资料处理功能。

利用综合录井仪录取气测录井资料、钻井液录井资料。气测录井主要录取的参数包括全烃含量、烃组分含量 $C_1 \sim C_5$、非烃组分氢气、CO_2、H_2S、He 的含量、全脱分析参数 $C_1 \sim C_5$、脱气量等。钻井液录井主要录取的参数包括出入口钻井液密度、出入口钻井液电导率、出入口钻井液温度、出口钻井液流量、钻井液池体积。DQL 综合录井仪的外观和内部结构分别见图 3 - 2、图 3 - 3。

图 3 - 2　DQL 综合录井仪

图 3 - 3　DQL 综合录井仪内部结构

3.2.1　配电箱系统原理

三相四线供给的输入电源,整机能在供电电压 380 V/220 V(+10% , −20%)、频率 45 ~ 52 Hz 的三相交流电源输入条件下正常工作。2000C 综合录井仪配电箱电源控制程序和配电箱电路原理分别见图 3 − 4、图 3 − 5。

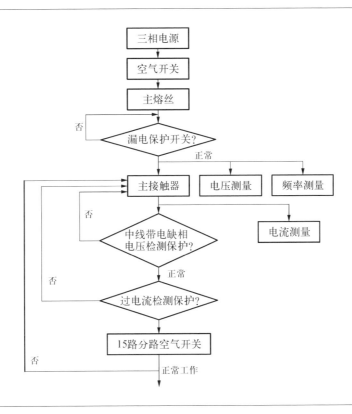

图 3 − 4　2000C 综合录井仪配电箱电源控制程序

3.2.2　SK − 3Q02 氢焰色谱分析仪

SK − 3Q02 氢焰色谱分析仪是神开公司开发的色谱分析仪器,应用石油勘探的钻井现场测量由泥浆中解析出来的烃类气体。

图3－5 配电
箱电路原理

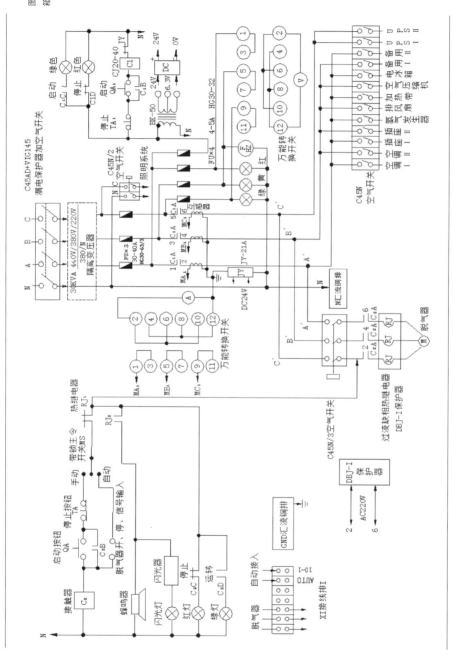

SK – 3Q02 氢焰色谱分析仪主要有以下特点。

（1）在 3 min 内完成 $C_1 \sim C_5$ 的分析，同时完成反吹功能，C_1 和 C_2 保留时间差达到 5 s，分离性能好，解决了大量 C_1 在出峰中掩盖少量 C_2 出峰的问题。

（2）100 mL 进样量即可同时对组分、总烃进行标定，方便了用户的标定操作。

（3）使用"零"死体积切换阀免维护。可靠的切换阀保证分析系统只需要很少的进样量。

（4）仪器配置多种接口：记录仪接口、积分仪接口、串行计算机接口、并行计算机接口，可以和多种仪器连接或直接与微机通信。

（5）注入阀能满足样品气录井分析、校验标定及 VMS 分析用。

（6）该仪器可以连续进行总烃测量和 3 min 周期完成 $C_1 \sim C_5$ 组分项目的测量。

总烃测量范围：最小检知浓度~ 100%（甲烷）；最小检知浓度为 50 μL/L。

组分测量范围：最小检知浓度~ 100%（甲烷）；最小检知浓度为 30 μL/L。

1. 面板

SK – 3Q02 氢焰色谱分析仪面板如图 3 – 6 所示。

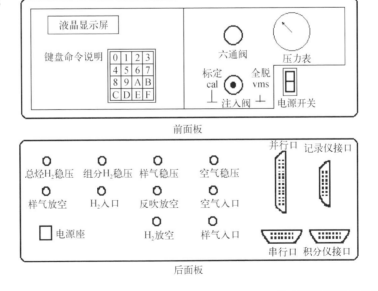

图 3 – 6　SK – 3Q02 氢焰色谱分析仪面板

2. 气路流程

1）气路的组成

（1）样气气路：六通阀、注入阀、样品泵、样气稳压阀、各路气阻及样气气路管线等。

（2）氢气气路：氢气发生器、氢气稳压阀、各路气阻及氢气气路管线等。

（3）助燃空气气路：空气稳压阀、各路气阻、点火电磁阀及空气气路管线等。

（4）分析控制主要组件：十通转阀、预切柱、主柱、定量管、加热器、总烃火焰离子化检测器（Flame Ionization Detector，FID）、组分 FID、三通电磁阀等。

2）气路结构的主要器件

（1）十通转阀：它与常规拉杆阀相比，最大的优点是"死体积"近于零。这就从根本上解决了原来拉杆阀需要较多样品气的问题。此外，它采用了刚性密封，安装容易，基本不用做日常维护保养，使用过程中严格保持气路洁净。

（2）FID 检测器：建立较高的电压的电场、烃类成分进入高压电场产生电离，形成离子流，跑向收集极，形成微电流，再通过对微电流检测、放大，得到所需信号。

（3）六通阀：六通阀控制进样气的流向，操作时可以手动推拉。可以经受长期使用，可靠性好。正常工作不需进行切换，只有在人工进样时才需要切换。但仍需定期保养，必要时更换"O"圈。

（4）稳压阀：稳压阀能提供恒定的输出压力，其输入与输出的压力差须不小于0.05 MPa。

（5）气阻：气阻起着限制流量的作用。气阻的阻尼量一般是不可调的，因为它没有可活动的部件，但气阻的可靠性要比针阀高，而且耐振动。

SK‐3Q02 气路流程见图 3‐7。

3. 电路

SK‐3Q02 氢焰色谱分析仪由一块主机板（母板）（SK3Q02A）、双道微电流放大板（SK3Q02D）、A/D 和 D/A 转换板（SK3Q02C）、驱动板（SK3Q02B）及并行输出板（SK3Q02E）等辅助板所组成，其电路控制如图 3‐8 所示。

图3－7　SK－3Q02
气路流程

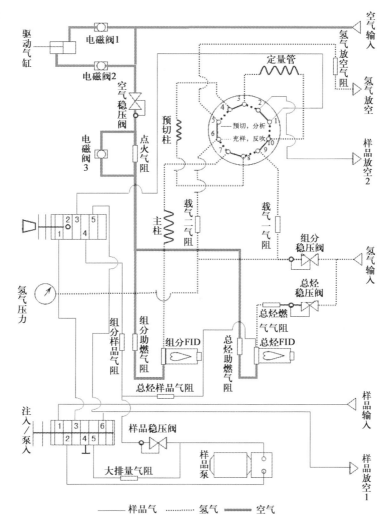

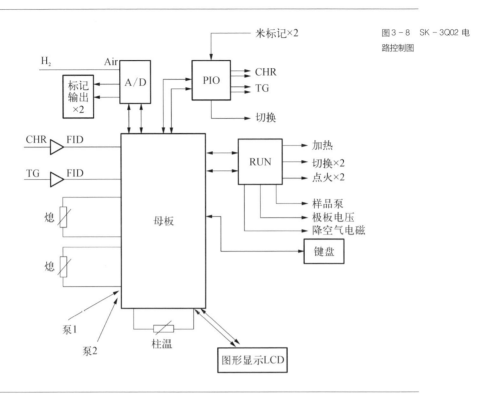

图3-8 SK-3Q02 电
路控制图

3.3　工程录井

工程录井录取参数主要有大钩负荷、钻压、泵压、泵冲数、泵排量、转盘转速、扭矩等,这些参数均可通过传感器测量。可根据上述参数的变化,判断工程状态,便于识别真假异常显示,还可用于对气测参数的校正。

传感器是一种检测装置,能感受到被测量的信息,并能将检测感受到的信息按一定规律变换成为电信号或其他所需形式的信息输出,以满足信息的传输、处理、存储、显示、记录和控制等要求。它是实现自动检测和自动控制的首要环节。

3.3.1 传感器的分类

传感器按其测量原理分为以下 6 种。① 压力传感器,包括悬重传感器、液压扭矩传感器、立管压力传感器、套管压力传感器及钻井液密度传感器(压差变送器);② 临近探测器,包括绞车传感器、泵冲传感器及转盘转数传感器;③ 电磁感应传感器,包括霍尔效应(电扭矩)传感器及钻井液电导率传感器;④ 超声波探测器,包括超声波液位传感器;⑤ 阻变式传感器,包括靶式流量传感器及钻井液温度传感器;⑥ 气敏式传感器,即硫化氢传感器。

传感器按信号可分为脉冲信号及模拟信号,前者包括绞车传感器、泵冲传感器及转盘转数传感器;除以上脉冲信号传感器外,都为模拟信号传感器。

3.3.2 综合录井仪传感器的工作原理、结构组成

1. 绞车传感器

(1)工作原理

绞车传感器(图 3 – 9)通过检测钻机绞车的转速和转动方向,来确定钻机升吊系统大钩运动速度和方向。当绞车转动时,传感器的转子随之转动,绞车旋转 1 圈,由于绞车转子组件的齿轮齿数不同,其产生的感应脉冲信号个数也不同(12 齿的产生 48 个、20 齿的产生 80 个);当绞车旋转方向不同时,绞车内一对固定的临近探头因排列的先后其产生的感应脉冲信号的顺序不同。绞车传感器通过感应脉冲信号的数量和顺序,来反映大钩运行的速度和方向。

(2)功能

绞车传感器可用于测量井深、钻时、钻头位置、大钩高度、速度和判断运动方向。

(3)组成结构

绞车传感器由 4 部分组成,包括定子组件,包括金属外壳、轴承、固定架;一对临近探头;转子组件(多齿齿轮和转子铜板);信号电缆及快速插头。其组成结构见图 3 – 10。

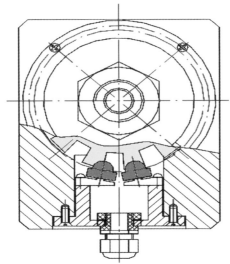

图 3-9　绞车传感器

绿色：一对临近探头
黄色：绞车转子齿轮

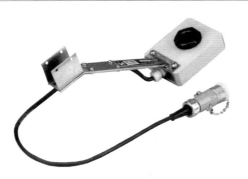

图 3-10　绞车传感器结构

2. 压力传感器

（1）工作原理

　　大钩负荷传感器、立管压力传感器、套管压力传感器及过桥张紧轮式液压扭矩传感器都属于压力传感器，它们的区别在于量程与安装位置的不同。压力传感器的测量部分是四个压电电阻扩散在一个不锈钢薄片上，组成一个惠斯通电桥，在液压压力作用下，其电平衡被破坏，同时产生一个随压力变化成正比的电压信号，该信号通过变换电路，转换成 4～20 mA 的电流信号传输给计算机。压力传感器的具体工作原理见图 3-11。

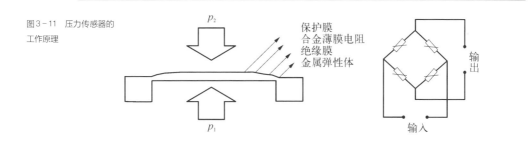

图3-11 压力传感器的
工作原理

（2）功能

大钩负荷传感器用于测量大钩上载货重量，通过实时检测大钩负荷可以判断是否有卡钻、掉钻具事故的发生以及钻具超拉的程度。

立管压力传感器用于测量立管内钻井液的压力，通过实时检测立管压力，可以判断是否有钻具刺漏、水眼堵塞、钻头泥包等异常状态的发生。

套管压力传感器用于测量套管内流体的压力，通过实时检测套管压力，可以判断地层流体的产能、指导井队钻井作业。钻井常用的一组压力传感器见图3-12。

图3-12 一
组压力传感器

3. 电扭矩传感器

（1）工作原理

目前录井现场使用的电扭矩传感器通常是交、直流两用电扭矩传感器，利用电感应原理，当驱动转盘转动时，供电线的电流在传感器内产生磁场，变送器将检测到的磁场的变化转换成4~20 mA电流信号。

（2）功能

电扭矩传感器通过测量转盘电机的功率变化即电流变化，间接检测出钻头角速度的变化。通过测量扭矩参数变化,可以反映钻头使用、工程异常情况(钻头泥包、钻头终结、井塌、钻具扭断等)以及地层储层物性。

(3)技术指标

测量范围:0~1 000 A;供电电压:DC 24 V;输出信号:4~20 mA 电流信号。电扭矩传感器的结构示意见图3-13。

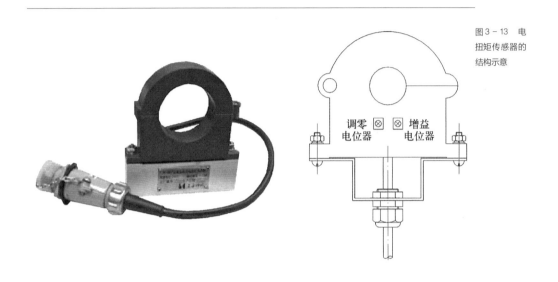

图3-13 电扭矩传感器的结构示意

4. 泵冲传感器、转盘转数传感器

(1)工作原理

泵冲传感器与转盘转数传感器都是临近探测器。临近探测器的检测元件实际上是一个单稳态晶体振荡器,在工作状态下,振荡器线圈周围形成一个变电磁场,当感应物体穿过电磁场时,就在振荡器内产生一个脉冲电压信号,该脉冲信号经处理输入给计算机进行计数,从而测量出泵冲或转盘转数。

(2)功能

泵冲传感器用以测量泥浆泵每分钟的活塞动作次数,根据输入的单冲泵容积和泵效率等参数计算出入口流量、迟到时间及其他派生参数。

转盘转速传感器用以测量转盘转数,提供优化钻井、压力检测所需的数据。

（3）组成结构及技术指标

组成结构包括检测元件（电磁感应振荡器）、密封硬塑料外壳、信号电缆及快速插头和固定支架。其具体结构见图3－14。

图3－14　泵冲传感器

技术指标：测量范围为0～400冲/分钟；工作电压为DC 15 V或24 V；感应距离为不大于15 mm；输出信号为脉冲信号。

5. 出口流量传感器

（1）工作原理

出口流量传感器利用泥浆流体连续性原理和伯努利方程以及挡板受力的分析，可得出流量与传感器挡板之间的函数关系，并以电阻器的阻值变化线性反映挡板的角位移，从而测得泥浆流量的相对变化。

（2）功能

测量钻井液出口流量变化，再与入口流量对比，可以监测是否有钻井液漏失和地层流体进入，能够及时预报井涌、井漏、井喷。

出口流量传感器的结构见图3－15。

（3）组成结构及技术指标

组成结构：出口排量主要由电位器、挡板、护罩、调节杆构成。

技术指标：工作电压为＋24 VDC；测量范围为0～100%；最大变化角度为45°；信号输出为4～20 mA。

6. 钻井液密度传感器

（1）工作原理

钻井液密度传感器利用差压式原理来测量钻井液密度，当两只带有波纹膜片的法

图3-15 出口流量传感器

兰浸没于钻井液中时,由于两只法兰在钻井液中所处的深度不同,其表面所受的压力也不同,从而使两膜片间产生一压力差;该压力差经两根毛细管传递给可变电容元件,使可变电容中间膜片变形,引起电容量变化。

压差与液体密度的关系如下:

$$\rho = K\Delta p/H \tag{3-1}$$

式中,ρ 为钻井液密度,g/cm^3;Δp 为压差,Pa;H 为两膜片间距离,mm;K 为常数,量纲为1。

（2）功能

钻井液密度反映了泥浆中的固相物质含量,可以监测地层流体进入,及时预报井涌、井漏、井喷,为计算地层压力等提供实时数据参数,为调整钻井性能、优化钻井提供方案。

（3）组成结构

钻井液密度传感器组成结构包括两金属压力膜片、金属毛细管、膜片金属护罩、加长固定杆或本体、防爆接线盒及前置电路、信号电缆及快速插头。具体形状见图3-16。

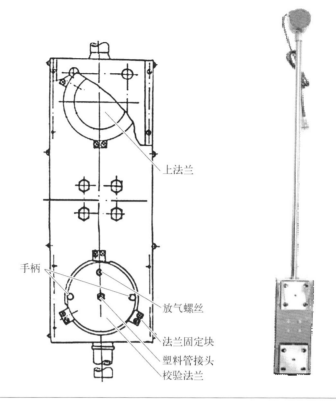

图3-16 钻井液密度传感器

上法兰

手柄

放气螺丝

法兰固定块

塑料管接头

校验法兰

7. 钻井液电导率传感器

（1）工作原理

电导率传感器采用两个磁环线圈组成原付级线圈，原付级线圈在同一轴线上，传感器探头浸在钻井液中，在原级线圈中通过 20 kHz 的交流信号，在呈现闭合状态钻井液中产生感生电流。通过钻井液中的感生电流，再感应到传感器的付级线圈，付级线圈接收信号的大小与钻井液的导电能力（即电导率）大小成正比。传感器内部有一体化的温度传感器（热敏电阻）用于监视钻井液的温度，对被测温度下钻井液的电导率进行温度校正，补偿到该钻井液25℃时的电导率值。电导率变送器对传感器信号进行整形、放大处理、输出与电导率对应的4～20 mA 的标准直流电流信号。

（2）功能

钻井液电导率传感器能够监测钻井液的电导率变化，根据变化趋势监测是否有地层流体进入,判断浸入钻井液中地层流体的性质。

（3）组成结构及技术指标

组成结构包括探头、金属护罩、加长固定杆、防爆接线盒及前置电路、信号电缆及快速插头。具体形状见图3-17。

技术指标: 工作电压为 +24 VDC;测量范围为 0 ~ 250 mS/cm①;精度为2% 。

图3-17　钻井液电导率传感器

8. 钻井液温度传感器

（1）工作原理

钻井液温度传感器的探头内部是一个具有热敏特性的铂丝,当钻井液温度变化时,由于热敏元件的电阻值随着温度的变化而变化,从而使输出的电流信号发生变化,这一信号通过前置电路处理成标准电流信号(4 ~ 20 mA)输入给计算机。

（2）功能

钻井液温度的变化可间接反映地热梯度,是监测异常压力的重要参数,能够监测是否有钻井液漏失和地层流体进入并及时预报井涌、井漏、井喷。

---

① mS/cm 为电导率的单位,1 mS/cm 毫西门子每厘米 =0.001/(Ω·cm)。

（3）组成结构及技术指标

组成结构包括热敏探头、金属护罩、加长固定杆、防爆接线盒及前置电路、信号电缆及快速插头。具体形状见图3-18。

技术指标：工作电压为+24 VDC；测量范围为0~100℃；传感器类型为铂电阻 PT100；精度为2%；输出信号为4~20 mA 电流输出（二线制）；工作环境为-40~80℃。

图3-18 钻井液温度传感器

9. 超声波泥浆池液位传感器

（1）工作原理

超声波泥浆池液位传感器是一种将传感器与电信号处理结合在一起的超声波液位传感器，它用来测量敞开或密封容器中的液体液位。

传感器装有超声波传感器及温度感应元件。传感器由探头发射一系列超声波脉冲，而超声波脉冲遇到液面后返回，被传感器接收。传感器中的滤波装置可从来自声波、电波噪声及转动搅拌器桨叶噪声的各种假回波中分辨出从液面上返回的真回波，脉冲波从发射到液面、再返回到传感器所用的时间经温度补偿后，转换成可显示的距离，并转变为电流输出。超声波传感器具体形状见图3-19。

图3-19 超声波传感器

(a) 夹持式   (b) 焊接式

(2) 功能

超声波泥浆池液位传感器可以测量钻井液体积变化,监测是否有钻井液漏失和地层流体进入并及时预报井涌、井漏、井喷。

10. 硫化氢传感器

(1) 工作原理及功能

硫化氢传感器利用一种特殊的金属氧化半导体(Metal-Oxide-Semiconductor, MOS)的吸附效应来检测硫化氢气体。MOS 薄片放置在两个电极之间的衬片上,当 H_2S 气体没有吸附在薄片上时,两电极间电阻值很大,而当 H_2S 气体吸附在薄片上时,两电极间电阻值减小,电阻值的变化与 H_2S 浓度呈对数比例关系。电阻值的变化转换成电流信号(4 ~ 20 mA),依据标样浓度与其产生的电流信号关系从而检测出硫化氢浓度的大小。具体形状见图 3 - 20。该仪器常用于监测返出地面的流体中硫化氢有毒气体含量。

(2) 技术指标

测量范围为 0 ~ 100 μL/L;输出信号为 4 ~ 20 mA 电流信号;工作电压为 DC 24V。

图3-20　硫化氢
传感器

3.4　　地球化学录井

地球化学录井技术发展的起源是岩石热解技术,最初仅用于烃源岩热解快速定量评价,它是20世纪70年代末由法国石油研究院(Institut Francais Du Petrole, IFP)研究成功的,并由ESPITALIE和DURAND等著名专家申请了法国和美国专利[US Patent NO. 3953171(1976) , US Patents NO. 4153415(1979) 、NO. 4229181(1980) , French Patent 2472754(1981)]。1979年法国石油研究院以此分析方法为基础研制了Rock-I型岩石热解仪,此仪器推向国际市场后获得巨大成功,成为生油岩评价必备仪器。1982年法国石油研究院又推出了用于评价储集岩的油气显示分析仪(OIL SHOW ANALYSER)。20世纪80年代末我国成功地将岩石热解仪国产化,并将岩石热解分析技术应用于录井现场,用于生油岩及储集岩评价。

3.4.1　　结构组成

油气显示评价仪可以分为主系统和辅助系统两大部分,主系统有样品处理系统

（热解炉部分）、检测放大系统（检测器和微电流放大器）和单片机控制系统等,辅助系统由气路系统、温度控制系统和电源系统等组成,岩石热解仪流程见图3-21。

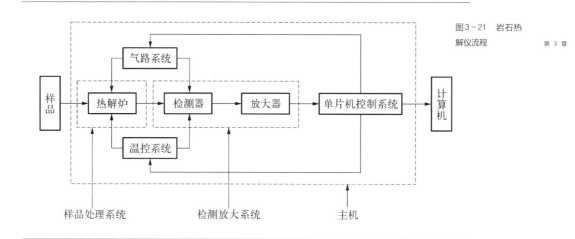

图3-21 岩石热
解仪流程   第 3 章

主系统中,样品处理系统负责完成对样品加热处理功能,使样品中的烃类物质分离出来;检测放大系统中检测器是主机的信号转换部分（即传感器）,完成将烃类物质转换为电信号的功能;微电流放大器负责将该电信号进行放大处理;单片机控制系统完成主机的信号采集、传送及主机的过程控制等功能。

辅助系统为主系统服务,给主系统提供各种必要的保障。气路系统给检测器提供燃气和助燃气、给热解炉提供载气及保障热解炉气动装置的运行,温控系统是热解炉、检测器和进样杆的温度控制,电源系统为整个主机提供电力供应,使主机能够按照设计方案正常运行,完成样品分析工作。

1. 气路系统

岩石热解仪有三路气源—空气、氢气和氮气,一般是由空气压缩机、氢气发生器和氮气发生器（或氮气瓶）供应。气路流程原理见图3-22。

（1）载气气路:作为载气的氮气,自高压气瓶（或氮气发生器）减压阀减压后输出（输出压力一般为0.3~0.4 MPa）,经净化(5 Å① 分子筛等)过滤后进入电磁阀,再通

———————————

① 1 Å = 10^{-10} m。

图3-22 气路流程原理

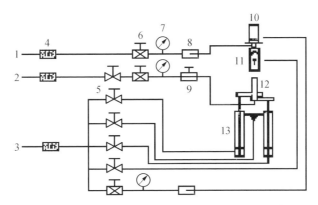

1—氢气;2—氮气;3—空气;4—过滤器;5—电磁阀;6—稳压阀;7—压力传感器;
8—气阻;9—质量流量控制器;10—检测器;11—热解炉;12—进样杆;13—气缸

过稳压阀(压力一般为0.08~0.2 MPa)后分为两路,一路经过电子质量流量控制器(流量10~40 mL/min)流入进样杆,将坩埚中加热的组分携带到检测器进行分析,另一路进入压力传感器,以供计算机显示压力。

(2)氢气气路:作为燃气的氢气,自氢气发生器输出(输出压力一般为0.3~0.4 MPa,纯度≥99.99%),经过净化器(硅胶或5 Å 分子筛等)除去气体中的水分后进入电磁阀,再经过稳压阀输出(输出压力为0.08~0.25 MPa)后分为两路,一路经气阻或稳流阀(流量20~40 mL/min)进入检测器,在离子室的喷嘴上方燃烧,形成离子流经放大器放大输出,另一路进入压力传感器,以供计算机显示压力。

(3)空气气路:作为助燃气的空气,自空气压缩机输出(输出压力一般为0.3~0.4 MPa),经过净化器(其中有活性炭和硅胶等)除去油、水分等杂质后分为两路,一路直接进入电磁阀,控制炉子的密封、进样、结束、吹冷气等过程;另一路进入稳压阀(输出压力为0.15~0.25 MPa),然后再分为两路,其中一路进入压力传感器供计算机显示压力,另一路经过气阻或稳流阀(流量为200~500 mL/min)后进入检测器参与燃烧。

2. 氢火焰离子化检测器

氢火焰离子化检测器属于质量型检测器,由筒体、筒顶圆片、绝缘套、收集极、陶瓷火焰喷嘴、固定螺母、密封石墨垫、密封紫铜垫、点火极化极探头、收集极探头、信号电缆、点火电缆及螺帽等组成。它是以氢气和空气燃烧生成火焰为能源,当载气携带有机物进入检测器时,生成很多带电的粒子和离子,这些离子在电场的作用下就形成一个离子流,收集极收集到这些离子流,经过微电流放大器放大后将样品中含有的有机物检测出来,从而对样品进行定量分析。仪器使用的 FID 检测器,其极化电压为 +300 V,最小检测量≤5×10^{-10} g/s。其原理见图 3-23,FID 结构见图 3-24。

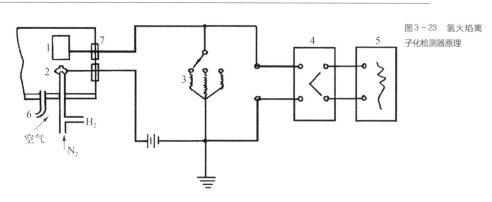

图3-23　氢火焰离子化检测器原理

1—收集极;2—极化极;3—高电阻;4—放大器;5—记录器;6—空气入口;7—绝缘器

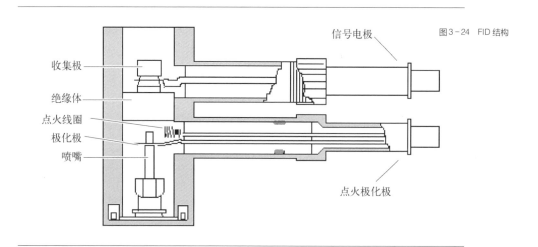

图3-24　FID 结构

3. 热解部分

热解部分主要由热解炉、进样杆、热解炉密封滑块等部件组成。

（1）热解炉

热解炉由炉体、加热丝组成,其结构如图 3-25 所示。

图3-25 热解炉结构

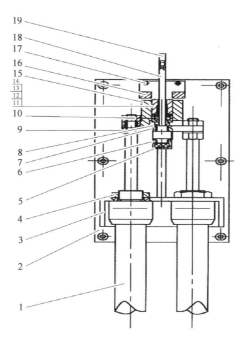

1—热解炉气缸;2—热解炉底板;3—热解炉支撑板;4—热解炉气缸帽;5—杆丝密封圈;6—热解炉压帽;7—热解炉后拉板;8—热解炉密封垫;9—热解炉螺帽;10—进样杆密封圈;11—热解炉压帽;12—热解炉衬套;13—热解炉密封套;14—O形圈;15—热解炉前拉板;16—热解炉固定板;17—热解炉螺钉;18—热解炉进样杆;19—热解炉坩埚

炉体为不锈钢材料制成,炉体顶部分的检测器座、空气进气口和氢气进气口,供点火用。热解炉丝采用铠装炉丝,炉丝易于损坏,小心拆装,不要弯成死角,不要硬拉炉丝接头,炉体内部为测温热电偶。

(2)进样杆

进样杆由不锈钢材料加工而成,载气由下端进气孔流入,杆内装有一根杆丝和铠装热电偶,用来实现90℃温度控制。

(3)气动装置

推动密封滑块和进样杆升降,由两个活塞式气缸来实现,在密封滑块上有"O"形密封圈,用来密封,其气缸动力由空气压缩机提供。工作过程如下。

预热阶段:密封、进样、载气三个电磁阀动作;

准备阶段:结束电磁阀动作;

工作阶段: 密封、进样、载气、冷气四个电磁阀分别动作;

结束阶段: 结束电磁阀动作。

4. 微电流放大器

微电流放大器是将微弱的离子流信号转换为电压信号的高增益放大器,它由高输入阻抗和低输入电流的放大器和外围元件组成,具有稳定性好、噪声低、灵敏度高等特点,最高增益为 10^8,电流测量 $10^{-14} \sim 10^{-6}$ A 的放大器,仪器后面板上设有调零转换开关、基流补偿电位器和衰减电位器,从而保证放大器有很宽的测量范围。另外放大器内部设有调零端,调整时需将转换开关转到相应位置,调整好后恢复原位置。

5. 温度控制部分

温度控制部分是仪器的重要单元,其控制精度直接影响仪器的技术指标,温度控制部分由程序温度控制、温度检测电路、控温执行系统组成。一般由测温元件、温度执行回路、温度控制对象和单片机控制系统中的温度比较控制回路、温度检测回路等组成(图 3-26)。

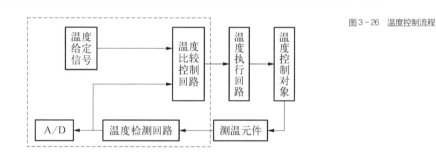

图 3-26 温度控制流程

温度控制原理为: 温度给定信号由单片机控制系统给出,温度检测回路和测温元件共同完成温度控制对象的温度测量,将温度转换成电信号,再放大成适合比较的电压,并与比较器中的给定电压(与温度相当的电信号)进行比较,根据设定温度和实际温度的偏差大小,比较器输出差值经放大,通过触发电路控制可控硅的导通程度来控制加热器的电压值,从而控制加热器的温度(图 3-27)。

（1）程序温度控制部分

由微机和其必要的外围接口组成温度控制系统,热电偶测温点的温度值经过测温

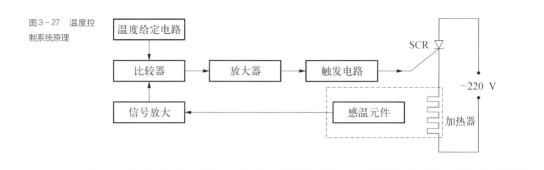

图3－27　温度控制系统原理

系统处理后进行运算,然后输出相应控制信号,由触发模块控制各温控点的加热功率,使其温度保持在设定值上,实现温度的闭环控制。

(2)温度检测电路

温度检测电路由两个热电偶组成。

(3)控温执行系统

控温执行系统包括控温板、触发模块和热解炉丝、杆丝、热电偶等。控温板主要由放大器 AD620、OP07、LM358 及其附属电路等构成。主要控制触发模块,从而控制加热器两端电压达到控温目的。

6. 电源系统

电源系统提供 +24 V、+15 V、－15 V、+5 V、~ 3.8 V 电压,由于电源系统的稳定性直接关系到仪器的稳定性,所以评价仪采用两级高精度的三端稳压器进行稳压。

其中 +24 V 供给电磁阀、压力传感器和点火继电器;±15 V 分两路,一路供给控制单元母板,另一路供给微电流放大器;+5 V 分两路,一路供给极化极电压模块,另一路供给控制单元母板;~ 3.8 V 为氢火焰检测器点火用。

7. 微处理控制系统部分

微处理控制系统是仪器的心脏,主要完成主机各部件的正常运行、数据采集并传送至计算机进行数据处理,具有故障诊断及自动报警功能(图3－28)。

单片机控制系统包括 CPU 部分、温度控制部分、数据采集部分、接口控制部分和通信部分等。CPU 部分负责完成主机所有过程控制和与计算机的通信;温度控制部分是前面讲过的温度控制系统中的一部分,它们构成一个完整的闭环控制系统,负责完

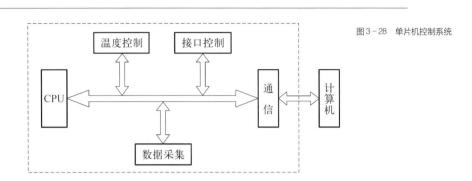

图3-28 单片机控制系统

成主机上各路温度控制工作;数据采集部分负责完成信号采集与模数转换;接口控制部分为主机的电磁阀、继电器等元器件提供驱动,负责它们的正常运行;通信部分负责完成主机与计算机的串口通信工作。

3.4.2 工作原理

岩石热解分析是在程控升温的热解炉中对生、储油岩样品进行加热,使岩石中的烃类热蒸发成气体,并使高聚合的有机质(干酪根、沥青质及胶质)热裂解成挥发性的烃类产物,这些经过热蒸发或热裂解的气态烃类,在载气的携带下,直接用氢火焰离子化检测器进行检测。将其浓度的变化转换成相应的电流信号,经微机处理,得到各组分峰的含量及最高热解温度。将热解分析后的残余样品送入氧化炉中氧化,样品中残余的有机碳转化为 CO_2 及少量 CO,由红外检测器(或热导检测器)检测 CO 及 CO_2 的含量,得到残余碳的含量。分析流程如图 3-29 所示。

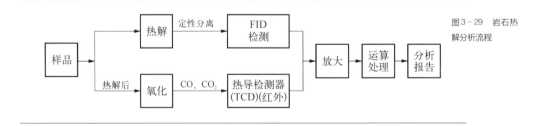

图3-29 岩石热解分析流程

3.4.3　　分类

目前录井公司使用的热解分析仪主要分为 YQ–Ⅰ型、YQ–Ⅵ型、YQ–Ⅶ型三种，其工作原理大致相同。

3.5　　煤层气解吸

3.5.1　　煤层气解吸结构组成

煤层气解吸仪器由解吸控制系统、计量监测系统(超声波测距单元)及液面控制系统及数据采集处理(MCU单元)组成,流程示意如图3–30所示。

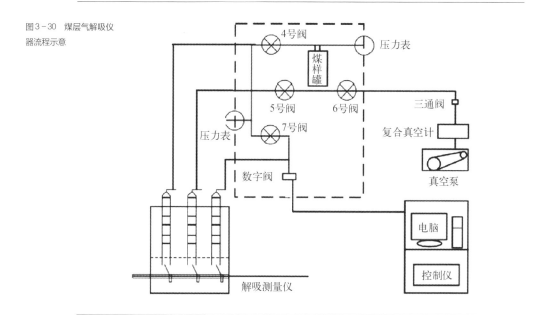

图3–30　煤层气解吸仪器流程示意

1. 解吸控制系统

解吸控制系统包括解吸罐、PID 温控、解吸开关阀,解吸电温控由上位机控制。

（1）解吸罐

根据 GB/T 19559—2008 规定的解吸罐要求和煤样要求,每次取样量不得少于 800 g,最少不得少于 300 g,选用解吸罐 φ75 mm×250 mm,可装外径 φ70 mm 高度为 250 mm 的煤屑,氟胶 O 形圈密封,可快速装卸,外接压力表,瓶内压力为 1 MPa,材料为壁厚 5 mm 的不锈钢。

（2）PID 温控

通过热电偶、铂电阻等温度传感装置,把温度信号变换成电信号,通过单片机、PLC 等电路控制继电器加热设备工作或停止。

一般 PID 温控器在进行自整定时都存在超调现象,因为自整定的参考点是目标值,自整定过程需要控制值在参考点附近振荡运行。系统采用以目标值 70% 为自整定参考点,然后通过运算法确定目标值的 PID 参数,这样,可做到整个控制过程完全不超调,如图 3-31 所示。

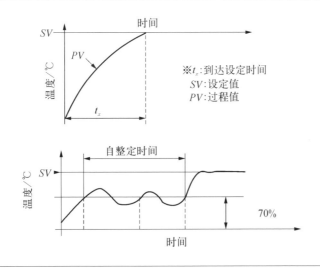

图 3-31　70% 参考点的自整定温控示意

系统选用 XMT7100 智能 PID 温控仪,温度传感器选用 K 形热电偶,采用模糊控制的基本形式,可模拟人工控制过程。根据瞬时温度背离设定值（调节误差）的程度和温度改变的速率(或调节误差的背离),人工调整应用于加热。整个过程由系统的物理或数学性质决定,仪表接线见图 3 - 32。

图 3 - 32 XMT7100 接图

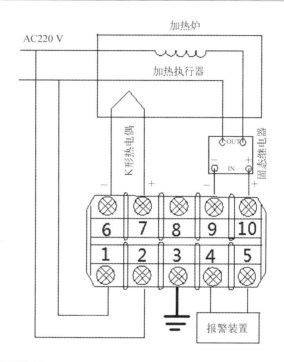

参数制定: 温度传感器类型(Inty) = P10.0,控制输出方式(Outy) =2,自整定偏移值(Atdu) =10,传感器零点误差修正值(Psb) =0,工作方式(rd) =0,温度单位选择(CorF) =0,数字滤波系数(FILt) =0,PID 参数使用自整定结果。

(3) 开关电磁阀

开关电磁阀选用美国 MAC 公司二位三通电磁阀,加电磁阀自散热电路及控制电路。逆向采用电磁阀低电平通道作为进样口,高电平通道作为释放气体进入成分分析仪进气口。采用自散热电路协助电磁阀电磁圈恢复,仪器内部有 3 套控制电磁阀。

2. 计量检测系统

计量检测系统由定量筒、动量筒、气体温度测量单元、超声波发射电路、超声波接收电路、过零检波电路及自动增益电路组成。气体温度测量单元由点电桥电路、仪表差分放大电路组成,如图3-33所示。

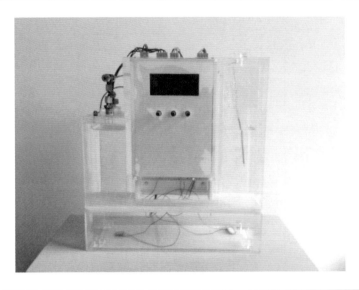

图3-33　超声波自动解吸仪

　　煤屑煤层气自动解吸仪采用U形连通器结构,U形连通左侧底部和右侧底部分别安装了一个超声波传感器,用来测量左侧和右侧的液柱高度。超声波传感器采用自发送接收传感器,超声波传感器发射一定频率的弹性波到液柱面,经过放大、检波、自动增益,最后成为一个可测的高频电脉冲输出,可以接收到来自液柱面超声波回波信号,通过时间测量电路测量出回波到达时间,时间乘以声速就可以得到回波飞行距离,液柱的高度就是飞行距离的一半,液柱越高,电脉冲测得的超声波发射和接收时间越长。

　　由于水或其他液体的声速随温度变化而变化,并且气体有些杂质会溶于其中,会造成声速变化,产生声延时,所以设计一个专门测量声速的超声波传感器通道,声程为已知且不变,修正左右两侧超声波传感器的声延时,就可以实现实时测量声速。

　　在测量时,超声波换能器1和超声波换能器2分别测量目前定量筒、动量筒的距离液面时差t_1,分别发射和接收信号,经放大及A/D转换后送入下位机储存,储存完毕,中间的超声波换能器测量到定量筒和动量筒的液面高度,专门测量声速的超声波传感器通道,声程为已知且不变,可以实现实时测量声速。

进气口通入释放的煤层气,定量筒液位下降,动量筒液位上升,产生液位差,超声波换能器 1 和 2 分别测量此时液位时差 t_2,分别发射和接收信号,经放大及 A/D 转换后送入下位机储存,储存完毕。下位机经过计算后通过驱动电路控制电磁阀关闭进气口,打开放气口,定量筒和动量筒的液位发生变化,引起超声波换能器的反馈信号,直至反馈信号与当前大气压力测量值相减等于零,液面平衡,电磁阀关闭放气口,打开进气口,系统达到稳定状态,等待下一次测量。通过前后液面距离差 $t_1 - t_2$,计算定量筒内减少的水的高度,乘以定量筒横截面积,计算确定此次测量煤层气的体积。

(1)定量筒机构设计

在水体积不变的情况下,超声波换能器最大测量高度为 100 mm,最大体积测量量程为 200 mL,精度不小于 5%,根据计算,定量筒底面边长 50 mm,材料为钢化玻璃。在量筒上端开有 3 个孔,分别是进气口、温度传感器安装孔和限位报警针孔。侧端与动量筒连通通道。

定量筒体积 $V = 5 \times 5 \times 10 = 250$ mL,当通入 200 mL 气体时,液面下降高度为 80 mm,满足超声波换能器最大测量高度 100 mL。

(2)动量筒机构设计

动量筒设计同定量筒,但是考虑定量筒内水的转移,动量筒的高度应加高至少 80 mL,设计为 190 mL,材料采用钢化玻璃。

超声波换能器的厚度是 1.5 mm,表面积为 1.766 cm^2,超声波换能器与仪表接触处不应有空气或其他介质,选择黏结方式将传感器与仪表结合。

(3)气体温度测量单元

气体温度测量采用温度传感器是 Pt100,采用电桥法测量出 Pt100 的电阻值,并经差分放大电路实时测量液柱温度,再根据美国 AGA8 号报告的内容设计的压缩因子计算方法计算出温度的修正参数。

超声波在介质中的传播速度受温度影响,在空气中其传播速度与环境温度的关系表达式为:$v = 331.45 + 0.607T$,T 为环境温度(℃)。

在高精度超声波测距系统中,必须对温湿度进行测量和补偿,以避免温湿度对测量精度的影响。选用 STH11 数字温湿度传感器芯片,受 STC11F16XE 单片机控制,电路如图 3－34 所示。

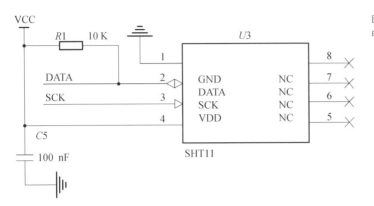

图3-34 温湿度传感器电路

3. 液面控制系统

液面控制系统包括2个电磁阀及控制电路。解吸控制系统主要作用是用于控制煤屑煤层气进入及排空自动解吸仪。由于整个测量过程全部是自动控制,此系统需要由上位机控制 I/O 通道,设计一个阀通道电气控制盒,如图 3-35 所示。内设有煤层气进出的气路及电路控制,2 个电磁阀控制煤层气进入自动解吸仪、进入成分分析仪及放空。电磁阀控制单元由功率场效应管和光隔控制电路组成。

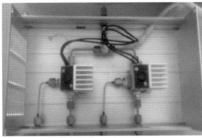

图3-35 解吸控制系统阀通道电气控制盒

电磁阀1(V1)的2个端口分别接入粉色管线和绿色管线,低电平常通通道接入绿色 φ3 管线,与解吸管气路管线连通,煤层气进入自动解吸仪;高电平常通通道接入粉色 φ3 管线,并进入成分分析仪进样端口。电磁阀2(V2)的2个端口分别接入蓝色管线和封堵,高电平常通通道接入白色 φ3 管线,放空气体;低电平常通通道封堵,当气体体积量达不到自动分析状态,可从此端口手动取样。

4. 数据采集处理系统

针对温度变化和传播衰减对超声波测量精度的影响,从硬件和软件两方面综合考虑,设计如图3-36所示。系统发射部分选用 ZT/R 40-16 一体式超声波传感器,采用单片机产生标准 40 kHz 方波,并通过 MAX232 的电荷泵放大信号,驱动超声波传感器,接收部分采用2级放大电路、时间自动增益电路和双电压比较器整形电路(过零检波)组成,最终利用液晶对测量结果显示。

图3-36 系统结构

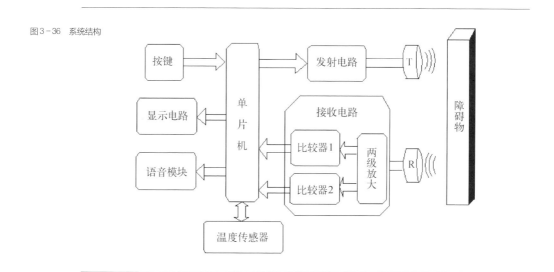

3.5.2 仪器原理

气体体积的测量采用超声波测距原理,即超声波在一种液体中的传输速度不变,测出超声波发射到返回的时间,计算液柱面的高度,推算出气体体积含量,采用温度传感器测量的气体温度,提供温度修正参数。

当超声波穿过流体时,测量液面不同高度超声波发射与返回的时间差,计算出超声波通过的路程差,即液面高度差,超声波测量原理如图3-37所示。

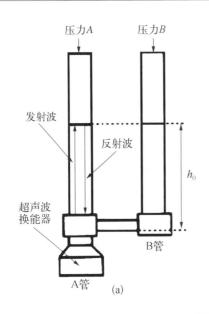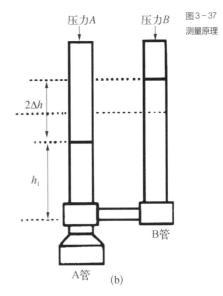

图3-37 超声波
测量原理

两根玻璃管形成一个连通器,在 A 管的底部安装一个超声波换能器,被测压力分别由 A、B 两管引入,这种连接方式可测量两管间压差,如需要测量表压,只要将 A、B 两管压力中的任意一个接通大气即可。测量前需进行基准零位校验,将 A、B 两管都接通大气,此时因 A、B 两管压力相等,连通器两管中的液柱等高,测量出此时超声波换能器发射面到液面之间的高度 h_0,该高度为基准高度(也称为零点高度)。测量时,将 B 管接通大气(测量表压),被测压力由 A 管引入,因 A、B 两管存在压差,则两液柱形成高度差 $2\Delta h$,设两玻璃管中的液体是纯净水,那么用 $\mathrm{mmH_2O}$($1\ \mathrm{mmH_2O} = 9.806\ 65\ \mathrm{Pa}$)来表示压力,被测压差为

$$p = 2(h_0 - h_1) = 2\Delta h(\mathrm{mmH_2O}) \tag{3-2}$$

利用超声波测量水柱高度,超声波由换能器发射,遇到液面后反射,反射波再返回换能器,由换能器产生电脉冲,只要精确测量超声波由换能器发射到反射波回到换能器这期间的时间 Δt 即可。如采用 24 MHz 高频脉冲作为时间测量单位,设 Δt 时间内共得到脉冲数为 n,则:

$$\Delta t = \frac{n}{24} \times 10^{-6} \qquad (3-3)$$

设超声波通过 $2h_0$ 路程需要时间为 Δt_0，共记录 n_0 个脉冲；经过 $2h_1$ 长的路程需时间为 Δt_1，共记录 n_1 脉冲，超声波在水中的传输速度为 v，则被测量压力为

$$p = |(\Delta t_0 - \Delta t_1)| \, v = \frac{1}{24} |(n_0 - n_1)| \times 10^{-6} v \times 10^3 (\mathrm{mmH_2O}) \quad (3-4)$$

环境温度为 25℃时，超声波在水中的传输速度约为 1 483 m/s，根据理论计算，该微压计对水柱高度测量的分辨率为

$$\frac{1}{2} \times \frac{1}{24} \times 10^{-6} \times 1\,483 \times 10^3 \approx 0.03 (\mathrm{mmH_2O}) \qquad (3-5)$$

由此可见，该测量精度远远优于目前使用的测量方法，能满足绝大多数场合微小压力的测量。另外，这种方法测量速度很快，可以 300 次/秒左右的速率测量，因此能捕捉压力的瞬态变化。

使用温度传感器 Pt1000 测量出气体的温度，根据气体状态方程和美国 AGA8 号报告的内容就可以计算出气体的标况体积。

3.6　元素分析

3.6.1　结构组成

元素分析仪主要由分析样机、真空泵、压片机及振荡磨组成。具体外形见图 3-38。

X射线荧光分析仪样机

分析样品

真空泵

压片机及振荡磨

图3-38 元
素分析仪组成

3.6.2 工作原理

用 X 射线照射岩屑样品时,岩屑可以被激发出各种波长的特征 X 射线(X 荧光),需要把混合的 X 射线按波长(或能量)分开,分别测量不同波长(或能量)的 X 射线的强度,以进行定性和定量分析,为此使用的仪器叫 X 射线荧光光谱仪(X-ray Fluorescence, XRF)。由于 X 射线具有一定波长,同时又有一定能量,因此,X 射线荧光光谱仪有两种基本类型:波长色散型和能量色散型。能量色散的最大优点是可以同时测定样品中几乎所有的元素,因此,分析速度快。另一方面,由于能谱仪对 X 射线的总检测效率比波谱高,因此可以使用小功率 X 射线管激发荧光 X 射线。另外,能谱仪没有波谱仪那么复杂的机械机构,因而工作稳定,仪器体积也小。本次研制的元素分析仪属于能量色散型。元素分析仪工作原理见图 3-39。

图 3 - 39　元素分析
仪工作原理

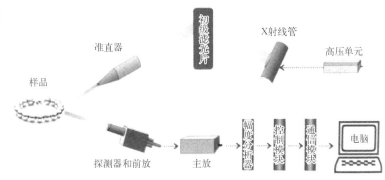

能量色散型 X 射线荧光分析仪是利用 X 射线荧光具有不同能量的特点,将其分开并检测,不必使用分光晶体,而是依靠半导体探测器来完成。X 光子射到探测器后形成一定数量的电子—空穴对,电子—空穴对在电场作用下形成电脉冲,脉冲幅度与 X 光子的能量成正比。在一段时间内,来自试样的荧光 X 射线依次被半导体探测器检测,得到一系列幅度与光子能量成正比的脉冲,经放大器放大后送到多道脉冲分析器(通常要 1 000 道以上)。按脉冲幅度的大小分别统计脉冲数,脉冲幅度可以用 X 光子的能量标度,从而得到计数率随光子能量变化的分布曲线,即 X 光能谱图(图 3 - 40)。能谱图经计算机进行校正,然后显示出来。

图 3 - 40　X
射线荧光分析
仪分析的多
元素

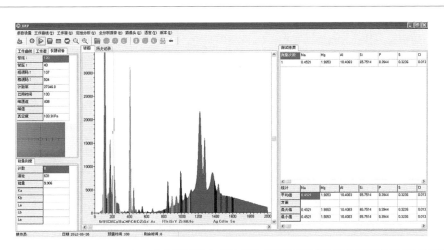

3.6.3　产品介绍

1. 仪器技术指标

元素分析仪分析元素范围为 Na～U，元素含量分析范围为 0.000 1%～99.9%，测量时间 <600 s，一次可同时分析 35 个元素，相对偏差 <10%，重复性 <10%。

仪器总体水平达到了分析速度快、测试精度高、重复性好、稳定性强、体积小、重量轻、操作灵活，适用于现场录井条件。同时选择 35 种元素进行分析，仪器的分析结果见图 3-41。

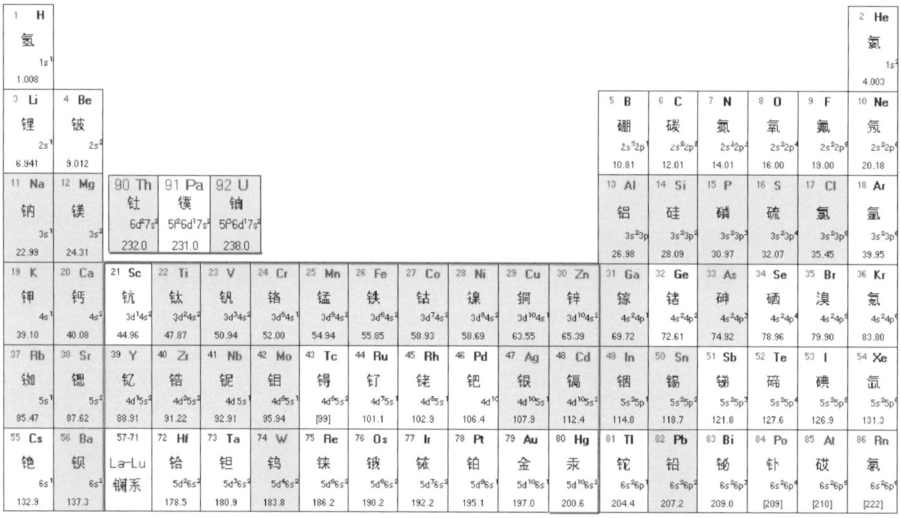

1 H 氢 1s¹ 1.008																	2 He 氦 1s² 4.003
3 Li 锂 2s¹ 6.941	4 Be 铍 2s² 9.012											5 B 硼 2s²2p¹ 10.81	6 C 碳 2s²2p² 12.01	7 N 氮 2s²2p³ 14.01	8 O 氧 2s²2p⁴ 16.00	9 F 氟 2s²2p⁵ 19.00	10 Ne 氖 2s²2p⁶ 20.18

90 Th 钍 6d²7s² 232.0　91 Pa 镤 5f²6d¹7s² 231.0　92 U 铀 5f³6d¹7s² 238.0

11 Na 钠 3s¹ 22.99	12 Mg 镁 3s² 24.31											13 Al 铝 3s²3p¹ 26.98	14 Si 硅 3s²3p² 28.09	15 P 磷 3s²3p³ 30.97	16 S 硫 3s²3p⁴ 32.07	17 Cl 氯 3s²3p⁵ 35.45	18 Ar 氩 3s²3p⁶ 39.95
19 K 钾 4s¹ 39.10	20 Ca 钙 4s² 40.08	21 Sc 钪 3d¹4s² 44.96	22 Ti 钛 3d²4s² 47.87	23 V 钒 3d³4s² 50.94	24 Cr 铬 3d⁵4s¹ 52.00	25 Mn 锰 3d⁵4s² 54.94	26 Fe 铁 3d⁶4s² 55.85	27 Co 钴 3d⁷4s² 58.93	28 Ni 镍 3d⁸4s² 58.69	29 Cu 铜 3d¹⁰4s¹ 63.55	30 Zn 锌 3d¹⁰4s² 65.39	31 Ga 镓 4s²4p¹ 69.72	32 Ge 锗 4s²4p² 72.61	33 As 砷 4s²4p³ 74.92	34 Se 硒 4s²4p⁴ 78.96	35 Br 溴 4s²4p⁵ 79.90	36 Kr 氪 4s²4p⁶ 83.80
37 Rb 铷 5s¹ 85.47	38 Sr 锶 5s² 87.62	39 Y 钇 4d¹5s² 88.91	40 Zr 锆 4d²5s² 91.22	41 Nb 铌 4d⁴5s¹ 92.91	42 Mo 钼 4d⁵5s¹ 95.94	43 Tc 锝 [99]	44 Ru 钌 4d⁷5s¹ 101.1	45 Rh 铑 4d⁸5s¹ 102.9	46 Pd 钯 4d¹⁰ 106.4	47 Ag 银 4d¹⁰5s¹ 107.9	48 Cd 镉 4d¹⁰5s² 112.4	49 In 铟 5s²5p¹ 114.8	50 Sn 锡 5s²5p² 118.7	51 Sb 锑 5s²5p³ 121.8	52 Te 碲 5s²5p⁴ 127.6	53 I 碘 5s²5p⁵ 126.9	54 Xe 氙 5s²5p⁶ 131.3
55 Cs 铯 6s¹ 132.9	56 Ba 钡 6s² 137.3	57-71 La-Lu 镧系	72 Hf 铪 5d²6s² 178.5	73 Ta 钽 5d³6s² 180.9	74 W 钨 5d⁴6s² 183.8	75 Re 铼 5d⁵6s² 186.2	76 Os 锇 5d⁶6s² 190.2	77 Ir 铱 5d⁷6s² 192.2	78 Pt 铂 5d⁹6s¹ 195.1	79 Au 金 5d¹⁰6s¹ 197.0	80 Hg 汞 5d¹⁰6s² 200.6	81 Tl 铊 6s²6p¹ 204.4	82 Pb 铅 6s²6p² 207.2	83 Bi 铋 6s²6p³ 209.0	84 Po 钋 [209]	85 At 砹 [210]	86 Rn 氡 6s²6p⁶ [222]

图 3-41　同时选择 35 种元素进行分析图示

2. 准确性和重复性、稳定性实验

元素分析仪研制完成后，采用 15 个国标样品（表 3-1）对图 3-41 中黄色标识的 35 个元素进行了标定，并进行准确性和重复性实验（图 3-42）。

序　号	国标样品编号	国标样品名称
1	GBW07101	超基性岩成分分析标准物质
2	GBW07103(GSR-1)	花岗岩岩石成分分析标准物质

表 3-1　岩石元素分析国标样品统计表

（续表）

序　号	国标样品编号	国 标 样 品 名 称
3	GBW07104（GSR－2）	安山岩岩石成分分析标准物质
4	GBW07105（GSR－3）	玄武岩岩石成分分析标准物质
5	GBW07106（GSR－4）	石英砂岩岩石成分分析标准物质 *
6	GBW07107（GSR－5）	页岩岩石成分分析标准物质 *
7	GBW07108（GSR－6）	泥质灰岩岩石成分分析标准物质
8	GBW07109	霓霞正长岩岩石成分分析标准物质
9	GBW07110	粗面石岩岩石成分分析标准物质
10	GBW07111	花岗闪长岩岩石成分分析标准物质
11	GBW07112	斜长岩岩石成分分析标准物质
12	GBW07113	流纹岩岩石成分分析标准物质
13	GBW07120（GSR－13）	石灰岩成分分析标准物质
14	GBW07121（GSR－14）	花岗质片麻岩成分分析标准物质
15	GBW07123	辉绿岩成分分析标准物质

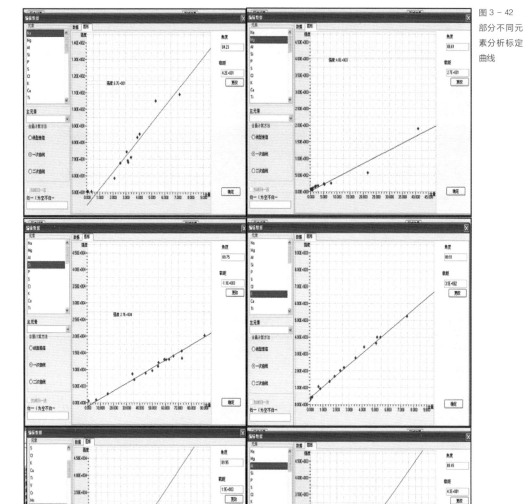

图 3 - 42
部分不同元
素分析标定
曲线

第 4 章

钻 机

4.1   149-150   钻机的类型

4.2   150-151   钻机的组成

4.3   151-187   立轴钻机

        151   4.3.1   动力系统

        154   4.3.2   传动系统

        165   4.3.3   回转系统

        173   4.3.4   卡夹系统

        181   4.3.5   升降系统

        186   4.3.6   给进系统

4.4   187-209   动力头钻机

        188   4.4.1   动力头钻机的组成及其结构特点

        189   4.4.2   底座与装载形式

        190   4.4.3   液压泵站

192   4.4.4   操纵台

193   4.4.5   回转机构

198   4.4.6   给进机构

204   4.4.7   升降机构

205   4.4.8   钻杆夹持器

4.5   209-221   国外岩心钻机现状与发展趋势

209   4.5.1   国外岩心钻机分类

210   4.5.2   国外岩心钻机现状与发展趋势

4.6   221-310   转盘钻机

223   4.6.1   动力设备

226   4.6.2   传动系统

241   4.6.3   提升系统

264   4.6.4   旋转系统

278   4.6.5   泥浆循环系统

292   4.6.6   控制系统

在地质矿产资源勘探与开发中,由于铜、铁、煤、石油、天然气、煤层气、页岩气等资源通常存在于数十米、数百米甚至数千米的地下深处,要将它们的样品从地下取出,必须采用特殊的方法。钻井是通常采用的将矿产资源样品从地下取至地表,然后在实验室进行分析化验的唯一方法。在钻井过程中,钻头破碎地层(岩石),被破碎的岩石通过循环系统由空气、泥浆等钻井流体携带到地表,随着钻孔深度的增加,需增加钻杆使钻头不断往地层的深部延伸。要实现这些功能,就必须使用一定的设备或装置。这些能回转钻具与钻头并逐步加深钻孔的设备被称为钻井机械,简称钻机。

4.1　　　钻机的类型

钻机的分类方法很多,在不同的场合、不同的时间,人们会按不同的需求对钻机进行分类。

(1)按钻机的钻进能力,一般将其分为浅孔(井)钻机、中深孔(井)钻机、深孔(井)钻机和超深孔(井)钻机。但对于浅孔(井)、中深孔(井)、深孔(井)和超深孔(井)的深度范围,无确定的标准可循。

(2)按钻机的应用领域,一般将其分为地质岩心钻机、水文水井钻机、石油天然气钻机、地热钻机、工程勘察钻机、工程施工钻机、非开挖施工钻机、救援钻机、煤层气钻机、页岩气钻机等。

(3)按钻机的工作场所,将其分为陆地钻机、海上钻机、水域钻机等。

(4)按钻机适用的钻进工艺,有反循环钻机、空气钻进钻机等。

(5)从回转方式上,通常将钻机分为立轴钻机、动力头钻机、转盘钻机三大类。

在页岩气勘探开发过程中,由于钻井的目的不同,使用的钻机也有所差异。在页岩气调查阶段,主要目的是采取岩心对地下信息进行收集与分析,因此通常使用的是立轴钻机与动力头钻机等小口径岩心钻机。而在勘探与开发阶段,主要目的是获取地层孔隙度、渗透率、岩石力学性能参数、地应力参数等与页岩气开采紧密相连的参数及试采,通常使用钻进能力大的转盘钻机或顶驱。因此,本章将按回转方式,对立轴钻机、动力头钻机及转盘钻机进行详细介绍。

4.2 钻机的组成

钻机是一套由多台设备组成的工作机组,按功能可将其分为动力系统、升降系统、回转系统、泥浆循环系统、传动系统、控制系统、井架和底座、辅助设备等八大部分。井架与底座是钻机的骨架,大部分钻机组件安装在井架与底座上。钻机工作时,在控制系统的操纵下,动力系统产生的动力经过传动系统的传递与分配,分别驱动升降系统、回转系统和泥浆循环系统三大机组,使之协调运转来进行钻井工作。

(1) 动力系统:为升降系统、回转系统、泥浆循环系统提供动力,主要设备有柴油机、交流或直流电动机等。

(2) 升降系统:在提下钻作业中提下钻具、在完井作业中提下套管以及在钻进作业中控制钻压送钻。升降系统主要由主绞车、辅助绞车(或猫头)、天车、游动滑车、大钩、钢丝绳、吊环、吊卡、吊钳等组成。

(3) 回转系统:由转盘(动力头、立轴)、水龙头、主动钻杆等组成,其作用是驱动钻头回转以破碎地层岩石。

(4) 泥浆循环系统:包括泥浆泵、泥浆地面管汇(或泥浆槽)、泥浆池(或泥浆罐)、泥浆固相控制装置(泥浆净化装置)和泥浆配制装置等。其主要作用为维持钻井液的循环,将钻头破碎地层产生的岩屑从井底清除并携带至地表,同时冷却、润滑钻头与钻具。在喷射钻进、井底动力钻进中,泥浆循环系统还起着传送水马力、驱动井底动力钻具的作用。在随钻测量(LWD、MWD)中,泥浆循环系统还担负传递信号的任务。

(5) 传动系统:主要作用是将动力系统提供的动力传递、分配到钻机的各个工作执行机构。其主要的传动方式有机械传动、液力传动、液压传动和电传动等。

(6) 控制系统:是整个钻机的控制指挥中心,负责协调钻机各组件的运行。其主要控制方式有机械控制、电动控制、气动控制和液压控制等。在同一台钻机上,上述控制方式有可能同时并存。

（7）井架与底座：用于支承和安装钻井装置与工具，提供操作场所。

（8）辅助设备：包括防喷器、空气压缩机、供水供气供油装置、井口工具等。

4.3　立轴钻机

立轴钻机也叫立轴式岩心钻机，主要用于地质矿产资源勘探。页岩气勘探开发中，地质调查阶段通常采用立轴钻机进行岩心钻探，以获取岩心进行气藏参数测试与分析。

立轴钻机主要由动力系统、传动系统、回转系统、升降系统、给进系统、卡夹系统及底座等组成（图4-1）。

图4-1　立轴钻机

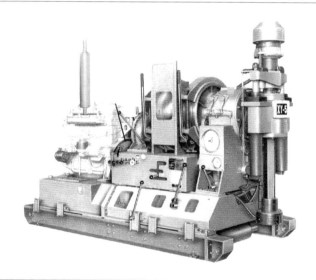

4.3.1　动力系统

立轴钻机的动力系统相对简单。根据施工现场是否有网电可供使用来选择动力机的类型,有网电时配备电动机,否则配备柴油机。

确定动力机的功率时,主要考虑的因素有克取或破碎岩石所需功率、回转钻柱所需功率以及提下钻柱或套管柱所需功率。

1. 克取或破碎岩石所需功率

孔底钻具破碎岩石消耗功率 N 估算的公式为

$$N_k = 6 \times 10^{-5} \times fpn(R + r) \tag{4-1}$$

式中,N_k 为孔底钻具破碎岩石消耗功率,kW;f 为钻头沿孔底运动的阻力系数,参考表 4-1 中的地层内摩擦系数选取;p 为钻压,kN;n 为钻头转速,r/min;R 为钻头外半径,mm;r 为钻头内半径,mm。

2. 回转钻柱所需的功率

钻柱包括钻杆、钻铤、孔底钻具(即取心筒或取心管总成)。回转钻柱所需的功率为克服钻柱与孔壁间的摩擦所需的功率。

实际钻进过程中,钻柱在钻孔内的运动非常复杂,它既绕自身轴线自转,同时也有可能绕某一转轴作公转。由于钻孔轨迹、钻孔孔径的随机性和复杂性,要确定钻柱公转轴线和公转转速非常困难。为了简化计算,在此只考虑钻柱绕自身轴线旋转所消耗的功率。

要使钻柱旋转,必须在钻柱上施加一力矩。力矩的功率等于力矩与角速度的乘积,即:

$$N = M\omega \tag{4-2}$$

式中,N 为功率,W;M 为力矩,N·m;ω 为角速度,rad/s。

在钻进过程中,钻柱不可避免要与孔壁接触,特别是在发生了孔斜的钻孔中。计算钻杆与孔壁间的摩擦力,目前世界上通常有两种模型,即"刚性钻柱"模型和"柔性钻柱"模型。应用得最广泛的为 Johancsik 等提出的"柔性钻柱"模型,它将钻柱看成是一根可承受轴向力但不能承受弯矩的弦,摩擦力为正压力与摩阻系数的乘积。其计算公式为

$$F_N = \left[(T\Delta\varphi\sin\theta)^2 + (T\Delta\varphi + W\sin\theta)^2 \right]^{1/2} \tag{4-3}$$

$$\Delta M = fF_N R \tag{4-4}$$

式中　F_N 为正压力;T 为作用在钻柱单元体下端的轴向力;W 为钻柱单元体的浮重;f 为摩阻系数;θ 为钻柱单元体下端的孔斜角;$\Delta\varphi$ 为钻柱单元体上、下端间的方位角增量;R 为钻柱单元体的特征半径;ΔM 为孔壁摩擦力产生的扭矩。

求出孔壁摩擦力产生的扭矩,代入式(4-2),并将 $\omega = \pi n/30$ 代入,即可计算出克服钻杆与孔壁间的摩擦所需的功率为

$$N_z = \pi f F_N Rn/30 = \frac{\pi f Rn}{30}\left[\,(T\Delta\varphi\sin\theta)^2 + (T\Delta\varphi + W\sin\theta)^2\,\right]^{1/2} \quad (4-5)$$

式中,N_z 为回转钻柱所需的功率;n 为钻柱转速,r/min。

摩阻系数 f 的大小受使用泥浆的类型、地层类型、套管中还是裸眼中等因素的影响。可以从类似钻孔的井史资料中推导出,也可参照表4-1进行选取。

表4-1 套管内、地层内的摩阻系数范围

泥 浆 类 型	套管内摩阻系数	地层内摩阻系数
油基泥浆	0.16~0.20	0.17~0.25
水基泥浆	0.25~0.35	0.25~0.40
盐水泥浆	0.30~0.40	0.30~0.40

实际计算中,由于钻柱各组成部分的内外径、单位长度重量、所取孔段的孔斜和方位不同,且钻柱不同部位所处的孔内环境各异,有些在套管内,有些在裸眼中,因此需分解成多个计算单元体分别进行计算。然后按式(4-6)求和:

$$N_z = \frac{\pi Rn}{30}\sum_{i=1}^{n} f_i\left[\,(T_i\Delta\varphi_i\sin\theta_i)^2 + (T_i\Delta\varphi_i + W_i\sin\theta_i)^2\,\right]^{1/2} \quad (4-6)$$

3. 提下钻柱或套管柱所需的功率 N_T

设大钩的负荷为 Q_{dg},大钩提升速度为 v_{dg},则滑车系统效率为 η_h,则:

$$N_T = \frac{Q_{dg}v_{dg}}{75\eta_h} \quad (4-7)$$

式中,大钩负荷为提下钻或下套管时的最大负荷。

将式(4-1)、式(4-6)、式(4-7)相加,即可得到动力系统的功率。

4.3.2　传动系统

　　钻进工作中,由于孔内条件复杂、钻进工艺方法多样,因此要求钻机的变速范围大。同时为了满足拧卸钻杆与钻具、处理孔内事故,还要求钻机具有正反转功能。因此,在立轴钻机中,其传动系统需要承担的任务或需要具备的功能有:① 传递与切断动力;② 变速与变矩;③ 实现柔性传递与过载保护;④ 分配动力与换向;⑤ 改变运动形式,如将旋转运动变为往复运动。

　　立轴钻机的传动系统由机械传动系统和液压传动系统组成。机械传动系统一般包括三个传动链,即油泵传动链、卷扬机传动链与回转器传动链。油泵传动链的动力经输入传动(或联轴器)与油泵传动装置传至油泵。卷扬机传动链与回转器传动链是机械传动系统的主要组成部分,它们多共用一个传动路线。动力机的动力从输入传动经摩擦离合器接通,通过变速箱、分动箱,并由分动箱将动力分配给卷扬机或回转器,或两者同时运转,如图4-2所示。

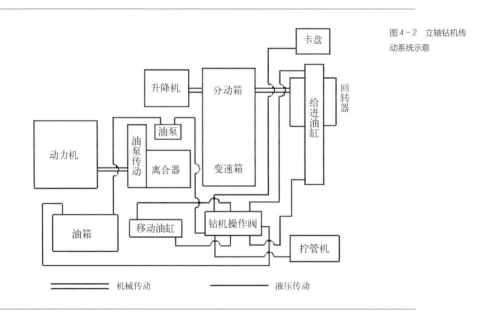

图4-2　立轴钻机传动系统示意

　　液压传动系统由传动装置、油泵、操纵阀、油管、油箱、仪表与执行元件(液压油缸、液压马达)等组成。

1. 摩擦离合器

传动系统中,动力的接通与切断依靠离合器实现。同时,当工作负荷大于动力机的额定负荷时,离合器还应打滑以起到过载保护作用,摩擦离合器虽然结构复杂,但由于具有在主被动件任何不同角速度下平稳离合、结构紧凑、尺寸小巧、使用灵活,且过载时主被动摩擦片间产生滑动(打滑)而实现过载保护,因此被机械传动钻机广泛采用。钻机的摩擦离合器通常设置在动力机与变速箱之间,并处于动力机至油泵的传动链之后。

1)摩擦离合器的类型

立轴钻机的离合器绝大多数为片式摩擦离合器。按离合器压紧机构的结构和原理,可分为常压式(弹簧压紧式)和非常压式(杠杆压紧式);按摩擦片的数量,分为单片、双片和多片式;按摩擦片的工作条件,可分为干式与湿式,干式摩擦片工作于空气中,湿式摩擦片工作于油浴中。

2)摩擦离合器的工作原理

杠杆压紧式与弹簧压紧式摩擦离合器的基本传动件相同,由输入轴和主动盘、输出轴与被动盘、压力盘组成。两类离合器的区别在于压紧机构,杠杆压紧式摩擦离合器的压紧机构为杠杆(图4-3),弹簧压紧式摩擦离合器的压紧机构为弹簧(图4-4)。

(1)杠杆压紧式摩擦离合器工作原理

结合状态(工作状态):如图4-3(a)所示,离合器操纵机构使压紧滑块(2)右移,滑块锥面迫使杠杆(3)A端绕铰支O向左上方转动,并越过锥峰进入锁紧状态;同时,

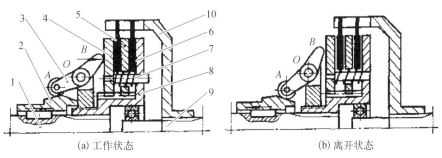

图4-3 杠杆压紧式摩擦离合器工作原理简图

(a) 工作状态　　　　　　　(b) 离开状态

1—输入轴;2—压紧滑块;3—杠杆;4—压紧盘;5—主动摩擦盘;6—被动摩擦盘;7—弹簧;8—主动盘;9—输出轴;10—槽圈

杠杆 B 端右移,压向压紧盘(4)。由于各盘被压紧,输入轴的动力经主动盘(8)、被动摩擦盘(6)、槽圈(10)传至输出轴(9)。此处的输出轴即钻机变速箱的输入轴。

脱开状态: 如图4-3(b)所示,离合器操纵机构使压紧滑块(2)左移,松开杠杆(3)A 端,杠杆(3)B 端作用于压紧盘(4)上的轴向力卸除。在弹簧(7)的张力作用下,压紧盘(4)被推开,各盘复位,摩擦面间出现间隙,动力被切断。

(2) 弹簧压紧式摩擦离合器工作原理

结合状态(工作状态): 如图4-4(a)所示,离合器操纵机构使滑套(3)右移,杠杆(4)的 A、B 端均被放松;此时,弹簧(5)的张力驱使压力盘(7)、主动盘(2)将被动盘(8)压紧,输入轴的动力经主动盘(2)、被动盘(8)传至输出轴(9)。此处的输出轴即钻机变速箱的输入轴。

脱开状态: 如图4-4(b)所示,离合器操纵机构使滑套(3)左移,并带动杠杆(4)的 A 端以 O 点为铰支左移,杠杆(4)的 B 端将螺栓(6)向右推出,使主动盘(2)、被动盘(8)与压力盘(7)之间松开,摩擦面间出现间隙,动力被切断。此时,弹簧处于压缩状态。

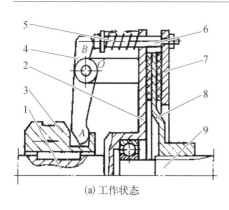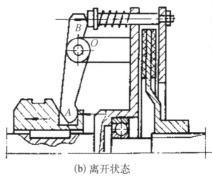

图4-4 弹簧压紧式摩擦离合器工作原理简图

(a) 工作状态　　(b) 离开状态

1—输入轴;2—主动盘;3—滑套;4—杠杆;5—弹簧;6—螺栓;7—压力盘;8—被动盘;9—输出轴

从以上的工作原理分析可以看出,杠杆压紧式摩擦离合器与弹簧压紧式摩擦离合器的工作都有三个阶段,即结合阶段、稳定运动阶段及脱开阶段。

在结合阶段,从动件需要从静止状态逐渐加速到主动件的转速,处于不稳定阶段。

在此阶段,由于被动盘的转速始终低于主动盘的转速,盘片间便出现了相对滑动,因而摩擦片易于磨损和发热。

在稳定运动阶段,被动盘与主动盘贴合紧密,这时可以将主动盘与被动盘看作一整体,只要工作力矩不大于离合器所能产生的摩擦力矩,主、被动盘的转速必然相等,盘片间也就没有相对滑动。

在脱开阶段,从动件从稳定运动状态逐渐减速到完全停止,因此也处于不稳定状态。在此期间,盘片间也会出现相对滑动,摩擦片易于磨损与发热,但程度比结合阶段轻。

3)摩擦离合器的间隙调整

为了使离合器能正常工作,必须确保离合器摩擦面间的正常间隙。间隙过大,主、被动件处于不稳定结合状态,摩擦面间存在相对滑动,容易产生摩擦与发热现象,不能有效传递扭矩。间隙过小,脱开不彻底,同样会存在摩擦面间的相对滑动,容易产生摩擦与发热现象。因此,为了确保离合器安全稳定地工作,正确调整离合器间隙十分重要。

(1)杠杆压紧式摩擦离合器的间隙调整

图4-5(a)表示杠杆压紧式摩擦离合器的正常离合状态。实线与 A、B、C 诸点代表工作状态,虚线与 A'、B'、C' 各点代表脱开状态。假设离合器的间隙为 δ(若以每对摩擦面的间隙为 δ',且为单片,则 $\delta = 2\delta'$),杠杆从离到和产生的轴向位移为 X。所谓间隙调整,就是使 $X = \delta$。间隙过大,指的是 $\delta > X$;间隙过小,则是 $\delta < X$。调整图4-5(a)中的调整螺母,可以改变 X 的大小。

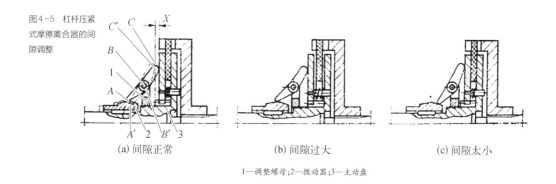

图4-5 杠杆压紧式摩擦离合器的间隙调整

(a)间隙正常   (b)间隙过大   (c)间隙太小

1—调整螺母;2—拨动器;3—主动盘

实际使用中，如何判断间隙大小是否合适十分重要。

间隙正常 $(X = \delta)$：结合时各盘压紧，拨动器(2)使杠杆 A 端从 O' 点沿锥面移至 O 点进入自锁。脱开时，每对摩擦面间隙均匀。

间隙过大 $(\delta > X)$：杠杆越过锥峰而摩擦面间不能压紧，存在相对滑动。

间隙过小 $(\delta < X)$：摩擦面压紧但不能自锁，结合难以稳定。

(2) 弹簧压紧式摩擦离合器的间隙调整

如图4–6所示，杠杆(1)的支点在螺栓(8)上，力点分别作用于压力盘(7)于推杆帽(2)上。实线与 A、B、C 点代表结合状态，虚线与 A'、B' 点代表脱开状态。脱开时 B 移向 B'，其位移为 X_1，等于正常间隙 δ。杠杆的 A 端因力臂较长，其位移为 X_2。X_2 由偏心头(11)的偏心距产生，即

$$\left. \begin{array}{l} X_2 = 2e = (R - r) \\ X_1 = \dfrac{BC}{AC}(R - r) \end{array} \right\} \qquad (4-8)$$

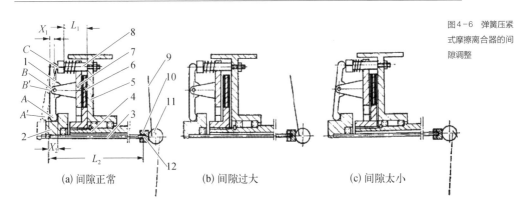

图4–6 弹簧压紧式摩擦离合器的间隙调整

(a) 间隙正常　　　　(b) 间隙过大　　　　(c) 间隙太小

1—杠杆;2—推杆帽;3—顶杆;4—输出轴;5—主动盘;6—被动盘;7—压力盘;
8—螺栓;9—手把;10—调整螺母;11—偏心头;12—推挡

因为 R 与 r 以及 BC 与 AC 均为定值，要改变间隙 δ 的大小，就要改变 X_1、X_2 的大小。在如图4–6所示的结构中，一般不改变 L_1 值，而通过改变顶杆(3)的有效长度 L_2 来改变 X_2、X_1 的大小。拧动调整螺母(10)便调整了 L_2 的大小。L_2 增大，间隙 δ 增大;

L_2减小,间隙 δ 减小。

判断间隙是否合适的方法与杠杆压紧式摩擦离合器的类似。

间隙正常: L_2 调整适当。结合时,各盘紧贴,离合手把(9)上转到位且锁紧,杠杆上的 A 点刚好与推杆帽靠紧;脱开时,各盘彻底分离,手把下转到位并自锁,不会出现回弹现象。

间隙过大:结合时,压而不紧、滑动、摩擦发热;脱开时,视 L_2 的大小有不同的反应。

间隙过小: 离而不能彻底分开。

4)摩擦离合器的典型结构

立轴钻机中,离合器的典型结构见图 4-7。离合器的输入端通过半弹性联轴器(1)与动力机相连。半弹性联轴器(1)的双槽三角皮带轮用以传动齿轮油泵。离合器的输出端通过变速箱齿轮将动力传入分动箱。离合器罩壳(21)用双头螺栓(25)与变速箱连成一体,并用浮动支架(27)与变速箱一起以螺栓紧固于钻机的后机架上。

图4-7 摩擦离合器的典型结构

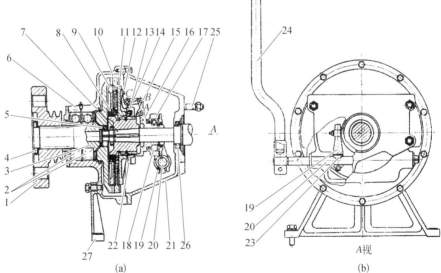

(a)　　　　　　　　　　　　(b)

1—半弹性联轴器;2—单列向心球轴承;3—主动盘;4—锁母;5—单列向心球轴承;6—壳体;7—从动轴;8—弹簧;9—被动摩擦盘;10—主动摩擦盘;11—动盘(压力盘);12—弹簧片;13—保险片;14、15—连杆;16—滑套;17—松紧滑套;18—单列向心球轴承;19—拨叉;20—拨叉轴;21—罩壳;22—调整螺母;23—半圆键;24—离合手把;25—双头螺栓;26—骨架式橡胶油封;27—浮动支架夹在压力盘(11)与被动摩擦盘(9)之间的、两面铆有石棉板的主动摩擦盘(10)用凸台与主动盘(3)的凹槽相嵌合。被动摩擦盘(9)用平键和螺帽装配在从动轴(7)的锥面上。压力盘(11)通过内齿套在被动摩擦盘(9)的外齿上,两者以齿状联结同步回转,两盘之间还装有四个压簧(8)。被动盘外圆右端齿部车有丝扣,上装调整螺母(22),用以调整摩擦面之间的间隙。

离合器的结合与脱开通过扳动离合器手把来实现,手把向左扳动,转动拨叉,带动松紧滑套、套筒、连接杆、连杆与压脚,推动压力盘,使各盘紧密贴合而传递动力。当离合器手把向右扳动,由于弹簧的张力,使压力盘、被动盘与主动摩擦盘间出现间隙,动力被切断。

2. 变速箱与分动箱

变速箱与分动箱位于离合器与执行机构(对于立轴钻机来说,即回转器与卷扬机)之间,其主要功能是改变转速与扭矩、分配动力。变速箱与分动箱可以截然分开,也可以连成一整体。不论是分开布置还是整体布置,它们习惯上被统称为变速分动箱或传动变速箱。

1) 对变速箱与分动箱的要求

立轴钻机中的变速箱与分动箱,无论是分开布置还是整体布置,都必须满足如下要求。

(1) 变速箱的输出转速应符合回转器与卷扬机的要求,亦即满足钻进工艺要求。钻进与提下钻时,立轴与卷筒必须随孔内情况变化或负荷变化变更其转速与扭矩。因此,应该合理地选择变速箱的转速大小、转速级数、邻速比与调速范围,使之符合钻进工艺要求。

(2) 钻进过程中,立轴与卷筒有时单独工作,有时同时工作。变速分动箱的分动部分,要能实现回转器与卷扬机的动力分配。根据钻机的整体布局,可以在分动箱内进行变速,以便扩大转速级数与调速范围,满足钻进工艺要求。

(3) 为了便于处理孔内事故与拧卸钻杆,应在变速箱或分动箱内设置反转、倒挡。

(4) 变速分动箱的强度、刚度与耐磨性应达到设计要求,寿命长,以确保在设计的使用寿命内正常工作。

(5) 具有较高的传动效率,且传动平稳、噪声小、不发热。

（6）在保证工作性能、强度与可靠性的前提下，应尽量简化结构、缩小尺寸、减轻重量。

（7）使用可靠、操纵平稳、换挡时无冲击。

（8）解体性好，拆装方便、维护简单容易。

（9）润滑与防尘性能良好。

2）变速分动箱的组成

变速分动箱主要由变速部分、分动部分、操纵部分与壳体四部分组成。

（1）变速部分（变速箱）

机械传动式立轴岩心钻机几乎全部采用齿轮变速箱，由 2 ~ 4 根传动轴和轴间的诸齿轮副构成。按照转速级数，可将变速箱分为三挡、四挡和五挡等类型。按照结构形式，可将变速箱分为两类：一类是简单的两轴一级传动变速箱；另一类是采用跨轮机构的三轴两级传动变速箱。

两轴一级传动变速箱的结构示意见图 4 - 8。它由主动轴 I、从动轴 II、滑动齿轮、固定齿轮组成。滑动主动轴 I 上的滑动齿轮 Z_3 和从动轴 II 上的 Z_4、Z_5，可以获得 $Z_1 - Z_4$、$Z_2 - Z_5$、$Z_3 - Z_6$ 三对传动，从而使从动轴 II 获得三个转速。这种变速箱结构简单，零件少。但是，由于只有一个变速组（一级传动），减速比受到限制。

图 4 - 8　两轴一级传动
变速箱结构示意

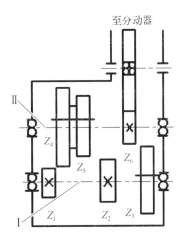

钻机

三轴两级传动变速箱的结构示意见图4-9。它由主动轴Ⅰ、中间轴Ⅱ、输出轴Ⅲ、滑动齿轮、固定齿轮组成。动力经主动轴Ⅰ传递到中间轴Ⅱ后,再折回到输出轴Ⅲ上。动力输入轴与动力输出轴在同一轴线上,彼此分开,一根轴(输入轴或输出轴均可)的端头借助滚动轴承支承在另一轴(输入轴或输出轴均可)端的碗形齿轮内,中间轴可转动也可不转动。这类变速机构有三挡、四挡、五挡三种,分别称为三轴两传三速、三轴两传四速、三轴两传五速变速箱。图4-9为三轴两传三速。

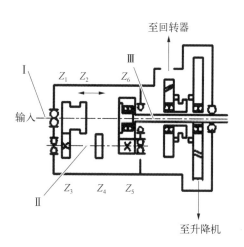

图4-9 三轴两级传动
变速箱结构示意

跨轮变速机构结构紧凑、尺寸小,由于具有两级传动,减速比大。其缺点是输入、输出轴的支承部分结构复杂,同时由于减速比大,因此重量也大。

现有立轴钻机变速箱的齿轮与齿轮轴中间多采用花键联结。齿轮啮合与换挡则基本上采用直齿滑动啮合。

(2) 分动部分(分动箱)

分动箱与变速箱可以连为一整体(图4-10),也可分开(图4-11)。当分动箱与变速箱可以连为一整体时,其刚度、稳定性与整体性均较好,且传动件少;但拆卸、安装困难。当分动箱与变速箱分开时,其解体性好,便于拆卸、安装;但传动件增多,刚度、稳定性、整体性不如整体式好。

图4-10 整体式变速分
动箱

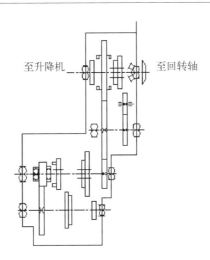

至升降机 —— —— 至回转轴

图4-11 分体式分动变
速箱

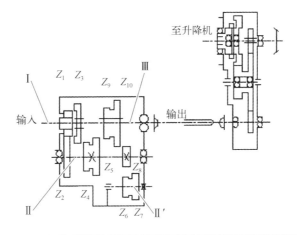

至升降机

Z_1 Z_3 Ⅲ
Ⅰ Z_9 Z_{10}
输入   输出
         Z_5 Z_8
Ⅱ
Z_2 Z_4
          Z_6 Z_7 Ⅱ′

3）变速分动箱的典型结构

图4-12是一个典型的三轴两级传动跨轮变速箱的结构图。齿轮 Z_1 的轴颈外圆用两盘单列向心球轴承(1、2)装在变速箱壳(4)的上方,左端与离合器输入轴(动力由此传入),右端内孔用滚针轴承(3)支承输出轴 Ⅲ 的左端。中间轴 Ⅱ 是一根中间带花键的转轴,两端用单列向心球轴承(7、8)装于箱壳的下部,并用锁母锁紧,中部自左向右装配着 Z_2 、Z_4 、Z_5 和 Z_8 四个齿轮,Z_2 与 Z_1 是一对常啮合齿轮。输出轴 Ⅲ 的右端用单列向心球轴承(5)装在箱壳右上方,中间为花键轴,滑动齿轮 Z_3 、Z_9 与 Z_{10} 装于其上。

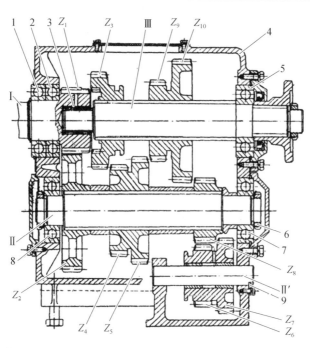

图4-12 三轴两级跨轮
变速箱的典型结构

Ⅰ—输入轴；Ⅱ—中间轴；Ⅱ′—轴；Ⅲ—输出轴；1、2、5、7、8—单列向心球轴承；3—滚针轴承；4—壳体；6—锁母；9—止动片；Z_1—碗形齿轮；Z_2、Z_4、Z_5、Z_8—齿轮；Z_3—滑动齿轮；Z_6、Z_7—双联齿轮；Z_9、Z_{10}—双联齿轮

拨动齿轮 Z_3，其内齿与 Z_1 外啮合，外齿则可与中间轴上的齿轮 Z_4 啮合，拨叉插在齿轮右端凹槽内。双联滑动齿轮 Z_9、Z_{10} 可分别与中间轴上的齿轮 Z_5、Z_8 啮合，拨叉插在齿轮右端凹槽内。

图4-13 是分动箱典型结构图。分动箱输入轴(16)两端各用一盘单列向心球轴承(18)支于壳体(1)下部，中间用花键装配齿轮 Z_{13} 和甩油盘组件(22)，左端用花键连接法兰盘，此盘与万向轴法兰盘用螺钉连接，右端轴头装有转速表组件(17)。双联齿轮 Z_{11} 与 Z_{12} 用四盘轴承装在心轴(23)上。轴齿轮(26)是一碗形齿轮。升降机轴插在其右端花键孔内。回转器传动轴(11)右端肩部两侧各用一盘单列圆锥滚子轴承支承在壳体上，左端搭在轴齿轮的轴承孔内。用轴承装配在轴(11)上的齿轮 Z_{19} 的右侧，压合一外齿轮，压缝间拧有骑缝螺丝，齿轮 Z_{19}' 和齿轮 Z_{21} 与离合器内齿轮(25)啮合；右侧压合一内齿轮，压缝间拧有骑缝螺丝，此内齿轮可与用花键装于轴上的滑动齿轮 Z_{18}

图 4 - 13 分动箱典型结构

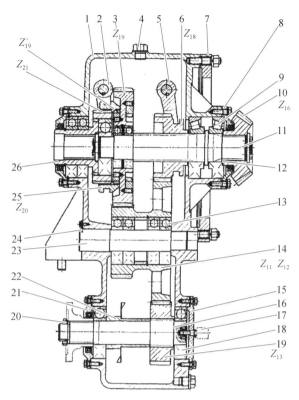

1—壳体;2—拨叉;3—齿轮组件;4—透气塞;5—拨叉;6—齿轮;7—压紧盘;8—压盖;9—单列圆锥滚子轴承;10—小圆弧齿轮;11—回转器传动轴;12—调整片;13—单列向心球轴承;14—双联齿轮;15—压盖;16—输入轴;17—转速表组件;18—单列向心球轴承;19—齿轮;20—锁母;21—压盖;22—甩油盘组件;23—心轴;24—止动片;25—离合器内齿轮;26—轴齿轮

啮合。拨叉(2、5)分别拨动内齿轮 Z_{20} 和齿轮 Z_{18}。拨动齿轮 Z_{18} 分别与 Z_{19} 右端内齿或与齿轮 Z_{12} 啮合,可得到一低挡和高挡,从而增加了变速箱的级数。

4.3.3 回转系统

立轴式钻机的回转系统也叫立轴式回转器,其功用是传递动力,使钻具以不同的速度与扭矩作正向或反向回转。它位于机械传动系统的末端,是回转钻进的主要执行机构之一。因此,其结构与性能必须满足钻进工艺的下列要求。

（1）回转器的转速与扭矩，应能适应孔内钻进情况变化的需要；

（2）回转器应具有反转功能，以满足孔内特殊工序的要求；

（3）回转器应有良好的导向功能，以便钻进时保证钻孔的设计倾角；

（4）回转器应能在一定范围内变更倾角，钻进不同方向的钻孔，以满足地质要求；

（5）回转器的通孔直径应满足需通过的机上钻杆或粗径钻具的直径要求；

（6）回转器应运转平稳，震动摆动小，以保证钻头的正常钻进。

1. 立轴式回转器的结构组成

立轴式回转器的结构如图 4－14 所示。它由箱壳、横轴、锥齿轮副、立轴导管、立轴与卡盘等组成。其中立轴与卡盘除传递回转运动外，还通过油缸与横梁，带动钻具上下运动。

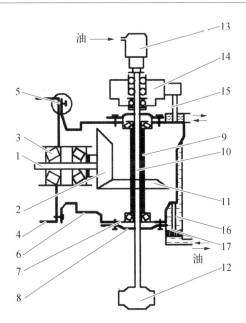

图 4－14　立轴式回转器结构

1—横轴；2—主动锥齿轮；3—轴承；4—变速箱外壳；5—变角装置；6—回转器外壳；7—滚动轴承；8—下压盖；9—立轴导管；10—立轴；11—从动锥齿轮；12—下卡盘；13—上卡盘；14—横梁；15—活塞杆；16—油缸；17—活塞

立轴式回转器的箱壳也叫立轴箱体，其作用是：支承和容纳回转器的各个零件，并将诸零件组装成回转器整体；支承给进装置；将回转器与分动箱联成一体。

1）箱壳与分动箱及变角装置

箱壳与分动箱及变角装置的联结形式通常有以下 3 种。

（1）半圆压板式联结。如图 4-15 所示，两块半圆压板(3)借助螺钉(4)将回转器箱壳(2)的凸缘压紧，固定在分动箱壳体(1)上；稍微拧松螺钉(4)，即可转动回转器，调整回转器的转角。B 处为止口部位，其作用是保证装配的同心度。

图 4-15 半圆压板式联结

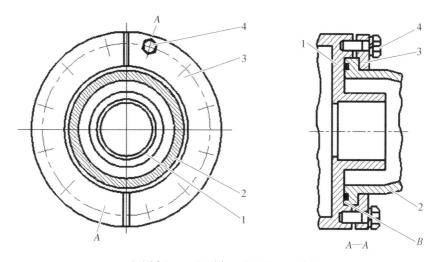

1—分动箱壳体;2—回转器箱壳;3—半圆压板;4—固紧螺钉

（2）T 形槽式联结。如图 4-16 所示，分动箱壳体(1)上开有 T 形槽，固定螺钉(3)由 T 形槽的开口处放入槽内并拧紧。螺钉在 T 形槽内不能自转，只能公转。需要变换回转器的转角时，稍微拧松螺钉(3)即可。

上述两种联结方式，因为回转器箱壳与分动箱壳体已联结成整体，只能采取后移回转器的方式才能使其让开孔口。

（3）T 形槽-开合式联结。如图 4-17 所示，带 T 形槽的转盘座(1)固定在分动箱壳体上。转盘座(1)开有 T 形槽，固定螺钉(4)由 T 形槽的开口处放入槽内并拧紧。螺钉在 T 形槽内不能自转，只能公转。需要变换回转器的转角时，稍微拧松螺钉(4)即可。回转器(6)箱壳通过销轴铰支在合箱套(2)的合箱耳上，可绕销轴转动。钻进时，拧紧螺栓(5)使回转器(6)与合箱套(2)连为一体。需要让开孔口时，拧松螺栓(5)，在

图4-16 T形槽式联结

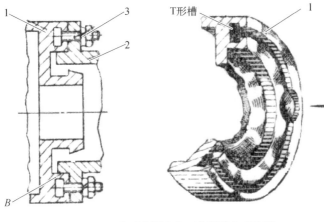

1—分动箱壳体;2—回转器箱壳;3—固紧螺钉

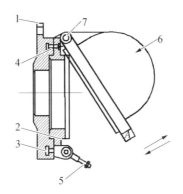

图4-17 T形槽-开合
式联结

1—转盘座;2—合箱套;3—T形槽;4—固紧螺钉;5—螺栓;6—回转器;7—销轴

回转器 A 处施加一转矩使其绕销轴(7)转动。

2）半轴的装配结构

图4-14 中的半轴(1)也叫横轴或齿轮轴,它借助于滚动轴承装在分动箱壳体或回转器箱体上。角传动中的小锥齿轮(2)多用花键装于半轴右端,呈悬臂状态。为保证锥齿轮副的正常啮合和平稳运转,半轴应具备足够的刚度。当半轴上两轴承的间距 b 等于齿轮悬臂距离 a 的 2 倍以上时,其刚度能得到有效的提高(图4-18)。

半轴与小锥齿轮可以装在分动箱壳体上,也可以装在回转器箱体内。半轴与小锥

图4-18 半轴支承示意

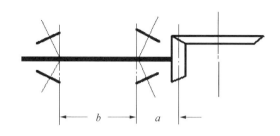

齿轮装在分动箱壳体上时,结构紧凑,零件较少;回转器中心伸出机身的悬臂较短,提高了回转器的刚度和稳定性;但锥齿轮副的啮合质量与使用寿命受装配质量的影响较大。当半轴与小锥齿轮装在回转器箱体内时,可以确保锥齿轮副的啮合质量,调整也容易,不受机身与立轴垂直度的装配误差影响,可以提高锥齿轮副的使用寿命;但结构欠紧凑,零件多,回转器中心伸出机身的悬臂增加,刚度与稳定性变差。

3) 锥齿轮副

为提高锥齿轮副的承载能力和运转平稳性,减小运转噪声,立轴回转器的锥齿轮的齿形通常采用弧齿。弧齿螺旋角的方向有左右之分。面对锥顶,弧齿自齿面中点到大端旋向为逆时针的叫左旋齿;弧齿自齿面中点到大端旋向为顺时针的叫右旋齿。弧齿旋向的选择取决于轴向力的方向。为了避免齿面因咬死而损坏,应使轴向力背向锥顶。

回转器的从动锥齿轮的布置位置有上下之分,主要根据旋转方向和传动方案确定。因为轴向力的方向受螺旋方向与弧齿锥齿轮的旋转方向影响,而从动齿轮上置或下置又直接影响齿轮旋转方向与弧齿螺旋方向。为了使轴向力背向锥顶,从锥顶方向看去,齿轮的旋转方向与弧齿螺旋方向应相同(图4-19)。即弧齿锥齿轮顺时针旋转时,采用右旋齿;弧齿锥齿轮逆时针旋转时,采用左旋齿。

4) 立轴导管与主轴

如图4-14所示,立轴导管(9)两端用滚动轴承(7)支于箱体(6)上,其中段外装从动锥齿轮(11)内圆与立轴(10)配合。立轴导管是回转器的重要零件,其主要作用是:固定从动锥齿轮,并可调整间隙;传递扭矩,带动主轴回转;导正立轴方向,减轻立轴承受的弯矩。

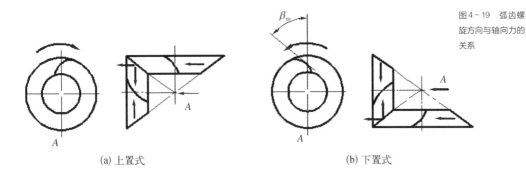

图4-19　弧齿螺
旋方向与轴向力的
关系

(a) 上置式　　　　　　　　　　　(b) 下置式

　　立轴导管的形状主要取决于从动齿轮及立轴的装配关系和立轴导管的固定方式。其基本形状与支承方式见图4-20。

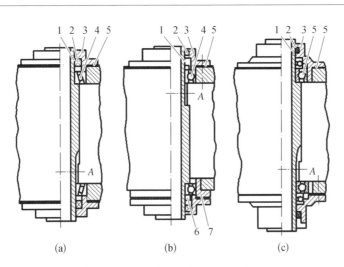

图4-20　立轴导
管支承形式示意

(a)　　　　　　　　(b)　　　　　　　　(c)

1—立轴导管;2—密封圈;3—压盖;4—轴承;5—垫片;6—锁母;7—轴承套

　　(1) 上下各用单列圆柱滚子止推轴承支承[图4-20(a)]。这种支承形式结构简单,调整方便。采用调节上下垫片(5)厚度的方式来调整齿轮啮合间隙。

　　(2) 立轴导管上下各装一盘单列向心球轴承,并用锁母(6)拧紧,下部轴承外圈借轴承套(7)固定于箱壳上[图4-20(b)]。采用调节上下垫片(5)厚度的方式来调整齿轮啮合间隙。这种支承方式结构稍微复杂,增加了零件个数与体积,但适应的转速高。

(3) 立轴导管上下各用一盘单列向心球轴承和一盘推力轴承与上下压盖装合,并通过压盖支承在箱壳上[图4-20(c)]。这种支承方式改善了轴承的工作条件,提高了可靠性,但结构复杂。

立轴导管与从动锥齿轮及立轴的装配关系主要有3种形式。

(1) 从动锥齿轮与立轴导管间以花键装合,立轴导管内孔与立轴以六方滑动配合[图4-21(a)(d)],这种装配形式同心度与受力情况都比较好。

(2) 从动锥齿轮与立轴导管外圆用两条平键装合,立轴导管内孔与立轴以六方滑动配合[图4-21(b)(e)],这种装配形式同心度与受力情况不如形式(1)。

(3) 从动锥齿轮与立轴导管外圆用平键装合,立轴导管内孔与立轴以双滑键配合[图4-21(c)(f)]。这种装配形式常用于浅孔钻机。

图4-21 立轴导管与立轴的横断面

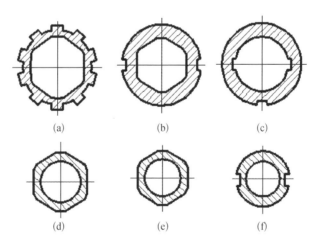

(a) (b) (c)

(d) (e) (f)

(a)(b)(c)—立轴导管横断面;(d)(e)(f)—立轴横断面

2. 立轴式回转器的典型结构

立轴式回转器的典型结构如图4-22所示。图中油缸组件(13)、横梁(26)与卡盘属于给进机构。回转器主要由大弧形锥齿轮(12)、立轴导管(15)、回转器箱体(14)以

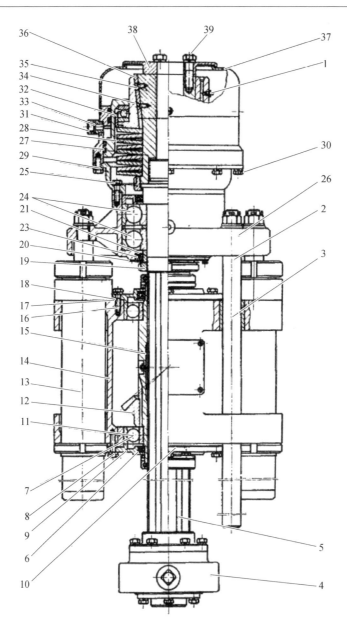

图4-22 立轴式回转器
典型结构

1—油嘴;2—导向杆;3—导向杆套;4—下卡盘;5—立轴;6—骨架式橡胶油封;7—滚珠轴承;8—螺栓;9—下压盖;10—纸垫;11—轴承套;12—大弧形锥齿轮;13—油缸组件;14—回转器箱体;15—立轴导管;16—螺栓;17—垫片;18—上压盖;19—圆螺母;20—止退垫片;21—间隔环;23—骨架式橡胶油封;24—向心推力轴承;25—防松螺母;26—横梁;27—卡瓦座;28—碟形弹簧;29—卡盘下壳;30—螺钉;31—卡盘上壳;32—活塞;33—油管接头;34—卡圈;35—卡瓦;36—压板;37—防护罩;38—顶盖;39—螺钉

及有关零件组成。半轴(横轴)结构见图4-13。半轴肩部两侧各以一副单列圆锥滚子轴承装于分动箱壳上部,并用压盖固紧;左端轴颈部位用单列向心球轴承支承在碗形齿轮内。半轴的花键部分,左端装有滑动齿轮,右端装有主动锥齿轮,与回转器箱体内的被动锥齿轮啮合。

回转器箱体与分动箱壳之间,采用图4-15所示的半圆压板式结构相连,并有止口定位,可在0~360°内变更倾角。

回转器的角传动采用大齿轮下置式弧齿锥齿轮传动,大弧形锥齿轮(12)用花键与立轴导管(15)配合,立轴导管内孔用内六方与外六方立轴滑动套装。而立轴(5)通过卡盘与穿过其内的机上钻杆相连。立轴与钻具既可随立轴导管回转,又能在其中轴向移动。立轴导管上下台阶处,各用一盘单列向心推力轴承支于回转器箱体上,类似图4-20(b)所示的支承结构。立轴导管承受一定的径向力和轴向力,并起导向作用,因此要有相应的长度和足够的刚度。通过调节上、下压盖与箱体间的垫片厚度,可调整齿轮副的啮合间隙。

箱体上对称地装有两个油缸组件,其活塞杆用螺母与横梁(26)固定。横梁与主轴间用两盘球轴承装合。轴承内圈上部顶在立轴凸台处,下部以圆螺母固紧。液压油带动活塞与活塞杆上下运动时,通过横梁带动立轴轴向运动。由于采用轴承装合,立轴作轴向运动时,也可在立轴导管的带动下作回转运动。为增加主轴与卡盘的回转稳定性,横梁上用螺母对称地固定两根导向杆插在回转器上的导向杆套(3)内,杆的外缘有刻度,用以指示钻进进尺。

4.3.4　卡夹系统

立轴钻机的卡夹系统由上下卡盘组成。卡盘通常与回转器连接为一整体,其作用是夹住钻杆、传递回转运动与扭矩、传递轴向运动与给进力。卡盘能否稳固地卡紧和迅速的松开钻杆,直接影响钻进工作能否顺利进行。因此,卡盘必须符合下列基本要求。

(1)夹紧后,钻杆与立轴的同心度好。

(2)夹紧时,有足够的恒定夹持力。夹紧后的钻杆与卡瓦之间不能产生轴向或周向的相对滑动。夹持机构应具有自锁性能。

（3）夹持与松开动作应快速省力,松开完全彻底。

（4）夹持力分布均匀,夹紧时不损坏钻杆表面。

（5）结构简单、紧凑,外廓尺寸小;操作方便,易于维修。

1. 卡盘的组成与功能

卡盘一般由夹紧元件、中间传动机构和夹紧动力装置三部分组成。

（1）夹紧元件

夹紧元件的功能是执行夹紧动作、传递中间机构传来的夹紧力。夹紧元件与钻杆的夹紧形式有齿瓦式[图4-23(a)]和柱销式[图4-23(b)]两种。

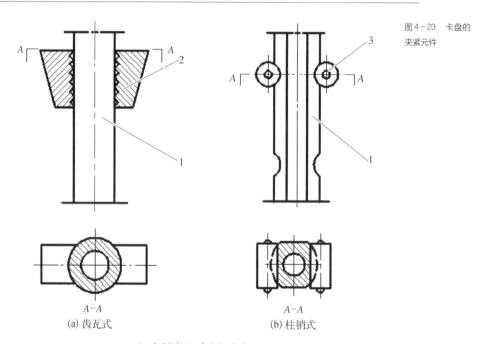

图4-23 卡盘的
夹紧元件

(a) 齿瓦式　　(b) 柱销式

1—主动钻杆;2—卡瓦;3—柱销

齿瓦式靠正压力产生夹紧力,从而传递轴向运动和回转运动。夹紧力不足时,容易打滑。柱销式利用柱销卡入主动钻杆凹槽内产生刚性联结,工作时不会打滑,比较可靠,但需要配制特殊结构的主动钻杆。

（2）中间传动机构

中间传动机构是一增力机构，其功能是改变作用力的大小和方向。它将轴向运动和力传递给夹紧元件，产生径向运动和夹持力，同时使力倍增。为了增加夹紧后的可靠性，绝大多数还具有自锁功能。

卡盘的中间传动机构通常有3种形式：① 楔铁夹紧机构；② 齿条齿轮-螺旋夹紧机构；③ 螺旋夹紧机构。①②多见于液压卡盘，③用于机械卡盘。

（3）夹紧动力装置

夹紧动力装置的作用是产生轴向运动与轴向力，有液压式和机械式两种。

2. 卡盘的结构形式与工作原理

卡盘按其夹紧动力装置的类型可分为液压卡盘和机械卡盘两种。

1）液压卡盘的结构形式与工作原理

液压卡盘利用液压油的压力作为夹紧或松开动力，通过中间传动机构改变力的方向和大小，使齿瓦执行夹紧动作。它具有动作迅速、操作方便、易于集中控制等优点，但机构复杂、维修要求高。液压卡盘的夹紧与松开方式有弹簧夹紧油压松开、油压夹紧弹簧松开、油压夹紧油压松开及楔铁机构油压松紧卡盘。

（1）弹簧夹紧油压松开式液压卡盘

这类卡盘属于常闭式卡盘。图4-24是齿瓦式弹簧夹紧油压松开卡盘。由卡圈（3）、弹簧（5）组成的楔形夹紧机构与齿瓦（2）装在齿瓦座（4）上，齿瓦座下部以丝扣与立轴相连。齿瓦、楔形夹紧机构和齿瓦座由立轴带动旋转。不旋转的油缸（7）与环形活塞（8）构成夹紧动力装置，油缸下部与横梁相连，旋转部分与不旋转部分用轴承（6）隔开。其动作原理如下。

夹紧：油缸内高压油卸压，环形活塞作用于轴承上的轴向力消失。在弹簧的张力作用下，卡圈上行，卡圈斜面使齿瓦向内收缩并夹紧机上钻杆。由于楔面角小于斜面的摩擦角，卡圈与齿瓦产生自锁。

松开：油缸内通高压油，在活塞上面产生大于弹簧张力的向下轴向力，卡圈随之上行，并带动齿瓦向外径向移动，松开机上钻杆。

图4-25为柱销式弹簧夹紧油压松开卡盘，其夹紧与松开的动作原理与齿瓦式弹

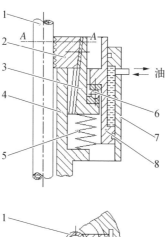

图 4-24 齿瓦式弹簧夹
紧油压松开卡盘

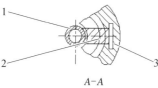

1—机上钻杆;2—齿瓦;3—卡圈;4—齿瓦座;5—弹簧;6—轴承;7—油缸;8—环形活塞

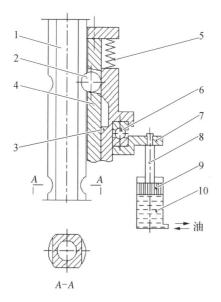

图 4-25 柱销式弹簧夹
紧油压松开卡盘

1—机上钻杆;2—柱销;3—卡圈;4—柱销座;5—弹簧;6—轴承;7—轴承座;8—活塞杆;9—活塞;10—油缸

簧夹紧油压松开卡盘类似。

弹簧夹紧油压松开式液压卡盘结构简单,夹紧松开动作迅速,工作可靠。但存在弹簧质量不稳定、容易碎裂及尺寸重量大等缺点。

（2）油压夹紧弹簧松开式液压卡盘

油压夹紧弹簧松开式液压卡盘的结构与动作原理如图4-26所示,属于常开式卡盘。不难看出,其结构与图4-24所示的齿瓦式弹簧夹紧油压松开卡盘类似,只是弹簧与油缸调换了位置,因此动作原理也互换,具体如下。

图4-26 油压夹紧弹簧
松开式液压卡盘

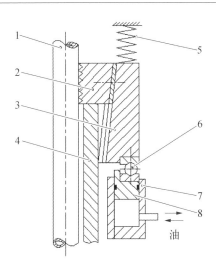

1—机上钻杆;2—齿瓦;3—卡圈;4—齿瓦座;5—弹簧;6—轴承;7—环形油缸;8—环形活塞

夹紧:油缸内通高压油,卡圈上行,齿瓦径向内移,此时弹簧被压缩。机上钻杆被夹紧。

松开:油缸内高压油卸压,弹簧伸张、卡圈下移、齿瓦径向外移,松开钻杆。

油压夹紧弹簧松开式液压卡盘靠弹簧松开,当夹持过紧时,由于弹簧的张力是规定的,常发生不易松开的现象。

（3）油压夹紧油压松开式卡盘

油压夹紧油压松开式卡盘的结构如图4-27所示,齿瓦(2)、卡瓦体(3)、齿轮(4)及齿条(5)对称地装在卡盘座(6)上,卡盘座下部用丝扣拧在立轴上,它们随立轴旋

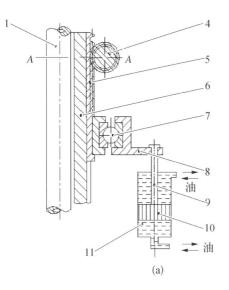 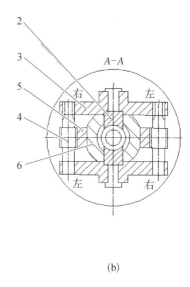

图4-27 油
压夹紧油压松
开式卡盘

1—机上钻杆;2—齿瓦;3—卡瓦体;4—齿轮;5—齿条;6—卡盘座;7—轴承;8—卡盘托架;9—活塞杆;10—活塞;11—油缸

转。轴承(7)、卡盘托架(8)、活塞杆(9)、活塞(10)及油缸(11)装在横梁上,不能旋转。其动作原理如下。

夹紧:油缸上腔进入高压油,下腔回油,活塞(10)、卡盘托架(8)和齿条(5)下行,带动齿轮(4)旋转。齿轮两端左右扣带动齿瓦座与齿瓦径向内移,夹紧机上钻杆。

松开:油缸下腔进入高压油,上腔回油,活塞(10)、卡盘托架(8)和齿条(5)上行,带动齿轮(4)旋转。齿轮两端左右扣带动齿瓦座与齿瓦径向外移,松开机上钻杆。油压夹紧油压松开式卡盘结构复杂,工作可靠性差。

(4)楔铁夹紧机构油压松紧卡盘

楔铁夹紧机构油压松紧卡盘如图4-28所示,其工作原理与油压夹紧油压松开式卡盘相同。

2)机械卡盘的结构形式与工作原理

机械开盘通常作为立轴钻机的下卡盘,其特点是结构简单,加工方便。

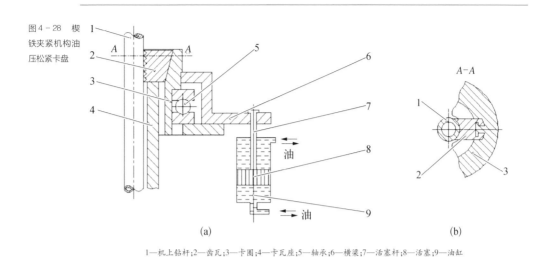

图4-28 楔铁夹紧机构油压松紧卡盘

(a)   (b)

1—机上钻杆;2—齿瓦;3—卡圈;4—卡瓦座;5—轴承;6—横梁;7—活塞杆;8—活塞;9—油缸

(1) 手动卡槽式卡盘

手动卡槽式卡盘的结构如图4-29所示。钢球(4)、卡盘体(6)与立轴(1)联成一

图4-29 手动卡槽式卡盘的结构

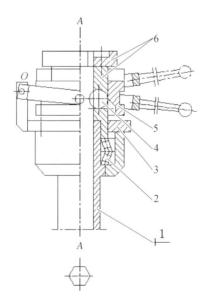

1—立轴;2—手柄;3—压盖;4—钢球;5—圆盘;6—卡盘体;7—手柄

体,随立轴回转。带环槽的圆盘(5)与压盖(3)套在卡盘体(6)外。手柄(7)一端铰支于压盖支柱 O 处,操纵手柄(7)上下运动即可松开或夹紧卡盘。

(2)机械自动定心卡盘

机械自动定心卡盘的结构如图 4 – 30 所示。卡盘体(12)以右旋梯形螺纹联结于立轴下端,两块弧形卡瓦座(1)和(10)的一端用铰链轴(13)铰接于卡盘体(12)上,另一端用张紧螺钉(6)、螺母(8)拧接。由于螺钉可绕左卡瓦座(1)上的销轴(3)转动,锁母配有球面垫圈(7),故两卡瓦座开合自如。卡瓦座中部用固定螺钉(11)固定卡瓦体(9),卡瓦(2)插装在卡瓦的燕尾槽内。拧紧螺母,两卡瓦座绕销轴同时收拢,使卡瓦卡紧钻杆;松开螺母,在弹簧(4)的作用下,两卡瓦座相向离开,松开钻杆。由于两卡瓦座同步运动,故这种卡盘具有自动定心功能。

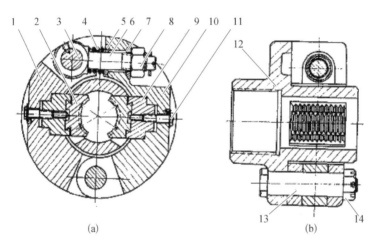

图 4 – 30 机械自动定心卡盘

1—左卡瓦座;2—卡瓦;3—销轴;4—弹簧;5—挡圈;6—张紧螺钉;7—球面垫圈;
8、14—螺母;9—卡瓦体;10—右卡瓦座;11—固定螺钉;12—卡盘体;13—铰接轴

(3)主动钻杆卡盘

主动钻杆卡盘的结构如图 4 – 31 所示。这种卡盘装在立轴下部,与主动钻杆配合使用。它只能传递扭矩,不能传递轴向力。图中所示为工作位置。不工作时,外拔定位销,将卡套内圆推至主动钻杆处。

图4-31 主动钻杆卡盘

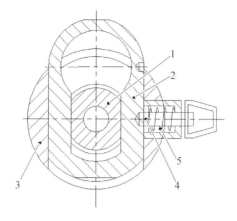

1—主动钻杆;2—卡套;3—本体;4—定位销;5—弹簧

4.3.5 升降系统

立轴钻机的升降系统由卷扬机(也称升降机或绞车)与滑车组组成。

1. 卷扬机

卷扬机是立轴钻机的主要部件之一,其主要功能是在提下钻过程中提放钻柱、在接单根作业中提放钻杆。在钻进施工中,提下钻所费时间相当可观,一般占全孔施工时间1/3以上。随着钻孔深度的增加,提下钻时间不断增加。为了提高提下钻速度,减少提下钻作业时间,要求卷扬机具有较快的卷绳速度。因此,衡量卷扬机性能的参数,除最大起重量外,提升速度是衡量卷扬机性能优劣的另一重要参数。

1)卷扬机的最大起重量

钻机性能参数中标注的最大起重量指的是单绳起重量。最大起重量取决于大钩负荷和滑车组结构,而大钩负荷取决于钻孔深度,采用式(4-9)进行计算。

$$Q_{dg} = KqL \qquad (4-9)$$

式中，Q_{dg} 为大钩负荷，kg；K 为卡阻系数；q 为单位管柱重量，kg/m；L 为管柱长度。

钻进施工中，由于钻孔结构不同，套管的下入深度各异，因此，在确定最大大钩负荷时，需要根据钻孔结构和钻柱结构，分别计算钻柱的最大重量和套管柱的最大重量，然后取两者中的大值作为最大大钩负荷值。卡阻系数 K 根据地层情况与孔斜大小及全角变化率确定，地层越完整，取值越小；孔斜越大，取值越大；全角变化率越大，取值越大。一般取 K 为 1.2～2。

最大大钩负荷确定后，由式（4-10）可得卷扬机最大起重量。

$$P_{J} = \frac{1}{m\eta}Q_{dg} \tag{4-10}$$

式中，P_J 为卷扬机最大起重量；m 为工作钢丝绳数；η 为滑车组效率。

2）卷扬机的提升速度

提升速度指的是卷筒缠绕钢丝绳的速度，由提下钻需要的大钩速度决定，其计算公式见式（4-11）。

$$v_{J} = mv_{G} \tag{4-11}$$

式中，v_J 为卷扬机的提升速度，m/s；m 为工作钢丝绳数；v_G 为大钩（或提引器）的上升速度，m/s。

3）卷扬机工作原理

立轴钻进中，通常采用游星式卷扬机作为升降机。按传动原理，此类升降机有两种结构类型：一类为卷筒与内齿圈相连，属定轴轮系传动型，其传动结构见图4-32；另一类为卷筒与游星齿轮相连，属行星轮系传动，其传动结构见图4-33。

（1）定轴轮系传动型卷扬机工作原理

定轴轮系传动型卷扬机（图4-32）的工作原理如下。

① 提升钻具。提升抱闸（8）刹住卷筒的提升制圈，制动抱闸（9）松开。此时游星轮（5）及游星轮轴（4）不能绕卷扬机轴（1）公转，只能在中心齿轮带动下自转，并带动内齿圈（6）转动，缠绕钢丝绳，从而提升钻具。

② 制动钻具。制动抱闸（9）刹住卷筒的下降制圈，提升抱闸（8）松开。此时卷筒与内齿圈被刹住而不能旋转，钻具静止不动，但游星轮（5）既自转又公转，并带动游星

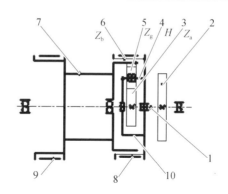

图 4 - 32　定轴轮系卷扬
机结构示意

1—卷扬机轴;2—传动齿轮;3—中心齿轮 Z_a;4—游星轮轴;5—游星轮 Z_g;
6—内齿圈 Z_b;7—卷筒;8—提升抱闸;9—制动抱闸;10—游星轮架

轮架(10)一起公转。

③ 下放钻具。提升抱闸(8)与制动抱闸(9)同时松开,在钻具自重的作用下,放松钢丝绳,下放钻具。下放钻具过程中,为了控制下钻速度,可适当刹住制动抱闸(9),但不要刹死。刹住制动抱闸(9)的松紧程度依所需下钻速度调节。制动抱闸(9)刹得越紧,下钻速度越慢;反之则越快。

④ 微动升降。在钻进施工作业中,有时需要微提微放钻具,如下钻接近孔底时、取心钻进结束拔断岩心时、套取岩心时、孔内事故处理过程中需要对接孔底钻杆和探事故头时,都需要微动升降动作。微升:提升钻具时,适当减少提升抱闸(8)的刹紧程度,或适当刹紧制动抱闸(9),都能降低卷筒的转速,也就是降低钻具提升速度。微降:下放钻具时,适当刹住制动抱闸(9)或提升抱闸(8),都能达到降低钻具下放速度的目的。在微动升降过程中,制动抱闸(9)和提升抱闸(8)只要不同时刹死,刹紧程度配合得当,微动升降就会得心应手。

(2) 行星轮系传动型卷扬机的工作原理

行星轮系传动型卷扬机(图 4 - 33)的工作原理如下。

① 提升钻具。提升抱闸(9)刹死,制动抱闸(8)松开。此时游星轮(5)既自转又公转。卷筒(7)在游星轮轴(4)的带动下转动,缠绕钢丝绳,从而提升钻具。

② 制动钻具。制动抱闸(8)刹住卷筒,提升抱闸(9)松开。此时虽然游星轮(5)

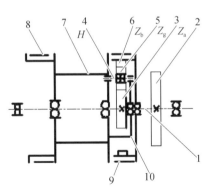

图4-33 行星轮系传动
型卷扬机结构示意

1—卷扬机轴;2—传动齿轮;3—中心齿轮Z_a;4—游星轮轴;5—游星轮Z_g;
6—内齿圈Z_b;7—卷筒;8—制动抱闸;9—提升抱闸;10—游星轮架

在中心齿轮(3)的带动下自转,但不公转。卷筒被刹住而不能旋转,钻具静止不动。

③ 下放钻具。提升抱闸(9)与制动抱闸(8)同时松开,在钻具自重的作用下,放松钢丝绳,下放钻具。下放钻具过程中,为了控制下钻速度,可适当刹住制动抱闸(8),但不要刹死。刹住制动抱闸(8)的松紧程度依所需下钻速度调节。制动抱闸(8)刹得越紧,下钻速度越慢;反之则越快。

④ 微动升降。与定轴轮系卷扬机类似,只要两抱闸不同时刹死,就能实现微动升降。

4) 立轴钻机卷扬机的典型结构

我国立轴式岩心钻机绝大部分采用定轴轮系卷扬机,其典型结构见图4-34。它由卷筒、行星齿轮传动系统、水冷装置与抱闸组成。动力从钻机的分动箱通过卷扬机轴(19)上花键传入。卷筒(18)通过向心球轴承(16)(26)支承在卷扬机轴(19)上。水套轴(8)的止口端用螺钉固定在卷筒上。卷扬机轴的左端通过滚珠轴承与卷筒装合,而卷筒通过水套轴(8)用向心球轴承支承于支架(13)上。中心齿轮(24)以花键联结在卷扬机轴(19)上,两套行星齿轮架(27)通过滚珠轴承(26)(30)套装于中心齿轮(24)两边的轴上。行星齿轮轴(29)支承在行星齿轮架(27)上,行星齿轮(32)通过轴承安装在行星齿轮轴(29)上。行星齿轮架(27)通过平键与提升制圈相连。

图4-34 立轴钻机卷扬机的典型结构

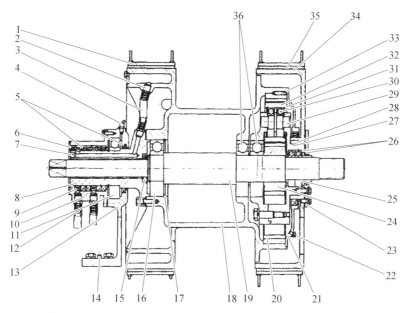

1—制动抱闸;2—水管接头;3—水管;4,22—注油杯;5—骨架橡胶油封;6—挡板;7—堵丝;8—水套轴;9—引水环;10—压盖;11、16、26、30—轴承;12—水管接头;13—支架;14—圆柱销;15—油封;17—弹簧挡圈;18—卷筒;19—卷扬机轴;20—内齿圈;21—密封盖;23—压盖;24—中心齿轮;25—油封;27—行星齿轮架;28—平键;29—行星齿轮轴;31—弹簧挡圈;32—行星齿轮;33—螺钉;34—提升圈;35—提升抱闸;36—齿轮

卷筒的左端是水冷装置。水套轴(8)轴向有两个水平孔,其右端与制动闸轮水套之间有两根水管(3),另一端经各自的径向孔和引水环(9)、水套即压盖(10)与水管接头(2)联通。

2. 滑车组

滑车组是一增力机构,其增力倍数与滑车组的结构和滑车组中动滑轮的个数有关,提升力的倍增关系由式(4-10)决定,提升速度的锐减关系由式(4-11)决定。钻进设备中通常采用的两类滑车组见图4-35。

滑车组中,工作钢丝绳数与动滑轮数之间的关系见式(4-12)。

$$\left.\begin{array}{l} m = 2n \text{(有死绳时)} \\ m = 2n + 1 \text{(无死绳时)} \end{array}\right\} \qquad (4-12)$$

式中,m 为工作钢丝绳数;n 为动滑轮数。

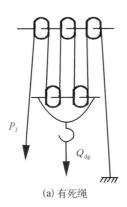

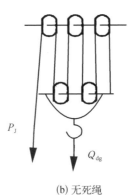

图 4-35　滑车组类型

P_J

Q_{dg}

P_J

Q_{dg}

(a) 有死绳

(b) 无死绳

当卷扬机的最大起重量(单绳提升力)P_J一定时,无死绳的大钩负荷 Q_{dg} 大于有死绳的大钩负荷 Q_{dg};大钩上升速度 v_G 正好相反,有死绳的大于无死绳的。从图 4-35 可以看出,有死绳的滑车组,在死绳端可以安装拉力表或辅助绞车,同时钻塔受力对称。

4.3.6　给进系统

给进系统(给进机构)是回转钻进的主要执行机构之一,其主要任务包括称量钻具重量,进行加压或减压给进,提供一定的轴向压力与给进速度,平衡钻具重量,倒杆、提动与悬挂钻具,强力提拔钻具等。

给进机构有液压给进与机械给进两类。除一些特别陈旧的钻机类型外,目前绝大多数立轴钻机均采用液压给进方式。

图 4-36 为典型的立轴钻机液压给进系统的液压系统示意。

图4-36 立轴钻机液压给进系统的液压系统示意

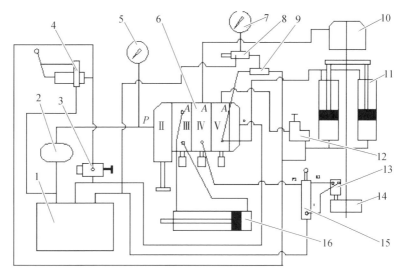

1—油箱;2—油泵;3—溢流阀;4—手摇油泵;5—压力表;6—钻机操纵阀;7—孔底压力表;8—限压阀;9—换向阀;
10—液压卡盘;11—给进油缸;12—给进阀;13—液压马达;14—拧管机;15—拧管机操纵阀;16—钻机移动油缸

4.4　动力头钻机

　　动力头钻机主要由回转机构、给进机构、升降机构、夹持和制动机构等组成。与立轴式钻机一样,动力头钻机需要具备回转、提升、循环等基本功能。不同的是,立轴式钻机与转盘钻机的回转器(即立轴与转盘)是固定不动的,而动力头钻机的回转器(或回转装置)随着钻进施工的进行,其所处的位置随时都在变化。动力头钻机的驱动方式分电传动与液压传动两种,电传动动力头钻机适用于深孔,液压传动动力头钻机适用于浅孔与中深孔。两种传动形式的钻机结构大同小异,不同的是它们的控制方式。资源勘探钻进中,使用最多的是液压传动动力头钻机。因此本节仅讨论液压传动与控制的动力头钻机(也叫全液压动力头钻机)。

4.4.1　动力头钻机的组成及其结构特点

动力头钻机主要由底座、液压泵站、桅杆、动力头、操纵台、卷扬机（升降机构）、给进机构和钻杆夹持器等组成，如图 4-37 所示，其结构特点如下。

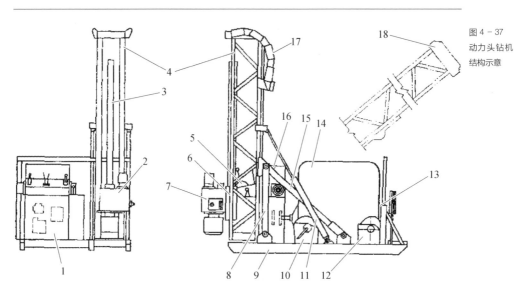

图 4-37
动力头钻机
结构示意

1—液压泵站；2—动力头传动箱；3—给进油缸；4—给进滑架；5—操纵台；6—给进滑板；7—动力头；8—滑板旋转支撑架；9—底座；10—主升降机；11—立塔油缸；12—绳索取心绞车；13—桅杆支架；14—柴油机；15—支承杆；16—油泵传动箱；17—油管护带；18—桅杆

（1）传动、回转、给进、钻具升降、钻杆拧卸等操作全部由液压启动与控制，操作手把（手柄）全部集中在操纵台上，实现了集中控制。因此，动力头钻机结构简单、重量轻、操作简便。

（2）动力机与液压泵（油泵）集成为一体（通常称为泵站），泵站内配制有多台油泵，主泵用于驱动液压马达和升降油缸，带动动力头回转与升降，辅泵用于驱动给进油缸，钻杆夹持器、制动器等，实现送钻给进、钻杆夹持、拧卸扣等功能。

（3）动力头为液压马达、齿轮变速箱、液压卡盘集成而成，转速可无级调节。

（4）送钻给进与升降钻具共用一个油缸（给进油缸或升降油缸），给进时靠辅泵供油，升降钻具时靠主泵供油，解决了给进时钻具下降速度慢、所需供油流量小、提下钻时钻具升降速度快、所需供油流量大的矛盾。

（5）提下钻时钻柱依靠桅杆与给进机构升降，无须配置钻塔。

（6）无链条、皮带、齿轮等机械传动机构，便于集中控制与操作。

4.4.2　底座与装载形式

动力头钻机的底座为钢结构件，桅杆、液压泵站（包括动力机）、升降机、桅杆支架、泥浆泵等均安装在其上。

动力头钻机的装载形式多种多样，但应用最多的有撬装、车装、履带底盘装三种形式。

1. 撬装

此种装载形式应用得较为普遍，运输途中桅杆放倒于桅杆支承架上。其优点是钻进施工中无须占用卡车、履带底盘等运输工具；缺点是运输过程中需要吊车装卸、钻进施工中钻机移位困难。

2. 车装

车装动力头钻机如图4-38所示。采用此种装载形式的动力头钻机，搬迁移动方便，能迅速地从一地搬迁到另一地，在施工现场移孔位迅速快捷。需要进行钻进施工

图4-38　车装动力头钻机

时,只需操作立塔手柄将桅杆竖起就能开始钻进作业。终孔时只需将桅杆放倒就能将钻机从一孔位挪至另一孔位。

3. 履带底盘装

履带底盘装动力头钻机如图 4‑39 所示。履带有橡胶履带与金属履带两种。金属履带底盘不能在公路上行驶,因为这样会碾坏公路里面。此种装载形式的动力头钻机,可短距离自行移动,但长距离搬迁时,仍需装载到平板车上进行运输。

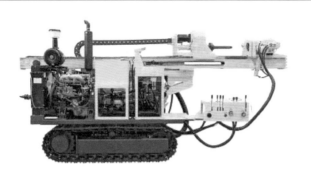

图 4‑39 履带底盘装动
力头钻机

4.4.3 液压泵站

动力头钻机的液压泵站如图 4‑40 所示,它包括动力机(电动机或柴油机)、油泵、油箱、过滤器、冷却器等。

1. 动力机

动力头钻机配备的动力机可以是柴油机,也可以是电动机,视钻机施工地的电力供应状况而定。为了提高油泵排量、缩小油泵尺寸、减轻油泵重量,动力机的转速越高越好。在确定动力机的功率时,应考虑钻进和升降钻具两个工序。回转钻进所需的功率包括破碎孔底岩石和回转钻具等所需功率。破碎孔底岩石所需的功率基本上不受钻孔孔深度的影响,只与钻孔直径相关,其计算公式参见式(4‑1)。回转钻具所需的功率随孔深增加而增大,其计算方法参见式(4‑6)。升降钻柱所需功率则随孔深的增

图4-40　液压泵站

加而显著增大,其计算方法参见式(4-7)。

2. 油泵(液压泵)

油泵是将动力机的机械能(M、n)转换成液压能(P、Q)的装置,它是整个液压传动与控制系统的动力源。

液压泵站中油泵的台数视具体要求而定。大多数全液压动力头钻机的泵站配备两台油泵,一台为主油泵,其排量大,向驱动动力头回转的液压马达(油马达)和给进机构(升降钻具时)供油;另一台为辅助油泵,排量小,向给进机构(钻进时)、卡盘油缸、夹持器和制动器油缸等液压机构供油。在一些中深孔全液压动力头钻机中,由于考虑到钻孔深度较深,靠给进油缸提下钻深度较慢,为了提高提下钻速度,配备有用于提下钻的卷扬机,此时在液压泵站中还需配备一台大排量的主油泵给驱动升降机工作的液压马达供油。

油泵的额定工作压力和流量根据工作机构的负载大小和运动速度确定。油泵的类型根据钻机工作的特点和要求选择。钻进过程中,动力头的转速需根据地层情况和钻进工艺要求进行调节,提下钻过程中,也需根据地层情况、套管下入情况以及钻孔深度进行提下钻速度控制,因此,主油泵通常为变量泵。给进机构(钻进时)、卡盘油缸、夹持器和制动器油缸等液压机构工作时速度可以恒定,即使需要调节速度,由于其所需排量小,通过节流阀进行速度调节损失的功也不会太大,因此,给这些机构供油的辅泵通常为定量泵。

3. 油箱

油箱是用来储油、散热、分离油中杂质和空气的装置。它的形状和尺寸要根据钻机的总体布置及散热的需要来决定。通常要求油箱的有效容积须大于油泵的每分钟流量的三倍,但是,考虑野外工作条件和钻机的体积,钻机的油箱容积不能太大,通常达不到这一要求。为了有效地散发液压系统的热量,需在系统中增加风冷或水冷式散热器。同时,在设计液压系统时,尽量不使用节流阀来进行速度调节。

4.4.4　操纵台

集中操控是全液压钻机的特点之一。钻机的所有控制阀、仪表等都集中安装在操纵台中或控制面板上(图4-41)。从油泵输出的压力油经高压橡胶管流至各控制阀,将操纵控制手把置于不同位置,使压力油经阀板下高压橡胶管分配给各个液压机构,根据钻进工艺的需要来驱动液压马达、液压卡盘、给进(升降)油缸、夹持器和制动器等,从而完成钻进施工各工序的动作。因此,操纵台是钻机的操纵枢纽。

图4-41　钻机操纵台

为了使操纵台的结构紧凑、轻便,使油管能整齐布置,操纵台上阀与阀中间的连接通常采用板式连接,即制作一块或多块金属阀板,根据需要在其中钻出许多小孔作为液压油通道,然后将诸如调压溢流阀、回转换向阀、升降换向阀、卡夹换向阀、给进调压阀、分流阀、背压卸荷阀、单向阀、单向节流阀等各种液压阀集成安装在其上。

操纵台上还安装了压力表、流量表、钻压表、转速表、油温表等多种仪表,使操作者能随时观察和掌握孔内情况和液压系统工作状况。

4.4.5　回转机构

动力头钻机的回转机构为动力头,其主要功能是:传递扭矩,以带动钻柱旋转与拧卸钻杆;传递由给进机构施加的向上或向下的轴向力与轴向运动,以实现加减压给进或升降钻柱(专门配备了提下钻升降机的除外)。

1. 钻进工艺对动力头的要求

动力头应满足钻进工艺的下列要求。

(1) 动力头的转速与扭矩可无级调节,以实现最优化钻进、满足不同地层不同钻进方法的需求;

(2) 转速范围要宽,以满足金刚石高速钻进、处理事故与拧卸钻杆时的低速回转的要求;

(3) 需具备正、反转功能;

(4) 回转平稳、振动和噪声小。

2. 动力头的结构

动力头的结构虽然多种多样,但总体来说不外乎由液压马达(输入电力)、齿轮箱(减低转速、增大扭矩)、主轴(输出转速与扭矩)等组成。同时,水龙头和液压卡盘也安装在动力头的上壳体上。

图4-42、图4-43为两种结构形式的动力头剖面图。

如图4-42所示的动力头由液压马达(1)、齿轮箱(2)、测速发电机(3)及卡盘(4)组成。钻机工作时,液压马达(1)带动小齿轮(5)旋转,通过中间齿轮(6)将运动传至

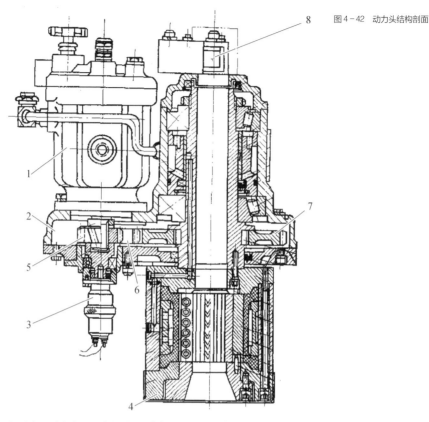

图4-42 动力头结构剖面

1—液压马达;2—齿轮箱;3—测速发电机;4—卡盘;5—小齿轮;6—中间齿轮;7—大齿轮;8—主轴

大齿轮(7)减速后带动主轴(8)转动,从而实现钻柱的回转。

该动力头配有三种不同传动比的齿轮副,通过更换不同齿数的齿轮,可以获得三种不同的转速与扭矩,进一步增大了动力头的变速范围。

图4-43所示的动力头同样由液压马达(1)、齿轮箱(4)、液压卡盘(10)及转速记录装置(13)组成。液压马达输出轴(2)插装在齿轮箱(4)的小齿轮(3)的花键孔内,通过一对减速齿轮(3和5)和两对变速齿轮(6和12、7和11)驱动主轴(9)回转。

齿轮箱壳体为球墨铸铁铸件,它被分隔成上下两层,上层为一可以更换不同齿数齿轮的减速器,打开上盖可更换一对齿轮,能更换三种不同齿数比(传动比)的齿轮,实现高、中、低三种转速范围的转速输出。下层是一个两级齿轮变速箱,通过拨叉拨动变

图4-43 动力头示意

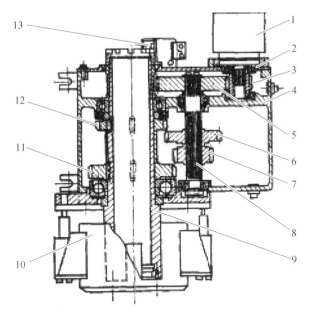

1—液压马达;2—马达输出轴;3—小齿轮;4—齿轮箱;5—大齿轮;6、7—滑动齿轮;8—花键轴;
9—主轴;10—液压卡盘;11、12—变速齿轮;13—转速记录装置

速滑动齿轮(6和7)变速,不同转速的动力头又有高、低两种转速可供钻进时选择。

3. 液压卡盘

液压卡盘安装在动力头下部的输出轴上,其主要作用是钻进和提下钻时夹持钻杆,带动钻杆回转或升降,与孔口夹持器配合拧卸钻杆丝扣。目前,全液压动力头钻机使用的液压卡盘有液压卡紧-弹簧松开常开式、碟形弹簧卡紧-液压松开常闭式、液压卡紧-液压松开自定心式等三种类型。

液压卡紧-弹簧松开常开式卡盘的结构如图4-44所示,它由外壳(4)、套座(5)、橡胶套筒(6)、卡瓦组(10)等组成。卡瓦组由四块卡瓦组成,各卡瓦接触面之间有五个小弹簧(13),卡瓦外边有一块挡板(8)。当没有液压力时,四块卡瓦面之间保持一定的间隙,在挡板(8)的约束下又不致散开;当压力油进入卡瓦油腔后,橡胶套筒(6)压缩变形,迫使卡瓦组向内径向位移而夹紧钻杆,此时弹簧(13)受压变形;当液压力卸除后,弹簧(13)恢复原位,带动卡瓦组复位而松开钻杆。这种卡盘结构简单、动作迅速,

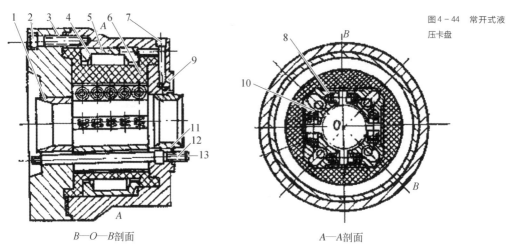

图4－44 常开式液
压卡盘

B—O—B剖面 A—A剖面

1—导向套;2—螺钉;3—盖;4—外壳;5—套座;6—橡胶套筒;7—堵头;8—挡板;
9—密封圈;10—卡瓦组;11—导向套;12—螺栓;13—弹簧

与常闭式钻杆夹持器配合使用,容易实现卡盘-夹持器联动。

碟形弹簧卡紧-液压松开常闭式卡盘的结构如图 4－45 所示,它主要由压板(2)、卡瓦(3)、活塞(6)、环隙油缸(7)、碟形弹簧(9)及卡瓦座(11)组成。当环隙油缸(7)中

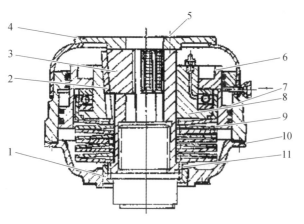

图4－45 常闭式卡盘

1—锁母;2—压板;3—卡瓦;4—卡盘上盖;5—螺钉;6—活塞;7—环隙油缸;
8—卡圈;9—碟形弹簧;10—卡瓦下壳;11—卡瓦座

的液压油卸压时,带斜面的压板(2)在碟形弹簧(9)的弹力作用下向上移动,迫使卡瓦(3)径向向内移动,夹紧钻杆。当向环隙油缸(7)中注入液压油时,活塞(6)下行压缩弹簧,带斜面的压板(2)下行,卡瓦(3)径向向外移动,松开钻杆。这种卡盘与常开式钻杆夹持器在结构上互锁联动,其优点是在钻进过程中,卡盘靠碟形弹簧夹紧钻杆,不需要压力油,供油泵长期处于卸压状况,降低了钻机的能量消耗。当供油系统发生故障时,不影响卡盘夹紧钻杆,可防止跑钻事故的发生。由于碟形弹簧的弹簧力比钻杆夹持器的弹簧力大得多,所以保证在回油时卡盘先卡紧、夹持器后松开钻杆,在进压力油时,钻杆夹持器先夹紧、卡盘后松开,从而实现了互锁联动。其缺点是外形尺寸大、重量大。

液压卡紧-液压松开自定心式卡盘的结构如图4-46所示。此种卡盘卡瓦的夹紧和松开是通过两个卡盘油缸上下推动来实现的,是自动定心式卡盘。卡盘油缸(2)的缸体用三只螺栓与卡盘外壳(1)相连,油缸活塞杆用端部细牙螺纹固定在动力头齿轮箱底壳(3)上。当压力油进入卡盘油缸后,卡盘油缸缸体则带卡盘外壳(1)沿动力头主轴(4)上下移动。三块内镶硬质合金的卡块、背部带有斜面的钻杆卡瓦(10)装在

图4-46 全液压卡盘

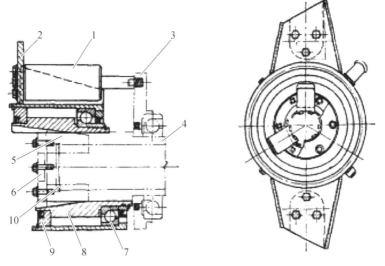

1—外壳;2—卡盘油缸;3—齿轮箱底壳;4—主轴;5—轴承;6—卡瓦座;7—推力轴承;8—弹簧;9—盖板;10—卡瓦

用盖板(9)盖牢的动力头主轴下端矩形槽内。当动力头主轴(4)回转时,则带动卡瓦一起回转。卡盘夹紧钻杆是靠油缸下(左)行,通过卡盘外壳(1)、径向滚珠轴承(5)推动卡瓦座(6)向下移动,卡瓦在卡瓦座的三条斜槽推动下向卡盘中心移动,从而夹紧钻杆。卡盘松开钻杆是在动力头停止转动后,依靠卡盘油缸上行,通过外壳(1)、推力轴承(7)推动卡瓦座向上移动脱离卡瓦,三块卡瓦在弹簧(8)的推动下松开钻杆。这种卡盘结构简单,夹持力可通过调节液压油的压力进行调节。

4.4.6　给进机构

全液压动力头钻机的给进结构的主要作用包括送钻给进、施加钻压、上下提动钻柱、提下钻(在不配备提下钻升降机的钻机上兼作升降机构)。

1. 钻进工艺对给进机构的要求

一个完善的给进机构,应满足钻进工艺的下列要求:

(1) 能调节钻头上的压力,浅孔时加压、深孔时减压。因此,要求给进机构具有加压、减压给进等功能,压力调定后就应保持恒定不变。

(2) 给进速度可以无级调节,以满足不同地层中的送钻给进要求,使给进速度与所钻地层、所用钻头等相匹配。

(3) 给进机构应具备快速提升能力(加接单根与提下钻时可快速升降钻柱)以及足够的起重能力(卡钻时可强力提拔钻柱)。

(4) 给进行程应尽可能得长,以节省加接钻杆单根的时间和提下钻时间。

(5) 结构简单、工作可靠、操作灵活安全,并应配备有关仪表来观测钻压、转速、进尺、钻速等工程数据。

2. 给进机构的类型、结构及工作原理

全液压动力头钻机的给进机构可以分为两大类型,即油缸给进、液压马达给进。

1) 油缸给进机构

油缸给进机构可以进一步分为纯油缸给进机构和油缸-链条(或钢丝绳)给进机构。根据油缸数量的多少,纯油缸给进机构可细分为单油缸给进机构和双油缸给进机构;油缸-链条(或钢丝绳)给进机构可细分为单油缸-链条(或钢丝绳)给进机构和双油缸-链条(或钢丝绳)给进机构。油缸给进机构通过油缸活塞杆的收缩与伸出直接或间接(通过链条或钢丝绳)带动动力头上下移动,从而达到钻进给进、升降钻柱的目的。

（1）单油缸给进机构

单油缸给进机构如图 4-47 所示。动力头(1)与给进油缸(2)的缸体均固定在给进滑板(3)上,活塞杆(4)与横梁(5)铰接在一起。当给进油缸(2)上腔通高压油时,由于活塞杆(4)被固定,油缸(2)的缸体向上运动,带动给进滑板(3)沿给进滑架向上移动。在给进滑板(3)的带动下,动力头向上运动,达到提钻、提升钻柱的目的。

图 4-47 单油缸给进机构

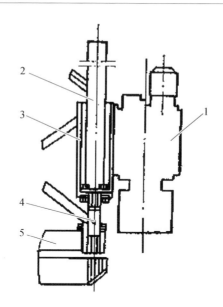

1—动力头;2—给进油缸;3—给进滑板;4—活塞杆;5—横梁

当给进油缸(2)下腔通高压油时,由于活塞杆(4)被固定,给进油缸(2)的缸体向下运动,带动给进滑板(3)沿给进滑架向下移动。在给进滑板(3)的带动下,动力头向下运动,达到施加钻压、下钻、下降钻柱的目的。

油缸给进机构中的油缸也可以倒过来布置,即活塞杆与给进滑板相连、油缸缸体与横梁铰接。由于油缸的有杆腔与无杆腔存在面积差,此时给进机构的提升力小于给进力,不符合钻进施工要求,因此此种布置方式不常采用,仅在少数全液压动力头钻机中偶有应用。

(2)双油缸给进机构

双油缸给进机构的工作原理与单油缸给进机构的相同、结构类似。在双油缸给进机构中,为了增大给进机构的给进能力与提升能力,或为了在提升与给进能力相同的情况下缩小油缸的占用空间,增加了一个给进油缸。

(3)单油缸-链条给进机构

单油缸-链条给进机构如图4-48所示。钻机的动力头固定在拖板(4)上,给进油缸缸体铰接在钻机的桅杆上,活塞杆(3)与链轮(6)的轴相连,三根链条(A、B、C)的一端绕过链轮(6)后固定在桅杆上,其中两根链条(A、B)的另一端绕过链轮(1)后与拖板(4)相连,链条(C)的另一端绕过链轮(5)后与拖板(4)相连。链轮(1、5)为固定链轮,链轮(6)为游动链轮,这样就组成了一个封闭的倍增机构,拖板(4)的行程比油

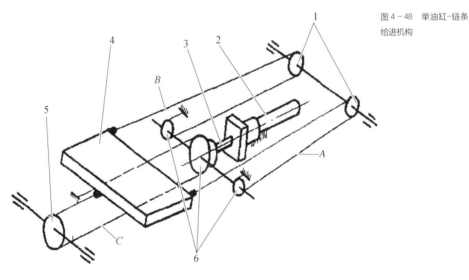

图4-48 单油缸-链条给进机构

A、B、C—链条;1、5、6—链轮;2—油缸缸体;3—活塞杆;4—拖板

缸活塞的行程大一倍。链轮(5)布置在桅杆的下部(即接近孔口位置),链轮(1)则布置在桅杆的上部(远离孔口位置)。

当油缸的无杆腔接通压力油时,活塞杆伸出,链条(A、B)牵引拖板(4)向离开孔口的方向运动,从而实现钻柱的提升,完成提钻、提升钻具、减压等动作。当油缸的有杆腔接通压力油时,活塞杆缩回,链条(C)牵引拖板(4)向接近孔口的方向运动,从而实现钻柱的下放,完成下钻、下放钻具、加压等动作。

(4)单油缸-钢丝绳给进机构

单油缸-钢丝绳给进机构的工作原理与单油缸-链轮给进机构的相同,结构类似,所不同的是钢丝绳替代了链条、滑轮替代了链轮。

(5)双油缸-链条(或钢丝绳)给进机构

双油缸-链条(或钢丝绳)给进机构实际上就是两套单油缸-链条(或钢丝绳)给进机构的组合,两套机构分别布置在塔形桅杆的两侧。

2)液压马达给进机构

液压马达(油马达)给进机构中,其动力源为液压马达。由于液压马达输出的为旋转运动,要实现动力头的上下往复运动,必须增加一套运动方式转换机构。将旋转运动转换为直线往复运动的常用机构为齿轮-齿条机构及链轮-链条机构等。在全液压动力头钻机的给进机构中,通常采用链轮-链条机构将液压马达的旋转运动转换为动力头的直线往复运动。因此,动力头钻机的油马达给进机构通常被称为油马达-链条给进机构。根据配置链条的数量,该机构可分为油马达-单链条给进机构和油马达-双链条给进机构两种。

(1)液压马达-单链条给进机构

液压马达-单链条给进机构的示意如图4-49所示。链轮(1)安装在液压马达的输出轴上。当液压马达的输出轴回转时,链轮(1)也随之回转,带动链条(2)上(液压马达正转时)下(液压马达反转时)往复运动。链条(2)绕过链轮(5),其两端分别固定在动力头所在的滑板的上下部。当液压马达正转时,链轮(1)带动链条(2)向上运动,从而牵引动力头下行,实现下钻、下放钻具、加压等功能;当液压马达反转时,链轮(1)带动链条(2)向下运动,从而牵引动力头下上行,实现提钻、提升钻具、减压等功能。

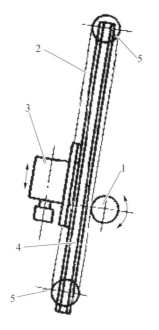

图4-49 液压马达-单链条
给进机构

1—给进液压马达驱动链轮;2—链条;3—动力头;4—给进梁;5—链轮

(2) 液压马达-双链条给进机构

液压马达-双链条给进机构的示意如图4-50所示。液压马达(1)安装在机架(14)上,由换向阀操纵可实现正反转。液压马达(1)驱动主传动轴(13)及其两侧的主动链轮(3)回转,两根链条(4)绕过链轮(3)和导轮(8)后,分别与动力头传动箱(6)两侧的上下接头相连,通过链条向动力头传递轴向运动和给进力,从而实现升降钻具和加减压给进。动力头与链条接头之间装有弹簧缓冲装置(5)。为了导引动力头的轴向运动,并平衡钻柱回转时作用于动力头的反力矩,在动力头传动箱(6)的左右两侧,装有"凹"形导向压板(11),压板与滑动架(7)接触的内侧面镶嵌有用减摩材料制成的摩擦板,以减小摩擦阻力,避免直接磨损压板和滑道。

当液压马达(1)正转时,链轮(3)带动链条(4)向上运动,从而牵引动力头下行,实现下钻、下放钻具、加压等功能;当液压马达反转时,链轮(3)带动链条(4)向下运动,从而牵引动力头下上行,实现提钻、提升钻具、减压等功能。

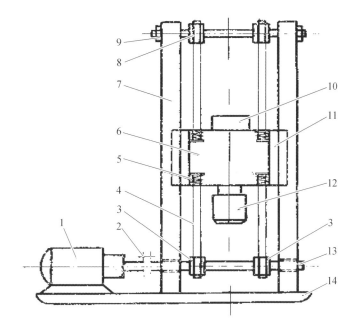

图4-50 液压马达-双
链条给进机构

1—液压马达;2—联轴节;3—主动链轮;4—链条;5—缓冲装置;6—动力头传动箱;7—滑动架;8—导轮;
9—导轮轴;10—液压马达;11—导向压板;12—卡盘;13—主传动轴;14—机架

3. 给进机构的主要参数

给进机构的主要参数有给进能力、提升能力、给进速度及给进行程。

（1）给进能力：给进机构的给进能力是指给进机构所能提供的最大下压力，单位为 kN。

（2）提升能力：给进机构的提升能力是指给进机构所能提供的最大提拔力，单位为 kN。

（3）给进速度：给进机构的给进速度是指给进机构所能提供的最大下行速度，与给进油缸内径和活塞杆外径(油缸给进机构)、给进液压马达的排量(液压马达给进机构)及给进液压泵的排量等相关，单位为 m/s。

（4）给进行程：给进机构的给进行程是指动力头上死点至下死点之间的距离，其大小与钻机桅杆的长度相关，桅杆越长，给进行程就越大，单位为 m。

4.4.7　升降机构

全液压动力头钻机的升降机构有两种类型：一类是兼作升降机构的给进机构，另一类为升降机（也称绞车）。升降机构的作用是提下钻柱和套管。采用升降机作为升降机构的优点是提下钻速度快。

升降和给进两用的升降机构，它的结构和工作原理见给进机构部分，在此不再重复。升降机一般采用行星齿轮传动绞车，其结构如图 4 – 51 所示。

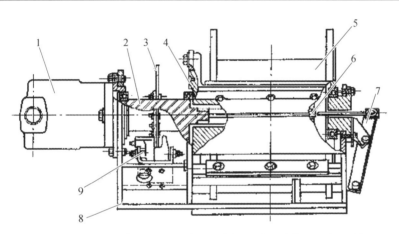

图 4 – 51　升降机示意

1—液压马达；2—传动轴；3—盘式刹车；4—离合齿轮；5—卷筒；6—顶杆；7—杠杆；8—机座；9—刹车泵

升降机由液压马达（1）驱动，液压马达（1）的动力通过齿形离合器、空心传动轴（2）传递到带行星齿轮减速器的卷扬机上。齿形离合器装在空心传动轴内，离合齿轮（4）的中心孔套装在液压马达的花键轴上，离合齿轮在杠杆（7）系统的顶杆（6）推动下，其外圈轮齿（4）可与空心传动轴之内齿轮分离或接合。离合齿轮与传动轴接合时，升降机卷筒（5）在液压马达的驱动下，通过钢丝绳进行动力提升或强制反转下放钻具。离合齿轮与空心传动轴脱离时，升降机即可实现空转、自由下放。空心传动轴（2）的外圈装有一组盘式刹车（3）。盘式制动器的钳形制动块在刹车泵（9）的液压控制下制动刹车圆盘，盘式刹车装于高速轴上，不大的制动力就能刹住重量较大的钻具。在提升过程中制动钻具，一般是用升降机操作手把控制变量油泵的伺服机构来实现，此时只需将升降机操作手把推回中间位置,提升速度便会逐渐减慢并柔和地停止下来,同时刹住钻具。采用这种液压驱动式动力刹车,避免了钢丝绳在刹车时的任何急剧冲击过载。盘式制动器仅限于长时间悬吊钻具或在自由落体下钻时使用。

4.4.8 钻杆夹持器

当动力头在升降钻具的回程时,液压卡盘或自动提引器必须松开钻杆,使动力头与钻杆脱开,在脱开之前必须用钻杆夹持器夹持钻杆。当拧卸钻杆时,也需要用钻杆夹持器夹住下部钻杆,与动力头卡盘配合动作,使上部的钻杆能够卸开或拧紧。因此,全液压动力头钻机在孔口均设有液压夹持器。

常用的钻杆液压夹持器有 3 种类型:液压松紧型、常闭型及常开型,它们的结构、工作原理与液压卡盘相似。

1. 液压松紧型夹持器

液压松紧型夹持器的结构如图 4-52 所示。

夹持钻杆的卡瓦(3)插在导向套筒(2)内,并用弹性销钉锁住,当需要更换卡瓦时,只需拔出弹性销钉即可进行更换。杠杆(7)一端与活塞杆(15)通过销钉(13)铰接在一起,另一端由垫片(6)和垫片(8)限定在导向套的尾端。限位螺栓安装在盖板(10)上,通过调节限位螺栓的位置即可调节卡瓦的行程。

当压力油井油管(5)从管接头(4)进入油缸(19)的无杆腔后,两活塞杆(15)相向伸出,带动两杠杆(7)分别绕杠杆轴(12)转动,推动导向套筒(2)与卡瓦(3)向孔口方向移动,夹接钻杆。当压力油换向进入油缸(19)的有杆腔,活塞杆(15)收缩,带动两杠杆(7)分别绕杠杆轴(12)转动,使杠杆(7)的右端与垫片(6)脱落接触,同时压力油从油嘴(1)进入导向套筒(2)的孔口端的间隙中,带动卡瓦(3)离开孔口,松开钻杆。

此类夹持器的缺点是两活塞杆在伸出时有可能不同步,使两活塞杆的伸出长度不相等,夹持钻杆后,钻杆的中心与孔口中心不同心,影响钻杆的拧卸。

图4-52 液压松紧型夹
持器

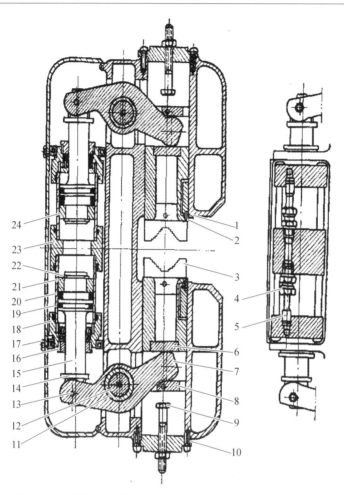

1—油嘴;2—导向套筒;3—卡瓦;4—管接头;5—油管;6—垫片;7—杠杆;8—垫片;9—限位螺钉;10—盖板;11—衬套;12—杠杆轴;
13—销钉;14—压力板;15—活塞杆;16—压盖;17—密封圈;18—圆筒;19—油缸;20—胶圈;21—活塞套;22—卡簧;23—圆筒;24—油缸

2. 常闭型夹持器

常闭型夹持器也叫弹簧夹紧、液压松开式夹持器,其结构如图4-53和图4-54所示。此类夹持器靠碟形弹簧夹紧钻杆,靠油压松开钻杆。

如图4-53所示,由若干片碟形弹簧(7)组成的碟形弹簧组件套装在拉杆(9)上,一端抵靠在油缸,另一端抵靠在卡瓦座上。旋转手轮(1)可以通过调节杆(8)来调节碟形弹簧组件的预压力,同时也可以调节卡瓦座的位置。

图4-53 常
闭型夹持器

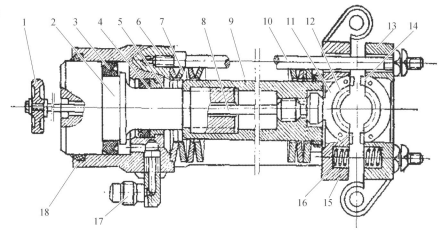

1—手轮;2—活塞;3、4—密封圈;5—轴套;6—油缸体;7—碟形弹簧;8—调节杆;9—拉杆;10—双头螺栓;11—挡板;
12—左卡瓦;13—右卡瓦座;14—挡板;15—左卡瓦座;16—弹簧;17—油管接头;18—防尘圈

图4-54 常闭型
夹持器结构

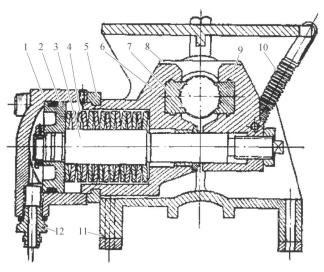

1—油缸;2—活塞;3—活塞杆;4—碟形弹簧;5—锁紧凸缘;6—左夹持颚;7—卡瓦;
8—密封盖;9—右夹持颚;10—弹簧;11—底座;12—接头

当油缸中的液压油卸压时,在碟形弹簧力的作用下,左卡瓦向右移动接近孔口、右卡瓦向左移动接近孔口,卡瓦夹紧钻杆。当液压油从油管接头(17)进入油缸内腔后,活塞(2)向左移动离开、压缩碟形弹簧,通过拉杆(9)带动左卡瓦向左移动离开孔口,同时压力油推动油缸体(6)向右移动,通过螺栓(10)使右卡瓦向右移动离开孔口,从而松开钻杆。

如图4-54所示,碟形弹簧(4)套装在活塞杆上,一端与活塞(2)的端面抵靠,另一端与左夹持颚(6)的内孔端面抵靠。左夹持颚(6)下部壳体可沿底座(11)左右移动。

当压力油从接头(12)进入油缸(1)时,活塞(2)在压力油的作用下向右移动,将活塞杆向右推出,带动右夹持颚(9)连同右卡瓦向右移动离开孔口,同时油缸(1)缸体向左移动,带动左夹持颚(6)连同左卡瓦向左移动离开孔口,松开钻杆。油缸中的压力卸压时,在碟形弹簧的张力作用下,右夹持颚(9)连同右卡瓦向左移动接近孔口、左夹持颚(6)连同左卡瓦向右移动接近孔口,夹紧钻杆。

3. 常开型夹持器

有的全液压钻机采用油压卡紧、弹簧松开的常开型夹持器,它的结构见图4-55。

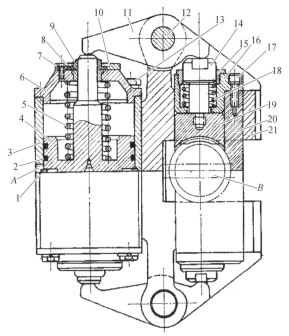

图4-55 常开型夹持器

1—弹簧垫圈;2—密封圈;3—油缸;4—活塞;5—弹簧;6—端盖;7—导向套;8—导向套;9—密封圈;10—压板;11—杠杆;12—心轴;13—螺栓;14—小轴;15—导向套;16—弹簧座;17—螺钉;18—弹簧;19—卡瓦;20—卡瓦座;21—底座

杠杆(11)中部用心轴(12)与底座(21)铰连。杠杆一瑞与活塞杆顶端相接触,另一端与小轴(14)相接触。小轴与卡瓦(19)用螺纹固联,卡瓦可以在卡瓦座(20)里活动。当压力轴从油管经活塞(4)进入油缸(3)的无杆端油腔时,推动两活塞(4)和活塞杆经杠杆(11)推动小轴(14)和卡瓦(19)向里收拢而夹紧钻杆,此时弹簧(5)和(18)均被压缩。当回泊卸压时,靠弹簧(5)的张力使两个活塞复位,与此同时,弹簧(18)的张力使小轴(14)复位,从而带动卡瓦松开钻杆。

4.5　　国外岩心钻机现状与发展趋势

在4.3与4.4两节中介绍的立轴钻机和动力头钻机为岩心钻机。国外岩心钻机品种繁多,主要有立轴式、转盘式和动力头式三大类,传动方式有液压传动、电驱动和机械传动三种,其中动力头式全液压钻机产品居多。钻机的钻进能力从几十米到数千米均有产品生产。生产厂家主要有美国艾克尔钻探有限公司、美国宝长年公司、日本利根钻探有限公司、日本矿研钻机有限公司、日本东邦地下工机有限公司、日本贝尔机械公司、日本吉田钻机制造有限公司、法国福拉克合理钻探公司、瑞典阿特拉斯-科普柯公司及瑞典克芮留斯公司等。

4.5.1　　国外岩心钻机分类

国外根据钻机的应用范围,按领域将钻机分为石油天然气钻机(Oil and Gas Rigs)、煤层气钻机(Coal Bed Methane Rigs)、水文水井钻机(Water Well Rigs)、爆破孔或炮眼钻机(Blast Hole Rigs)、工程施工钻机(Ground Engineering Rigs)、环境污染治理钻机(Environmental Rigs)、建筑基础勘察施工钻机(Infrastructure Rigs)及地质勘探钻机(Exploration Rigs)等。从严格意义上讲,所有的钻机都可进行岩心钻探,只是石油的取心方法不同而已。

根据工作场所,国外将钻机分为地表钻机(Surface Rigs or Surface Coring Rigs)、地下钻机(Underground Rigs or Underground Coring Rigs)及长孔钻机(Longhole Drill Rigs)。

根据钻机的适用钻进工艺和适用应用范围,国外将钻机分为反循环钻机(Reverse Circulation Rigs)、多功能钻机(Multipurpose Rigs)及多用途钻机(Versatile Drill Rigs)。

4.5.2   国外岩心钻机现状与发展趋势

国外钻机品种繁多,从搜集到的资料表面分析,在繁多的钻机中,可以分析概括出一些主要发展与应用现状,具体如下。

1. 全液压钻机已成为岩心钻机的发展主流

随着液压元件的质量和可靠性的不断提高,以及液压元件控制功能的不断增加与完善,国际上先进国家生产的几乎所有钻机都从过去的机械传动/液压控制更新为现在的液压传动/液压控制,即全液压钻机。如宝长年(Boart Longyear)公司生产的地表钻机 LF70、LF90C、LF90D、LF230,地下钻机 LM30,多功能钻机 KWL1600H,反循环钻机 KWL 700RC,长孔钻机 Stopemaster 系列,环境治理与基础施工钻机 DeltaBase 051系列、DeltaBase 95 系列、DeltaBase 100 系列、DeltaBase 400 系列、DeltaBase 500 系列;阿特拉斯-科普柯(Atlas Copco)公司生产的地下岩心钻机 Diamec 232、Diamec U4、Diamec U6、Diamec U8,地表岩心钻机 CS10、CS14、CT14、CS3001、CS4002,反循环钻机 Explorac R50、Explorac 220;钻井设备国际公司(Well Equipment International)生产的钻机 WEI D5、WEI D6S、WEI D10、WEI D25、WEI D40、WEI D50、WEI D75、WEI DS100、WEI DS130、WEI DS170、WEI DD205 等。

上述钻机无一例外都是全液压钻机。为了提高液压系统的传动效率、降低功耗,国外部分全液压钻机(如宝长年公司生产的 DeltaBase 400 系列钻机)的液压系统的控制方式采用"负载感应控制(Load Sensing Control)"。所谓"负载感应"是指变量泵可以感应节流环的出口负载感应压力,可以维持节流环两端的压差恒定,并实现流量的比例调节。该节流环通常是比例换向阀,但是根据不同的应用,也可以是锥阀或固定节流环。负载感应回路主要由负载感应变量泵及控制元件组成,其典型回路见图 4-56。

图 4-56　典型负载感应
回路

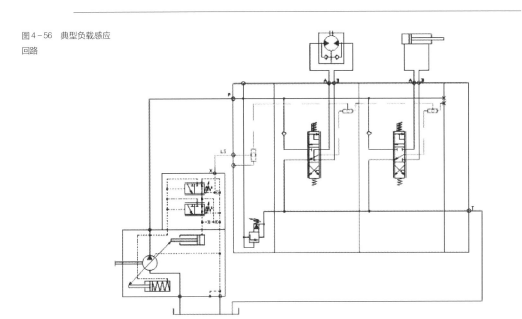

在钻进过程中,由于钻遇地层不同,所需钻机转速、钻压各异。因此液压泵的流量、压力波动较大。在安装溢流阀的定量泵回路中,泵流量 100% 做功的工况十分有限,多数情况系统都是在部分工况或微动工况工作,大部分流量通过溢流阀发热损耗。如果负载压力低于溢流阀设定压力,溢流发热加上换向阀进出口压降的发热损耗,能量损耗则更加严重。同样,装有压力补偿器的变量泵系统在部分工况或微动工况时,流量小且负载压力大大低于溢流阀设定压力时,由于这种泵是在最大压力下调节,泵流量为最大,换向阀进出口的压降导致发热损耗同样严重。负载感应控制的变量泵基本消除了无效功的发热损耗,系统的发热损耗仅限于换向阀进出口实际流量的压降发热损耗,而且随实际系统工作压力的变化保持恒定。

定量泵、变量泵、负载感应泵的流量、压力、能耗关系见图 4-57。从图中可以看出,定量泵回路耗能最多、变量泵次之、负载感应泵最少。因此,采用负载感应回路可以实现节能,大大降低功耗。

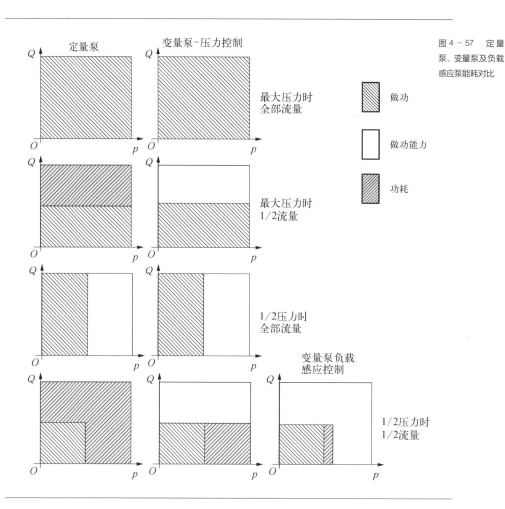

图 4 - 57 定量
泵、变量泵及负载
感应泵能耗对比

2. 动力头取代立轴成为岩心钻探主打产品

钻机按回转器形式,可以分为转盘钻机、立轴钻机及动力头(石油上称为顶驱)钻机等。20 世纪中后期,岩心钻探用钻机以立轴式(如国内的 XY 系列岩心钻机)居多,石油勘探开发和水文水井钻探中以转盘式钻机居多。从 20 世纪末开始,国外生产的钻机逐渐以动力头取代立轴。到目前为止,国外已很少生产立轴式钻机。从调研的国外几家比较知名的钻机生产厂商销售的产品看,全部为动力头式钻机。

与立轴式岩心钻机相比,动力头式钻机具有以下优点。

（1）无须主动钻杆,钻杆直接与动力头输出轴相连。因此使用的钻杆、钻具的尺寸不受动力头通径的影响,钻机操作、使用更方便灵活。

（2）动力头处于桅杆的任何位置时都能与钻杆相连并带动钻柱旋转,因而在提下钻过程中可随时恢复泥浆循环和倒划眼,大大方便了孔内事故的处理,如卡钻、埋钻事故处理,也是转盘钻机和立轴钻机无法比拟的。

（3）动力头钻机的桅杆可以倾斜,能方便地实现斜孔钻进。

（4）钻前准备时间短,省却了大量的钻塔与钻机安装时间,提高了钻探综合效率。

（5）给进行程长,既能节省倒杆时间、提高钻进效率,又能避免因倒杆而造成的孔底岩心损害。

（6）桅杆可制造为伸缩式或加节式,根据实际需要与空间尺寸调节桅杆长度和给进行程,从而扩大钻机的适应范围。

3. 模块化设计已成时尚

为了加快设计、制造速度,缩短产品供货周期,国外比较大的钻机生产厂商（如Boart Longyear,Atlas Copco 等）在设计产品时采用了模块化设计方法。各生产厂商根据各自的设计习惯对钻机进行模块分解时,分解的模块各不相同,但总的来说差别不大,基本可以将动力头式岩心钻机分解为以下模块,如图4-58所示。

（1）装载模块:装载模块是钻机的载体,是钻机其他模块的支撑基础。设计的主要任务是考虑装载模块与钻机其他模块及装载关键的连接与固定方式,以便在装载工具（滑橇、卡车、拖车、钢履带底盘及橡胶履带底盘）以及钻机其他模块发生变换时,能方便地进行连接。

（2）钻机定位模块:定位模块是指采用机动装载模块的钻机在就位后进行固定的装置,它可以使钻机整体升降、调平,主要有油缸与丝杠两种形式。

（3）钻机操控模块:由操控阀、显示仪表、操纵手柄、操纵按钮、液压管线及电线等组成。

（4）动力模块:动力模块是给整个钻机提供动力的装置,由原动机（柴油机、电动机、汽油机等）、液压泵站及其附件等组成。

（5）泥浆泵模块:由选购的泥浆泵和泵座组成。

（6）桅杆及其升降模块:由桅杆、桅杆升降油缸等组成。升降油缸的作用为起落

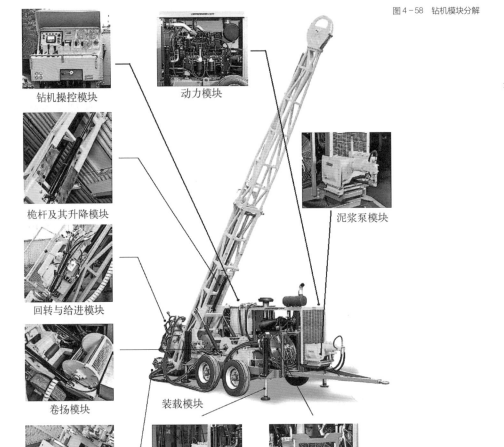

图4-58 钻机模块分解

钻机操控模块　　动力模块

桅杆及其升降模块

回转与给进模块

卷扬模块

泥浆泵模块

装载模块

夹持模块　　钻机定位模块　　冷却模块

桅杆、改变桅杆倾角。

（7）回转与给进模块：钻机主功能模块,其功能为回转钻杆、升降动力头、提供钻压等。

（8）卷扬模块：由主卷扬机、辅助卷扬机、绳索取心绞车等组成。

（9）夹持模块：夹持钻杆、套管,拧卸钻杆等。

215

（10）冷却模块：冷却液压系统、动力机等。

4. 气体弹簧技术逐步得到应用

气体弹簧技术（Gas Spring Technology）是一种在汽车工业中被广泛使用的技术，近年来被逐步引进到钻机中。国外部分钻机（如 CS14、CT14、CS10）在卡盘、钻杆夹持器中使用氮气弹簧（Nitrogen Gas Spring）取代机械弹簧，大大简化了卡盘与夹持器的结构、减小了体积，同时还增加了安全性、降低了维修时间。夹持器或卡盘在气体弹簧的作用下始终处于夹持状况，靠液压打开。当钻机处于停机状况时夹持器自动夹紧，确保了钻进施工的安全。

5. 全方位定向钻机开始出现

为了适用狭小空间（如坑道、建筑物内），国外钻机制造商设计与生产了结构紧凑、机动性强、拆装方便的全方位定向钻机。这类钻机通常有气动（如宝长年公司生产的 Stopmate 系列气动钻机）和液动（如宝长年公司生产的 StopeMaster 系列钻机）两种驱动方式。钻机配备有精确的运动控制和定位系统，即使在粗糙的地面上工作，也能做到精确定位。这类钻机可钻进上仰排孔（图 4 - 59）、下斜排孔（图 4 - 60）、环形排孔（图 4 - 61）及扇形排孔（图 4 - 62）。

图 4 - 59　上仰排孔钻进

图 4 - 60　下斜排孔钻进

图4-61 环形排孔钻进

图4-62 扇形排孔钻进

6. 钻机功能向两极发展

为了满足不同场所、不同钻进目的、不同钻进工艺技术方法的要求,国外设计生产的钻机,在功能用途上向两个不同的方向发展:满足不同需求的专用钻机不断增多;在同一钻机上可使用不同的钻进工艺技术方法及在不同的领域中使用。

（1）钻机专用化

为满足不同钻进目的设计专用钻机。如用于回采工作面钻进的多方位定向回采钻机（Stope Rigs 或 Long Hole Drill Rigs）,用于钻进锚固孔的锚杆钻机（Anchor Rigs）,用于工程勘察的工勘钻机（Geotechnical Rigs）,用于环境污染治理的环境治理钻机（Environmental Rigs）,用于狭窄空间或室内勘探的钻机（Infrastructure Rigs）,用于覆盖层取样的覆盖层钻机（Overburden Drilling Rigs）,用于地表钻进施工的地表钻机或地表取心钻机（Surface Rigs 或 Surface Coring Rigs）,用于地下空间内施工的地下钻机或地下取心钻机（Underground Rigs 或 Underground Coring Rigs）,用于煤层气勘探与开发的煤层气钻机（Coal Bed Methane Rigs）,用于微桩施工的微桩钻机（Micropiling Rigs）,用于钻进炮眼的爆破孔或炮眼钻机（Blast Hole Rigs）,用于旋喷桩施工的旋喷钻机（Jet Grouting Rigs）,用于空气反循环钻进的反循环钻机（Reverse

Circulation Drilling Rigs）。当然还有用于石油天然气勘探开发的石油钻机（Oil & Gas Rigs 或 Petroleum Rigs）、用于水井勘探与开发的水文水井钻机（Water Well Rigs）及用于地热勘探与开发的地热钻机（Geothermic Drilling Rigs）。

（2）钻机多功能、多用途化

多功能是指同一台钻机能满足多种钻进技术工艺方法的要求，多用途是指同一台钻机能满足多种钻进目的的要求，如既能钻进地质勘探孔、又能钻进水井、油井等。为了在同一台钻机上同时实现诸如普通金刚石钻进、金刚石绳索取心钻机、空气潜孔锤钻进、空气反循环钻进等工艺方法，国外设计生产有多功能钻机（Multipurpose Rigs）。如宝长年（Boart Longyear）公司生产的多功能钻机 KWL1600H，既能进行金刚石取心钻进，又能进行空气反循环钻进。此外，即使是上述为某一特定目的而设计生产的专用钻机，很多也是多功能、多用途的，如 DeltaBase 500 系列钻机能同时满足绳索取心钻进、常规取心钻进、空气潜孔锤钻进、常规回转钻进、螺旋钻进及标准贯入试验等不同施工方法和钻进工艺的要求，可用于工程地质勘探、建筑基础施工、地质矿产勘探等领域，能够进行工程勘察、岩心钻探、水文水井钻探、微桩施工、旋喷施工及标贯试验等工作。

7. 钻机机动性增强、装载形式多样化

由于道路交通条件的不断改善、人本主义不断深入人心，国外钻机，特别是动力头钻机，大多装载在履带底盘、卡车、拖车等机动性强的装载工具上，其机动性能明显增强，大大减少了钻前钻机搬迁与现场组装时间。同时由于钻机生产的模块化，同一钻机在不同装载形式间的转换也变得十分容易与快捷。

8. 钻机操作自动化、智能化

随着机电液一体化技术的发展，国外部分钻机实现了半自动化、自动化甚至智能化，如意大利 Well Equipments International 公司生产的钻机 WEI DS205 与美国 Boart Longyear 生产的钻机 KWL 1600H、KWL 700RC 实现了提下钻过程的自动化，瑞典 Atlas Copco 公司生产的钻机 Diamec U4、Diamec U6、Diamec U8 与美国 Boart Longyear 生产的钻机 LMA90 则实现了整个钻进作业的自动化与智能化。

（1）移摆管与钻杆拧卸自动化

移摆管与钻杆拧卸自动化靠移摆管机械手与动力头配合实现。其实现方式主要有两种：机械手布置在地表和机械手布置在钻机的桅杆上。

布置在地表的移摆管机械手的工作过程为(图4-63)：加接钻杆时,移摆管机械手(Drilling Pipe Manipulator 或 Drilling Pipe Loader)的手臂首先平放在地表,此时将钻杆放在手臂上并使机械手手掌握紧钻杆,机械手手臂上举同时动力头抬头,将钻杆与动力头输出轴对接,动力头正向回转上扣,此后动力头低头并下行,将钻杆与孔口钻杆对接。拆卸钻杆时其过程刚好相反：动力头反转将孔口钻杆扣卸开后抬头使钻杆与机械手会合,机械手手臂由地表升起至钻杆扶住并握紧钻杆,动力头反向回转卸扣,机械手下放将钻杆放至地表。

图4-63 自动移摆管机械手过程示意

布置在钻机桅杆上的移摆管机械手(Hand Free Rod Handler)如图4-64所示。非工作状态(闲置状态)时,机械手躺倒在钻机桅杆上,此时机械手手掌中心与动力头回转中心一致[图4-64(a)]。工作状态下,机械手从桅杆上立起[图4-64(b)],完成移摆管及拧卸钻杆所需的各自动作。

图4-64
移摆管机械
手

(a) 闲置状态   (b) 工作状态

加接钻杆时,机械手在油缸的带动下行至最低位,逆时针旋转180°张开手臂,使手掌离开钻进中心(即动力头中心)转至桅杆的外侧[图4-65(a)]。机械手腕关节旋转90°,使手掌握拳中心线与地面平行并打开手掌,将钻杆装入,手掌握拳并握紧钻杆[图4-65(b)]。机械手腕关节反向旋转90°,使手掌握拳中心线与钻进中心线平行,顺时针旋转90°收回手臂,同时油缸带动机械手上行[图4-65(c)]。基本就位后,再顺时针旋转90°收回手臂,使手掌握拳中心线与钻进中心线重叠,向上微调机械手位置使钻杆与动力头输出轴对接[图4-65(d)],回转动力头上扣。钻杆接好后,机械手在油缸的带动下行至合适位置扶住钻杆,在钻杆回转时起扶正作用。

拆卸钻杆时,机械手握紧手掌握紧钻杆,动力头反转卸扣,机械手手臂逆时针旋转90°张开手臂,使钻杆离开钻进中心线,机械手下行,手臂再逆时针旋转90°,机械手腕关节旋转90°,使钻杆中心线与地面平行,到位后张开手掌,将钻杆从中取出。

使用移摆管机械手加接与卸除钻杆,使工人的劳动强度大大减轻,同时也增加了钻进施工的安全性。

(2) 钻进过程自动化、智能化

Boart Longyear 公司生产的智能化钻机 LMA90,配备有自动钻进控制器(Auto Drill

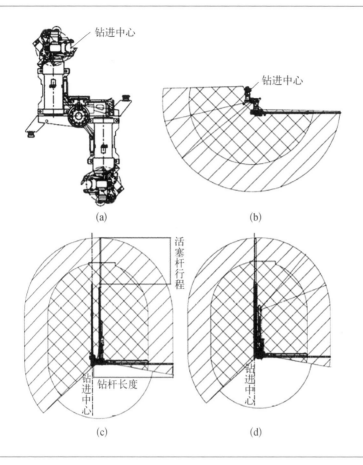

钻进中心

钻进中心

活塞杆行程

钻进中心

钻杆长度

钻进中心

(a)

(b)

(c)

(d)

图4-65 移摆管机械手
动作流程

Controller),内置在钻机操纵台内。主要由程序逻辑控制系统(Programmable Logic Controller, PLC)和一系列压力传感器、位置传感器、接近传感器、电磁开关阀等组成。PLC储存钻工设定的钻进参数、采集来自传感器的数据。能监控给进力、夹持力、钻杆重量、钻压、液压系统压力、动力头位置、给进速度、回转速度、钻头钻速等参数,同时还可以检测实时监控钻孔孔底状况。

动力头沿钻杆上下运动时,可根据检测到的桅杆滑道表面参数,自动加速或减速,以防止动力头在上下滑动过程中被卡,避免桅杆滑道面的损坏。拧卸钻杆时,动力头可自动上下浮动以减少丝扣的损坏,同时上扣与卸扣扭矩自动控制,防止丝扣与台肩的损坏。

钻进过程中,当下行至下死点时,动力头会自动转向,加接钻杆。钻进中需设定的关键参数包括钻速、钻压、泵压、转速及钻杆长度。

如钻进过程中出现机械工作异常或孔内出现异常,钻机会自动将钻头提离孔底、停钻。

Atlas Copco 公司生产的 Diamec U 系列钻机配备的自动钻进系统(Automatic Performance Computer,APC),能替代钻机监督、司钻等工作。钻进过程由计算机控制,一旦输入关键参数,APC 就开始承担控制钻进的角色,并使钻机进行恒钻速钻进,当地层出现比较微小的变化时,自动钻进系统会对给进力和扭矩进行相应的调节,必要时可以自动制动钻机。在计算机的控制下,钻机可进行自动钻进、自动拧卸钻杆与移摆管、自动绳索取心。

钻机智能化后,对司钻的要求降低,即使不太熟悉钻探工艺的工人,只要会操作钻机就能进行高效钻进作业(可以由有丰富钻探施工经验的人预设关键钻进参数与地层参数)。一旦钻探施工开始,钻机将按设定的参数完成钻进、提下钻、加接钻杆等作业。

4.6　　转盘钻机

转盘钻机属重型钻进设备,主要用于钻进水井、地热井、油气井等直径大的钻孔。设备主要由提升系统、旋转系统、泥浆循环系统、动力设备、传动系统、控制系统、井架与底座、辅助设备八大部分组成。

井架、天车、游车、大钩及绞车组成提升系统,提升、下放钻柱及其他孔内钻进工具。水龙头悬挂在大钩上,其下端与主动钻杆(方钻杆)相连。主动钻杆被补心卡在转盘中,将转盘的回转运动传递给联结于其下的钻杆、钻铤、钻头,带动包括钻杆、钻铤、钻头在内的钻柱旋转。控制绞车刹把,调节绞车制动带或制动盘的松紧程度,可增大或减少钻头上的钻压,使钻头连续高效地破碎岩石。与此同时,钻井液在泥浆泵的驱动下,经地面管汇、立管、水龙带、水龙头、钻杆、钻头流经井底,然后经钻杆外的环状间隙上返至泥浆净化系统（固相控制系统）、泥浆池，形成连续循环，将钻头切削下来的钻屑带至地表。转盘钻机的组成见图4-66。

图4-66　转盘钻机组成示意

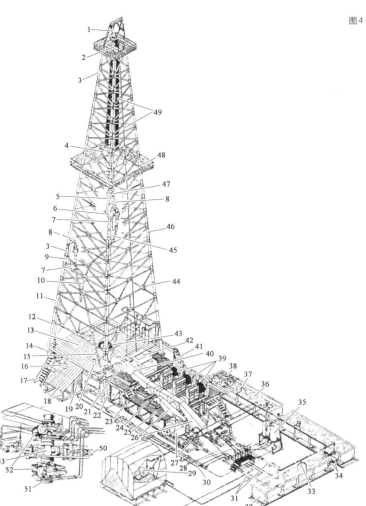

1—人字架;2—天车;3—井架;4—游车;5—水龙头提环;6—水龙头;7—保险链;8—鹅颈管;9—立管;10—水龙带;11—井架大腿;12—小鼠洞;13—钻台;14—架脚;15—转盘传动;16—钻井液补浆管;17—扶梯;18—坡板;19—底座;20—大鼠洞;21—水刹车;22—缓冲室;23—绞车底座;24—并车箱;25—发动机平台;26—泵传动;27—泥浆泵;28—泥浆管线;29—泥浆装备系统;30—供水管;31—吸水管;32—泥浆池;33—固定泥浆枪;34—连接软管;35—空气包;36—沉砂池;37—泥浆枪;38—振动筛;39—动力机组;40—绞车传动;41—泥浆槽;42—绞车;43—转盘;44—井架横梁;45—自动钻杆;46—斜撑;47—大钩;48—二层平台;49—游绳;50—泥浆喷出口;51—井口装置;52—防喷器;53—换向阀

4.6.1　动力设备

石油转盘钻机的动力设备也称原动机或发动机,其主要作用是将燃料通过燃烧转化为运动和力。一台钻机通常配备 4 台发动机,根据钻机钻深能力的大小,发动机的总功率从 300 kW 至 3 600 kW 不等,随着钻机钻深能力的增加,所需功率越来越大,目前市场上总功率超过 3 600 kW 的钻机越来越多。

转盘钻机的动力设备主要有柴油机、直流电动机、交流电动机三大类。由于动力机的类型不同、动力传至工作机组(转盘、绞车、泥浆泵等)的方式不同,钻机的驱动形式与驱动方案呈现出多样性。

1. 驱动形式

根据钻机配备的动力设备的类型,可将其传动系统分为柴油机驱动、电驱动、混合驱动三大类。

1)柴油机驱动

柴油机驱动可分为 3 种:柴油机直接驱动,柴油机-液力传动(变矩器和耦合器)驱动,柴油机-传动箱驱动。

2)电驱动

电驱动分为以下三种:

(1)交流-交流(AC－AC)电驱动。供电方式有公用电网供电或柴油机带动交流发电机供电两种方式;

(2)直流-直流(DC－DC)电驱动。柴油机带动直流发电机发电,由直流发电机给直流电动机提供直流电;

(3)交流-直流(AC－SCR－DC)电驱动。供电方式有公用电网供电或柴油机带动交流发电机供电两种方式,交流电经可控硅整流器转变为直流电后驱动直流电机。

3)混合驱动

混合驱动也可分为三种:

(1)交流电机-变矩器驱动;

(2)柴油机驱动泥浆泵,同时带动直流发电机发电供给驱动绞车与转盘的直流电

动机;

（3）柴油机-变矩器驱动泥浆泵,直流电动机驱动绞车与转盘。

2. 驱动方案

转盘钻机的驱动方案很多,大致可以分为单独驱动、统一驱动、分组驱动3种。

（1）单独驱动

转盘、绞车、泥浆泵等工作机组单独选择不同的动力设备驱动(图4-67),具有传动简单、安装方便、传动效率高的优点;但功率利用率低、设备重量大、动力机相互间不能进行功率调剂。单独驱动方案主要用于电驱动或机电混合驱动。

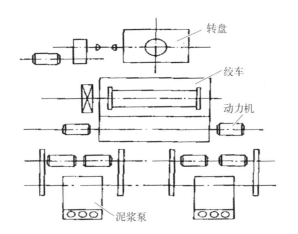

图4-67 单独驱动

（2）统一驱动

统一驱动即转盘、绞车、泥浆泵等工作机组由同一动力机组驱动(图4-68),动力机组内的动力可以互相调剂使用,因而功率利用率高;但传动复杂、安装调整麻烦、传动效率低。机械驱动钻机多采用统一驱动方案。

（3）分组驱动

分组驱动也叫二分组驱动,将转盘、绞车、泥浆泵三个工作机组分成两组,绞车、转盘为一组,泥浆泵为另一组,由柴油机或电动机分别驱动,参见图4-69。分组驱动兼有统一驱动功率利用率高和单独驱动传动简单、安装方便的优点。

图4-68 统一驱动

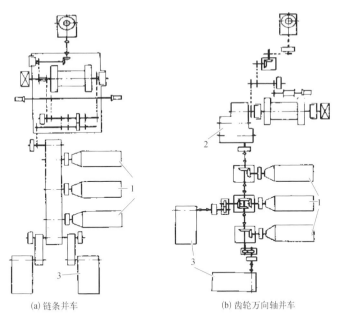

(a) 链条并车　　　　　　　　　　(b) 齿轮万向轴并车

1—动力机；2—变速箱；3—泥浆泵

图4-69 分组驱动

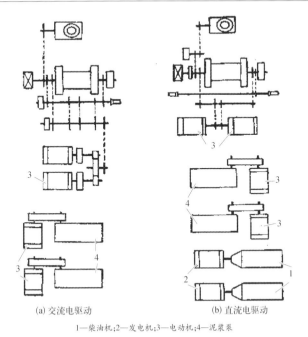

(a) 交流电驱动　　　　　　　　　　(b) 直流电驱动

1—柴油机；2—发电机；3—电动机；4—泥浆泵

4.6.2　传动系统

绞车、转盘、泥浆泵是石油转盘钻机的三大工作机组,动力设备输出的动力需经过传动系统传递分配到绞车、转盘、泥浆泵上。由于三大工作机组工作时的负荷特征不同,对传动系统的要求各异。

绞车工作时,其负荷在提钻过程中随立根数量的逐一减少而呈阶梯状下降,提钻过程中随立根数量的逐一增加而呈阶梯状上升,为最大限度地利用动力设备的功率,要求每当负荷增大或减少时,提升或下放钻柱的速度能随之降低或提高,因此要求传动系统具备无级变速功能(在分挡调速时,要求速度调节范围尽可能宽、挡位尽可能多)。提下钻过程中,绞车启停频繁交替,这就要求传动系统具有良好的启动性能和灵敏可靠的离合装置。提下钻过程中,钻柱在孔内会经常遇阻遇卡,要求传动系统具有短期过载保护功能。

转盘的主要功能为驱动钻杆柱正反转。钻进施工中,由于钻遇的地层不同、采用的钻进工艺方法各异,钻进所需的扭矩与转速差别很大,要求转盘转速调节范围广。钻进过程中,孔内事故时有发生,为方便孔内事故处理,转盘必须具备反转、转速微调功能。为防止过载扭断钻杆,要求转盘具备限制扭矩装置。因此驱动转盘的传动系统需具备无级变速、过载保护、能正反转等功能。

泥浆泵一般都在额定冲次附近工作,负载的波动幅度不大,因此对传动系统的要求比绞车、转盘都简单。主要要求是:速度调节有一定的范围(一般传动比为1∶1.5∼1∶1.3),以充分利用功率;允许短期过载,以克服可能出现的整泵。

传动系统连接动力机与工作机,将能量从驱动设备传递、分配到工作机组并进行运动方式转换。它包括变速减速机构、并车机构、倒车机构等。转盘钻机中常用的机械传递副主要为链条、三角皮带、齿轮和万向轴。随着技术的进步,越来越多的钻机采用了液力传动、液压传动和电传动等传动方式。

1. 链传动

链传动中的链条有三种类型,即套筒滚子链、齿型链和成型链。石油转盘钻机上一般采用套筒滚子链。

1) 套筒滚子链的结构

套筒滚子链的结构如图4-70所示。内链板的孔紧压在套筒的端部,组成内链节。

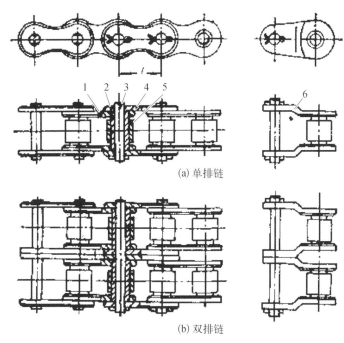

图4-70 套筒滚子链与
过渡链节

(a) 单排链

(b) 双排链

1—内链板;2—套筒;3—销轴;4—外链板;5—滚子;6—过渡链节

外链板的孔紧压在销轴两端,组成外链节。销轴贯穿套筒,并能在套筒内转动,因此内链节和外链节是铰接在一起的,内、外链节一节隔一节地铰接起来,组成了整盘链条。为了防止链条销轴和外链板的松脱,销轴两端常常铆牢或用钢丝、开口销贯穿作为保险。滚子链套在套筒上,可以自由传动。传动时链节与链轮产生滚动摩擦,从前减少轮齿的磨损。内外链板为8字形钢板,使链板中部与被销孔削弱的两端具有基本相等的强度,以减轻链板的重量。为了使润滑油渗入铰链内部,在套筒与销轴、滚子与套筒、滚子与内链板及内链板间均留有少许间隙。当传递大功率时,采用多排链,由若干个单排链用长销轴横贯连接[图4-70(b)]。当使用奇数链节时,必须使用特制的过渡链节。

2) 套筒滚子链的特点

套筒滚子链具有下列特点:

(1) 可以保证正确的平均传动比,传动比较大。

（2）高速链传动的链条速度可达 30 ~ 35 m/s。

（3）可在两传动轴相距较远时传递。

（4）与齿轮传动相比，链传动圆周力分布在较多的齿上，可传递很大的功率。

（5）与带传递相比，传动轴上的径向力小。

（6）传动效率高，可达 0.96 ~ 0.97。

（7）工作时噪声大。

2. 皮带传动

标准型三角皮带存在传递功率能力低、结构庞大、使用寿命低等问题，因此，现代石油转盘钻机中，普遍采用窄型三角皮带。

1）窄型三角皮带的结构特点

窄型三角皮带由伸张层、定向纤维层、强力层、缓冲层、压缩层及包布层组成，其横断面结构如图 4-71 所示。和标准型三角皮带相比，窄型三角皮带具有以下特点。

图 4-71　窄型三角皮带断面

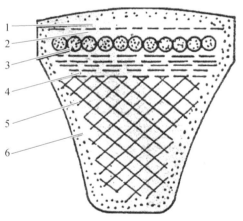

1—伸张层；2—定向纤维层；3—强力层；4—缓冲层；5—压缩层；6—包布层

（1）窄型三角皮带顶宽与带高比通常为 1.1 ~ 1.2，比标准三角皮带小（标准三角皮带为 1.6），断面横向弯曲刚度增大，断面积减小，可提高承载能力与极限速度。

（2）强力层绳芯较标准型三角皮带上移，在相同拉力下，因直径增大传递的扭矩更大。提高强力层的材料质量,可大大提高承载能力。

（3）带顶面呈拱形,强力层绳芯受力后仍能保持平齐,各根绳承载均匀。

（4）侧面呈内凹曲线形,侧面和底面有较大过渡圆角。

（5）包布层采用经线和纬线间夹角为 120°的广角包布,柔性好,可减少皮带弯曲时的能量损失。

（6）带体采用高强度材料,耐热、耐油、耐屈绕疲劳和龟裂。

2）窄型三角皮带的传递性能特点

窄型三角皮带的传递性能特点如下。

（1）传递的功率大。在同样的工况下,虽然单根窄型三角皮带比相对应的单根标准型三角皮带的抗拉强度小,但由于结构合理,它所传递的功率值却比标准型皮带大 0.2～1.8 倍。

（2）传动空间显著减小,设备结构紧凑。由于窄型三角皮带单根传递功率的能力增加,多根三角皮带的设备可以大大减少所需皮带根数,再加上窄型三角皮带本身尺寸小,所以传动空间显著减小,一般带轮宽度可减小一半左右,占空间大约为标准型三角皮带的三分之一。

（3）使用寿命长。由于窄型三角皮带在运转中有较好的绕曲性能,以及两侧的内凹形结构,使皮带进入轮槽和拔出轮槽时两侧的摩擦力减少,从而大大提高使用寿命,只要安装正确、使用合理,其使用寿命可达 6 000～10 000 h。

（4）经济效益好。由于窄型三角皮带传递功率大、带轮宽度小、占用空间小、寿命长、使用维护简单,可使传动结构的总费用降低 20%～40%。

3. 万向轴传动

在石油转盘钻机的传动中,万向轴传动比较普遍。钻机传动对万向轴有以下 3 点要求。① 保证所连接的两轴相对位置在预计的范围内变动时,能可靠地传递扭矩;② 保证所连接的两轴能均匀地运转,由于两轴间存在的夹角而产生的惯性转矩所引起的附加转矩降低到允许的范围内;③ 传动效率高、耐用、结构简单、润滑性能好且维修方便。

1）万向轴的结构

石油转盘钻机通常采用刚性双接头万向轴,其结构见图 4-72。花键轴和花键轴

图 4 - 72
双接头万向
轴结构

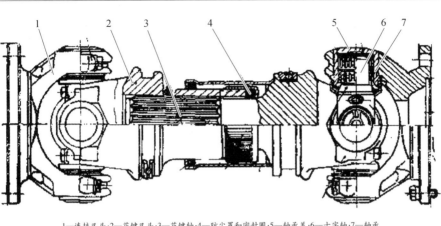

1—连接叉头;2—花键叉头;3—花键轴;4—防尘罩和密封圈;5—轴承盖;6—十字轴;7—轴承

叉头两者组成中间轴,十字轴和轴承允许中间轴相对连接叉头有角相位移,中间轴采用花键轴,使万向轴可以补偿设备安装的轴向误差。

为了减少花键轴的磨损,花键叉头上装有油杯,可润滑花键摩擦表面。在花键叉头端部装有防尘罩及密封圈。当万向轴的长度超过 1.5 m 时,中间轴常由花键轴、套管及套管叉头焊接而成,组成空心的中间轴,以减轻重量、提高临界转速。万向轴的叉头有整体与分体两种,分体叉头的轴承盖和叉头由螺栓连接,由轴承盖将轴承外圈卡住;整体叉头和轴承盖为一整体,不能拆开。装配时十字轴从叉头中间插入,然后把轴承从轴承孔的外侧装入,再装上盖板或卡簧作轴向定位。

万向轴的寿命往往由轴承决定。短圆柱轴承寿命最长,其次为双列带隔圈的滚针轴承,寿命最短的为不带隔圈的单列滚针轴承。

2）万向轴传动特点

在石油转盘钻机中,万向轴传动多用于柴油机与变矩器中间、柴油机与传动箱中间、变矩器与转盘或泥浆泵中间的传动联结。钻机中常用的万向轴联结为刚性双接头连接,传动轴之间可采用 Z 形或 W 形两种排列方式(图 4 - 73)。

万向轴传动具有以下特点。

（1）传动中传动轴对中度要求不高,不在同一平面上的传动装置可以方便连接,安装快捷便利。

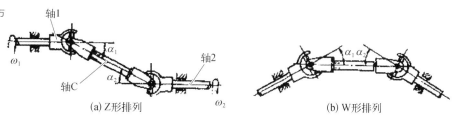

图4-73 万向轴传动

(a) Z形排列 (b) W形排列

（2）结构紧凑，传动效率高，通常可达到0.97~0.99。

（3）传动简单、重量轻、维护保养方便简单。

（4）坚固耐用、不易损坏，寿命长。

（5）平衡要求高，为了减轻振动，有时需作动平衡试验。

（6）被连接的两轴之间高度差不能太大。

4. 齿轮传动

齿轮传动在浅井钻机中使用得比较广泛。其结构特点是体积小、结构紧凑。但大功率螺旋圆锥齿轮加工制造困难、加工质量不易保证、成本高、现场维护保养更换困难，因此20世纪80年代开始，大型钻机中的齿轮传动逐步被链条传动取代。

齿轮传动系统只由齿轮变速箱、齿轮分动箱和万向轴构成，变速箱和分动箱的结构与传动原理，同立轴钻机中的类似，不再赘述。典型的齿轮传动系统如图4-74所示，柴油机的动力通过万向轴传给变速箱，变速箱共有五个挡位、四个正挡位、一个倒挡位。变速箱将动力传递给分动箱，分动箱将动力分成两路，一路通过万向轴和绞车上的直角箱；另一路通过离合器与万向轴，带动设在绞车上的过桥轴，再通过另一根万向轴驱动转盘。分动箱输入轴上装有应急电机，当柴油机或变速箱出现故障时，可启动应急电机，经少齿差减速器减速，驱动分动箱，以活动孔内钻具，防止卡钻。

5. 液力传动

液力传动是石油转盘钻机常用的传动方式之一，其功能是将发电机的动力传递给工作机，并在传递过程中随工作负荷调节输出转速与扭矩。

1）液力传动的工作原理

液力传动装置主要由离心泵和涡轮机组成，其工作原理如图4-75所示。离心泵

图4－74 转盘
钻机齿轮传动
系统

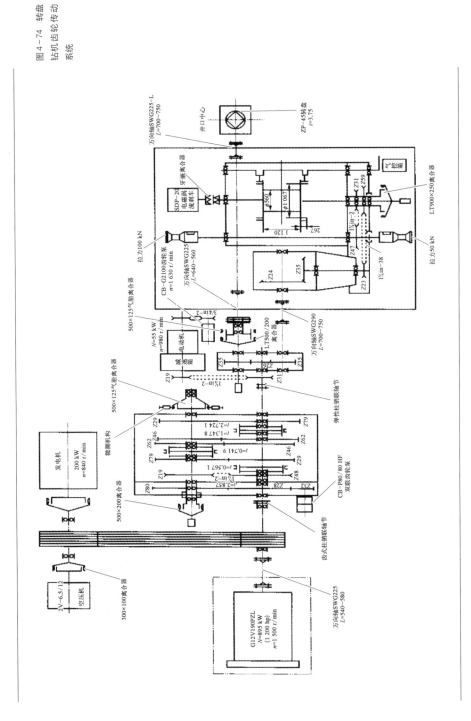

图4-75 液力传动原理

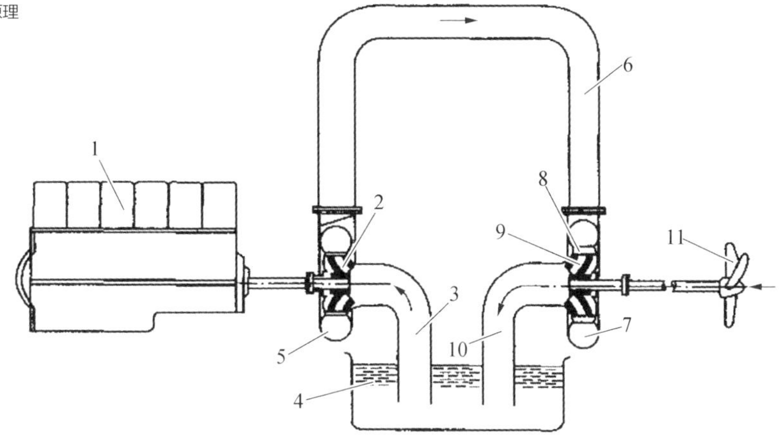

1—发电机;2—离心泵叶片;3—进液管;4—工作液槽;5—泵壳;6—连接管;7—涡轮机壳;
8—导流槽;9—涡轮;10—出液管;11—螺旋桨

轴与发电机相连,当发电机工作时,离心泵将工作液体从液槽经吸入管吸入。工作液体在离心泵中获得能量后,沿着连通管进入涡轮,带动与涡轮轴相连的工作机旋转。工作液把能量传递给涡轮后,经出水管排到液槽中,然后再一次被离心泵吸入。如此不断反复循环,将发电机的动力源源不断传递给工作机。

2）液力传动元件类型

图4-75所示的工作原理图中,离心泵的泵轮与涡轮机的涡轮相距较远,需通过连通管连接,装置尺寸过大,高速流体流经连通管时能量损耗大、传动效率低。为了克服这些缺陷,目前的液力传动装置中取消了连通管,将泵轮与涡轮放置在同一壳体中（图4-76）,减小了装置尺寸,从而提高了传动效率。

按照传动特点,液力传动元件可分为液力耦合器、液力变矩器和液力机械变矩器3类。液力耦合器按其性能又可分为以下4类。

（1）牵引型耦合器：主要用于传递功率,同时起柔性离合器作用。

（2）安全耦合器：主要用于改善机械设备的启动性能,减小机械冲击,保护原动机与工作机。

（3）调速耦合器：可无级调节工作机的转速。

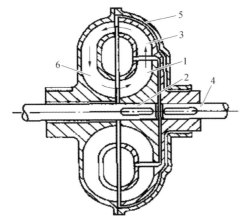

图4-76 液力传动元件示意

1—泵轮;2—主动轴;3—涡轮;4—从动轴;5—壳体;6—导轮

（4）标准耦合器：仅用于要求隔振、减小启动冲击或只作离合器的场合。

液力变矩器与液力耦合器的区别在于液力变矩器可以根据工况改变其输出转矩。根据液力变矩器的结构和性能特点，液力变矩器可按以下方式分类。

（1）按工作轮在循环圆中的排列顺序可分为 B－T－D 型（因涡轮正转，也称正转型）和 B－D－T 型（因涡轮反转，也称反转型）。

（2）按涡轮级数，可分为单级、双级、三级和多级液力变矩器。

（3）按导轮数量，可分为单导轮和双导轮液力变矩器。

（4）按泵轮数量，可分为单泵轮和双泵轮液力变矩器。

（5）按工作轮的组合与工作状态，可分为单相、两相和多相液力变矩器。

（6）按涡轮形式，可分为轴流式、离心式和向心式液力变矩器。

（7）按泵轮与涡轮能否闭锁为一体工作，可分为闭锁式和非闭锁式液力变矩器。

（8）按液力变矩器的特性能否控制，可分为可调式与不可调式液力变矩器。

液力机械变矩器可分为功率内分流和功率外分流两种。

3）液力耦合器

（1）液力耦合器的结构与工作原理

液力耦合器由泵轮、涡轮、外壳、主动轴和从动轴等零件组成，如图4-76所示。泵轮与涡轮的形状如图4-77所示，它里面装有若干个径向安装的平面直叶片，泵轮与涡

图4-77 液力耦合器的形状

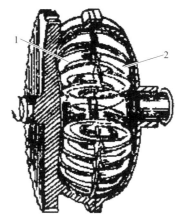

1—泵轮叶片;2—涡轮叶片

轮对称布置,其叶片构成的液体流道相互衔接,形成一密闭的环形空间。该密闭空间叫循环圆,工作液在其中循环。循环圆的最大直径称为有效直径,它是耦合器的代表尺寸。

假想有一钢球位于泵轮中心附近,如图4-78(a)所示,当发电机轴不旋转时,钢球在原位不动。而当发电机带动泵轮旋转时,钢球便在离心力的作用下,从中心沿泵轮壳与叶片形成的流道向外缘运动。最后,钢球从泵轮出口处向左方飞出,如图4-78(b)所示。如果把结构与泵轮相同的涡轮安装在与泵轮对称的位置,则钢球从泵轮飞出后,将冲向涡轮的叶片。由于钢球从泵轮飞出的方向与泵轮的旋转方向一致,因而它冲击涡轮叶片后,将迫使涡轮向同一方向旋转。液力耦合器内充满的工作液,可以

图4-78 假想钢球在泵轮内的运动

钢球

(a) 钢球位于泵轮中　　　　　　(b) 钢球飞出泵轮

看成由无数个像钢球一样的质点组成。泵轮一转动,液流就像无数个钢球在整个圆周上从中心向外缘运动,并以高速冲向涡轮叶片,带动涡轮旋转。从涡轮流出的工作液重新进入泵轮内缘的叶片入口,进行下一循环。如此循环不已,不断地将原动机的动力传递至工作机,这就是液力耦合器的工作原理。

（2）液力耦合器的外特性

液力耦合器中,泵轮的输入扭矩 M_B 与输入转速 n_B 为输入特性参数;涡轮的输出扭矩 M_T 与输出转速 n_T 为输出特性参数,它们之间的关系叫输出特性。当 n_B 为定值时,M_T 与 n_T、耦合器的传动效率 η 与 n_T 之间的变化关系叫液力耦合器的外部特性,也称外特性。液力耦合器的外特性曲线见图 4 - 79。

从图 4 - 79 中可以看出,当涡轮的输出转速 n_T 与泵轮的输入转速 n_B 相等时,涡轮的输出扭矩 M_T 为零;当涡轮的输出转速 n_T 小于泵轮的输入转速 n_B,涡轮的输出扭矩 M_T 才具有一定的值。这说明只有在涡轮转速低于泵轮转速时,液力耦合器才能传递扭矩。

从图 4 - 79 中可以看出,液力耦合器的传动效率 η 随着涡轮转速 n_T 的升高而升高;当涡轮转速 n_T 接近泵轮转速 n_B 时,传动效率 η 急剧下降。如果将 n_T 与 n_B 的比值定义为传动比 i,从外特性曲线中可以看出,随着传动比 i 的增大,传动效率 η 随之增

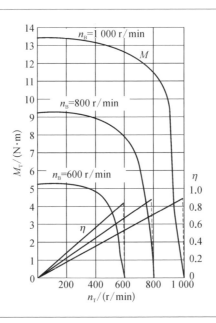

图 4 - 79　液力耦合器的外特性曲线

大。但当 i 增大到某一数值后（实验测得该值为 0.985），传动效率 η 急剧下降。因此，在实际应用中，经常将液力耦合器当作离合器使用，而不把它作为调速传动装置使用。

4）液力变矩器

液力变矩器的主要特点在于它能改变扭矩，即在工作的过程中，变矩器能将动力机的输出扭矩（泵轮轴上的扭矩）改变为工作机所需的扭矩（涡轮轴上的扭矩）。

（1）液力变矩器的结构与工作原理

液力变矩器的结构与液力耦合器类似，所不同的是液力变矩器多了一个固定不动的叶轮即导轮。如图 4－80 所示，液力变矩器由泵轮、泵轮轴、涡轮、涡轮轴、导轮等组成。其循环圆由泵轮、涡轮和导轮组成，如图 4－81 所示。

图 4－80　液力变矩器结构

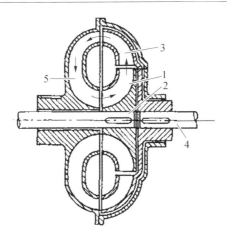

1—泵轮；2—泵轮轴；3—涡轮；4—涡轮轴；5—导轮

图 4－81　液力变矩器循环圆
示意

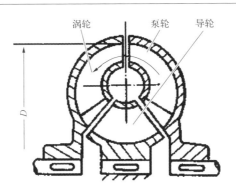

当液力变矩器工作时,液体在循环圆中按泵轮→涡轮→导轮→泵轮作不停的循环运动(图4-82)。泵轮在原动机的驱动下旋转,当液体流经泵轮时,其动量矩增大。动量矩增大的液体由泵轮出口进入涡轮进口,将动力传动给涡轮,由于涡轮轴与工作机相联,液体流经涡轮后,受涡轮轴阻力扭矩的牵制,其动量矩减小。动量矩减小的液体从涡轮出口流入导轮进口,再由导轮出口流入泵轮进口,流经泵轮后液体的动量矩再次增大,重新从泵轮的出口进入涡轮的进口,如此循环往复,实现动力从原动机到工作机的传递。

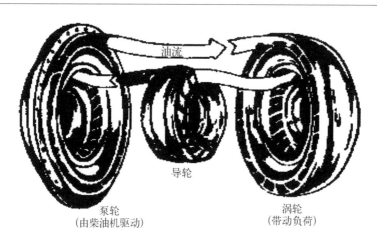

图4-82 液力变矩器内
液体循环路线

油流

导轮

泵轮
(由柴油机驱动)

涡轮
(带动负荷)

流体在导轮的进口处与出口处的速度的大小与方向都发生了改变,从而引起液体动量矩的变化。正是由于这一改变,使液体对导轮产生了一作用扭矩,此作用扭矩经导轮传给固定的外壳,由外壳承受。而固定的导轮反过来又给液体以反作用扭矩。当涡轮轴上的负荷增加,导轮承受的扭矩相应增大,当涡轮轴上的负荷减小,导轮承受的扭矩相应减小,在导轮的引导下,涡轮轴上的转速与扭矩(原动机的输出转速与扭矩)作相应的变化。如此即可实现动力从原动机至工作机的传递,并在传递的过程中改变速度与扭矩的大小和方向,实现传递速度与扭矩的无级调节。

(2)液力变矩器的外特性

液力变矩器的主要外特性参数有:泵轮扭矩 M_B、涡轮扭矩 M_T、泵轮转速 n_B、涡轮转速 n_T 及传动效率 η。其外特性是指当泵轮转速 n_B 为常数时,泵轮扭矩 M_B、涡

扭矩 M_T、传动效率 η 与涡轮转速 n_T 之间的关系。

液力变矩器的外特性曲线如图 4-83 所示。从图中可以看出,液力变矩器的外特性如下。

① 涡轮转速 n_T 改变时,泵轮扭矩 M_B 随之改变,但变化幅度不大。

② 涡轮扭矩 M_T 在工作范围内变化很大。$M_T - n_T$ 的变化近似一条斜直线。在制动工况($n_T = 0$)时,M_T 达到最大值。制动工况时的涡轮扭矩 M_{T0} 可比此时的泵轮扭矩 M_{B0} 大好几倍。随着 n_T 的不断增大,M_T 不断减小,当 n_T 达到最大值 n_{Tmax} 时,M_T 为 0。

③ 传动效率 η 有一最大值,当 $n_T = 0$、$n_T = n_{Tmax}$ 时,η 都为 0。

④ 不同泵轮转速 n_B 下,$M_B - n_T$、$M_T - n_T$、$\eta - n_T$ 三条曲线的基本形状不变,但数值发生了变化。当 n_B 减小时,各参数都相应地朝较小的数值方向变化,但传动效率 η 的值减小程度较小。

图 4-83 液力变矩器外
特性曲线

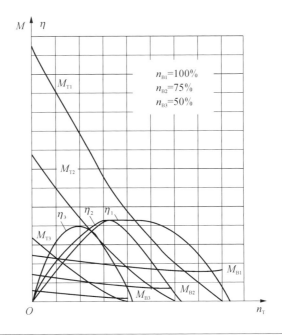

6. 电传动

石油钻机的电传动技术,经历了交流-交流(AC-AC)、直流-直流(DC-DC)和交流-直流(AC - SCR - DC)等阶段,现已进入发展 AC 变频传动新阶段。

1) 交流-交流(AC - AC)传动

交流-交流(AC - AC)是石油转盘钻机最早采用的电传动形式,其动力分配如图4 - 84 所示。其动力供应可采用两种方式:公共电网供电和柴油机驱动交流发电机供电。

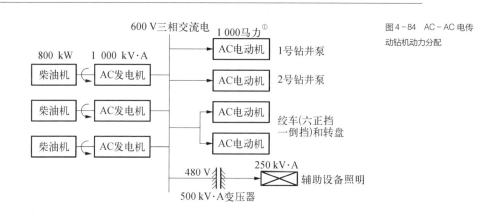

图4 - 84 AC - AC 电传动钻机动力分配

交流电动机输出特性硬,因此,在交流电动机与工作机(转盘、绞车)之间,还应配备其他传动系统(液力传动、齿轮传动等)对扭矩与转速进行调节。

2) 直流-直流(DC - DC)

由于 AC - AC 传动特性硬,不能很好地满足转盘、绞车等工作机对速度调节的要求,20 世纪 50 年代直流电动机被引入驱动钻机,形成了 DC - DC 传动系统。典型的 DC - DC 电传钻机的动力分配如图 4 - 85 所示。

与机械传动相比,DC - DC 传动具有以下优点:

(1) 直流电动机具有人为软特性,调速范围宽。

(2) 传动系统简化,传动效率高。

(3) 采用电子调速器,使柴油机处于最佳运转工况,节省燃料,延长柴油机的使用寿命。

---

① 1 马力(ps) =735 瓦特(W)。

图4-85 DC-DC电传动钻机动力分配

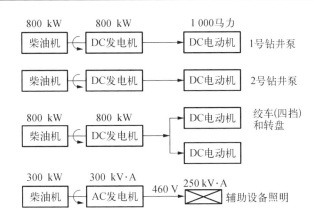

（4）各工作机可单独驱动，便于钻机的布置。

3）交流-直流（AC-SCR-DC）

交流-直流（AC-SCR-DC）传动也称可控硅（Silicon Controlled Rectifier, SCR）直流电传动。数台柴油机交流发电机组所发交流电并网输送到同一汇流母线上（或采用公共电网供电），经可控硅装置整流后驱动直流电动机，带动转盘、绞车、泥浆泵等工作机工作。典型的AC-SCR-DC电传动钻机动力分配如图4-86所示。

与机械传动相比，SCR传动具有以下优点：

（1）直流电动机具有人为软特性，调速范围宽，超载能力强。

（2）极大地简化了机械传动系统，传动效率高。

（3）柴油机始终处于最佳运转工况，节省燃料，延长柴油机的使用寿命。

（4）并联驱动，动力可以互济，动力分配更灵活合理。

（5）各工作机可单独驱动，便于钻机的布置。

（6）自动化程度高，使用更安全可靠。

4.6.3 提升系统

提升系统是转盘钻机的核心，主要由井架、天车、游车、大钩、游动系统钢丝绳和绞车等组成。其主要作用是提升和下放钻杆、套管与钻具。

1. 井架

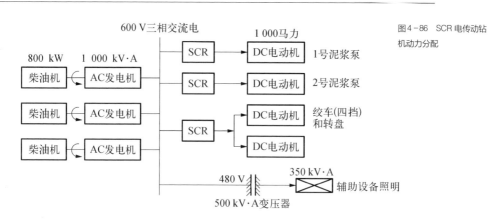

图4-86 SCR 电传动钻机动力分配

井架是钻机提升系统的重要组成部分之一,用于安放和悬挂游动系统、吊环、吊卡等,存放钻杆与套管,是一种具有一定高度和空间的金属桁架结构。井架必须具备足够的承载能力、足够的强度与刚度和整体稳定性。

1)井架的基本组成

井架主要由以下 5 部分组成(图 4-87)。

(1)井架主体:由型钢、横斜拉筋组成的空间桁架。

(2)天车台:用于安放天车及天车架。

(3)二层台:由操作台和指梁组成,是提下钻时井架工的工作场所。

(4)立管平台:拆装水龙带的操作平台。

(5)工作梯:井架工上下井架的通道。

2)井架的基本参数

井架的基本参数是井架特征和性能指标的反映,主要有井架结构类型、井架高度、最大钩载、立根容量、井架可承受的最大风速等。

(1)井架高度:其定义因井架类型而异。塔形井架的高度指的是井架大腿底板底面到天车梁底面的垂直距离;前开口井架和 A 形井架的高度指的是井架下底角销孔

图4-87 井架的基本组成

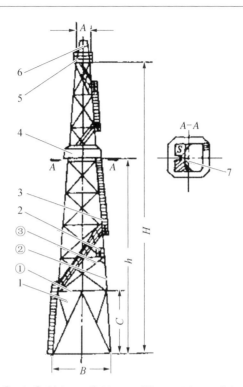

1—主体(① 横杆;② 弦杆;③ 斜杆);2—立管平台;3—工作梯;4—二层台;5—天车台;6—人字架;7—指梁

中心到天车梁底面的垂直距离;椅形井架的高度指的是橇座或车轮与地面接触点到天车梁底面的垂直距离。

（2）最大钩载：指的是死绳固定在指定位置,且用规定的钢绳数,在没有风载和立根载荷的条件下大钩的最大起重量。井架的最大钩载包括游车和大钩的自重。

（3）立根载荷：是指立根自重和其承受的风载在二层台指梁所产生的水平方向作用力。

（4）井架有效高度：指的是钻台面至二层台面的垂直高度。

（5）二层台容量：也叫立根容量,指的是二层台所能存放钻杆立根的数量。

（6）上底尺寸和下底尺寸：塔形井架的上底尺寸和下底尺寸分别指的是井架相邻大腿上底和下底轴线间的水平距离。对于单角钢大腿,则指的是角钢外缘之间的距离。

（7）大门高度：塔形井架的大门高度指的是井架大腿底板底面到大门顶面的垂

直高度。

（8）井架可承受的最大风速：指的是井架所允许承受的最大负载下的风速。

3）井架的结构类型

石油转盘钻机的井架种类繁多，但按其主体结构形式主要分为塔形井架、前开口井架、A 形井架、桅形井架等基本类型。

（1）塔形井架

塔形井架是一种四棱锥体的空间结构（图4-88），横截面一般为正方形，立面为

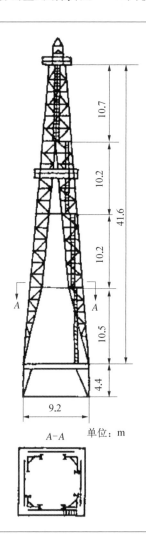

图4-88 塔形井架

梯形。井架前扇有大门,后扇有绞车大门。井架本体分成四扇平面桁架,每扇又分成若干桁架,同一高度的四面桁格在空间构成井架的一层,故塔架本体又可看成是由许多层空间桁架所组成。

塔形井架的本体为封闭的整体结构,整体稳定性好,承载能力大。整个井架为由单个构件用螺栓连接而成的可拆结构,井架尺寸不受运输条件限制,允许井架内部空间大,提下钻操作方便、安全。但单件拆装工作量大、高空作业不安全。

(2)前开口井架

前开口井架又称∏形井架(图4−89),我国电动钻机大多使用这类井架。井架本体由3~6段焊接空间桁架结构组成,段与段之间采用锥销定位、抗剪销和螺栓连接。钻台面积较大,便于操作和存放立根。

为了方便游动系统设备上下畅行无阻、便于立根安放,井架前扇为敞开、截面为∏

图4−89 前开口井架

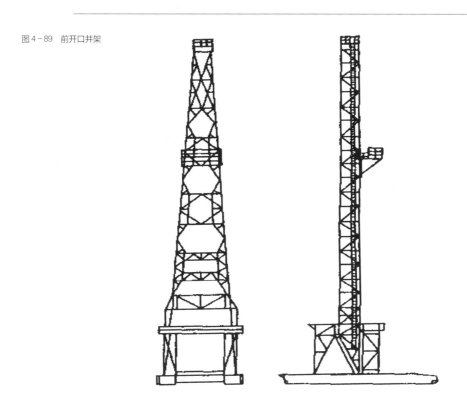

形的不封闭结构。为使井架的整体稳定性达到最佳,有些Ⅱ形井架最上段做成四边封闭结构。

井架各段两个侧扇桁架结构形式完全相同,其背扇、斜杆通过销轴与左右两个侧扇连接,并可组成如菱形等多种图案,扩大司钻视野。

为保证井架的稳定性,井架底部桁架往往采用不同于两侧桁架的特殊结构,如三角形结构、菱形结构等。

前开口井架可在地面水平拆装、整体起放、分段运输,为满足运输需要,井架的截面尺寸不能太大,一般比塔形井架的截面尺寸要小。

(3) A 形井架

A 形井架的结构如图 4 - 90 所示。整个井架由两个较小截面的空间桁架结构作为大腿,贯通天车、井架上部的附加杆件、二层台至钻台下部与钻机底座铰接固定,两

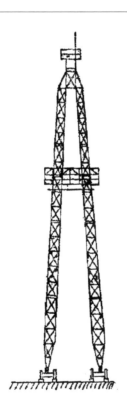

图 4 - 90　A 形井架

条大腿的上部与二层台连接成"A"字形结构。在井架后面配有一个用于起放井架的人字架。

井架的两条大腿由 3～5 段焊接的空间桁架结构组成,段与段之间采用锥销定位、抗剪销、螺栓连接。整个井架可在地面水平拆装、整体起放、分段运输。

A 形井架的每条大腿都是封闭的整体结构,承载能力大、稳定性较好。但因 A 形井架左右两条腿,且腿间连接较弱,致使井架整体稳定性不太理想。

(4) 桅形井架

桅形井架(图 4－91)是由一节或多节杆件结构或管柱结构组成的单柱式井架,有整体式和伸缩式两种。桅形井架一般利用液压油缸或绞车整体起放,整体或分段运输。

图 4－91　桅形井架

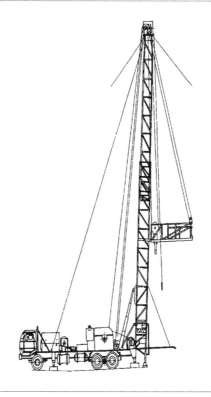

桅形井架工作时向井口方向倾斜,需利用绷绳保持结构的稳定,以充分发挥其承载能力,这是桅形井架整体结构的重要特征。

椀形井架结构简单、轻便,但承载能力小,只用于轻便钻机。

2. 游动系统

天车、游车、钢丝绳和大钩统称为游动系统。天车是固定在井架顶部的定滑轮组,游车是串在钢丝绳上、在井架内上下往复游动的动滑轮组。游动系统的基本参数包括最大钩载、钢丝绳直径、游车滑轮数及天车滑轮数。游车滑轮数×天车滑轮数表示游动系统结构,如3×4游动系统结构,即表示在该游动系统中,游车滑轮数为3,天车滑轮数为4。

天车主要由天车架、滑轮组和辅助滑轮等零部件组成,其结构参见图4-92。

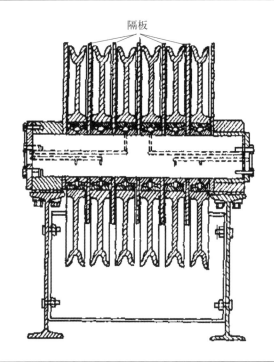

图4-92 天车

隔板

游车主要由横梁、左右侧板、滑轮、滑轮轴、销座、下提环(吊环)等零部件组成,其结构参见图4-93。

大钩有两类,一类是独立大钩(图4-94),其提环挂在游车的吊环上,可与游车分开拆装,中型、重型和超重型钻机大多采用此类大钩;另一类是游车大钩(图4-95),将游车和大钩做成一体,两者不能分开,轻便钻机和车载钻机多采用此类大钩。

图4-93　游车

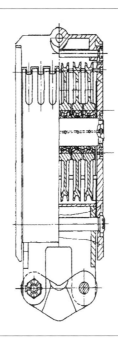

图4-94　大钩

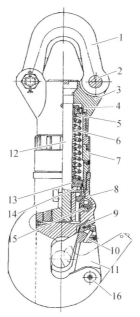

1—吊环;2—销轴;3—吊环座;4—定位盘;5—外负荷弹簧;6—内负荷弹簧;7—筒体;8—钩身;9—安全锁块;
10—安全锁插销;11—安全锁体;12—钩杆;13—座圈;14—止推轴承;15—转动锁紧装置;16—安全锁转轴

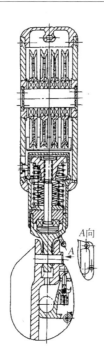

图4-95　游车大钩

　　游动系统的钢丝绳起着悬挂游车、大钩和井中全部钻柱的作用。国家标准《石油钻机形式与基本参数》规定：各级石油钻机应保证在钻井绳数和最大钻柱重量的情况下,钢丝绳的安全系数不小于3;在最大绳数和最大钩载情况下,钢丝绳的安全系数不小于2。钢丝绳的结构参见图4-96。

　　3. 绞车

　　绞车是提升系统的主要设备,其主要功能是：① 在提下钻时,提下钻具和下套管;② 在钻进时,悬挂钻柱、控制钻压、送进钻柱;③ 利用猫头拧卸钻具丝扣;④ 起吊重物和进行其他辅助工作。

　　绞车种类繁多,有多种分类法,如按袖数分有单轴、双轴、三轴及多轴绞车;按滚筒数目分有主滚筒和主、副滚筒绞车,主滚筒用以提下钻具,副滚筒用以起升取心工具及井下测试时进行提捞作业;按提升速度数可分为两速、三速、四速、六速和八速绞车。

图4-96 钢丝绳

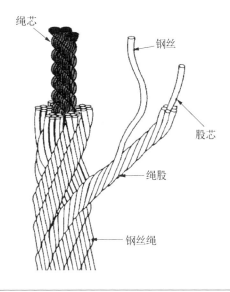

绳芯

钢丝

股芯

绳股

钢丝绳

1) 钻井工艺对绞车的要求

钻井工艺对绞车的具体要求如下。

(1) 绞车要有足够大的功率,在最低转速下钢丝绳能承受一定的拉力,以保证游动系统能提升最重的钻具载荷;还要有一定的解除卡钻事故的能力,并能承受下套管时的最大载荷。为此,要求绞车提升部件在短时最大载荷作用下要有足够的强度、刚度,在绞车使用期限内,滚筒、轴、轴承及传动件要有足够的寿命。

(2) 绞车滚筒要有足够的尺寸和容绳量,并应保证缠绳状态良好,以延长钢丝绳寿命;捞砂滚筒要能容得下相当于井深长度的细钢丝绳,以满足测试需要。

(3) 绞车要适应起重量的变化,有足够的提升挡数或能无级调速,用以提高功率利用率,节省起升时间。

(4) 绞车要有灵敏可靠的刹车机构和强有力的辅助刹车,能准确地调节钻压,均匀送钻,在下钻过程中能随意控制下钻速度、灵活制动最重载荷。

(5) 控制台、刹把、手柄等操纵机构要集中布置,便于操作。

2) 绞车的组成

绞车实际上是一部重型起重机械,常见的钻井绞车由以下几个系统组成。

（1）支撑系统，有焊接的框架式支架或密闭箱壳式座架。

（2）传动系统，由 2～5 根绞车轴、轴承、链轮、齿轮、链条等组成，一般钻井绞车多为三根轴，即传动轴、猫头轴和滚筒轴。

（3）控制系统，包括离合器、司钻控制台、控制阀件等，一般都是属于钻机控制系统的组成部分。

（4）制动系统（刹车系统），包括刹把、刹车带、主刹车、辅助刹车及气刹车等装置。

（5）卷扬系统，包括主滚筒、副滚筒（又称捞砂滚筒）、各种猫头等起升卷绳装置。

（6）润滑及冷却系统，润滑方式有黄油、滴油、飞溅或强制润滑等，不同类型的钻井绞车有不同的润滑方式。冷却系统分内冷和外冷两种，冷却对象主要指刹车钢鼓。

3）绞车的结构方案

钻井绞车种类繁多，但最能体现其结构特点的是绞车的轴数，下面按绞车的轴数

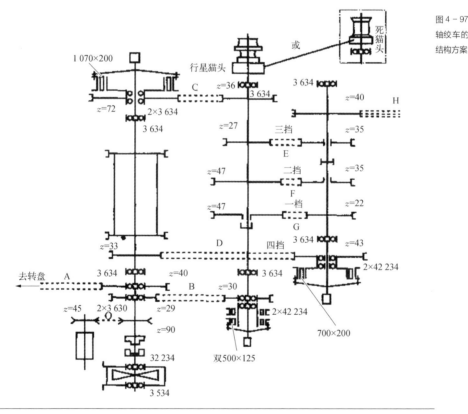

图 4 - 97　三轴绞车的典型结构方案

对各种绞车进行简单的归纳和分析。

（1）单、双轴绞车

最初钻机的绞车是单轴绞车，这种绞车仅有一根滚筒轴，绞车的变速由独立的齿轮变速箱实现。单轴绞车猫头转速偏高，位置过低，操作不方便。为了克服单轴绞车的缺点，把猫头单独装配在一根轴上，就形成了双轴绞车。单、双轴绞车一般适用于浅井或中深井。

（2）三轴和多轴绞车

为了满足深井和超深井钻井的需要，三轴和多轴绞车相继问世，四轴以上的绞车为多轴绞车，现代重型和超重型绞车属于此种类型的绞车。三轴绞车的典型结构方案如图4-97所示，五轴绞车的典型结构方案如图4-98所示。

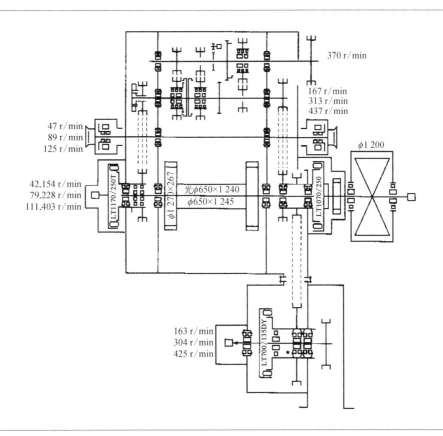

图4-98　五轴绞车的典型结构方案

（3）独立猫头轴-多轴绞车

由于重型和超重型绞车外形尺寸大、质量大、搬运和安装困难,尤其是深井和超深井的钻机钻台较高,为了避免绞车上高钻台,近年来又研制了独立猫头轴-多轴绞车。此种绞车的结构(图4-99)为:独立猫头轴和转盘传动装置构成一个单元,置于钻台上,用于接、卸钻具和提升一般重物,主绞车置于钻台下面后台上或联动机底座上,担负提下钻具、下套管、处理事故等提升任务,可避免长的上钻台链条。此种绞车的滚筒、猫头机构以及转盘都单独有各自的挡速、制动机构,这样,它们都能根据所需获得较好的工作特性。

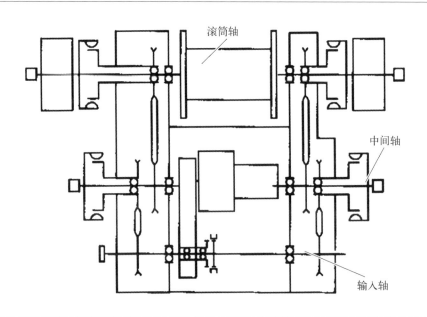

图 4 - 99 独立猫头轴-多轴绞车典型结构方案

（4）电驱动绞车

由于直流电驱动钻机和交流变频电驱动钻机的问世,结构更为简单的电驱动绞车应运而生。电驱动绞车利用直流电动机或交流变频电动机为动力,分别驱动滚筒轴和猫头轴。因电动绞车结构简单,一般猫头轴不分设单元,和主绞车构成一个整体。电动绞车的典型结构方案见图4-100。

图4-100 电动绞车的典型结构方案

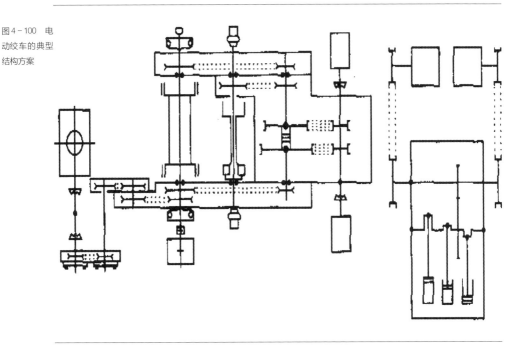

4）绞车的刹车机构

绞车的刹车机构包括主刹车机构和辅助刹车机构，主刹车用于各种刹车制动，辅助刹车仅用于下钻时减慢钻柱下降速度，吸收下钻能量，使钻柱匀速下放。

（1）带式刹车机构

带式刹车机构主要由控制部分（刹把）、传动部分（刹带轴、刹把轴、曲拐及连杆）、制动部分（两根刹带、刹带块、杀带吊耳及机械换挡机构）、平衡梁和气刹车等组成，如图4-101、图4-102所示。

两根刹带完全相同，一般为6 mm厚的圆形钢带。钢带的两端分别铆接活端吊耳，钢带的内壁衬有用石棉改性树脂材料压制而成的刹车块，刹车块用沉头铜螺钉固定在钢带上。一般沉头铜螺钉沉入深度为16 mm，因此，当刹车块磨损16 mm时，必须更换。

（2）盘式刹车机构

盘式刹车机构也叫液压盘式刹车机构，最早由美国的公司应用于钻机绞车主刹车。

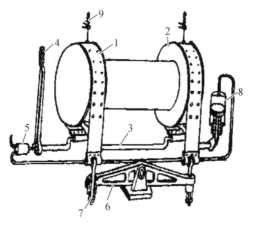

图 4 - 101　单杠杆刹车机构

1—刹带;2—刹车鼓;3—杠杆;4—刹把;5—司钻阀;6—平衡梁;7—调节螺杆;8—刹车汽缸;9—弹簧

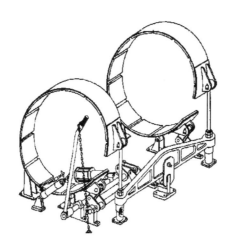

图 4 - 102　双杠杆刹车机构

我国 1995 年开始将盘式刹车应用于钻机绞车上。近年来,盘式刹车在钻机绞车中得到广泛的使用。

盘式刹车可分为常开型杠杆钳液压加压式、常闭型杠杆钳弹簧加压式、常开型固定钳液压加压式、常闭型固定钳弹簧加压式四类,如图 4 - 103 所示。

液压盘式刹车由刹车盘、开式刹车钳(工作钳)、闭式刹车钳(安全钳)、钳架、液压动力源及控制系统等组成。其刹车装置总成如图 4 - 104 所示。

图4-103 液压盘式刹车的类型

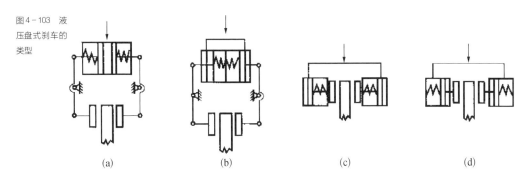

(a) 常开型杠杆钳液压加压式;(b) 常闭型杠杆钳弹簧加压式;(c) 常开型固定钳液压加压式;(d) 常闭型固定钳弹簧加压式

图4-104 盘式刹车总成

1—滚筒;2—刹车盘;3—工作钳;4—钳架;5—安全钳;6—过渡板

刹车盘是一带有冷却水道的圆环,其内径与滚筒轮缘配合,装配成一体。刹车盘环形侧表面与刹车钳上的刹车块构成摩擦副,实现绞车的制动,如图4-105所示。刹车盘按结构形式分为水冷式、风冷式和实心刹车盘三种。水冷式刹车盘内部设有水冷通道,在刹车盘内径处设有进、出水口,外径处设有放水口,用来放尽通道内的水,以防止寒冷气候条件下刹车盘冻裂,正常工作时,放水口用螺塞封住。风冷式刹车盘内部有自然通风道,靠自然通风道和表面散热。实心刹车盘靠表面散热,主要用于修井机和小型钻机。

钳架是一个弯梁,工作钳及安全钳均安装在其上。通常配备两个钳架,钳架上下

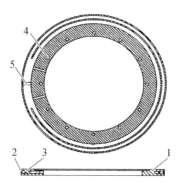

图 4 – 105 刹车盘

1—盘体;2—外封闭环;3—支承环;4—沉头螺钉;5—隔板

端通过螺栓分别固定在绞车横梁和绞车底座上,位于滚筒两侧的前方,如图 4 – 106 所示。

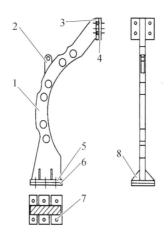

图 4 – 106 刹车钳架

1—弯梁;2—吊耳;3—连接顶板;4—上连接板;5—连接底板;6—下连接板;7—螺栓;8—加强筋板

刹车钳由浮式杠杆开式钳(常开钳)和浮式杠杆闭式钳(常闭钳)组成。常开钳是工作钳,用于控制钻压、各种情况下的刹车;常闭钳用于悬持情况下的驻刹。

开式钳的工作原理如下。当向钳缸供给压力油时,液压力推动活塞向左移动,由于钳缸的浮式放置,活塞与缸体通过上销轴分别推动左右钳臂的上端向外运动,使左右下销轴之间的距离缩短,带动刹车块向内运动,从而将刹车块以一定的正压力压在旋转中的刹车盘上,在刹车盘与刹车块之间产生摩擦力,对刹车盘实施制动。可见,开式钳的刹车力来源于液压力,且压力油的压力越高,刹车力越大。如果进入钳缸压力油的压力等于零,活塞与缸体通过安装在左右上销轴端部的回位弹簧向内运动,刹车块向外运动与刹车盘脱离接触,刹车钳松刹。开式钳是有油压刹车、无油压松刹,称为常开钳,如图4-107、图4-108所示。

图4-107 常开式工作钳

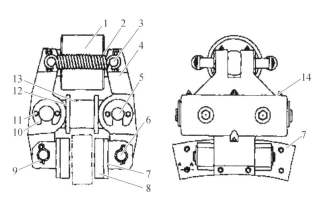

1—钳缸;2—复位弹簧;3—上销轴;4—钳壁;5—中销轴;6—下销轴;7—背板;8—刹车块;
9—弹簧卡销;10—挡板;11—螺栓;12—挡圈;13—支承轴;14—油嘴

图4-108 常开式工作钳缸

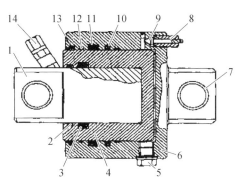

1—调节柱塞;2—密封圈;3—密封圈;4—工作柱塞;5—螺栓;6—缸体;7—轴承;8—排气阀座;
9—排气阀;10—密封圈;11—密封圈;12—导向带;13—防尘圈;14—单向注油阀

闭式钳的工作原理如下。当向钳缸供给压力油时,液压力推动活塞右移压缩碟形弹簧,同时拉动左右钳臂的上端向内运动,使左右下销轴之间的距离增大,带动刹车块向外移动,刹车块与刹车盘脱离接触,刹车钳松刹。当钳缸泄油时,碟形弹簧张开,推动活塞左移,左右钳臂上端向外运动,使左右下销轴之间的距离缩小,使刹车块与刹车盘接触。此时,刹车块作用在刹车盘上的力为碟形弹簧力,该力产生的摩擦力实施刹车。闭式钳的刹车力来源于碟形弹簧的弹簧力。闭式钳是有油压松刹、无油压刹车,称为常闭钳,如图 4 – 109、图 4 – 110 所示。

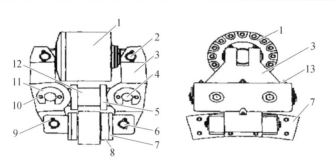

图 4 – 109 常闭式安全钳

1—钳缸;2—上销轴;3—钳臂;4—中销轴;5—垫圈;6—下销轴;7—背板;8—刹车块;
9—弹簧卡销;10—螺栓;11—挡板;12—支撑轴;13—油嘴

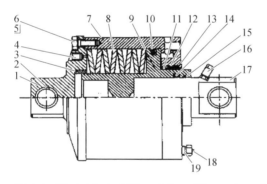

图 4 – 110 常闭式安全钳缸

1—缸盖;2—轴承;3—导向套;4—螺栓;5—螺栓;6—弹簧垫;7—缸体;8—碟簧;9—活塞;10—密封圈;11—密封圈;
12—导向带;13—防尘圈;14—密封圈;15—密封圈;16—单向注油阀;17—调节柱塞;18—排气阀;19—排气阀座

提下钻过程中,工作刹车由开式钳承担。操作司钻阀向开式钳缸输入压力的液压油,即能产生不同的制动力。工作刹车的制动力靠液压油提供,驻停刹车由闭式钳承担。实施驻停刹车时,闭式钳缸泄油,制动力由碟形弹簧提供。紧急刹车由开式钳和闭式钳共同承担,实施紧急刹车时,闭式钳缸泄油,同时开式钳缸充油,两油缸分别靠弹簧力和液压力制动绞车。

5) 辅助刹车

辅助刹车的作用是帮助主刹车进行下钻,在下钻时通过制动滚筒轴来制动下钻载荷。辅助刹车主要有水刹车、电磁涡流刹车两种。

(1) 水刹车

水刹车的主要作用是在下钻时刹慢滚筒,保持钻具以安全的速度均匀下放。图4-111所示为水刹车的典型结构,主要由旋转主轴(6)(主轴可借助离合器与滚筒轴相连)和固定在其上的转子(3)和定子(2、4)组成。定子置于外壳内并对称位于转子两侧。转子和定子上都有许多呈辐射状分布的叶片,叶片逆着下钻时转子的旋转方向成一角度,以加大水流对转子叶片的阻力。两叶片之间形成水室,下部有进水口,顶部有出水口。下钻时,滚筒轴转动带动转子旋转。在转子水室中,水流在离心力的作用下被甩到外缘,并受迫被导流入定子水室;在定子水室由外缘流向中心部位,然后又受迫被导流入转子水室,于是在各水室中液流形成小涡流在不断循环。简言之,运动着的倾斜转子叶片,迎面去切割高速循环的小涡流,遇到很大阻力,形成制动力矩。图4-112

图4-111 水刹车的结构

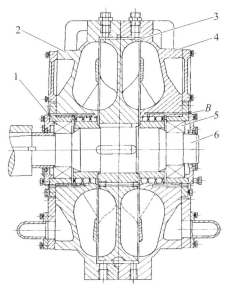

1,5—轴承;2,4—定子;3—转子;6—主轴

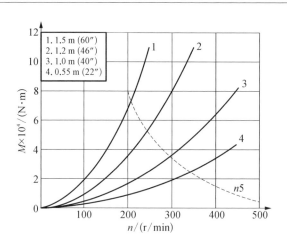

图 4-112 水刹车的特性曲线

为水刹车的特性曲线。水刹车工作原理的实质就是通过叶片和液流的互相作用,吸收下钻时产生的大部分动能,并转化成热能释放,从而减轻主刹车的负担。

水刹车制动能力的改变通过调节水刹车的水位来实现,其调节方式主要有以下3种。

① 分级调节,即依靠开启处于不同高度的闸门以获得不同的水位。但这种装置使用不方便,且不能充分发挥水刹车的作用。

② 气控浮筒式调节,司钻可根据下钻载荷的变化,通过调压阀调节气缸的供气量,从而调节水刹车的水位。但在实际工作中,司钻不可能每下一立根调节一次水位,因此,此种调节方式实际上只不过是一种多级数的分级调节。

③ 自动调节,即每下放一立根,可自动提高一次水位,使水刹车能随下钻立根增加而自动地调节。

(2) 电磁涡流刹车

电磁刹车可分为感应式电磁刹车(又称为涡流刹车)和磁粉式电磁刹车,目前钻机中使用的几乎全是电磁涡流刹车。电磁涡流刹车主要由左、右定子和转子组成,如图 4-113 所示。定子中固定嵌装着激磁线圈,当 380 V 交流电源经过三相变压器降低电压后,输入桥式整流器,便可输出连续可调的直流电至电磁涡流刹车的激磁线圈,在线圈周围产生固定磁场,转子处于此磁场中。当转子与绞车滚筒轴一起旋转时,转

图4-113　电磁涡流刹车

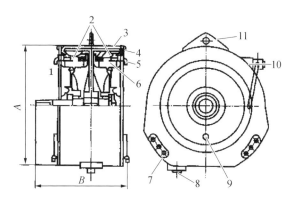

1—导线；2—磁极；3—水套；4—转子；5—激磁线圈；6—定子；7—底环联板；
8—出水口；9—进水口；10—接线盒；11—提环

子切割磁力线，转子内磁通密度发生变化，在转子表面产生感应电动势，从而产生感生电流，即涡流。转子成为带涡流感应电流的导体，带涡流感应电流的转子在原来的固定磁场中产生旋转磁场，此旋转磁场在转子的不同半径上产生与转子转动方向相反的电磁力，亦即对旋转轴的电磁制动力矩。显然，输入直流电的电流强度越大，固定磁场强度越强，所产生的电磁力矩也越大，以此来平衡不同下钻载荷的能量。

电磁涡流刹车在工作过程中将机械能转化为热能。为了迅速带走转子中的热量，从离合器侧面送进冷却水，流经转子的外表面后，由周围的水套下面的出水口排出。

电磁涡流刹车的机械特性如图4-114所示，与并激直流发电机的 $M-n$ 特性相似。除去一小部分低速段外，中、高速段具有较大的几乎不变的制动扭矩。当转速变化时，制动扭矩可以保持恒定，图4-114中的曲线为100%激磁。通过改变激磁电流大小，可得较低的 $M-n$ 特性曲线。也就是在任何下钻载荷下，可调得任意的下钻速度，并可以不用主刹车就可以将钻柱刹慢，但由于有转速差才能产生电磁力矩，因而不能刹死。平滑调节激磁电流，改变制动力矩，实现无级调速。调节激磁电流非常灵活省力。

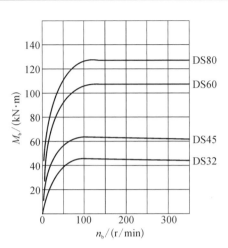

图 4 - 114 电磁涡流刹
车的特性曲线

4.6.4　旋转系统

钻机的旋转系统是转盘钻机的重要组成部分,其主要作用是旋转钻柱、钻头,破碎岩石,形成井眼。它主要包括转盘、水龙头和顶驱钻井系统三大部分,它们是钻机的地面旋转设备。

1. 转盘

转盘实质上是一个大功率的圆锥齿轮减速器,主要作用是把发动机的动力通过方瓦传给方钻杆、钻杆、钻铤和钻头,驱动钻头旋转,钻出井眼。转盘是旋转钻机的关键设备,也是钻机的三大工作机之一。

1）钻井工艺对转盘的要求

钻井工艺对转盘的具体要求如下。

（1）具有足够大的扭矩和一定的转速,以转动钻柱带动钻头破碎岩石,并能满足打捞、对扣、倒扣、造扣或磨铣等特殊作业的要求。

（2）具有抗震、抗冲击和抗腐蚀的能力,尤其是主轴承应有足够的强度和寿命,其承载能力不小于钻机的最大钩载。

（3）能正反转，且具有可靠的制动机构。

（4）具有良好的密封、润滑性能，以防止外界的泥浆、污物进入转盘内部损坏主辅轴承。

2）转盘的结构

转盘主要由水平轴总成、转台总成、主辅轴承、密封及壳体等部分组成，如图4–115所示。

图4–115 转盘的结构

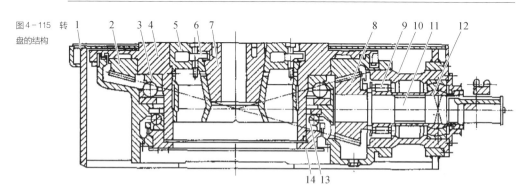

1—壳体；2—大圆锥齿轮；3—主轴承；4—转台；5—大方瓦；6—大方瓦与方补心锁紧机构；7—方补心；8—小圆锥齿轮；
9—圆柱轴承；10—套筒；11—输入轴；12—向心球轴承；13—辅助轴承；14—调节螺母

（1）输入轴总成

输入轴总成主要由动力输入链轮（链条驱动）或连接法兰（万向轴驱动）、输入轴、小锥齿轮、轴承套和底座上的小油池组成。输入轴由两副轴承支承，靠近小锥齿轮的轴承是向心短圆柱滚子轴承，它只承受径向力。靠近动力输入端的轴承是双列调心球面滚子轴承，它主要承受径向力和不大的轴向力。在输入轴的另一端装有双排链轮或连接法兰（万向轴驱动）。小锥齿轮与输入轴装好后，与两个轴承一起装入轴承套中，在将轴承套连同其内的各零件一起装入壳体。为了保证大小锥齿轮之间保持一个合理的间隙，可通过轴承套与壳体之间的调整垫片调节控制。

（2）转台总成

转台总成主要由转台迷宫圈、转台、固定在转台上的大锥齿轮、主轴承、辅轴承、下座圈、大方瓦和方补心等组成。转台迷宫圈（两道环槽）装在转台外缘上，与壳体上的两道环槽形成动密封，防止钻井液及污物进入转台并损坏主轴承。

转台是一个铸钢件，其内孔上部为方形，以安装方瓦，下部为圆形。下座圈用螺栓固定在转台的下部，以支承辅助轴承，并形成下部迷宫密封，防止外界污物进入转台内。转台是用一对圆锥齿轮来传动的，大齿轮装在转台上，小圆锥齿轮过盈配合装在输入轴的一端。主、辅轴承均采用推力向心球轴承，主轴承主要承受方钻杆下滑造成的轴向力和锥齿轮副啮合所产生的径向力。提下钻时，承受最大静载荷，故主轴承的承载力应大于额定钩载。辅轴承的作用是：一方面承受钻头、钻杆传来的径向载荷；另一方面防止转台摆动，起扶正转台的作用。主轴承的轴向间隙是通过主轴承下圈和壳体之间的调节垫片来调节的，辅轴承的轴向间隙是通过辅轴承下圈和下座圈之间的垫片来调节的。

大方瓦为两体式方形铸件，每个方瓦上有两个制动销，一个用于将大方瓦与转台锁在一起，防止大方瓦在钻井过程中从转台中跳出，另一个制动销可将大方瓦与方补心锁在一起，以防止方补心跳出。从转台中取出方瓦是用两个方瓦提环操作的。

（3）转盘的制动机构

在转盘的上部装有阻止转台两个方向转动的制动装置，它由两个操纵杆、左右掣子和转台外缘上的 26 个燕尾槽组成。当需要制动转台时，搬动操纵杆，则可将左右掣子之一插入转台 26 个槽位中的任意一个槽中，实现转盘制动。当掣子脱离燕尾槽时，转台可自由转动。

（4）壳体

壳体是转盘的底座，采用铸焊结构，由铸钢件和板材焊接而成。其主要是作为主辅轴承及输入轴总成的支撑，同时，也是润滑锥齿轮和轴承的油池。其内腔对着小锥齿轮下方的壳体上形成半圆形大油池，用以润滑主轴承，在输入轴下方壳体上形成小油池，用以润滑支撑水平轴的两个轴承。

3）转盘工作原理

动力经输入轴上的法兰或链轮传入，通过圆锥齿轮传动转台，借助转台通孔中的方补心和小方瓦带动方钻杆、钻杆柱和钻头转动，同时，小方瓦允许钻杆轴向自由滑动，实现钻杆柱的边旋转边送进。提下钻或下套管时，钻杆柱或套管柱可用卡瓦或吊卡坐落在转台上。

4）转盘特性参数

表征转盘性能的参数主要有：转盘的通孔直径、最大静负荷、最大工作扭矩、最高转速及中心距。

（1）通孔直径。转盘通孔直径是转盘的主要几何参数，它应比第一次开钻时用的最大号钻头直径至少大 10 mm。

（2）最大静负荷。转盘上能承受的最大重量，应与钻机的最大钩载相匹配。该载荷经转台作用到主轴承上，因此决定着主轴承的规格。

（3）最大工作扭矩。是指转盘在最低工作转速时应达到的最大工作扭矩，它决定着转盘的输入功率及传动零件的尺寸。

（4）最高转速。是指转盘在轻载荷下允许使用的最高转速。

（5）中心距。是指转台中心至输出轴链轮第一排轮齿中心的距离。

2. 水龙头

水龙头是钻机的旋转系统设备，又起着循环钻井液的作用。它悬挂在大钩上，通过上部的鹅颈管与水龙带相连，下部与方钻杆连接。它不但要导输来自泥浆泵的钻井液，还要在旋转的情况下承受井中钻具的重量。因此，水龙头是旋转钻机中提升、旋转及循环三大工作机中相交汇的关键设备。

1）钻井工艺对水龙头的要求

钻井工艺对水龙头有如下要求。

（1）水龙头主轴承应具有足够的强度和寿命，其承载力应不小于钻机的最大钩载。

（2）有可靠的高压钻井液密封系统，该密封系统必须工作可靠、寿命长、拆卸更换方便快捷，能自动补偿工作中密封件的磨损。

（3）与水龙带连接处能适合水龙带在钻进过程中的伸缩弯曲。

（4）各承载零部件（如吊环、壳体及中心管）要有足够的强度和刚度，并且要求连接可靠，能承受高压。

2）水龙头的结构

水龙头主要由"三管""三（或四）轴承""四密封"组成，"三管"即鹅颈管、冲管及中心管;"三轴承"即主轴承、上扶正轴承及下扶正轴承;"四轴承"结构,即除上述三轴承外,还有一个防跳轴承;"四密封"即上、下钻井液密封和上、下机油密封。水龙头的结构如图4-116所示,由固定部分、旋转部分和密封部分组成。固定部分由外壳、上盖、下盖、鹅颈管及提环等组成;旋转部分由中心管、接头、主轴承、扶正(防跳)轴承和下扶正轴承组成;密封部分由上、下钻井液密封总成和上、下机油密封盘根装置组成。

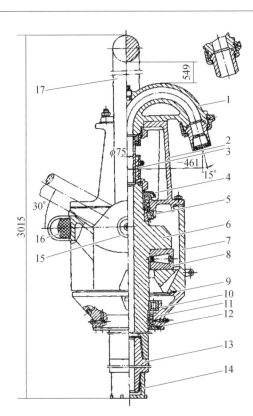

图4-116 水龙头

1—鹅颈管;2—上盖;3—浮动冲管总成;4—泥浆伞;5—上辅助轴承;6—中心管;7—壳体;8—主轴承;9—密封垫圈;
10—下辅助轴承;11—下盖;12—压盖;13—方钻杆接头;14—护丝;15—提环销;16—缓冲器;17—提环

(1)提环。提环由合金钢锻造经热处理后加工而成,通过提环销与外壳连接。

(2)外壳。外壳是一个中空铸钢件,通过螺栓分别与上、下盖连接,构成润滑和冷却水龙头主轴承和扶正轴承的密闭壳体和油池。外侧面装有3个橡胶缓冲器,以避免在钻井过程中吊环撞击外壳。

（3）上盖。上盖又称支架,是支架式铸钢件。其上部加工成法兰,通过螺栓安装鹅颈管。其下部为圆筒形,通过螺栓与壳体上部连接,构成壳体上盖,在圆盖中心孔处装有扶正(防跳)轴承和两个安装方向相反的自封式 U 形弹簧密封圈,即上机油密封圈,以防壳体内部的油液外漏和外界的泥浆及其他脏物侵入壳体内部。圆盖上还加工有一个螺纹孔,用来向壳体内添加油液和固定油标尺,油标尺的丝堵(呼吸器)上的90°的折角通孔用来排除壳体内热气,降低润滑油温度。

（4）鹅颈管。鹅颈管是一个鹅颈形中空式合金钢铸件,在其下部的异型法兰上加工有左旋螺纹,通过上钻井液盘根盒压盖与冲管总成连接。

（5）下盖。下盖是一个圆形铸钢件,并通过螺栓与壳体连接,在其中心孔处安装下扶正轴承和 3 个自封式 U 形弹簧密封圈。为了更换壳体内的油液,在下盖上有两个排油孔,且在较小的直角排油孔的杆形丝堵上带有磁性,可吸走壳体内的金属屑。

（6）中心管。中心管由合金钢铸造并经热处理后加工而成,它是水龙头旋转部分的重要承载部件。它不仅要在旋转的情况下承受全部钻柱的重量,而且其内孔还要承受高压钻井液压力。中心管上端连接冲管总成,下端母扣与保护接头连接,保护接头再与方钻杆上端连接。中心管上、下端螺纹均为左旋,这样,钻进时可防止转盘带动中心管向右旋转时松扣。

（7）主、辅轴承。主轴承为上下圈可拆卸的圆锥滚子轴承,承载能力大。因滚子的锥顶角与其旋转中心线相交,根据相交轴定理,滚子只作纯滚动,寿命长。下扶正轴承为短圆柱滚子轴承。上扶正(防跳)轴承是圆锥滚子轴承,它既可以承受较大的轴向力,又可以承受较大的径向力,故它兼有扶正和防跳的双重作用。上、下扶正轴承的作用是承受中心管转动时的径向摆动力,使中心管居中,保证密封效果。因此,上、下扶正轴承距离较远时扶正效果较好。上扶正轴承在上机油盘根下,下扶正轴承在下机油盘根上,分别由上盖和下盖用螺栓压紧。

（8）上、下钻井液冲管盘根盒组件。上、下钻井液冲管盘根盒组件采用浮动式冲管(图4-117)结构和快速拆装的 U 形液压自封式冲管盘根盒总成。浮动式冲管盘根是将上、下冲管盘根装于盘根盒中,构成上下盘根盒组件。盘根分别套在冲管上、下端面处的外径上,通过密封盒压盖分别与鹅颈管和中心管组装为一体。上钻井液密封盒组件由上密封盒压盖、上密封盒、上密封金属压套、1 个 U 形自封式盘根、金属衬垫、弹

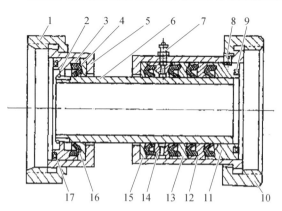

图4-117 水龙头浮动冲管总成

1—上密封盒压盖;2—弹簧圈;3—上密封压套;4—钻井液密封圈;5—上密封盒;6—钻井液冲管;7—油嘴;8—螺钉;9—O形密封圈;10—下密封盒压盖;11—下O形密封压套;12—下密封盒;13、14—隔环;15—下衬环;16—上衬环;17—O形密封圈

簧圈和1个O形密封圈组成。金属压套上有花键,与冲管上部的花键相匹配,保证冲管不转动,但能上下窜动。弹簧圈用于将压套、盘根及衬垫固定在冲管上及上盘根盒内。上盘根盒组件通过上盘根盒压盖上的左旋螺纹与鹅颈管上的异型法兰连接。下钻井液盘根盒组件由下钻井液盘根盒压盖、盘根盒、4个U形自封式盘根、4个金属隔环、1个下O形密封压套、O形密封圈和在盘根盒上的1个黄油嘴组成。下密封盘根盒组件通过下盘根盒压盖上的左旋螺纹安装在中心管上,因此下钻井液盘根盒组件是旋转的,而冲管不转,为了减少盘根与冲管间的磨损,必须定期通过下盘根盒上的黄油嘴注入润滑脂。盘根盒中的U形盘根要注意安装方向,上盘根朝向鹅颈管,下盘根朝向中心管。盘根装置可快速拆卸,在钻井过程中可随时更换。

(9)上、下机油密封装置。上部机油盘根组件包括2个U形橡胶密封圈和橡胶伞,其作用是防止钻井液及脏物进入壳体内部,并防止油池内机油从中心管溢出。机油盘根和橡胶伞都装在盖内,由上盖法兰压紧,只承受低压。下部机油盘根组件包括3个U形自封式橡胶密封圈和石棉板,用下盖压紧,它们的作用是在中心管旋转时密封油池下端,防止漏油,只承受低压。此外,在内接头与鹅颈管之间、鹅颈管与盘根装置之间、盘根装置与中心管之间,以及外壳与下盖之间均装有O形密封圈,以保证密封。

3）水龙头的特性参数

水龙头的特性参数主要有：最大静载荷、中心管通孔直径、最高转速和最大工作压力等。

（1）最大静载荷。水龙头的主要受力件是主轴承、提环等，所能承受的最大载荷应不小于钻机的最大钩载。

（2）中心管通孔直径。目前国产水龙头中心管、冲管通孔直径均为75 mm。

（3）最高转速。水龙头许用最高转速（r/min）应与转盘的最高转速相一致。

（4）最大工作压力。水龙头最大工作压力应与泥浆泵、高压管汇、水龙带相匹配，一般为315 MPa。

（5）其他。其他特性参数还有中心管接头下端螺纹规格、轴承型号和尺寸等。

4）两用水龙头

两用水龙头既具有普通水龙头功能，又可在接单根时旋转上扣，是将水龙头和接单根旋转短节结合成一体的一种新型钻井设备。两用水龙头由普通水龙头、风马达和减速伸缩机构3部分组成，如图4-118所示。

接单根时，风马达工作、伸缩机构带动齿轮下移，使齿轮与中心管上的大齿轮啮合，驱动中心管快速旋转，快速上扣。使用后表明，这种类型的两用水龙头结构紧凑、操作方便、工作可靠。

3. 顶驱钻井系统

顶部驱动钻井系统自20世纪80年代问世以来发展迅速，尤其在深井钻机和海洋钻机中获得了广泛的应用。通常，人们把配备了顶驱钻井系统的钻机称为顶驱钻机，考虑到顶驱钻井系统的主要作用是钻井水龙头和钻井马达作用的组合，故将其列为钻机的旋转系统设备。

顶驱钻井系统（Top Drive Drilling System）或简称顶驱系统（Top Drive System，TDS），是一套安装于井架内部空间、由游车悬挂的顶部驱动钻井装置。常规水龙头与钻井马达相结合，并配备一种结构新颖的钻杆拧卸扣装置（或称管柱处理装置，Pipehander），从井架空间上部直接旋转钻柱，并沿井架内专用导轨向下送进，可完成旋转钻进、倒划眼、循环钻井液、接钻杆（单根、立根）、下套管和拧卸管柱丝扣等各种钻井操作。

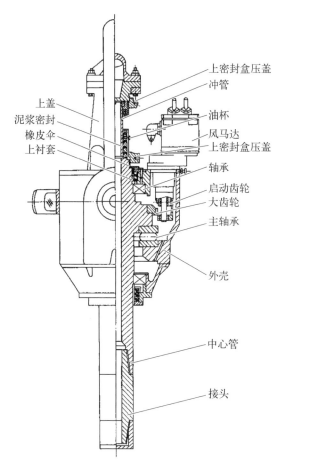

图 4 - 118　两用水龙头

上密封盒压盖
冲管
上盖
泥浆密封
油杯
橡皮伞
风马达
上衬套
上密封盒压盖
轴承
启动齿轮
大齿轮
主轴承

外壳

中心管

接头

1）顶驱系统的特点

和转盘-方钻杆旋转钻井系统相比，顶驱钻井系统主要具有下述特点。

（1）直接采用立根（通常由 3 根钻杆组成）钻进，节省 2/3 钻柱连接时间。

（2）提下钻时，顶驱系统可在任意高度恢复钻井液循环，实现倒画眼提钻和画眼下钻，大大降低卡钻事故的发生概率。

（3）系统可以遥控内部防喷器，钻进或起钻中如有井涌迹象可即时实施井控，大大提高了钻井的安全性；

（4）钻进水平井、丛式井及斜井时，由于采用立根钻进，不仅减少了钻柱连接时间,还减少了测量次数,容易控制井底马达的造斜方位,节省定向钻进时间,提高钻进效率。

(5)顶驱系统配备了钻杆拧卸扣装置,实现了钻杆拧卸扣操作的机械化,不仅节省了时间,而且大大减轻了钻井工人的体力劳动强度,降低发生人身事故的概率。

2)顶驱系统的组成

顶驱系统主要由钻井马达-水龙头总成、钻杆拧卸扣装置和导轨-导向滑车总成3大部分组成。顶部驱动系统从井架内部空间的上部直接旋转钻柱,并沿固定在井架内部的专用导轨向下送钻,完成以立根为单元的旋转钻进、循环钻井液、倒划眼、拧卸钻杆(单根、立根)、下套管和拧卸管柱、实施井控作业等各种钻井操作。

根据钻井马达的类型,可将顶驱系统分为液压顶驱和电动顶驱,液压顶驱的钻井马达为液压马达,电动顶驱的钻井马达可以是交流电动机,也可以是直流电机。无论采用何种钻井马达,顶驱系统的结构组成没有根本性区别。图4-119所示为顶驱系统结构组成示意。

图4-119 顶驱系统结构组成示意

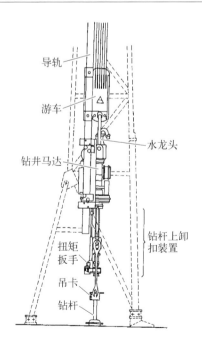

导轨

游车

水龙头

钻井马达

钻杆上卸扣装置

扭矩扳手

吊卡

钻杆

（1）钻井马达-水龙头总成

钻井马达-水龙头总成是顶驱系统的主体部件,其典型结构如图 4 - 120 所示,它由水龙头、马达及齿轮变速箱组成。水龙头位于顶驱系统的上部,与主轴相连,其结构与普通水龙头类似。

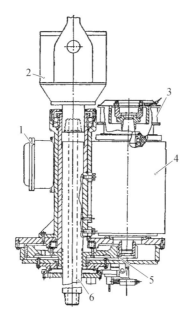

图 4 - 120　钻井马达-水龙头总成

1—接线盒;2—水龙头;3—气刹车;4—钻井马达;5—齿轮;6—主轴

钻井马达位于齿轮变速箱顶部,马达输出的动力经变速箱减速后传递到主轴。马达的上部装有气刹车,用于平衡马达的惯性扭矩,并承受钻柱扭矩。气刹车由远程电磁阀控制,其气源来自钻机的气控系统。

（2）钻杆拧卸扣装置

钻杆拧卸扣装置由扭矩扳手(或称为保护接头和卸扣背钳)、内防喷器及其启动器、吊环连接器、吊环倾斜机构、旋转头总成等组成。典型的钻杆拧卸扣装置的结构如图 4 - 121 所示。

扭矩扳手用于卸扣,由连接在钻井马达上的吊架悬挂于旋转头上。扭矩扳手位于

图4-121　钻杆拧卸扣装置

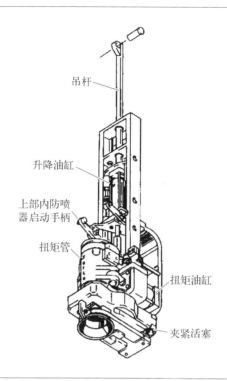

吊杆

升降油缸

上部内防喷
器启动手柄

扭矩管

扭矩油缸

夹紧活塞

内防喷器下部的保护接头一侧,两个油缸连接在扭矩管和下钳头之间,下钳头延伸至保护接头外螺纹下方。

　　钳头的夹紧活塞用来夹持与保护接头相连接的钻杆内螺纹。扭矩管上的母花键同上部内防喷器下方的公花键相啮合,为油缸提供反扭矩。

　　卸扣时,启动扭矩扳手,其自动上升并同内防喷器上的花键相啮合,在得到程序控制压力后,夹紧油缸动作,夹紧活塞(夹持爪)夹住钻杆母接头。当油缸中压力上升至夹紧压力后,另一程序阀自动开启,并将压力传给和扭矩臂相连的两个扭矩油缸(冲扣油缸)使保护接头及主轴旋转25°,完成冲扣动作。再启动钻井马达旋扣,完成卸扣操作。钻杆拧卸扣装置另有两个缓冲油缸,类似大钩弹簧,可提供螺纹补偿行程。整个作业由司钻控制台上的电按钮自动控制完成。

　　内防喷器由带花键的可遥控的上部内防喷器和手动的下部内防喷器组成,如图4-122所示。内防喷器属于全尺寸、内开口、球形安全阀式的井控内防喷系统。上、下

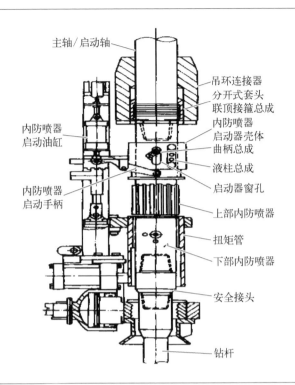

图 4 - 122　内防喷器及
其启动器

主轴/启动轴

吊环连接器
分开式套头
联顶接箍总成
内防喷器
启动器壳体
曲柄总成
液柱总成
启动器窗孔
上部内防喷器
扭矩管
下部内防喷器
安全接头
钻杆

内防喷器
启动油缸

内防喷器
启动手柄

内防喷器形式相同,安装在钻柱中,可随时将顶部驱动装置与钻柱相连。内防喷器的另一作用是,当拧卸扣时,扭矩扳手同遥控上部内防喷器的花键啮合以传递扭矩,在井控作业中,下部内防喷器可以卸开并留在钻柱中,顶部驱动装置还可以接入一个转换接头,连接在钻柱和下部内防喷器之间。

扭矩扳手架上安装有两个双作用油缸,通过司钻控制台上的电开关和电磁阀控制油缸的动作。油缸推动位于上部内防喷器一侧的圆环,同油缸相连接的启动器臂(即启动手柄)与圆环相啮合,遥控开启或关闭上部内防喷器。

吊环连接器通过吊环将下部吊卡与主轴相连,主轴穿过齿轮箱壳体,齿轮箱壳体又同整体水龙头相接。提升负荷通过吊环连接器、承载箍和吊环传给主轴。在没有提升负荷的条件下,主轴可在吊环连接器内转动。吊环连接器可根据提下钻作业的需要随旋转头转动。该吊卡与常规吊卡不同,在连接吊环处比常规吊卡宽,且吊环长,以避免钻进时同其他设备相碰。

吊环倾斜装置上的吊环倾斜臂位于吊环连接器的前部,由空气弹簧启动,钻杆拧卸扣装置上的长吊环在吊环倾斜装置启动器的作用下,可以轻松地摆动,提放小鼠洞内的钻杆。启动器由电磁阀控制。该装置的中停机构便于井架工排放钻具作业。吊环倾斜装置有2种主要功能:一是吊鼠洞中的单根,二是接立根时,不用井架工在二层台上特大钩拉靠到二层台上。

顶部驱动装置旋转头如图4-123所示。当钻杆拧卸扣装置在提钻中随钻柱旋转时,能始终保持液、气路的连通。在固定法兰体内部钻有许多油气通道,这些通道一端接软管,另一端通往法兰,然后沿轴向向下延伸到圆柱部分的下表面。在旋转滑块的表面开有许多密封槽,槽内钻有许多流道,密封槽与接口通过这些流道相通。当旋转滑块位于固定法兰的支承面上,密封槽与孔眼相对接时,滑块和法兰不论是在旋转还是停止在任意位置,都能保持通道畅通,允许流体通过。旋转头可自由旋转和定位。当旋转头锁定在24个刻度中任意刻度位置上时,则通过凸轮顶杆和自动复位油缸对凸轮的作用,使旋转头自动返回到预定位置。

图4-123　旋转头总成

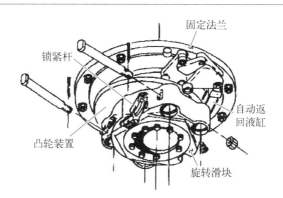

固定法兰
锁紧杆
自动返回液缸
凸轮装置
旋转滑块

（3）导轨-导向滑车总成

导轨-导向滑车总成由导轨和导向滑车框架组成,导轨装在井架内部,通过导向滑车或滑架为顶驱装置导向,钻井时承受反扭矩。20世纪80年代顶驱系统大都是双导轨,90年代的顶驱系统改为单导轨,结构更轻便。导向滑车上装有导向轮,可沿导轨上、下运动,游车固定在其中。当钻井马达处于排放立根位置上时,导向滑车则可作为马达的支撑梁。

4.6.5 　　 泥浆循环系统

　　泥浆循环系统(图4-124)包括泥浆泵、泥浆池、泥浆槽(罐)、地面管汇,以及泥浆净化设备和泥浆调配设备。循环系统的核心是泥浆泵,它是循环系统的工作机。

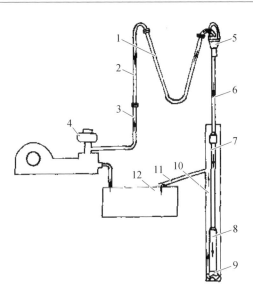

图4-124 泥浆循环系统示意

1—水龙带;2—立管;3—泵出口管线;4—泥浆泵;5—水龙头;6—方钻杆;7—钻杆;
8—钻铤;9—钻头;10—环空;11—泥浆管线;12—泥浆罐及固控设备

　　泥浆泵(4)将泥浆从泥浆罐(12)或泥浆池中吸入泵中,将机械能转换为液压能,泥浆获得能量后,从泥浆泵出口排出,经过泵出口管线(3)、立管(2)、水龙带(1)、水龙头(5),进入方钻杆(6)、钻杆(7)、钻铤(8)的内孔中,通过钻头(9)上的水眼或水口流至井底,在井底卷携钻屑后,经钻柱与井壁间的环状空间上返至井口,然后经井口泥浆管线进入振动筛、除砂器、除泥器、离心机等固相控制设备(或泥浆净化设备),将泥浆中的固相颗粒去除后,重新流入泥浆罐(或泥浆池),完成一轮循环。经过净化处理的泥浆重新被泥浆泵吸入,进行下一轮循环。

　　实际钻井施工中,泥浆循环系统的地面设备布置多种多样,需根据井场的大小和形状进行具体规划。图4-125为一种典型的循环系统布置方式,图4-126为泥浆罐

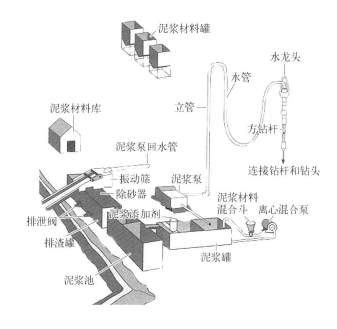

图 4-125 泥浆循环系统布置

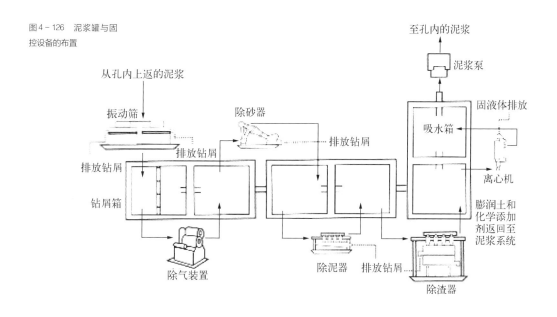

图 4-126 泥浆罐与固控设备的布置

和固控设备的布置方式。

1. 泥浆泵

泥浆泵是泥浆循环系统的核心,其类型、结构形式、工作原理等将在第 5 章中进行详细介绍。

2. 振动筛

在钻井过程中,井底产生的钻屑由钻井液带到地面,要求将钻屑从钻井液中及时清除出去。振动筛是钻井必备的几种清除钻屑的设备之一。振动筛是固控系统(钻井液净化系统)中的关键设备,如果振动筛不能正常工作,那么后续的旋流器、离心机等固控设备将难以正常工作。为了提高振动筛的分离粒度和处理效率,振动筛的结构越来越复杂。

1)振动筛的分类

振动筛的种类很多,按筛箱上的运动轨迹可分为圆形轨迹筛、直线轨迹筛、椭圆轨迹筛;按筛网绷紧方式可分为纵向绷紧筛和横向绷紧筛;按筛分层数可分为单层筛和双层筛;按筛面倾角可分为水平筛和倾斜筛;按振动方式分为惯性振动筛、惯性共振筛和弹性连杆式共振筛。

钻井工程基本上都采用惯性振动筛。惯性振动筛又分为单轴圆运动振动筛(由单轴集振器微振,其筛箱运动轨迹为圆形或近似圆形)和双轴惯性振动筛(由双轴集振器激振,其筛箱运动轨迹又可分为直线和椭圆两种)。根据激振方式,它又分为强制同步与自同步两种方式,强制同步的直线筛和椭圆筛,可由同步齿轮或双面齿形带获得同步;自同步式直线振动筛依靠振动过程的动力学条件,用两根分别由异步电动机带动的偏心轴(块)来实现。

2)振动筛的构造与特点

(1)单轴惯性振动筛

单轴惯性振动筛是一种采用偏心轴或偏心块作激振器,使筛箱完成振动的振动筛。其运动轨迹一般为圆形或准圆形。与双轴惯性筛相比,它具有结构简单、成本低、运移方便、维修保养工作量少等优点。

① 单轴惯性圆振型振动筛

单轴惯性圆振型振动筛的工作原理如图 4 - 127 所示。其结构特点是,传动皮带

图4-127　单轴惯性圆
振型振动筛工作原理

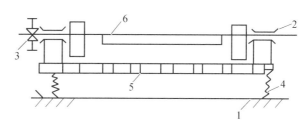

1—底座;2—轴承;3—皮带轮;4—弹簧;5—筛箱;6—偏心块

轮(3)与激振轴同心,因此也参与振动。筛箱(5)通过弹簧(4)支承在底座(1)上,偏心轴或偏心块(6)通过轴承(2)安装于筛箱两侧,皮带轮(3)安装在偏心轴端,与筛箱一起振动。

单轴惯性圆振型振动筛虽然结构简单,但由于皮带轮参与振动,引起皮带轮中心距周期性变化,使传动皮带反复伸长和缩短,影响皮带的使用寿命,筛箱运动也不稳定。

② 自定心振动筛

自定心钻井液振动筛又分为轴偏心式和皮带轮偏心式两种。

皮带轮偏心式是使皮带轴孔与几何中心偏离一个距离,其值与单振幅相等,偏心方向与偏心轴(或偏心块)方向相同。当偏心轴的偏心方向向下时,筛箱向上运动,这时偏心皮带轮的偏心方向向下,补偿由于筛箱向上运动后的中心距的缩短,使胶带始终保持绷紧状态。这就是自定中心振动筛的工作原理。

图4-128是自定心圆振型振动筛的结构示意。图中筛网(1)靠筛箱(6)支承在弹簧(4)上,偏心激振轴(3)通过轴承(2)与筛箱(6)相连,偏心皮带轮(5)装在偏心激振轴(3)上,皮带轮上的偏心值与筛箱的振幅相等,偏心的方向与偏心轴的偏心方向相反,这时皮带轮将围绕偏心点作定点运动。

(2) 双轴直线振动筛

直线振动筛的激振器为两个质量相等的偏心块,通过齿轮作同步反向旋转,产生直线振动,因此筛箱的运动轨迹为直线。

与圆运动轨迹振动筛相比,直线振动筛有以下优点。

① 由于筛箱的运动轨迹为直线,因此钻屑在筛面上的运动规则,排屑流畅。

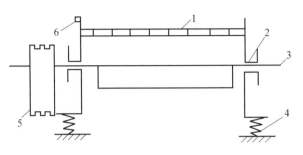

图4-128 偏心轮式自定心圆振型振动筛的结构示意

1—筛网;2—轴承;3—偏心激振轴;4—弹簧;5—皮带轮;6—筛箱

② 由于筛面可以水平安置,因此降低了振动筛的整机高度。

③ 由于筛面做直线运动,筛网上的加速度及作用力较均匀、方向确定,而不像圆运动轨迹那样,筛网上的加速度和作用力不断在变换。因此,在直线筛上可以使用超细筛网,寿命较长。

④ 直线筛的钻井液处理效率比圆筛高20%～30%。

直线振动筛激振器的工作原理如图4-129所示。质量相等的两偏心块进行同步反向旋转,工作时所产生的离心力 F 相等。在各瞬间位置上,离心力 F 沿振动方向的分力相加,而与振动垂直方向的分力相互抵消。因此激振器只在振动方向形成激振力,使筛箱作直线振动。大多数直线筛的掷抛角(振动方向与水平面的夹角)为45°～60°。

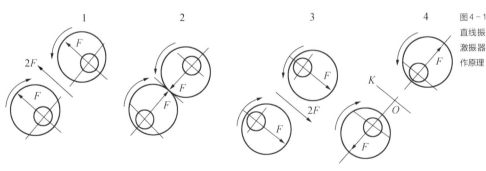

图4-129 直线振动筛激振器的工作原理

国内外矿用直线振动筛的发展趋势是采用双振动电机分别驱动,依靠自同步原理工作的激振器,主要优点是取消了同步齿轮装置,结构得到简化,维修更加方便。

图4-130为箱式激振器双轴直线振动筛的结构示意。它由筛箱(1)、箱式激振器(2)、渡槽(3)组成,筛箱支承在弹簧(4)上。装在渡槽(3)上的电机通过三角胶带与万向轴相连,万向轴带动激振器,产生与筛网面(5)成60°的激振力。筛箱在激振力的作用下,作往复直线运动。含有钻屑的钻井液由渡槽进入筛箱右端,钻井液在振动下透筛,回到循环大罐内,钻屑在筛面上跳跃前进。

图4-130 箱式激振器
双轴直线振动筛

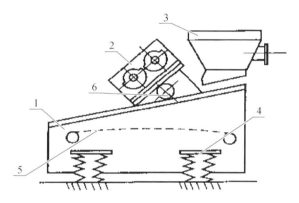

1—筛箱;2—箱式激振器;3—渡槽;4—支承弹簧;5—筛网;6—横梁

图4-131为筒式激振器双轴直线振动筛的结构示意,与箱式激振器直线筛相比,其具有筛面上方视野开阔、更换筛网方便、筛箱整体高度较低、结构刚度较大等显著特点。筒式激振器双轴直线振动筛的传动方式仍由万向轴、胶带及电机组成。筒式激振器的方向常与水平面成40°~45°,筛箱将按这一角度作往复运动。

（3）均衡椭圆振型振动筛

均衡椭圆振型振动筛(以下简称椭圆振动筛)是20世纪80年代初发展起来的一种新型筛。

圆振型振动筛有一个旋转着的加速度矢量,筛面上物料极易分散,堵塞筛网孔的可能性很小,但圆运动的抛掷角陡峭,物料输送速度较低,因而在相同条件下处理量不如直线筛。直线筛筛面水平布置,物料输送速度高,然而加速度只有一个方向,所以堵

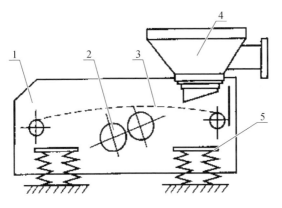

图 4 - 131　筒式激振器
双轴直线振动筛

1—筛箱;2—筒式激振器;3—筛面;4—渡槽;5—支承弹簧

塞筛网孔的可能性较大。

均衡运动椭圆筛综合了直线筛和圆筛的优点,即椭圆"长轴"是强化物料输送的分量,而短轴则可减少部分物料堵塞筛网孔的可能性。因而,在一般情况下,椭圆振动筛的总处理量较直线振动筛和圆振动筛大。

椭圆筛激振器的工作原理如图 4 - 132 所示,激振器两轴的偏心质量矩不相等

图 4 - 132　均衡椭圆
激振器的工作原理

	1	2	3	4
偏心轴旋转位置	F_2 ⋯ F_1			
对筛箱的作用力	$F_1 - F_2$	$F_1 + F_2$	$F_1 - F_2$	$F_1 + F_2$
椭圆上的位置	a　b			

$(m_1r_1 > m_2r_2)$,所以离心力$F_1 > F_2$。在1、3位置,离心力F_1与F_2方向相反,作用在筛箱上的力为$F_1 - F_2$,因此在椭圆运功上形成短轴b;在2、4位置上,离心力F_1与F_2方向相同,离心力叠加,作用于筛箱上的力为$F_1 + F_2$,因此在椭圆运动上形成长轴a,相当于双振幅。椭圆筛的长短轴之比与物料分离的难易程度相关,难分离的物料一般宜采用2∶1及2.5∶1,其他情况下采用4∶1及6∶1等。

3. 旋流器

钻井液中含有固相颗粒,其大小尺寸差异较大,包括从胶粒到能悬浮起来的大颗粒等各种尺寸的颗粒。影响钻井液中钻屑颗粒大小的因素很多,主要是地层的可钻性和钻头的类型。松软地层的钻屑通过钻头水力破岩与机械破岩的共同作用,常常分散成细小颗粒;在胶结较牢固而可钻性又好的地层里,采用长齿钻头钻进,通常机械钻相当高,产生的钻屑颗粒粗大($>74\ \mu m$);在快速钻开软地层时,大颗粒和细小固相颗粒都有;当地层非常坚硬时,钻速较慢,产生的钻屑很细。

钻井液中的固相颗粒除大颗粒已由前置振动筛排除外,剩余的则无论大小,都由后续的固控设备或装置(包括旋流器)清除。旋流器是钻井液固控系统中的除砂器、除泥器和微型旋流器的统称,是钻井液固相控制的重要设备。

1）旋流器的结构和分类

图4-133为旋流器的结构示意,上部为圆柱蜗壳,下部为锥形壳,圆柱壳的侧面有一切向钻井液入口管,顶部装有出口溢流管。圆锥壳底部是排砂孔,分离出来的砂、泥以及少量的液体由此排除。

旋流器的公称尺寸是指上部圆柱蜗壳的内径D。根据内径不同,将钻井液固控系统中的旋流器分为除砂器、除泥器和微型旋流器三大类。到目前为止,尚没有一个严格的分类标准。一般将主要用以降低API定义的"砂"粒(颗粒粒度大于$74\ \mu m$)含量的旋流器,或圆柱蜗壳直径≥150 mm的旋流器定名为"除砂器"。根据GB/T 11647—89推荐,钻井液固控系统中三类旋流器的分类标准及相应的分离粒度如表4-2所示。

2）旋流器的工作原理

旋流器的基本工作原理是离心沉淀原理,即悬浮的颗粒受到离心加速度的作用从液体中分离出来。旋流器和离心机的工作原理完全相同,不同之处仅在于旋流器没有运动部件,液体本身需要做高速旋转,而离心机是外壳作高速旋转。从本质上说,固相

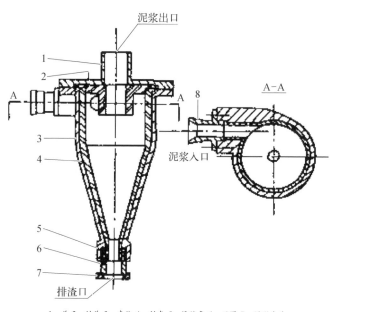

图4-133 旋流器
结构示意

1—盖;2—衬盖;3—壳体;4—衬套;5—橡胶囊;6—压圈;7—腰形法兰

规格 D/mm	300	250	200	150	125	100	50
定名	除砂器				除泥器		微型旋流器
锥体角度 α/(°)	20~35			20			10
处理量/(m³/h)	120	100	30	20	15	10	5
分离粒度/μm	44~47				15~44		5~10

表4-2 旋流器的分类标准及分离粒度

颗粒在旋流器中的分级过程更相似于颗粒在沉淀池内分离的过程,不过前者为离心力场,后者为重力场。因而,描述固相在液体中的沉降速度的斯托克斯定律仍然有效。

含有悬浮固相颗粒的钻井液,在压力作用下以很高的速度由进液口进入圆柱蜗壳。绕锥筒中心高速旋转的钻井液产生很大的离心力,并向圆锥筒底部移动。由于钻井液中的液体与固体存在密度差,固相颗粒密度高,离心力大,高速旋转时被离心力甩向锥壁,从而从钻井液中被分离出来。钻井液中的液相密度低,高速旋转时离心力相对较小,其运动轨迹更接近回转中心而远离锥壁。旋流器的锥筒越向底部半径越小,钻井液获得的角速度越大,从而产生更大的离心力。钻井液在锥体顶部不但绕中心高速旋转,而且产生一个反向旋涡,经垂直导流管离开锥筒。钻井液和钻井液中的固相颗粒的运移速度几乎相同,这些固相颗粒在小半径处受到极大的径向加速度。在径向加速度(离心力)的作用下,迫使固相颗粒向锥筒壁运移。同时,由于旋转下行的固相颗粒惯性力很大,在惯性力的作用下,固相颗粒快速朝旋流器的底部运动。因此,当液体反向旋转,向上由溢流口(钻井液出口)排出时,这些已分离出来的固相颗粒不可能随涡流返回,而是由底流口(排渣口)排出。由此可见,这些固相颗粒实际上是由于惯性被除掉的,而不是靠沉降作用。由于细小的颗粒受到的离心力较小,在到达锥底之前未能到达锥壁,因而被反向运动的钻井液带至锥筒中心经溢流口返回。

旋流器中液体流场(用流线表示)呈对称分布,其中任何一点的流速都可分解成切向速度、径向速度和轴向速度。经过大量实验证实旋流器中的流线图形如图4-134所示。首先,在旋流器中同时有两种基本的同向旋转的液流:一种是顺圆锥螺旋向下(由锥顶向锥底)流动的外旋流(4);另一种是沿圆锥螺旋向上(由锥底向锥顶)流动的内旋流(3)。当外旋流接近排渣口时进一步分为两部分:一部分向下,带着已分离

图4-134 旋流器中液体的流场

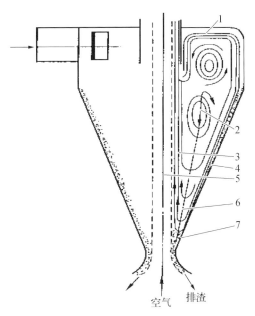

空气 排渣

1—盖下流;2—闭环涡流;3—内旋流;4—外旋流;5—空气柱;6—轴向速度零值锥面;7—经排渣口排出的部分外旋流

出的砂粒经排渣口排出;另一部分改变流动方向,向上流动,形成内旋流。在溢流管下部,由于外旋流和内旋流的流线反向而形成闭环涡流,此涡流在绕旋流器轴线方向旋转的同时,内侧由下而上流向上盖方向,外侧由上而下流向排渣口。除此之外,尚有盖下流,它主要由未经旋流器处理的原钻井液组成,先是在盖下流动,然后沿着溢流管进入溢流。

4. 离心机

离心机是固控设备中固液分离的重要装置之一,一般情况下安装在系统的最后一级,用于处理非加重钻井液、加重液、旋流器底流等。处理非加重钻井液,可以除去粒径在 2 μm 以上的有害固相。处理加重液可除去钻井液中多余的胶体,控制钻井液黏度,回收重晶石。处理旋流器底流,可回收液相,降低淡水和油的浪费。此外,离心机也是处理废弃钻井液,防止污染环境的一种理想设备。

1)离心机的分类

按照离心力、转速、分离点和进浆容量,离心机可分为以下 3 种类型。

(1)"重晶石"回收型离心机。主要用来控制黏度,其转速为 1 600 ~ 1 800 r/min,获得的离心力为重力的 500 ~ 700 倍。对低密度固体,分离点为 6 ~ 10 μm,对高密度固体,分离点为 4 ~ 17 μm。进浆量一般为 2.3 ~ 9 m³/h。这种离心机可用来清除胶体、控制钻井液塑性黏度。

(2)大处理量型离心机。进浆量为 23 ~ 45 m³/h,正常转速为 1 900 ~ 2 200 r/min。离心力为重力的 800 倍左右,分离点为 5 ~ 7 μm。这种离心机可用来清除粒径为 5 ~ 7 μm 的固相。

(3)高速型离心机。高速离心机的转速为 2 500 ~ 3 000 r/min,离心力为重力的 1 200 ~ 2 100 倍,分离点可低至 2 ~ 5 μm,进浆速度由待分离的钻井液类型决定。这种离心机可用来清除粒径小至 2 ~ 5 μm 的颗粒。

2)离心机的结构

离心机的结构示意如图 4-135 所示。离心机的转筒(5)两端支承在滚动轴承上,输送固相的螺旋输送器(6)与转筒之间留有微量间隙,并用行星差速器(7)使两者维持一定的转速差。电动机(3)通过 V 形胶带(1)带动转筒和螺旋输送器。电机与转筒间装有液力联轴器(2),加料管(4)装在转筒的大端,行星差速器一端装有过载保护装置。

离心机的结构形式主要有转筒式、沉降式等类型。

图 4 – 135 离心机示意

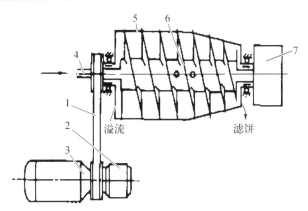

溢流

滤饼

1—V 形胶带;2—液力联轴器;3—电动机;4—加料管;5—转筒;6—螺旋输送器;7—行星差速器

　　转筒式离心机的工作示意如图 4 – 136 所示。带有许多筛孔的内筒体在固定的圆筒形外壳内转动,外壳两端装有液体密封,内筒体轴通过密封向外伸出。待处理钻井液和稀释水(钻井液:水 = 1:0.7)从外壳左上方由计量泵输入后由于内筒旋转的作用,钻井液在内、外筒间的环形空间转动,在离心力的作用下,重晶石和其他大颗粒的固相物质飞向外筒的内壁,通过一种可调节的阻流嘴排出,或由以一定速度运转的底流泵将飞向外筒内壁的重钻井液从底流管中抽吸出来,予以回收,调节阻流嘴开度或泵速可以调节底流的流量。而轻质钻井液则慢速下沉,经过内筒的筛孔进入内筒体、由空心轴排出。这种离心机处理钻井液量大,可回收 82%~96% 的重晶石。

图 4 – 136　转筒式离心机结构示意

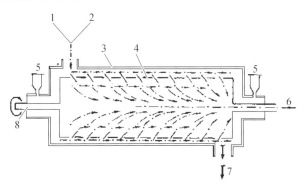

1—钻井液;2—稀释水;3—固定外壳;4—筛筒转子;5—润滑器;6—轻钻井液;7—重晶石回收;8—驱动轴

图 4-137 为沉降式离心机的核心部件,由锥形滚筒、输送器和变速器组成。输送器通过变速器与锥形滚筒相连,两者转速不同。多数变速器的变速比为 80∶1,即滚筒旋转 80 圈,输送器旋转 1 圈。待处理的加重钻井液用水稀释后,通过空心轴中间的一根固定输入管及输送器上的进浆孔进入由锥形滚筒和输送器蜗形叶片所形成的分离室,并被加速到与输送器或滚筒大致相同的转速,在滚筒内形成一个液层。调节溢流口的开度,可以改变液层厚度。由于离心力的作用,重晶石和大颗粒的固相被甩向该筒内壁,形成固相层,由螺旋输送器输送到锥形滚筒处的干湿区过渡带,通过滚筒小头的底流口排出,而自由液体及其悬浮的固相颗粒则流向滚筒的大头,通过溢流孔排出。

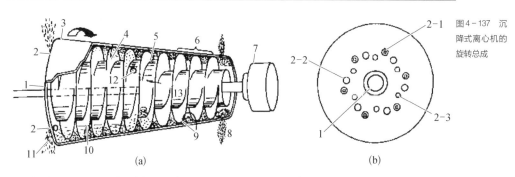

图 4-137 沉降式离心机的旋转总成

1—钻井液进口;2—溢流孔;3—锥形滚筒;4—叶片;5—螺旋输送器;6—干湿区过渡带;7—变速器;8—固相排出口;9—泥饼;10—调节溢流孔可控制的液面;11—胶体和液体排出;12—进液孔;13—进液室;2-1—浅液层孔;2-2—中等液层孔;2-3—深液层孔

5. 钻井液净化系统

钻井液净化系统也叫钻井液固相控制系统,简称固控系统。搞好钻井液净化工作对提高钻头进尺、提高钻速、减少泥浆泵缸套等零部件的磨损、防止卡钻等孔内事故、改善钻井工人的工作条件、避免人工捞砂的繁重体力劳动、降低钻井成本、使下套管和电测井畅通无阻等方面都具有十分重要的意义。

目前使用的钻井液净化装置,主要是两级净化处理(两级固控)、三级净化处理(三级固控)和四级净化处理(四级固控)系统。两级钻井液净化处理的流程如图 4-138 所示,自井口返出的钻井液先经过振动筛的预处理,除去颗粒较大的岩屑,再用砂泵送入旋流器(除砂器)进行除砂处理。三级净化处理是钻井液自除砂器流出后,再送入小尺寸的旋流器(除泥器),分离出更小的固体颗粒。四级净化处理是钻井液自除

图4-138 两级固控流
程示意

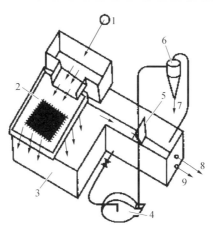

1—井口;2—振动筛;3—泥浆罐;4—泵;5—溢流隔板;6—除砂器;7—排砂;8—净化钻井液至泥浆泵;9—排污口

泥器流出后,再送入离心机,对微米级的固相颗粒进行分离。完备的钻井液净化装置一般由钻井液振动筛、旋流除砂器、旋流除泥器、离心分离机和除气器等组成。

近年来,不少钻机已将全套净化装置组成一个整体封闭式系统,装在一个带撬座的大罐上,设备先进、齐全,泵、管线、罐等与各设备之间的相对位置布置合理,可将钻井液中的钻屑全部清除,水耗仅为常规净化系统的10%,钻屑几乎可以干粒状排出,既可节约钻井费用,又能最大限度降低环境污染。整体封闭式系统流程如图4-139所示。

图4-139 整体封闭式
固控系统流程

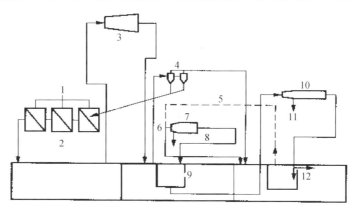

1—井口返出的钻井液;2—振动筛;3—除气器;4—钻井液清洁器;5—稀释;6—进浆;
7—标准离心机;8—重晶石;9—储罐;10—高速离心机;11—废弃固相;12—吸入罐

4.6.6　控制系统

钻机是一套大型的联动机组。钻进及提下钻过程中,必须严格地按照钻进工艺和操作规程要求,对钻机的各个部件进行灵活、可靠地控制,以使钻机各机组协调地连续工作,准确地完成钻进工艺过程。因而钻机的控制系统是整套钻机必不可少的组成部分,是钻机的中枢神经系统。

1. 钻机控制系统的作用

(1) 对于整体起升的井架,如 A 形井架和前开口的∏形井架,要完成起升时缓冲的控制,放落时推开井架的控制。

(2) 控制动力机的启动、调速、并车及停车。

(3) 控制钻井绞车、泥浆泵、转盘等启动与停车。

(4) 控制钻井绞车滚筒和转盘的转速及旋转方向。

(5) 控制钻井绞车滚筒制动与放松。

(6) 控制绞车猫头摘挂,控制动力大钳、动力卡瓦等提下钻操作机械。

(7) 控制辅助装置,如空气压缩机、发电机以及钻井液搅拌器。

2. 钻进工艺对控制系统的要求

(1) 控制要迅速、柔和、准确及安全可靠。

(2) 操作要灵活方便、省力,维修以及更换元件容易。

(3) 操作协调,便于记忆。

3. 钻机气压控制系统的特点

石油钻机的控制方式是多种多样的,包括机械控制、气压控制、液压控制及电控制。

气压控制是目前石油转盘钻机广泛采用的一种控制方式,尤其在以柴油机为动力的石油转盘钻机上,几乎全部采用以气压控制为主的控制方式。气压控制的特点如下。

(1) 经济可靠,气压控制系统的工作介质是空气,使用后可直接排至大气中,即使泄漏也不会造成污染。

(2) 空气的黏度小,管内流动压力损失小,适用于远距离输送和集中供气,系统简单。

(3) 压缩空气在管路内流速快,可直接用气压信号实现系统的自动控制,完成各种复杂的动作。

（4）易于实现快速的直线往复运动、摆动和旋转运动，调速方便，与机械控制相比，控制容易布局和操纵。

（5）元件结构简单，容易实现标准化、系列化，制造容易。

（6）对工作环境适应性好，即使在寒冷的条件下，仍能保证正常工作。特别是在易燃、易爆、尘埃多、磁场强、潮湿和温度变化大等恶劣环境下，工作安全可靠。

（7）空气有可压缩性，因而在载荷变化时，传递运动不够平稳、均匀。

（8）工作压力不能太高，传动效率低，不易获得较大的力或力矩。

（9）排气时噪声较大。

4. 气压控制系统的组成

气压控制系统主要由供气设备、执行元件、控制元件和辅助元件4部分组成，如图4-140所示。

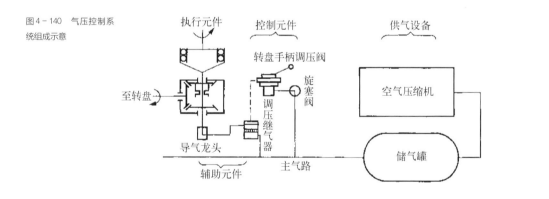

图4-140 气压控制系统组成示意

供气设备是获得压缩空气的装置，主体是空气压缩机（包括储气罐、空气净化装置），它将原动机（电动机、内燃机等）的机械能转变为气体的压力能。

执行元件是以压缩空气为工作介质产生机械运动，并将气体的压力能变为机械能的能量转换装置。执行元件包括气缸、摆动气缸、气马达以及气动摩擦离合器等。

控制元件是用来控制压缩空气的压力、流量和流动方向，以便使执行机构完成预定运动规律的元件，如各种压力控制阀、流量控制阀、方向控制阀等。

辅助元件是使压缩空气净化、消声及元件间连接等所需要的装置,如防凝器、低压警报器、旋转接头(导气龙头)和管件等。

5. 供气设备

供气设备是气控系统的动力源,它提供清洁、干燥且具有一定压力和流量的压缩空气,以满足不同条件的使用场合对压缩空气质量的要求。供气设备一般包括产生压缩空气的气压发生装置(如空气压缩机)、储气罐和压缩空气的净化装置 3 部分。

1) 空气压缩机

空气压缩机是将机械能转换为气体压力能的装置(简称空压机,俗称气泵),种类很多,按工作原理的不同可分为容积式和速度式两类。容积式压缩机通过运动部件的位移,周期性地改变密封的工作容积来提高气体的压力,包括活塞式、膜片式和螺杆式等;速度式压缩机通过改变气体的速度,提高气体动能,然后将动能转化为压力能,来提高气体压力,包括离心式、轴流式和混流式等。在气压传动中一般多采用容积式空气压缩机。

活塞式空气压缩机的工作原理如图 4 - 141 所示。曲柄(8)作回转运动,通过连杆(7)和活塞杆(4)带动气缸活塞(3)做往复直线运动。当活塞(3)向右运动时,气缸内工作室容积增大而形成局部真空,吸气阀(9)打开,外界空气在大气压力作用下由吸气阀(9)进入气缸腔内,此过程称为吸气过程。当活塞(3)向左运动时,吸气阀(9)关闭,随着活塞的左移,气缸工作室容积减小,缸内空气受到压缩而使压力升高,在压力达到足够高时,排气阀(1)被打开,压缩空气进入排气管内,此过程为排气过程。图 4 - 141 所示为单缸活塞式空气压缩机,大多数空气压缩机是多缸多活塞式的组合。

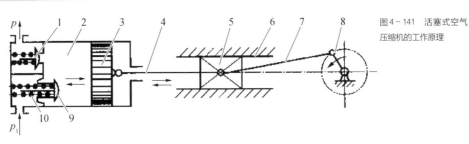

图 4 - 141 活塞式空气压缩机的工作原理

1—排气阀;2—气缸;3—活塞;4—活塞杆;5、6—十字头与滑道;7—连杆;8—曲柄;9—吸气阀;10—阀门弹簧

2）空气净化装置

在气压传动中使用的低压空气压缩机多采用油润滑,由于它排出的压缩空气温度一般为140～170℃,使空气中的水分和部分润滑油变成气态,再与吸入的灰尘混合,便形成了由水气、油气和灰尘等组成的混合气体。如果将含有这些杂质的压缩空气直接输送给气动设备使用,就会给整个系统带来不良影响。因此,在气压传动系统中,设置除水、除油、除尘和干燥等气源净化装置对保证气动系统的正常工作是十分必要的。在某些特殊场合下,压缩空气需经过多次净化后才能使用。常用净化装置有冷却器、空气过滤器、空气干燥器、除油器和分水排水器、油雾器。

（1）冷却器

冷却器的作用是将空气压缩机排出的气体由140～170℃降至40～50℃,使压缩空气中的油雾和水汽迅速达到饱和,大部分析出并凝结成油滴和水滴,以便经油水分离器排出。冷却器按冷却方式不同分水冷式和风冷式两种。为提高降温效果,安装时要注意冷却水和压缩空气的流动方向。另外,冷却器属于主管道净化装置,应符合压力容器安全规则的要求。

（2）空气过滤器

空气过滤器的作用是滤除压缩空气中的液态水滴、油滴、固体粉尘颗粒及其他杂质。过滤器一般由壳体和滤芯组成,按滤芯的材料可分纸质、织物、陶瓷、泡沫塑料和金属等形式,常用的空气过滤器是纸质式和金属式。

图4-142为空气过滤器结构原理。空气进入过滤器后,由于旋风叶片（1）的导向作用而产生强烈的旋转,混在气流中的大颗粒杂质（如水滴、油滴）和粉尘颗粒在离心力作用下,被分离出来,沉到杯底,空气在通过滤芯（2）的过程中得到进一步净化。挡水板（4）可防止气流的旋涡卷起存水杯（3）中的积水。

过滤器使用中要定期清洗和更换滤芯,否则将增加过滤阻力,降低过滤效果,甚至造成堵塞。

（3）空气干燥器

空气干燥器的作用是降低空气的湿度,为系统提供所需要的干燥压缩空气。它可以分为冷冻式、无热再生式和加热再生式等形式。如果使用的是有油压缩机,则要在干燥器入口处安装除油器,使进入干燥器的压缩空气中的油雾重量与空气重量之比达

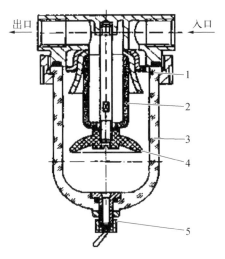

图4-142 空气过滤器原理

1—旋风叶片;2—滤芯;3—存水杯;4—挡水板;5—手动排水阀

到规定要求。

（4）除油器和分水排水器

除油器和分水排水器的作用是滤除压缩空气中的油分和水分,并及时排出。

（5）油雾器

油雾器的作用是将润滑油雾化后喷入压缩空气管道的空气流中,随空气进入系统中润滑相对运动零件的表面。它有油雾型和微雾型两种。图4-143为油雾型固定节流式油雾器结构图。喷嘴杆上的孔(2)面对气流,孔(3)背对气流。有气流输入时,截止阀(10)上下有压力差,被打开。油杯中的润滑油经吸油管(11)、视油帽(8)上的节流阀(7)滴到喷嘴杆中,被气流从孔(3)引射出去,成为油雾,从输出口输出。

3）储气罐

储气罐用于储存空压机排出的压缩空气,减小压力波动,调节压缩机的输出气量与用户耗气量之间的不平衡状况,保证连续、稳定的流量输出,进一步沉淀分离压缩空气中的水分、油分和其他杂质颗粒。储气罐一般采用焊接结构,分为立式和卧式两种,立式结构应用较为普遍。使用时,储气罐应附有安全阀、压力表和排污阀等附件。此外,储气罐还必须符合锅炉及压力容器安全规范的要求,如使用前应按标准进行水压试验等。

图4-143 油雾器结构

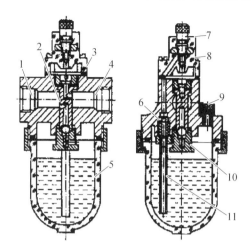

1—气流入口;2、3—小孔;4—出口;5—储油杯;6—单向阀;7—节流阀;
8—视油帽;9—旋塞;10—截止阀;11—吸油管

6. 执行元件

执行元件的作用是将压缩空气的压力能转换为机械能,驱动工作部件工作。主要由气缸、气动马达和气动摩擦离合器组成。

1)气缸

气缸是输出往复直线运动或摆动运动的执行元件,在气动系统中应用广、品种多。按作用方式分,有单作用式和双作用式;按结构形式分,有活塞式、柱塞式、叶片式、薄膜式;按功能分,有普通气缸和特殊气缸(如冲击式、回转式和气-液阻尼式)。

(1)单作用式气缸

图4-144 为单作用式气缸的结构原理。所谓单作用式气缸是指压缩空气仅在气缸的一端进气并推动活塞(或柱塞)运动,而活塞或柱塞的返回要借助其他外力,如弹簧力、重力等。单作用式气缸多用于短行程及对活塞杆推力、运动速度要求不高的场合。

(2)薄膜式气缸

薄膜式气缸的结构原理如图4-145 所示。薄膜式气缸是一种利用压缩空气,通过膜片的变形来推动活塞杆做直线运动的气缸。它由缸体、膜片、膜盘和活塞杆等主

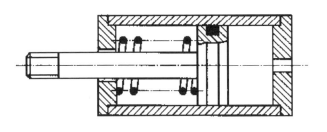

图4-144 单作用式气缸的结构原理

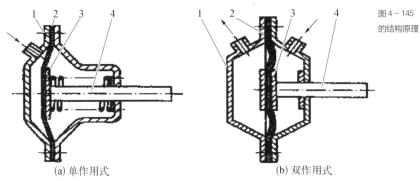

(a) 单作用式　　　　　　　　(b) 双作用式

1—缸体;2—薄膜;3—膜盘;4—活塞杆

图4-145 薄膜式气缸的结构原理

要零件组成。薄膜式气缸的膜片可以做成盘形膜片和平膜片两种形式。膜片材料为夹织物橡胶、钢片或磷青铜片,常用厚度为5~6 mm 的夹织物橡胶,金属膜片只用于行程较小的薄膜式气缸中。

(3) 回转式气缸

回转式气缸的工作原理如图4-146 所示。回转式气缸由导气头体、缸体、活塞、活塞杆等组成。这种气缸的缸体连同缸盖及导气芯(6)可被携带回转,活塞(4)及活塞杆(1)只能往复直线运动,导气头体外接管路,固定不动。

2) 气动马达

气动马达是输出旋转运动机械能的执行元件。它有多种类型,按工作原理可分为容积式和涡轮式,其中容积式比较常用;按结构可分为齿轮式、叶片式、活塞式、螺杆式和膜片式。

叶片式气动马达的工作原理如图4-147 所示。压缩空气由 A 孔输入,小部分经

图4-146 回转式气缸

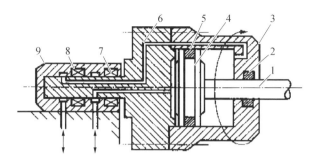

1—活塞杆;2、5—密封圈;3—缸体;4—活塞;6—导气芯;7、8—轴承;9—导气头体

图4-147 叶片式气动
马达的工作原理

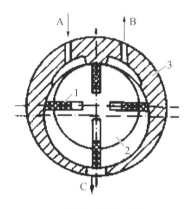

1—叶片;2—转子;3—定子

定子两端密封盖的槽进入叶片(1)的底部,将叶片推出,使叶片贴紧在定子的内壁上。大部分压缩空气进入相应的密封空间而作用在两个叶片上,由于两叶片长度不等,就产生了转矩差,使叶片和转子按逆时针方向旋转。做功后的气体由定子上的 C 孔和 B 孔排出,若改变压缩空气的输入方向(即压缩空气由 B 孔进入,A 孔和 C 孔排出),则可改变转子的转向。

3) 气动摩擦离合器

气动摩擦离合器(气胎离合器)在挂合时用于传递转矩,摘开时可使主动件与被动件分离,动力被切断。它可使工作机启动平稳,换挡方便,并有过载保护作用。结构如图4-148 所示。

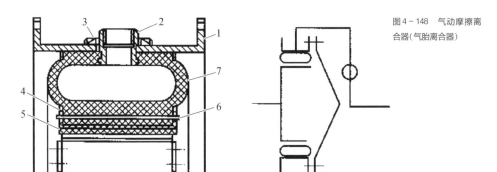

图 4 - 148　气动摩擦离
合器(气胎离合器)

1—钢轮缘;2—管接头;3—螺母;4—金属衬瓦;5—摩擦片;6—圆柱销;7—气胎

气胎离合器是柔性离合器,气胎是一个椭圆形断面的环形多层夹布橡胶胎。由于它要传递大的转矩,橡胶胎用热压硫化法在压膜内压制,它的所有构件包括钢轮缘、管接头与气胎都被牢固地硫化成为一个整体结构。金属衬瓦通过圆柱销固定在气胎的内表面上,圆柱销成对地用铁丝缠在一起。

当气胎充气后,气胎沿直径方向向内膨胀,于是摩擦片抱紧摩擦轮。

(1)通风型气胎离合器

钻机用通风型气胎离合器是在一般气胎离合器的基础上发展起来的。其隔热和通风散热性能好,气胎本身在工作时不承受扭矩。通风型气胎离合器挂合平稳、摘开迅速、摩擦片厚、寿命长、易损件少、更换易损件方便且经济性好。其局部剖视如图 4 - 149 所示。

通常,造成气胎离合器损坏的原因是工作过程中离合器摩擦片的打滑及半打滑产生大量的热,使得气胎被烧坏,橡胶老化而损坏。

通风型气胎离合器的主要特点是:在产生热量的工作面(摩擦轮和摩擦片接触表面),即在每一块摩擦片(1)上面都装有一套散热装置,这套装置主要包括扇形体(7)、承扭杆(5)、板簧(2)和挡板(6)几个部分。扇形体是一个关键的零件,它是一个扇形轻合金铸件,气胎(3)靠它与摩擦片分隔开,摩擦片直接固定在它的下面,而板簧以一定的预压紧力压在承扭杆的上面,并一同装在扇形体中间的导向槽中。承拉杆是一根

图4-149 通风型
气胎离合器

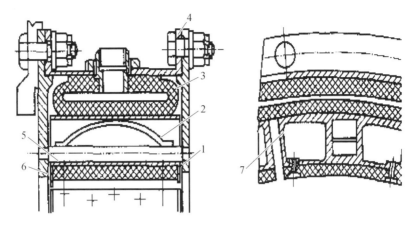

1—摩擦片;2—板簧;3—气胎;4—钢圈;5—承扭杆;6—挡板;7—扇形体

截面呈长方形的杆,其伸出扇形体外的两端为圆柱销状,并插入挡板相应的销孔中,挡板则用螺钉固定在离合器的钢圈(4)上。

挂合离合器时,气胎在充气后不断沿直径方向膨胀,推动扇形体,板簧在扇形体内被进一步压缩,而扇形体沿其本身的导向槽相对于固定在挡板上的承扭杆向轴心移动,使摩擦片逐渐抱紧摩擦轮。这样,离合器主动部分所接受的旋转运动和扭矩就直接通过钢圈、挡板、承扭杆经扇形体、摩擦片传到摩擦轮上而不经过气胎。摘开通风型离合器时,随着气胎的放气过程,摩擦片在离心力、气胎的弹性和板簧的弹力作用下,迅速脱离摩擦轮,减少了打滑时间,从而减少了摩擦热。

(2) 气动盘式摩擦离合器

如图4-150所示,气动盘式摩擦离合器具有耗气量小、传递转矩大的特点。主动链轮旋转后,带动连接盘和内齿圈旋转,摩擦盘通过外齿和内齿圈相啮合,这时被动轴不旋转,它们之间由轴承分开。当压缩空气经过导气龙头、快速放气阀,进入胶皮隔膜左端时,胶皮隔膜向右膨胀推动齿盘与摩擦盘压紧,齿盘被带动旋转,而齿盘通过内齿与被动盘上的外齿相啮合,被动轴被带动旋转。胶皮隔膜左端的压缩空气放空后,胶皮隔膜复原,摩擦盘与齿盘在弹簧作用下复位,主动链轮与被动轴之间的动力被切断。

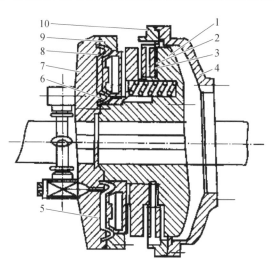

图 4 – 150　气动盘式摩
擦离合器

1—主动盘;2—摩擦盘;3—齿盘;4—连接盘;5—胶皮隔膜;6—中间压圈;
7—隔膜固定盘;8—推盘;9—外压圈;10—内齿圈

7. 控制元件

控制元件的作用是调节压缩空气的压力、流量、方向以及发送信号,以保证气动执行元件按规定的程序正常动作。控制元件按功能可分为压力控制阀、流量控制阀、方向控制阀。

1)压力控制阀

压力控制阀是利用压缩空气作用在阀芯上的力和弹簧力相平衡的原理来控制压缩空气的压力,进而控制执行元件动作顺序,主要有减压阀、溢流阀、顺序阀和调压继气器等。

(1)减压阀。减压阀的作用是将出口压力调节在比进口压力低的调定值上,并能使输出压力保持稳定,又称为调压阀。减压阀分为直动式和先导式两种。减压阀主要用于要求平稳启动和有选择压力的控制气路上,如转盘启动、绞车高低速启动、柴油机油门等控制。如将它和手柄、凸轮、手轮、踏板等配合使用,便可构成各种不同的调压阀,如手轮调压阀、脚踏调压阀等。

(2)溢流阀。溢流阀的作用是当系统中的压力超过调定值时,使部分压缩空气从排气口溢出,并在溢流过程中保持系统中的压力基本稳定,从而起过载保护作用(又称为安全阀)。溢流阀有直动式和先导式两种,按其结构可分为活塞式、膜片式和球阀式等。

(3)顺序阀。顺序阀是依靠气路中压力的作用来控制执行机构按顺序运动的压力阀。它依靠弹簧的预压缩量来控制其开启压力,压力达到某一值时,顶开弹簧,实现某一气路的连通。

(4)调压继气器。调压继气器的控制气由调压阀提供,其压力可由调压阀调节。来自主气路的定压压缩空气通过调压继气器后,可以输出相应的压力可变的压缩空气至执行机构元件。

2)流量控制阀

流量控制阀的作用是通过改变阀的通气面积来调节压缩空气的流量,控制执行元件运动速度。它主要包括节流阀、单向节流阀、排气节流阀和行程节流阀。

3)方向控制阀

方向控制阀的作用是控制压缩空气的流动方向和气流的通断。方向控制阀种类繁多,其分类方法与液压方向阀相似。

(1)单向阀。单向阀只允许气流向一个方向流动。钻机气孔系统中常用的单向阀类压力控制阀有单向阀、梭阀和快速排气阀。

(2)换向阀。换向阀通过改变气流通道,从而改变气流方向,以改变执行元件运动方向。钻机控制系统中常用的换向阀有:二位三通转阀(二通气开关)、三位五通转阀(三通气开关)、二位三通按钮阀及二位三通阀等。

8. 辅助元件

钻机控制系统中的辅助元件主要有单向导气龙头、酒精防凝器、甘油防凝器等。

单向导气龙头用于连接不转动的供气管线和装有气动摩擦离合器的转动轴头,从而将压缩空气导入气动摩擦离合器。

酒精防凝器用于将酒精蒸气混入压缩空气的水分中而合成一种混合物,从而使其冰点显著降低,最低可达-68℃,不同比例的乙二醇-水的冰点是不同的,可适用于低温地区。

压缩空气经过甘油防凝器时,其所含水分与雾化的甘油形成一种混合物,使其冰点降低。混合比例不同,冰点也不同,最低可达 $-46.5℃$。

9. 典型气控系统简介

石油转盘钻机的气控制系统流程是比较复杂的,如图 4 - 151 所示。但这个复杂系统是由一些简单的基本控制回路组合而成。整个钻机的控制系统基本上由绞车滚筒离合器和换挡离合气控回路、转盘和泥浆泵气控回路、防碰天车气控回路、空气压缩机自动控制回路、柴油机油门遥控装置气控回路、气控换挡回路等组成。

(1) 绞车滚筒离合器和换挡离合气控回路

如图 4 - 152 所示,石油转盘钻机系统的气源是由二位三通气控阀(9)供给。当防碰天车起作用时,由防碰天车来的压缩空气使控制阀(9)处于断气位置,整个系统断气,总离合器、滚筒离合器等摘开,起到安全保护作用。

正常情况下,压缩空气经二位三通气控阀(9)分为三路:一路去换挡控制系统;一路经三位四通转阀(7)控制总离合器、换挡离合器、惯性刹车离合器等;一路经二位三通旋塞阀(10)、手柄调压(减压)阀(1)、调压继动阀等控制滚筒离合器。

三位四通转阀(7)处于中位时,总离合器、换挡离合器、惯性刹车离合器等均处于放气摘开状态。阀(7)处于左位时,二位三通气控阀(8)有控制气;处于右位时,换挡离合器进气挂合,同时阀(7)向二位三通转阀(6)供气,阀(6)处于左位不通,使二位三通气控阀(5)断气,总离合器摘开。当阀(6)处于右位时,向阀(5)提供控制气,使阀(5)处于右位、向总离合器供气,总离合器挂合;阀(7)处于右位时,至总离合器的气路断气,总离合器摘开。同时阀(7)向惯性刹车离合器供气,起到刹车的作用。

(2) 转盘和泥浆泵气控回路

转盘和泥浆泵的气控回路比较简单,如图 4 - 153 和图 4 - 154 所示。

转盘的气控回路如图 4 - 153 所示,当二位三通转阀(3)处于左位时,调压继动阀无控制气,转盘离合器放气、摘开。当二位三通转阀(3)处于右位时,压缩空气经手柄调压阀(4),作为控制气向调压继动阀(2)供气,调压继动阀(2)向转盘离合器供气,离合器挂合。

泥浆泵气控系统由二位三通转阀(1)和(2)来控制,如图 4 - 154 所示。

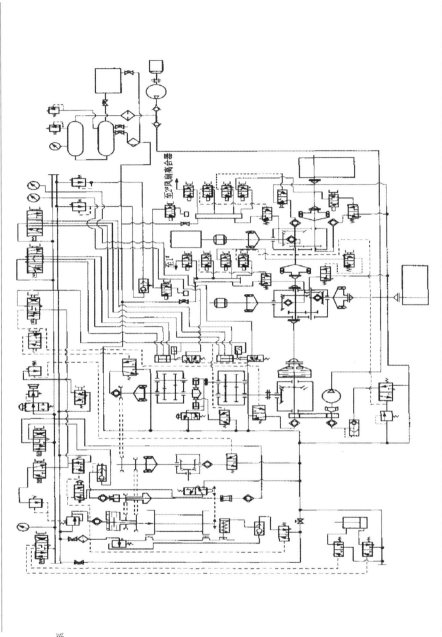

图4－151 气控系
统流程

至沪风啊离合器

至1

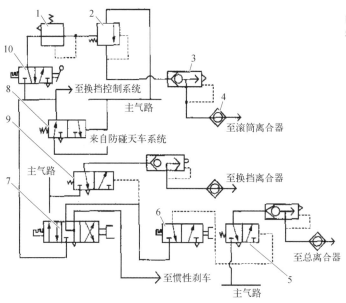

图4-152 绞车滚筒离合器
和换挡离合气控回路

至换挡控制系统

主气路

来自防碰天车系统

至滚筒离合器

主气路

至换挡离合器

至惯性刹车

至总离合器

主气路

1—手柄调压阀;2—调压继动阀;3—快速排气阀;4—旋转导气接头;5、8、9—二位三通气控阀;
6—二位三通转阀;7—三位四通转阀;10—二位三通旋转阀

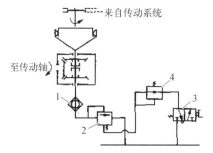

来自传动系统

至传动轴

图4-153 转盘的气控回路

1—旋转导气接头;2—调压继动阀;3—二位三通转阀;4—手柄调压阀

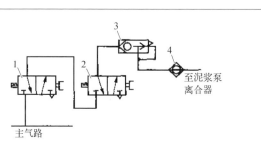

图4-154 泥浆泵气控回路

至泥浆泵
离合器

主气路

1—司钻台上的二位三通转阀(二通气开关);2—泥浆泵操作台上的二位三通转阀;3—快速排气阀;4—旋转导气接头

（3）防碰天车气控回路

防碰天车气控回路如图 4 - 155 所示。在游动系统提升过程中，如果因为机械或人为的原因超过预先调节好的高度时，由于防碰天车链传动装置的作用，使二位三通机控阀（顶杆阀）(12) 开启，主气路的压缩空气经机控阀 (12)、再经二位三通手动阀（按钮阀）(8) 后分为两路：一路控制二位三通气控阀（常闭）(1) 开启，使主气路中的压缩空气经梭阀 (2) 进入刹车气缸 (3)，刹住旋转的滚筒；另一路进入二位三通气控阀(9)（常开），切断主气路的来气。因此，一方面使手柄调压阀 (10) 无输出，调压继动阀 (11) 无控制气输入而放空，摘开滚筒离合器 (6)；另一方面，为了确保安全可靠，由二位三通气控阀 (9) 供气的三位四通阀和二位三通转阀也无压缩空气输出，因此两阀控制的总离合器也就摘开。

总之，当防碰天车装置的顶杆阀起作用后，由于刹车气缸运动而刹车，同时摘开滚

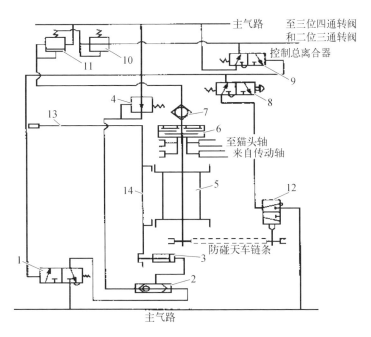

图 4 - 155 防碰天车气控回路

1—二位三通气控阀（常闭继气器）；2—梭阀；3—刹车气缸；4—手柄调压阀（司钻阀）；5—滚筒；6—滚筒离合器；7—单向导气旋转接头；8—二位三通手动阀（常开）；9—二位三通气控阀（常开）；10—手柄调压阀；11—调压继动阀；12—二位三通机控阀（顶杆阀）；13—刹把；14—刹车气缸

筒离合器和总离合器,切断绞车的动力来源,从而起到防碰作用。

待处理完后,按下按钮阀(2)(即梭阀,或称为换向阀),使刹车气缸放气,下放游动系统,恢复正常工作。

(4)空气压缩机自动控制回路

空气压缩机自动控制回路的主要功能是控制空气压缩机的自动启动或停止。其控制回路如图 4 - 156 所示。

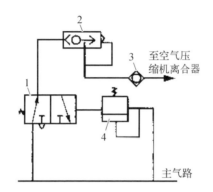

图 4 - 156　空压机自动控制回路

1—二位三通气控阀;2—快速排气阀;3—单向旋转导气接头;4—顺序阀

当主气路(储气罐)的压力达到工作所需要的压力（如 8×10^5 Pa）时,气体压力克服顺序阀的弹簧力将阀芯顶开,同时将螺丝套的放气孔关闭,顺序阀向二位三通气控阀(常开继气器)供气。在控制气作用下,阀(1)换向,处于右位,关闭主气路与空气压缩机离合器的通道,该离合器放气,空气压缩机停车。当主气路压力降到某一值（如 6×10^5 Pa)时,顺序阀的阀芯在弹簧作用下复位,关闭阀(4)的通路,阀(1)因无控制气而开启,阀(1)向空气压缩机离合器供气,离合器挂合,空气压缩机启动、工作。同时阀(4)丝套放空口打开,阀(1)控制余气由阀(4)的丝套放空口放空。如此重复循环,使主气路始终保持在一定的压力范围（$6.5 \times 10^5 \sim 8 \times 10^5$ Pa）。

(5)柴油机油门遥控装置气控回路

柴油机油门遥控装置可使司钻集中控制柴油机油门,根据钻井作业的需要,及时调节柴油机的转速,改善柴油机的工作状况,特别是在提下钻作业中及时调节柴油机的转速,改善气胎离合器挂合时的工况,提高气胎离合器的寿命,同时可以达到节约柴油的目的。

柴油机油门遥控回路如图4–157所示。

图4–157 柴油机油门遥控回路

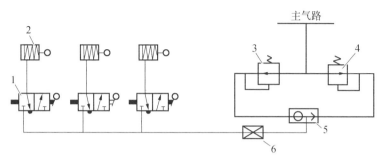

主气路

1—二位三通旋塞阀;2—膜片式气缸;3—手柄调压阀;4—脚踏调压阀;5—梭阀;6—可调节流阀

正常钻进时,开启手柄调压阀,使压缩空气经棱阀、节流阀、旋塞阀进入气缸,使气缸的活塞杆伸出,推动摇臂旋转,又通过连杆机构带动柴油机油泵组的摇臂旋转,使油门加大,提高柴油机转速,并稳定在预先设定的某一转速下运转。

提下钻作业时,首先将阀(3)关闭。操控脚踏调压阀(4),当阀(4)开启时,压缩空气经阀(5)、阀(6)及阀(1)缓慢进入气缸中,活塞杆伸出,使油门加大,柴油机转速升高。当松开阀(4)时,控制气断开,活塞杆恢复原位,柴油机由高速降到低速运转。

在上述进气过程中,二位三通旋塞阀应处于开启位置。该阀可设置在柴油机房以控制柴油机的转速[在阀(3)或阀(4)开启状态下]。

(6)气控换挡回路

为了操作方便,钻机换挡可采用气控换挡,在提下钻井作业和钻进作业时,由司钻根据需要和钻机的能力进行气控换挡。图4–158所示为ZJ130–3钻机气控换挡回路。

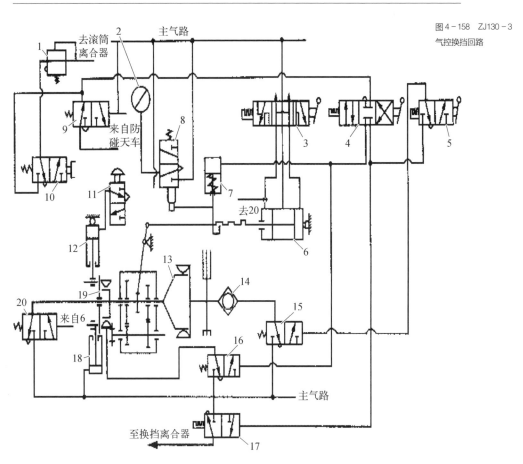

图 4-158　ZJ130-3
气控换挡回路

1—手柄调压阀;2—换挡压力表;3—三位五通转阀;4—三位四通转阀;5—二位三通转阀;6—三位气缸;7—锁紧气缸;8—二位三通机控阀;9、15、16、17、20—二位三通气控阀;10—二位三通旋塞阀;11—二位三通按钮阀;12、18—微摆气缸;13—总离合器;14—单向旋转导气接头;19—惯性制车

第 5 章

泥浆泵

5.1 313-314 往复式泥浆泵的分类

5.2 314-316 往复式泥浆泵的基本结构和工作原理

5.3 316-324 往复式泥浆泵的流量

316 5.3.1 理论平均流量

317 5.3.2 瞬时流量与流量的不均匀性

322 5.3.3 实际流量

323 5.3.4 流量调节

5.4 324-329 往复式泥浆泵的压力

324 5.4.1 往复泵吸入过程中液缸内的压力变化规律

327 5.4.2 往复泵排出过程中液缸内的压力变化规律

5.5 329-333 往复式泥浆泵的压头、功率和效率

329 5.5.1 往复泵的有效压头

331 5.5.2 往复泵的功率

332 5.5.3 往复泵的效率

5.6	333-339	往复泵的工作特性
	334	5.6.1 往复泵的工作特性曲线
	335	5.6.2 往复泵的管路特性曲线
	337	5.6.3 泥浆泵的临界特性曲线

5.7	339-350	往复式泥浆泵的结构及特点
	341	5.7.1 双缸双作用活塞泵
	344	5.7.2 三缸单作用活塞泵
	348	5.7.3 柱塞泵

5.8	350-367	往复式泥浆泵的易损件与配件
	351	5.8.1 缸套和活塞
	354	5.8.2 柱塞-密封总成
	357	5.8.3 介杆-密封总成
	360	5.8.4 阀芯和阀座
	364	5.8.5 空气包
	365	5.8.6 安全阀

泥浆泵是将机械能转换为液体能的一类机械。借助于泥浆泵,可以将原动机的机械能传递给液体,增加液体的势能(压力)或动能(流量)。钻进施工中,泥浆泵将泥浆送入孔内,带走孔内岩屑与岩粉、冷却钻头与钻具。泥浆泵输入的泥浆还可作为孔底动力设备(螺杆马达、涡轮马达、移动潜孔锤等)的动力介质。由于目前国内外钻机中采用的泥浆泵都是往复式的压力泵,所以人们习惯上也将泥浆泵称为往复泵。

往复泵是一种发展较早的水力机械,这种泵适用于输送要求压力较高、流量较小的各种介质(如水、油、泥浆等),特别是在排出压力大于 15 MPa、流量小于 30 L/s 的工况下,与其他类型的泵(如叶片泵、离心泵等)相比,它具有较高的工作效率和良好的运行性能。因此,钻机循环系统常采用往复泵提供高压钻井液。

5.1   往复式泥浆泵的分类

往复式泥浆泵按其结构特点,有以下几种分类方法。

(1) 按缸数,可分为单缸泵、双缸泵、三缸泵、四缸泵等。

(2) 按工作件的式样,可分为活塞泵和栓塞泵。

(3) 按作用方式,可分为单作用泵和双作用泵。

① 单作用泵:活塞(或柱塞)在液缸内往复运动一次,液缸做一次吸入和一次排出过程。

② 双作用泵:液缸被活塞(或柱塞)分为两个工作腔,无杆腔为前工作腔或称前缸,有杆腔为后工作腔或称后缸。每个工作腔都有吸入阀和排出阀,活塞往复运动一次,液缸吸入与排出各两次。

(4) 按液缸的布置方式及其相互位置,可分为卧式泵、立式泵、V 形或星形泵等。

(5) 按传动或驱动方式,可分为机械传动泵(曲柄-连杆传动、凸轮传动、摇杆传动往复泵及隔膜泵)、蒸汽驱动泵、液压驱动泵及手动泵。

几种典型的往复泵示意如图 5-1 所示。钻进施工中,广泛应用三缸单作用和双缸双作用活塞泵。

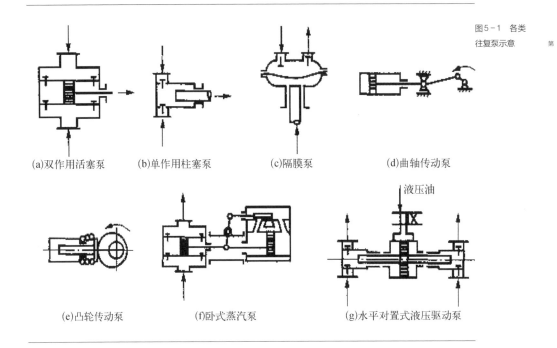

图5-1 各类
往复泵示意 第 5 章

(a)双作用活塞泵　　(b)单作用柱塞泵　　　(c)隔膜泵　　　　(d)曲轴传动泵

(e)凸轮传动泵　　　　(f)卧式蒸汽泵　　　　(g)水平对置式液压驱动泵

液压油

5.2　　往复式泥浆泵的基本结构和工作原理

往复式泥浆泵是一种容积式泵,它依靠活塞在活塞缸中做往复运动,使活塞缸内工作腔的容积发生周期性变化而吸排液体。如图 5-2 所示,往复泵通常由液力端和动力端两部分组成。液力端包括活塞(2)、泵缸(1)(或称活塞缸或液缸)、泵阀(3)等部件;动力端包括曲柄(5)、连杆(6)、十字头(7)、活塞杆(8)等部件。液力端的作用是进行能量形式转换,即将动力端输入的机械能转换成液体的动能与势能;动力端的作用是进行运动形式转换,即将动力机的旋转运动转换为活塞的往复直线运动。

图5-2 往复泵工
作原理示意

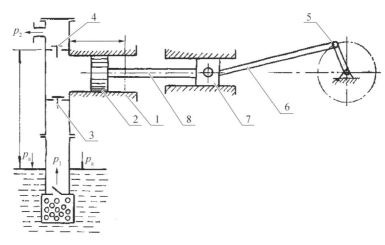

1—泵缸;2—活塞;3—吸入阀;4—排出阀;5—曲柄;6—连杆;7—十字头;8—活塞杆

当动力机通过皮带、齿轮等传动件带动曲柄(5)旋转时,十字头(7)在连杆(6)的带动下,由泵缸(1)的左端位置向右方移动,活塞(2)左侧的空腔容积不断增大,由于容腔是密封的,不与外界大气相通,故活塞左侧腔内的压力随容积的增大而降低。当腔内压力降低到某一程度时,吸水池内的液体在液面压力 p_a 的作用下(一般为大气压力),推动液体冲开吸入阀(3)。此时排出阀(4)在大气压力或排出管道内液体重力的作用下是关闭着的。由于泵缸左腔内的压力小于吸水池液面压力 p_a,液体在此压力差的作用下,沿吸入管道进入泵缸(1)。这一过程将持续进行到活塞(2)运动至右端终点位置时才停止。此过程称为泵的吸入过程。

当活塞(2)到达右端终点位置时,由于液体停止流动,吸入阀(3)在自重和弹簧力的作用下关闭。曲柄(5)继续旋转,活塞(2)开始由右向左运动,左侧腔的容积逐渐缩小,液体压力不断增高,致使阀门两侧形成内高外低的压力差,迫使排出阀(4)开启,泵缸内的液体沿着排出管道高压排出。这一过程一直进行到活塞运动至左端终点为止。此过程称为泵的排出过程。在排出过程中,吸入阀(3)始终处于关闭状态。

此后,活塞(2)又重新向右运动,开始另一次新的吸入过程。这样,活塞在一个往复过程中,将吸入液体一次和排出液体一次。这种泵称为往复式单作用泵。

如果将活塞的右侧泵缸口亦封闭起来,并且也安装吸入阀和排出阀,再将活塞杆通过缸端壁的孔洞处安上密封装置,如图5-1(a)所示,则活塞在一次往复运动后,就能两次吸入与排出液体,这种泵称为往复式双作用泵。

5.3 往复式泥浆泵的流量

泵在单位时间内排出的液体量叫流量。流量的单位有两种:以体积为单位的体积流量,用 Q 表示,单位有 L/s、m³/min、m³/h 等;以质量为单位的质量流量,用 Q_m 表示,单位有 kg/s、t/h 等。

5.3.1 理论平均流量

往复泵在单位时间内,理论上(不考虑泵的泄漏)应输送的液体体积被称为往复泵的理论平均流量,理论上其等于活塞工作面在吸入(或排出)行程中,单位时间内在液缸中扫过的体积。

对于单作用泵,理论平均流量的计算公式为

$$Q_{th} = FSni \qquad (5-1)$$

式中,Q_{th} 为理论平均流量,m³/min;F 为活塞面积,m²;S 为冲程,m;n 为曲柄转速,r/min;i 为液缸数。

对于双作用泵,活塞往复运动一次,液缸的有杆和无杆工作室各输送一次液体,液体的体积为 $(2F-f)S$,则双作用泵的理论平均流量为

$$Q_{th} = (2F-f)Sni \qquad (5-2)$$

式中,f 为活塞杆截面积,m²。

5.3.2 瞬时流量与流量的不均匀性

根据平均流量计算公式,可以求出一段时间内泵排出液体的总量。实际上,在往复泵工作过程中的每一瞬间,泵的排出量都在不断变化,且存在着一定的规律。这种变化直接影响到往复泵所担负的工作,关系到在不同工作条件下如何选择泵的型号问题,故必须进行分析讨论。所谓瞬时流量的概念就是为此而提出的,为了弄清瞬时流量的变化规律,必须首先研究活塞的运动规律。

1. 活塞的运动规律

在往复泵的结构中,通常都是通过曲柄连杆机构将原动机的等速回转运动转变为活塞的往复直线运动。原动机的能量是经由活塞直接传递给液体的。活塞的运动规律将决定液体在缸内的运动规律。

曲柄连杆机构及活塞运动情况如图5-3所示。曲柄回转轴心与活塞中心位于同一水平面内。以活塞在泵缸左端终点位置为坐标原点。此时图5-3中所示φ角、β角均为零。当曲柄轴顺时针方向旋转时,则活塞自左向右运动,其运动距离为

$$x = r(1 - \cos\varphi) + l(1 - \cos\beta) \tag{5-3}$$

式中,x为活塞的运动距离;l为连杆长度;r为曲柄轴半径;φ为曲柄轴t时刻的转角;β为连杆t时刻的摆动角。

图5-3 曲柄连杆机构
及活塞运动示意

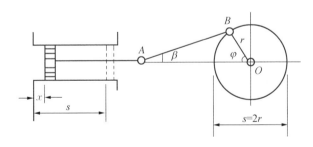

将式(5-3)中的β角用φ表示,可以得到曲柄连杆往复泵活塞的位移公式为

$$x = r(1 \mp \cos\varphi) \pm l\sqrt{1 - \lambda^2\sin^2\varphi} \tag{5-4}$$

式中,λ 为曲柄连杆比,$\lambda = r/l$。

将式(5-4)对时间 t 求一次导数,可得活塞速度方程为

$$u = \pm r\omega\left(\sin\varphi + \frac{\lambda\sin 2\varphi}{2\sqrt{1-\lambda^2\sin^2\varphi}}\right) \qquad (5-5)$$

式中,ω 为曲柄轴回转角速度;u 为活塞的速度。

将式(5-4)对时间 t 求二次导数,可得活塞加速度方程为

$$a = \pm r\omega^2\left(\cos\varphi + \frac{\lambda\cos 2\varphi + \lambda^3\sin^4\varphi}{\sqrt{(1-\lambda^2\sin^2\varphi)^3}}\right) \qquad (5-6)$$

式中,a 为活塞的加速度。

式(5-4)~式(5-6)是反映活塞运动规律的精确公式,比较复杂,为了便于记忆和应用,通常将其简化为

$$\left.\begin{array}{l} x \approx r\left(1 \mp \cos\varphi \pm \dfrac{\lambda}{2}\sin^2\varphi\right) \\[2mm] u \approx \pm r\omega\left(\sin\varphi + \dfrac{\lambda}{2}\sin 2\varphi\right) \\[2mm] a \approx \pm r\omega^2(\cos\varphi + \lambda\cos 2\varphi) \end{array}\right\} \qquad (5-7)$$

有时为了便于记忆和定性地分析活塞的运动,不考虑曲柄连杆比 λ 的影响,即认为连杆无限长,即 $\lambda = 0$。此时,活塞的运动规律为

$$\left.\begin{array}{l} x \approx r(1 \mp \cos\varphi) \\[2mm] u \approx \pm r\omega\sin\varphi \\[2mm] a \approx \pm r\omega^2\cos\varphi \end{array}\right\} \qquad (5-8)$$

式(5-4)~(5-8)中,正负号及 φ 的取值范围遵循以下原则:当求活塞由液力端向动力端的位移、速度和加速度时,取公式上面的符号,曲柄轴转角 φ 在 $0 \sim \pi$ 取值;当求活塞由动力端向液力端的位移、速度和加速度时,取公式下面的符号,曲柄轴转角 φ 在 $\pi \sim 2\pi$ 取值。

2. 瞬时流量

由于往复泵的活塞运动速度是变化的,故每个液缸和泵的流量也是变化的,即每

一时刻泵的流量都在变化。为此，必须引入瞬时流量的概念。假设单缸单作用活塞泵在排出过程中，活塞自某时刻 t 开始，经过一段时间 Δt 后，活塞在泵缸内移动了 Δs 距离，则在 Δt 时间内泵排出的液体体积为 $\Delta V = F\Delta s$，根据流量的定义，单缸单作用活塞泵在 Δt 时间内的理论平均流量为

$$Q_{th} = \frac{\Delta V}{\Delta t} = \frac{F\Delta s}{\Delta t} = Fu \tag{5-9}$$

即理论平均流量等于活塞面积乘以活塞的平均速度。

由于只作定性分析，不考虑曲柄连杆比 λ 的影响，利用式(5-8)，即可求得 t 时刻泵的瞬时流量为

$$Q_t = Fr\omega\sin\varphi \tag{5-10}$$

以转角 φ 为直角坐标横轴、以瞬时流量 Q_t 为直角坐标纵轴，根据式(5-10)，绘制出的单缸单作用泵的流量变化曲线如图5-4所示。

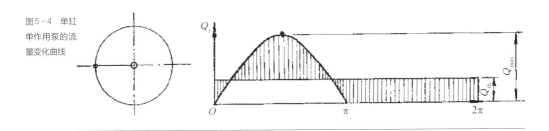

图5-4 单缸单作用泵的流量变化曲线

在双缸单作用泵中，两曲柄的夹角为180°，曲柄轴回转一周，每个液缸排送液体一次。每次都近似地按同一正弦曲线变化，所以在流量变化图上有两条近似的正弦曲线，如图5-5所示。

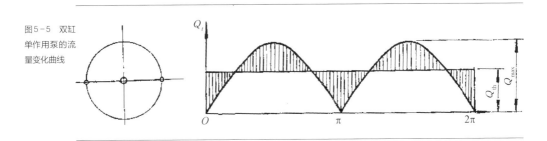

图5-5 双缸单作用泵的流量变化曲线

在三缸单作用泵中,曲柄间的夹角互为120°,曲柄轴回转一周,每个液缸排送液体一次。故在流量变化图上有三条近似的正弦曲线,如图5－6所示。泵的瞬时流量为各条曲线在同一时刻的纵坐标数值之和。

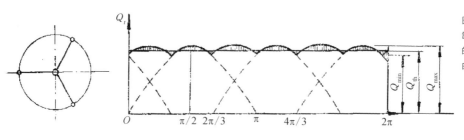

图5－6 三缸单作用泵的流量变化曲线

在四缸单作用泵中,曲柄互成90°,曲柄轴回转一周,共送出液体四次,泵的流量变化图应由同一时刻的数条曲线的纵坐标值叠加后得到,如图5－7所示。

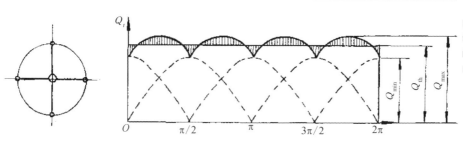

图5－7 四缸单作用泵的流量变化曲线

多缸单作用泵,可按此原理类推绘出流量变化曲线。

单缸双作用泵在不考虑活塞杆的影响时,其流量变化曲线与双缸单作用泵的相同。双缸双作用泵则与四缸单作用泵相同,但考虑活塞杆的影响后,其曲线稍有变化。图5－8为单缸双作用泵考虑活塞杆影响后的流量变化曲线。

3. 流量的不均匀度

由于往复泵的瞬时流量是不断变化的,为了比较不同类型泵的瞬时流量变化程度的大小,我们可用泵的最大瞬时流量和最小瞬时流量的差值,与理论平均流量值的比,作为一种衡量的标准。此比值作为流量不均匀度,用δ表示。

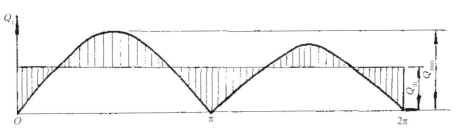

图5-8 单缸双作用泵的流量变化曲线

$$\delta = \frac{(Q_{t\max} - Q_{t\min})}{Q_{th}} \qquad (5-11)$$

式中,δ 为流量不均匀度;$Q_{t\max}$ 为泵的最大瞬时流量;$Q_{t\min}$ 为泵的最小瞬时流量;Q_{th} 为泵的理论平均理论。

根据流量变化曲线与式(5-11),可以计算出不同类型泵的流量不均匀度如下。

单缸单作用泵:$\delta = 3.14$;双缸单作用泵:$\delta = 1.57$;三缸单作用泵:$\delta = 0.141$;四缸单作用泵:$\delta = 0.238$。

如不考虑活塞杆的影响,单缸双作用泵的流量不均匀度与双缸单作用泵的相同,双缸双作用泵的流量不均匀度与四缸单作用泵的相同。

从应用角度看,泵的流量不均匀度越小越好,流量不均匀度为零是最理想状态。但实际上这一理想状态不可能达到,因为随着液缸数量的增加,泵的结构越来越复杂、泵的重量不断增加。

4. 流量不均匀的危害与减小不均匀度的方法

由于往复泵的结构特点,引起泵所输送的液流产生波动,给钻进工作带来了不良影响。在钻进过程中,特别是小口径金刚石钻进过程中,如泵量波动太大,泥浆携带岩屑的能力将会降低,容易发生孔内事故,甚至造成埋钻。泵量波动太大会导致孔内液柱液力的波动,引起钻孔坍塌、地层漏失。此外,流量波动还会造成泵的吸入系统内液流惯性增大,使泵的吸入性能变坏,液缸内的液流会产生强烈的振动,降低泵的使用寿命。

为了减小泵的流量不均匀度,可以采取以下方法。

（1）合理选择泵的类型。从以上流量不均匀度的计算结果可以看出，三缸单作用泵的流量不均匀度最小。因此，在钻进施工中，通常选用该类往复泵作为泥浆泵。

（2）安置空气室。在泵的出口附近安置空气室，利用空气的可压缩性将流量的波动降低到允许的范围内。

5.3.3　实际流量

由往复泵的理论平均流量计算公式［式（5-1）、式（5-2）］，可以计算出在某一段时间内，泵在理论上能排出的最大流量值。然而，泵的实际平均流量总是比理论平均流量小，但实际小的程度则需要通过计算实际流量、分析实际流量影响因素来确定。

由于往复泵实际流量的影响因素较多，无法确定准确的实际流量数值，通常采用一系数来估算。这一系数叫流量系数，以 α 表示。因此，实际流量可以通过下式进行计算：

$$Q = \alpha Q_{\text{th}} \tag{5-12}$$

式中，Q 为实际流量；α 为流量系数；Q_{th} 为流量平均流量。

影响往复泵实际流量大小的主要因素有以下 5 种。

（1）阀在开闭时的泄漏。由于阀在运动中的惯性，使得阀开启或关闭时动作滞后于活塞运动，引起流体倒流。

（2）液缸工作腔的漏失。由于活塞与缸套间、阀与阀座间、阀座与缸头体间、缸盖间、活塞拉杆部分的密封不严，以及由于加工精度、装配质量和表面磨损等引起的密封不严，使液流漏失。

（3）空气从吸入系统混入液流。由于空气从吸入口混入液缸内，使缸内负压降低，减小液体吸入量，严重时液流吸不进缸内。

（4）液体中含有气体。气体在液体中呈乳化状气泡分布在液体中，或溶解在液体中。当含有气体的液体进入低压液缸后，气体膨胀，气体占据的空间增大，从而减小液体的排出量。

（5）泵的往复次数与阀的尺寸、吸入高度不匹配。此种情况下，由于进入液缸的流体流速低于活塞运动速度，导致液流不能百分之百地充满液缸。

由以上分析可知，影响流量系数的因素很多，变化范围大，要准确地逐项计算十分困难。因此，实际计算泵的流量时，通常根据经验来确定流量系数。

对于刚出厂的新泵，根据泵的大小，流量系数从下列范围内选取。

大型泵：$\alpha = 0.95 \sim 0.98$；

中型泵：$\alpha = 0.90 \sim 0.95$；

小型泵：$\alpha = 0.85 \sim 0.90$。

对于钻进现场正在使用的泥浆泵，由于泥浆或多或少具有一定的腐蚀性，使用一段时间后，流量系数 α 会有所下降。如果泵的维护措施得当，可使 α 保持在 0.80 左右，否则，会急剧下降到 $0.55 \sim 0.60$。

5.3.4　　　流量调节

由式(5-1)、式(5-2)可知，欲改变单作用往复泵的流量，可以通过改变活塞面积、活塞行程、曲柄轴转速(活塞往复次数)和工作缸数来实现。对于双作用往复泵，还可以通过改变活塞杆直径(活塞杆面积)来实现流量的调节。

（1）活塞往复次数 n (曲柄轴转速)的调节

活塞往复次数的调节可采用以下两种方式。

① 无级调节：泵的动力机直接采用调速电机、变量液压马达；

② 分挡调节：在动力机与泵之间加装变速传动机构，如皮带、链条、齿轮变速箱等。

（2）活塞行程 S 的调节

借助各种机构，对曲柄臂或连杆的长度进行调节。此种调节方式结构比较复杂，且调整不同的工作行程后，会带来缸套磨损不均匀的问题，影响活塞与缸套间的磨损，一般用于小型泵或对流量调节精度要求高的计量泵中。

（3）活塞面积 F 的调节

采用更换不同直径缸套及活塞来调节活塞面积 F，在大型泵中多采用此种方法来调节流量。泥浆泵普遍采用这种流量调节方式。

（4）工作缸数 i 的调节

通过调节工作缸数调节泵的流量，会加剧流量不均匀度的变化，同时泵的结构也会变得更加复杂，因此很少采用。

5.4　往复式泥浆泵的压力

在5.3节中讨论了往复泵的流量及其变化规律，为了全面掌握往复泵的工作性能，本节将讨论往复泵的排出压力及其变化规律。

往复泵的排出压力是指泵在工作时，从其出口处测得的压力。泵在长期运转中具有的最大排出压力称为泵的额定工作压力。掌握泵的排出压力变化规律之后，可以根据泵的流量、压力参数，确定该泵是否能满足实际工作要求。

5.4.1　往复泵吸入过程中液缸内的压力变化规律

往复泵的吸入工作过程，是泵工作的极重要阶段，它在很大程度上决定着泵的工作质量。由往复泵的工作原理和工作过程可知，由于活塞在液缸内的抽吸，使液缸内的压力低于吸水池液面压力，液体在缸内压力与水池面压力差的作用下进入泵缸。此压力差值的大小，会极大地影响正常的吸入过程。

1. 吸入过程的能量方程

泵的吸入系统如图5-9所示。图中1—1断面为吸水池液面，但由于水池面积很大，在吸水过程中水池液面的变化可以略去不计。2—2断面为活塞断面。液流由1—1断面流动到2—2断面的过程中，要克服吸入系统中的各种阻力，消耗能量。考虑各种损失后，建立的能量平衡方程为

图5-9 吸入系统示意

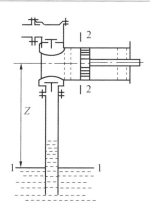

$$\frac{p_{\mathrm{a}} - p_1}{\gamma} = Z + \frac{u^2}{2g} + h_{\mathrm{s}} + K + K_{\mathrm{i}} + h_{\mathrm{i}} \tag{5-13}$$

式中，p_{a} 为吸水池液面压力，通常为大气压；p_1 为液缸内吸入压力；γ 为流体密度；Z 为吸水池液面与液缸中心线之间的高度差；u 为活塞运动速度；g 为重力加速度；h_{s} 为吸入管道中的液流阻力损失；K 为吸入阀的阻力损失；K_{i} 为吸入阀的惯性损失；h_{i} 为吸入管道中液流的惯性水头。

由式(5-13)可知，吸入过程使液面上升 Z 高度、克服管道各种阻力和惯性、使液体以速度 u 在缸内流动等所需之功为 $(p_{\mathrm{a}} - p_1)/\gamma$。

2. 液缸内吸入压力 p_1 的变化规律

将式(5-13)进行变换，可得：

$$p_1 = p_{\mathrm{a}} - \left(Z + \frac{u^2}{2g} + h_{\mathrm{s}} + K + K_{\mathrm{i}} + h_{\mathrm{i}} \right)\gamma \tag{5-14}$$

从式(5-14)可以看出，液缸内吸入压力的大小取决于多个因素，包括大气压力、吸水管内液流阻力损失、液体惯性水头及吸入阀的阻力损失等。

当输送的液体和泵的安装方式一定时，式(5-14)中的 γ 与 Z 为定值，大气压力 p_{a} 随所在地区的海拔高度不同而变化。

(1) 吸入管内液流阻力损失(h_{s})

吸入管内液流阻力损失(h_{s})包括沿程阻力损失和局部阻力损失，当吸入管道的直径均一时,可由式(5-15)计算得出。

$$h_s = \left(\lambda_s \times \frac{l_s}{d_s} + \sum \rho_s \right) \times \left(\frac{F}{f_s} \right)^2 \times \frac{r^2 \omega^2}{2g} \times \sin^2 \varphi \qquad (5-15)$$

式中,h_s 为吸入管内液流阻力损失;λ_s 为吸入管道中的沿程摩擦阻力系数;l_s 为吸入管道总长度;d_s 为吸入管道的内径;$\sum \rho_s$ 为吸入管道中局部阻力系数之和;F 为活塞面积;f_s 为吸入管的流通面积;r 为曲柄轴半径;ω 为曲柄轴回转角速度;g 为重力加速度;φ 为曲柄轴的转角。

当 $\varphi = 0$ 时,$h_s = 0$;当 $\varphi = 90°$ 时,h_s 有最大值。

$$h_{s\,max} = \left(\lambda_s \times \frac{l_s}{d_s} + \sum \rho_s \right) \times \left(\frac{F}{f_s} \right)^2 \times \frac{r^2 \omega^2}{2g} \qquad (5-16)$$

(2) 液流的惯性水头(h_i)

当吸入管道的直径均一时,液流的惯性水头(h_i)可由下式算出。

$$h_i = \frac{l_s}{g} \times \frac{F}{f_s} \times r \omega^2 \cos \varphi \qquad (5-17)$$

当 $\varphi = 0$ 时,即泵的吸入过程开始时,吸入管中液流惯性水头达最大值。

$$h_{imax} = \frac{l_s}{g} \times \frac{F}{f_s} \times r \omega^2 \qquad (5-18)$$

(3) 吸入阀的阻力损失(K)

吸入阀的阻力损失可按下式计算。

$$K = \frac{G + R}{f_k \gamma} \qquad (5-19)$$

式中,K 为吸入阀的阻力损失;G 为吸入阀的质量;R 为吸入阀弹簧压力;f_k 为吸入阀孔面积;γ 为吸入液流的密度。

(4) 吸入阀的惯性损失(K_i)

吸入阀的惯性损失(K_i)可由下式近似计算。

$$K_i = \frac{G\omega^2 rF}{gf_k^2\gamma}\cos\varphi \qquad (5-20)$$

将式(5-8)、式(5-15)、式(5-17)、式(5-19)、式(5-20)代入式(5-14),即可得到液缸内的吸入压力。

5.4.2　往复泵排出过程中液缸内的压力变化规律

往复泵的排出过程,是活塞推挤液缸内液体使之排出液缸的过程。在这个过程中活塞推挤缸内液体使其压力升高,以克服液流在排出管道中的各种阻力,以及提高液体位能,并使液流具有一定的速度,即排出压力等于排出管道中各种阻力之和。

1. 排出过程的能量方程

与吸入过程类似,根据图5-10可以得到其能量方程为

$$\frac{p_2}{\gamma} = \frac{p_a}{\gamma} + Z_2 + \frac{u_d^2}{2g} + h_d + h_i' + K_d + K_i' - \frac{u^2}{2g} \qquad (5-21)$$

式中,p_2为排出过程中液缸内的压力;Z_2为排出口液面与液缸中心的高度差;u_d为排出管内液流速度;h_d为排出管道中液流阻力损失;h_i'为排出管道中液流惯性水头;K_d为排出阀的阻力损失;K_i'为排出阀的惯性损失;其他符号的意义见式(5-13)。

图5-10　排出系统示意

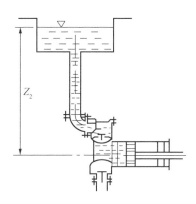

2. 液缸内排出压力 p_2 的变化规律

将式(5-21)进行变换,可得:

$$p_2 = p_a + \left(Z_2 + \frac{u_d^2}{2g} + h_d + h_i' + K_d + K_i' - \frac{u^2}{2g} \right) \gamma \qquad (5-22)$$

(1)排出管内液流速度(u_d)

排出管内液流速度为

$$u_d = \frac{F}{f_d} \times u \qquad (5-23)$$

式中, f_d 为排出管的流通面积。

(2)排出管道中液流阻力损失(h_d)

排出管道中液流阻力损失为

$$h_d = \left(\lambda_d \times \frac{l_d}{d_d} + \sum \rho_d \right) \times \left(\frac{F}{f_d} \right)^2 \times \frac{r^2 \omega^2}{2g} \times \sin^2 \varphi \qquad (5-24)$$

式中, h_d 为排出管内液流阻力损失; λ_d 为排出管道中的沿程摩擦阻力系数; l_d 为排出管道总长度; d_d 为排出管道的内径; $\sum \rho_d$ 为排出管道中局部阻力系数之和; F 为活塞面积; f_d 为排出管的流通面积; r 为曲柄轴半径; ω 为曲柄轴回转角速度; g 为重力加速度; φ 为曲柄轴的转角。

(3)排出管道中液流的惯性水头(h_i')

排出管道中液流的惯性水头为

$$h_i' = \frac{l_d}{g} \times \frac{F}{f_d} \times r \omega^2 \cos \varphi \qquad (5-25)$$

(4)排出阀的阻力损失(K_d)

排出阀的阻力损失计算如下:

$$K_d = \frac{G' + R'}{f_k' \gamma} \qquad (5-26)$$

式中, K_d 为排出阀的阻力损失; G' 为排出阀的质量; R' 为排出阀弹簧压力; f_k' 为排出阀孔面积;γ 为排出液流的密度。

（5）排出阀的惯性损失（K_i'）

排出阀的惯性损失可由下式近似计算。

$$K_i' = \frac{G'\omega^2 rF}{gf_k'^2\gamma}\cos\varphi \qquad (5-27)$$

将式（5-8）、式（5-23）~式（5-27）代入式（5-22），可得到液缸内的排出压力。

5.5　　　　往复式泥浆泵的压头、功率和效率

往复泵和其他类型泵一样，将动力机轴上的机械能传递给液体，使液体的位能、压能及动能增加。本节将通过往复泵做功全过程的讨论，认识机械能和液体能间的互相联系和内部转化规律，进而掌握泵的压头、功率、效率和流量系数的计算方法。

5.5.1　　　　往复泵的有效压头

位置水头、压力水头和速度水头分别表示单位重量液体所具有的位能、压能及动能的大小。3 项水头之和是液体的总水头或总比能，即单位重量液体所具有的总能量，以 J/K（或 m 液柱）表示。

当将一系列管线与泵连接成如图 5-11 所示的系统时，由于泵对液体做功，将机械能传给液体，液体本身的能量将增加。重量的单位为 N，能量的单位为 N·m（J）；H 表示单位重量液体由泵获得的能量，其单位为 J/N，称作泵的有效压头或扬程，其表达式为

$$H = Z + \frac{p_k - p_a}{\rho g} + \frac{u_4^2 - u_1^2}{2\rho} + \sum h \qquad (5-28)$$

式中,H 为泵的有效压头,J/N;Z 为吸入池与排出池之间的高度差,m;p_k 为排出池液面上的压力,MPa;p_a 为吸入池液面上的压力,MPa;ρ 为液体的密度,kg/m³;u_1 为吸入池液面上液体的流速,m/s;u_4 为排出池液面上液体的流速,m/s;$\sum h$ 为吸入管和排出管内总的水头损失,J/N。

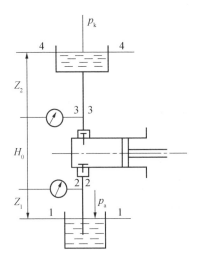

图5-11 压头计算示意图

式(5-28)表明,泵的有效压头等于排出池液面与吸入池液面的总比能差,加上吸入与排出管路中的水头损失。即泵供给单位重量液体的能量,被用于提高液体的总比能和克服全部管线中的液体流动阻力。

在钻进施工中,往复式泥浆泵的吸入口与排出口的液面都为泥浆池的液面,即 $Z = 0$,$p_k = p_a$,且液面面积很大,即 $u_1 = u_4 \approx 0$。因此,泵的有效压头为

$$H = \sum h \tag{5-29}$$

这时泵供给液体的能量全部用于克服管路中的阻力。

不论是在何种条件下,要想求得泵的有效压头,即液体在泵前与泵后能量的变化,必须先求出全部管路中的阻力损失。但是,由于管路系统一般都比较复杂,计算烦琐,也不准确。简便的方法是应用下式直接确定有效压头,即

$$H = \frac{p_g}{\rho g} + \frac{p_v}{\rho g} + H_0 \tag{5-30}$$

式中，p_g 为泵的排出口处压力表的读数；p_v 为泵的吸入口处真空表的读数；H_0 为两压力表之间的高度差（图 5 - 11）。实际应用中，H_0、p_v 与 p_g 相比，数值很小，可以略去不计，因此，通常直接用泵的排出口处的压力表的读数（p_g）除以 ρg 来代表泵的有效压头。

5.5.2　往复泵的功率

设泵的有效压头为 H，流量为 Q，则单位时间内液体获得的总能量即为泵的输出功率，可表示为

$$N = pQ \times 10^{-3} \tag{5-31}$$

式中，N 为泵的输出功率，kW；p 为泵的压力，MPa；Q 为泵的平均流量，m^3/s。

由于能量在传递的过程中，或多或少会出现损耗，动力机传递到泵轴上的功率 N_a（又称泵的输入功率）总是大于泵的输出功率 N。将泵的输出功率与泵的输入功率的比值叫作泵的总效率，用 η 表示，即

$$\eta = \frac{N}{N_a} \tag{5-32}$$

往复泵一般都是经过离合器、变速箱或变矩器、链条和皮带等传动件与动力机相连的，计算整台泵所应配备的功率时，应考虑到传动装置的效率。因此，一台机泵组所需的动力机功率为

$$N_p = \frac{N_a}{\eta_{tr}} = \frac{N}{\eta \eta_{tr}} \tag{5-33}$$

式中，η_{tr} 为动力机输出轴至泵输入轴间全部传动装置的总效率。

5.5.3 往复泵的效率

往复泵工作过程中的功率损失,包括机械损失、容积损失、水力损失 3 个方面。

1. 机械损失

机械损失 ΔN_m 是克服泵内齿轮传动、轴承、活塞、密封和十字头等机械方面摩擦所消耗的功率。泵的输入功率减去这部分损失后所剩下的功率,称作转化功率。转化功率是指单位时间内由机械能转化为液体能的那部分功率,全部用于对液体做功,即提高液体的能量,以 N_i 表示,$N_i = N_a - \Delta N_m$。N_i 与 N_a 的比值称作机械效率 η_m,表示为

$$\eta_m = \frac{N_i}{N_a} \qquad (5-34)$$

单位时间内获得能量的液体称作转化流量 Q_i,单位重量液体所得到的能量称作转化压头 H_i,则转化功率为

$$N_i = H_i Q_i \rho g \times 10^{-3} = p_i Q_i \times 10^{-3} \qquad (5-35)$$

2. 容积损失

泵实际输送的液体体积总要比理论输出体积小,因为有一部分获得能量的高压液体会从活塞与缸套间的间隙、缸套密封、阀盖密封及拉杆密封(对双作用泵)等处漏失,造成一定的能量损失。设单位时间内漏失的液体体积为 ΔQ_v,实际流量 Q 与接受能量的转化流量 Q_i 之比值为容积效率 η_v,则

$$\eta_v = \frac{Q}{Q_i} = \frac{Q}{Q + \Delta Q_v} \qquad (5-36)$$

因为有时液缸内存在少量气体或泵阀迟关造成液体回流,可能减少吸入的液体量,所以泵内接受能量的转化流量 Q_i 往往低于泵的理论平均流量 Q_{th}。由上面两个原因所减少的流量,几乎不造成能量损失,所以严格地讲,流量系数 α 并不等于泵的容积效率 η_v。α 与 η_v 的关系为:$\alpha = \alpha_1 \eta_v$。α_1 叫作泵的充满系数,它考虑液缸中含有气体及泵阀迟关对流量的影响,$\alpha_1 = Q_i/Q_{th}$。而容积效率 η_v 则反映因密封不严造成高能液体漏失对流量的影响,属于能量损失。

3. 水力损失

设液体在泵内流动时,为克服沿程和局部(包括泵阀在内)阻力所消耗的各项水力损失之和为 h_h。有效压头 H 小于转化压头 H_i,两者之比为水力效率 η_h。即

$$\eta_h = \frac{H}{H_i} = \frac{H}{H + h_h} \tag{5-37}$$

泵的有效功率与泵通过活塞传给液体的转化功率之比,称为泵的转化效率 η_i,即

$$\eta_i = \frac{N}{N_i} = \frac{QH\rho g}{Q_{th}H_i\rho g} = \eta_v\eta_h \tag{5-38}$$

综上所述,泵的总效率为

$$\eta = \frac{N}{N_a} = \frac{N_i}{N_a} \cdot \frac{N}{N_i} = \eta_m\eta_v\eta_h \tag{5-39}$$

往复泵转化效率的大小表示液力部分的完善程度,而机械效率的大小则表示其机械传动部分的完善程度。泵的总效率可由试验测出,一般情况下 η 为 $0.75 \sim 0.90$。

上述分析是从能量损失的角度出发的,但在具体测试中很难确定转化流量 Q_i,因而不能准确地计算出 α_1 和 η_v,为方便起见,经常将流量系数 α 与容积效率 η_v 视为同一概念,实际上是认为充满系数 $\alpha_1 = 1$,故 $\alpha = \eta_v$。有时,将泵的机械效率与水力效率合并在一起,称为水力机械效率,以 η_{hm} 表示, 即 $\eta_{hm} = \eta_h\eta_m$,而 $\eta = \eta_{hm}\eta_v$。

5.6   往复泵的工作特性

往复泵的主要工作性能参数有流量 Q、压力 p、功率 N、活塞往复次数(冲次)n。这些参数之间存在着一定的规律,所谓往复泵的特性,就是这些参数之间的相互关系及其变化规律。

5.6.1 往复泵的工作特性曲线

往复泵的工作特性曲线主要表示泵的流量、输入功率及效率等与压力间的关系。

由前述公式可知,往复泵在单位时间内排出的液体体积取决于活塞或柱塞的截面面积 F、冲程长度 S、冲次 n 以及泵缸数 i,而与压力无关。因此,若以横坐标表示泵的排出压力、纵坐标表示排出流量,在保持泵的冲次不变的条件下,泵的理论 $Q\text{-}p$ 曲线应是垂直于纵坐标的直线。实际上,随着泵压的升高,泵的密封处(如活塞–缸套、柱塞–密封、活塞杆–密封之间)的漏失量将增加,即流量系数 α 要相应变小,所以,实际流量随着泵压的增高而略有减小,反映在图 5 – 12 的 $Q\text{-}p$ 曲线上略有倾斜。流量不同,$Q\text{-}p$ 曲线的位置也不同。对于泥浆泵,其压力随着孔深的增加而加大,因此,钻孔的深度较大时,即使缸套与冲次不变,流量也会有所减小。此外,机械传动往复泵的输入功率 N_a、总效率 η 及容积效率 η_v 等也随着泵压的升高而变化。图 5 – 12 是往复泵的基本性能曲线,可以通过试验求出。当泵的冲次可调节时,在保持额定压力不变的情况下,应测定泵的流量、功率和效率随冲次变化的规律曲线;必要时,应测定流量系数 α 随吸入压力 P_s 变化的曲线。

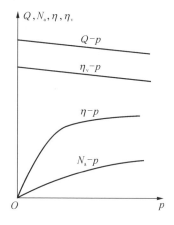

图 5 – 12 往复泵的特性曲线

往复泵的 $Q\text{-}p$ 曲线是与传动方式紧密相关的,上述的 $Q\text{-}p$ 曲线,只适合纯机械传动的往复泵,因为动力机转速和机械传动的传动比一定时,泵的冲次 n 不变。在一定的冲次下,只要活塞截面积和冲程长度一定,流量也不会变。这时,泵压与外载荷基本上呈正比的变化关系。机械传动的往复泵,在外载荷变化的条件下,不能保持恒功率的工作状态。

当往复泵在某些软传动(如液力传动等)条件下工作时,随着泵压的变化,泵的冲次和流量能自动调节,使往复泵在一定的范围内接近恒功率工作状态。此时,泵的 Q - p 曲线近似按双曲线规律变化。

5.6.2　　　　往复泵的管路特性曲线

任何一台泵在工作时总是同管道连接在一起,由不同的管段组成吸入与排出系统,以达到输送液体的目的。在输送过程中,液体遵守质量守恒和能量守恒规律。前者指单位时间内泵所输送的液体量 Q 等于流过管线的液体量 Q',即 $Q = Q'$。后者则指泵所提供给液体的能量 H,全部消耗在克服管路的阻力损失及提高静压头上。设管路系统消耗及具有的总能量为 H',则有 $H = H'$。由式(5 – 28)可知,对于一定的管路系统,其中右端前 3 项为定值,称作固定压头,以 H_{th} 表示。前已述及,从吸入和排出的全过程看,管路中液体的惯性水头并不造成能量损失,因此 $\sum h$ 只是吸入与排出管道中的阻力损失,其表达式为

$$\sum h = \sum h_s + \sum h_d = \alpha' Q^2 \qquad (5-40)$$

对于固定的管路系统,α' 为常数。对于泥浆泵来说,由于钻孔深度在不断地变化,其排出管路的长度 L_d 也随之在不断改变,故 α' 随钻孔深度不同而不同,即 $H = H_{st} + \alpha' Q^2$。

通常钻井用泥浆泵的吸入池和排出池是共用的,因此,静压头 $H_{st} = 0$。以 Δp 表示管路系统所消耗的压力,并称作压力降,则

$$\Delta p = \rho g H' = \rho g \alpha' Q^2 = \alpha_i Q^2 \qquad (5-41)$$

式中 ,$\alpha_i = \rho g \alpha'$。

以流量 Δp(或 p)为横坐标、压力降 Q 为纵坐标,可以作出不同钻孔深度 L_{di} 下的管路特性曲线(图5–13)。式(5–41)中,α_i 很难准确计算,现场工作时,对于一定的钻孔深度(井深)L_{di},只要测量出某流量 Q 下的压力降 Δp,就可以根据式(5–41)求得该井深时的压力降系数 α_i,即 $\alpha_i = \Delta p / Q^2$。根据 α_i 就可以求得该井深下不同流量时的压力降,从而很方便地作出某钻孔深度(井深)下的管路特性曲线。

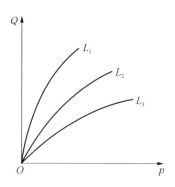

图5–13　管路特性曲线

将泵的理论或实际 $Q - p$ 特性曲线按同样的比例绘在管路特性曲线图上,即得到泵与管路联合特性曲线(图5–14)。由图5–14可以看出,当泵的流量为 Q_1 时,两种曲线分别交 a_1、a_2、a_3、$\cdots$ 各点。显然,只有在这些交点处,才能满足质量守恒和能量守恒条件,泥浆泵才能正常工作。一般称这些交点为泵的工况点。泵流量为 Q_2 时,工况点为 b_1、b_2、b_3、$\cdots$

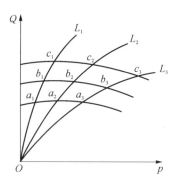

图5–14　泵与管路联合
工作曲线

由图 5 – 14 还可以看出,在排出管长度即井深一定的情况下,泵的流量不同,管路消耗的压力不同。降低泵的流量可以使压力减小,即压降减小。同样,在流量一定的情况下,井深增加、泵压升高。这说明,泵实际给出的工作压力总是与负载(此处指管路阻力)直接相关,负载增大,泵压就升高;反之,泵压就下降。

5.6.3　　　　泥浆泵的临界特性曲线

从上文的分析已经知道,泥浆泵工作时,在流量不变的条件下,泵的工作压力随钻孔深度的增加而加大。从理论上讲,只要泵的各项条件许可,其工作压力就可以无限制地上升。但是,对一台已经选定了的泵来说,其工作压力的升高会受到泵的机构、零件强度、动力机的输出功率以及管路的耐压强度等的限制。若泥浆泵在工作过程中超过了其中任一限制条件,则泵的正常工作都将要受到影响,这些限制条件称为泵的临界工作条件。泵的临界工作条件亦可用特性曲线表示。此曲线称为临界工作特性曲线,它综合地表达了泵的流量、功率、压力、往复次数等参数在临界工作条件下的相互关系。

在往复泵的设计和使用过程中,一般受到泵的冲次及压力的限制。泵的冲次 n 不能超过额定值。对泥浆泵来说,冲次过高,不仅会加速活塞和缸套的磨损,使吸入条件恶化,降低使用效率,还会使泵阀产生严重的冲击,大大缩短泵阀寿命。在泵的冲程长度、活塞及活塞杆截面积一定的条件下,泵的流量 Q 与冲次 n 成正比。对于同一台泥浆泵,冲程长度和活塞杆截面积通常是不变的,因此,对于不同的活塞面积 F_1、F_2、$\cdots$、F_n,即不同的缸套面积,都具有一个相应的最大流量 Q_1、Q_2、$\cdots$、Q_n,即在某 i 级缸套下工作时,泵的流量不允许超过 Q_i,否则,泵的冲次就可能超过允许值。泵的压力也受限制,因为泵的活塞杆和曲柄连杆机构等的机械强度是有限的,为了满足强度方面的要求,每一级缸套的最大活塞力应不超过某一常数,即 $p_1F_1 = p_2F_2 = \cdots p_nF_n = $ 常数。也就是每一级缸套都受到一个最大工作压力或极限泵压 p_i 的限制。设计泵时,各级缸套的直径及极限压力就是按照这个条件确定的。

泥浆泵的临界特性曲线正是根据冲次和压力的限制条件作出的。如图 5 – 15 所示,在以 p 为横坐标、Q 为纵坐标的直角坐标上,分别作出了每一级缸套(共 5 级)下泵的特性曲线,并在其上标定各级缸套极限工作压力点 1、2、3、4、5,折线 $1-1'-2-2'-3-3'-4-4'-5$ 为该泵的临界工作特性曲线。临界工作特性曲线上通常还根据井身结构及钻具组合绘制各种井深时的管路特性曲线(如图 5-15 所示的 X、Y、Z)。

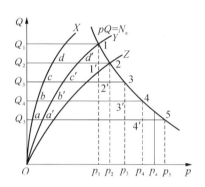

图 5-15 泥浆泵的临界
特性曲线

从临界工作特性曲线可以得到以下结论。

(1) 在机械传动的条件下,随着钻孔深度的增加,往复泵每级缸套的泵压近似地按垂直线变化。当钻至某钻孔深度使泵压达该级缸套的极限值时,必须更换较小直径的缸套,从较低的压力开始继续工作。如泵在第一级缸套下以流量 Q_1 工作时,钻孔深度由 X 增至 Y,压力增至 p_1,达到该级缸套的最大压力极限。更换第二级缸套后,流量为 Q_2,随着钻孔深度的增加,泵压不断升高。当泵压升至 p_2 时,需要更换第三级缸套。

(2) 不论泵速是否可调节,任何一级缸套下的流量 Q(或冲次 n)和压力 p 都限制在一定的范围内。比如用第一级缸套时,泵压和流量只能在矩形面积 $Q_1 1 p_1 0$ 范围内;用第二级缸套时,则限制在 $Q_2 2 p_2 0$ 范围内。

(3) 在泵的最大冲次保持不变的条件下,各级缸套下泵的最大流量 Q_1、Q_2、…与活塞有效面积成正比,泵输出的最大水力功率(有效功率)为 $N = p_1 Q_1 = p_2 Q_2 = \cdots =$ 常数。

图 5-15 中的点 1,2,…,5 是泵的工况点,它们的连线是一条等功率曲线。可以看出,往复泵工作时,所有的工况点都应控制在等功率曲线的下方,即泵实际输出的水

力功率总是小于有效功率。为了提高工作效率,应根据钻孔深度和钻进工艺的要求合理地选用泥浆泵,并按照钻孔深度变化的情况,合理地选用并适时更换缸套直径。还可以采用除纯机械传动以外的传动形式,使泵的工况点尽可能接近等功率曲线。

泥浆泵的临界特性曲线仅反映其本身的工作能力,而在使用中还要考虑到其他因素的影响。当泥浆泵所配备的动力机功率偏小时,即动力机所提供的最大功率小于泵的设计功率时,应根据动力机的功率再作一条等功率曲线(显然,该曲线位于图中等功率曲线的左下方),泵的流量和压力应在新绘制的等功率曲线的下方选用。此时,泵的工况主要受动力机功率的限制,同时也受到最大冲次和各级缸套最大压力的限制。当排出管的耐压强度较低,最大允许压力 p_0 小于泵某级缸套下的极限值时,则泵的实际工作压力和流量应在 p_0 以下的范围内选用。

5.7　　　往复式泥浆泵的结构及特点

往复泵的主要形式是活塞泵和柱塞泵,活塞泵中以三缸单作用泵和双缸双作用泵为主。不论是单作用泵还是双作用泵,其结构均可以分成两大部分,即动力端和液力端。

动力端均为齿轮带动曲轴,经曲柄、连杆、十字头机构将主动轴的回转运动变为十字头的往复运动,再由十字头经活塞拉杆推动活塞作往复运动。曲轴支承在滚动轴承上,曲柄轴上的连杆轴承由两半铜质轴瓦和轴承盖与连杆大头组成。也有个别大型泵在曲柄轴上用滚动轴承的。泵的动力传递,一般是由动力机通过皮带轮、离合器、齿轮减速后传给曲轴,或在动力机与曲轴箱之间加接某种形式的变速机构后,再传给曲轴箱内的传动轴,从而带动曲轴工作。曲轴箱设计成密封式,箱壳由铸铁制成,为减轻重量,箱盖有用铝合金制成的。箱内装润滑机油,可自行飞溅润滑。无论双作用泵或单作用泵,所有动力端的结构形式基本相同,而且工作可靠,很少出现故障。

液力端是活塞与液体间进行能量交换的场所,即泵头部分。该部分对于单作用泵与双作用泵来说,其结构是不同的。

双作用泵的泵头结构如图5-16所示。在泵头内,由于活塞左右运动都要排送液体,故泵头的两端都受排出压力的作用,从而给活塞拉杆端的密封带来一定困难。因活塞拉杆经高压区穿到缸外,两面压力差很大,很易刺漏。同时拉杆还要作往复运动,使拉杆和密封都受到严重磨损,且消耗部分功率于摩擦。这种摩擦与消耗,随着泵的工作压力的增高而增加,随着往复次数的增加而增加。这就是双作用泵往复次数不能大幅度提高的原因。

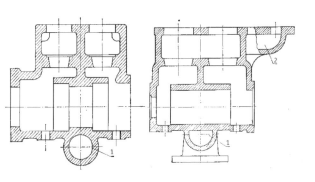

图5-16 双作用泵泵头
剖面

1—吸水管道;2—排水管道

单作用泵的泵头结构如图5-17所示,有L形和直通式两种结构形式。单作用泵的泵头结构简单、加工方便。虽然每一往复周期内液缸的排出量比双缸泵小,但由于

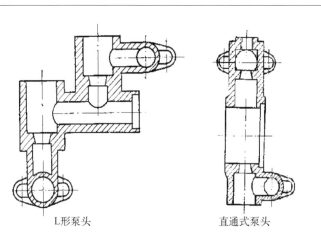

图5-17 单作用泵泵头

L形泵头   直通式泵头

不存在活塞杆密封问题,可以大幅度提高单位时间内的往复次数,从而增大单位时间内的排出量。

5.7.1 双缸双作用活塞泵

双缸双作用活塞泵的结构方案如图 5 - 18[(a)(b)]所示。主轴上有两个互相成 90°的曲柄,分别带动两个活塞在液缸中作往复运动。液缸两端分别装有吸入阀和排出阀。当活塞向液力端运动时,左边的排出阀打开,吸入阀关闭,活塞前端工作室(前缸)内液体排出;而右边的排出阀关闭,吸入阀打开,活塞后端工作室(后缸)吸入液体。当活塞向动力端运动时,情况正好与上述相反。图 5 - 18(c)是双缸双作用往复泵的流量曲线。两个液缸的前后缸的瞬时流量近似按正弦规律变化,前缸流量曲线为 a_2、b_2,后缸流量曲线为 a_1、b_1。将其纵坐标叠加,就可以得到整台泵的流量曲线。

图 5 - 18 双缸双作用泵
结构简图与流量曲线

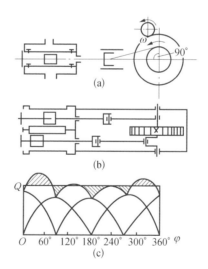

1. 双缸双作用活塞泵的动力端
双缸双作用活塞泵的动力端(又称驱动部分)由传动轴、主轴(曲轴)、齿轮、曲柄连杆机构及壳体(底座)等组成,其作用是变主轴的旋转运动为活塞的往复运动,同时传递动力和减速。

双缸双作用往复泵的动力端有多种可供选择的基本方案,但目前多采用偏心轮方案。其特点是主轴上安装有驱动连杆的偏心轮,使得液缸中心线间的距离大大缩小,减少了泵的宽度和重量,且驱动部分修理方便,主轴承的承载条件改善,主轴强度好,工作可靠,但制造较复杂,连杆的大头也较大,需要大直径的连杆轴承。

多数双缸双作用往复式泥浆泵动力端的结构相差不大,一般都希望传动轴、主轴及连杆等零件的强度高,齿轮传动副的轮齿不易折断、点蚀,拆装和检修方便,零部件固定牢靠,十字头和导板间的间隙易于调节,各类轴承和相对运动摩擦副的润滑条件好,寿命长。

双缸双作用泵的主动轴和被动轴轴承、连杆大小头轴承、十字头与导板之间及中间拉杆的密封等处的密封方式主要有两种:一种是靠大齿轮旋转时溅起的机油进行润滑,称飞溅润滑;另一种则是在壳体油箱内、外底部安装齿轮油泵,靠大齿轮齿圈驱动,向各润滑点供润滑油,称强制润滑。

2. 双缸双作用活塞泵的液力端

双缸双作用活塞泵的液力端(又称水力部分)包括泵体(阀箱)、缸套活塞、活塞杆、密封盒及泵阀等,其作用是从吸入池吸入低压液体,通过活塞的作用变机械能为液压能,向孔底输送高压液体,实现液体的循环,冷却钻头、冲洗井底和携带出岩屑。

双缸双作用泵液力端每个液缸的两端各有一个吸入和排出阀箱,吸入阀上部与液缸连通,下部与吸入管连通,排出阀上部与排出管连通,下部与液缸连通。相互间的连通关系参见图5-19。液力端的主要零部件参见图5-20。

往复泵的泵体(泵头)是液力端的主要零件,其他零件大多固定在泵体上,泵工作时泵体要承受高压液体和其他载荷的反复作用。双缸双作用往复泵的泵体相当复杂,分为铸造式和锻造焊接式两大类。双缸泵常把两缸的泵体按对称剖分结构单独铸造。铸造工艺简单,质量易于保证,但加工面增多,连接、找中和装配都比较麻烦。整体铸造的泵体具有刚性大、缸间距小、机加工量少等优点,但工件大、铸造复杂、铸造质量不易保证。锻造焊接式泵头是将各有关的锻件焊接后进行相加工。锻钢件与铸钢件相比,其抗拉和抗压强度都较大,更适用于高压泥浆泵。

图 5-19 阀箱、缸套及
管路间的连通关系

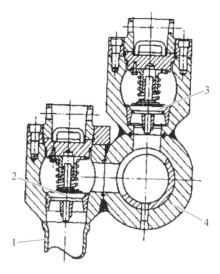

1—吸入管;2—吸入阀;3—排出阀;4—缸套体

图 5-20 活塞泵的液力
端结构

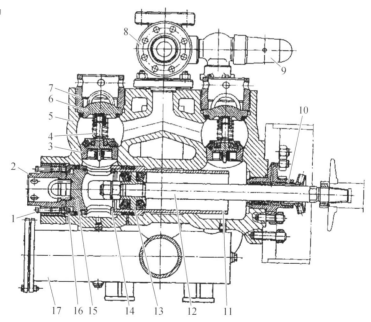

1—顶缸螺栓;2—缸盖丝扣压圈;3—阀座;4—阀体;5—泵体;6—阀盖;7—阀盖丝扣压圈;8—排出四通;9—安全阀;
10—活塞杆密封盒;11—缸套;12—活塞杆;13—活塞;14—缸套顶套;15—缸盖;16—压套;17—吸入总管

泵体中的液流通道应力求短而直,表面光滑;通道相贯处的圆角半径应尽可能大,以减少应力集中;排出阀应位于工作腔的最高点,以防止腔内因滞留气体而降低充满系数;吸入阀和排出阀应尽量靠近缸套,以便减少液流阻力和余隙容积。

5.7.2 三缸单作用活塞泵

三缸单作用活塞泵研发成功于 20 世纪 60 年代中期,作为双缸双作用泥浆泵的替代产品迅速获得推广使用。三缸单作用活塞泵的示意图和流量曲线如图 5-21 所示。三缸单作用泥浆泵的典型结构参见图 5-22。

1. 三缸单作用活塞泵的特点

与双缸双作用泵相比,三缸单作用泵无论在结构或性能方面都有较大的区别,因而具有一些明显的优点及不足。

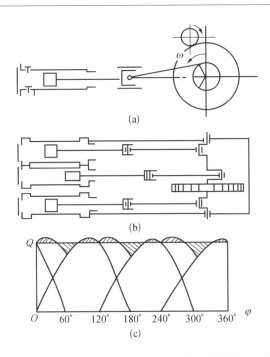

图 5-21 三缸单作用泵示意图与流量曲线

图5-22 三缸单作用活
塞泵结构

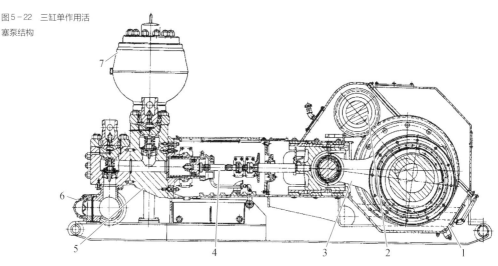

1—机座;2—主动轴总成;3—被动轴总成;4—缸套活塞总成;5—泵体;6—吸入管;7—空气

主要优点如下:

(1) 缸径小、冲程短、冲次较高,在功率相近的条件下,体积小、重量轻。

(2) 缸套在液缸外部用夹持器(卡箍等)固定,活塞杆与介杆也用夹持器固定,因而拆装方便;活塞杆无须密封,工作寿命长。

(3) 活塞单面工作,可以从后部喷进冷却液体对缸套和活塞进行冲洗和润滑,有利于提高缸套与活塞的寿命。

(4) 泵的流量均匀,压力波动小。

主要不足如下:

(1) 由于泵的冲次提高导致其自吸能力下降,通常情况下应配备灌注系统,即由另一台灌注泵向三缸单作用泵的吸入口供给一定压力的液体,增加了附属设备。

(2) 由于单作用泵活塞的后端外露,且外露圆周比双作用泵活塞杆密封圆周大得多,在自吸的条件下,当处于吸入过程时,液缸内压力降低,假如缸套和活塞配合之处密封不严,外部空气有可能进入液缸,从而导致泵工作不平稳,降低容积效率。

2. 三缸单作用活塞泵的组成

与双缸双作用活塞泵一样,三缸单作用活塞泵仍然由动力端和液力端两大部分组成。

1）动力端

三缸单作用活塞泵动力端的主要部分由主动轴（传动轴）、被动轴（主轴或曲轴）及十字头等组成。

（1）传动轴总成

三缸泵传动轴总成参见图5-23。轴的两端对称外伸,可以在任一端安装大皮带轮或链轮。两端的支承采用双列向心球面球轴承或单列向心短圆柱滚子轴承,可以保证有一定的轴向浮动。传动轴与小齿轮可以是整体式齿轮轴结构形式,也可以采用齿圈热套到轴上的组合形式。前者具有较大的刚性,后者的齿圈与轴可选用不同的材料和热处理工艺,容易保证齿面硬度、轴的强度和韧性要求,必要时还可以更换齿圈。齿圈有的是整体式小退刀槽结构,有的是宽退刀槽结构。为了滚齿加工方便、保证齿形精度,消除退刀槽使泵宽度加大的影响,可将齿圈加工成两只半人字形齿圈,再套装到轴上,形成人字齿轮,但这对装配精度要求较高。泥浆泵齿轮大多采用高度变位的渐开线人字短齿,目的是保证具有较高的弯曲强度和接触强度。

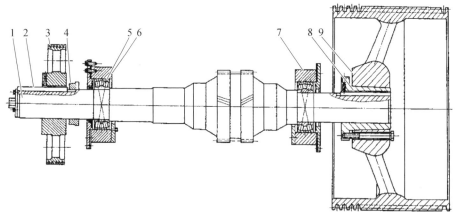

图5-23
三缸单作用
泵传动轴总成

1—齿轮轴;2—键;3—驱动灌注泵的三角皮带轮;4—驱动喷淋泵的三角皮带轮;
5—轴承;6—左轴承座;7—右轴承座;8—轴套;9—大皮带轮

（2）曲轴总成

曲轴是三缸单作用泥浆泵中最重要的零件之一,结构和受力都十分复杂,其上安装有大人字齿轮和三根连杆大头。大齿轮圈用铰制孔螺栓与曲轴上的轮毂紧固为一体。三个连杆轴承的内圈热套在曲轴上,连杆大头热套在轴承的外圈上。

国产三缸单作用泵的曲轴大体上有两种结构形式。一种是碳钢或合金钢铸造的整体式空心曲轴结构,其总成如图5-24所示。另一种是锻造直轴加偏心轮结构,其特点是改铸件为锻件,化整体件为组装件,便于保证毛坯的质量,加工和修理也比较方便。国外三缸泵中有的采用锻焊结构曲轴,即将曲柄和齿轮轮毂都焊接在直轴上,再加工为整体式曲轴。

图5-24　三缸单作用泵整体式曲轴总成

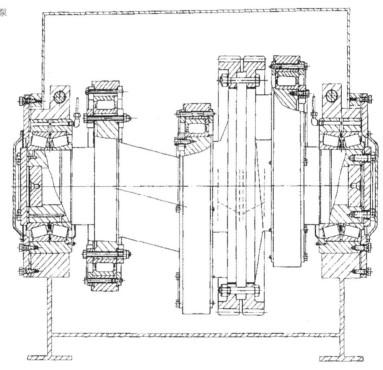

（3）十字头总成

十字头是传递活塞力的重要部件,同时,又对活塞在缸套内作往复直线运动起导向作用,使介杆、活塞等不受曲柄切向力的影响,减少介杆和活塞的磨损。曲轴通过连杆和十字头销带动十字头体,十字头体又通过介杆带动活塞。连杆和十字头通常通过铸造而成。连杆小头与十字头销之间装有圆柱滚子或滚针轴承。十字头体上有的装有铸铁滑履,有的不装,在导板上往复滑动。导板通常是铸铁件,固定在机壳上,通过调节导板下部垫片使十字头体与导板之间保持一定的间隙。当泵反转时,如果间隙过大,则十字头落到导板上将会产生过大的冲击。

2)液力端

单作用泵的每个缸套都只有一个吸入阀和排出阀,故其液力端结构比双作用泵的液力端要简单。目前三缸单作用泵的泵头主要有 L 形和直通式两种形式(图 5 - 17)。

L 形泵头可将吸入泵头和排出泵头分块制造。其吸入阀可以单独拆卸,检修和维护方便,泥浆漏失较少,但结构不紧凑,泵内余隙流道长,泵头重量大,自吸能力较差。

直通式泵头结构紧凑、重量轻、泵内余隙流道短,有利于自吸,但更换吸入阀座时必须先拆除上方的排出阀,采用带筋阀座时,还要先取出阀座,检修比较困难。

5.7.3 柱塞泵

柱塞泵的工作原理与活塞泵类似,其主要区别在于往复运动件的密封形式。活塞泵的活塞圆周外表面与缸套内表面紧密配合,活塞的往复运动改变缸套内部容积,实现吸入和排出。柱塞泵的柱塞则采用外密封结构,如图 5 - 25 所示。柱塞运动不断改

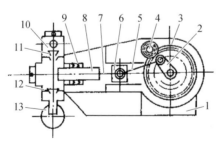

图 5 - 25　柱塞泵示意

1—泵体;2—曲轴;3—减速齿轮;4—主动轴;5—连杆;6—十字头;7—拉杆;8—柱塞;
9—密封盒;10—阀箱;11—排出阀;12—吸入阀;13—吸水室

变液缸内的充液容积,实现吸入和排出。柱塞密封在泵缸之外,便于拆装、调节,还可以通过冷却液冲洗摩擦表面以降低温度。柱塞泵通常由柴油机、电动机作动力;有的在泵外减速,动力直接传递到曲轴上,有的在泵内装有减速机构;曲轴通常采用偏心结构,冲程较短而冲次较高;连杆大头有的采用整体式滚动轴承,如同活塞式泥浆泵那样,但较多见的还是剖分式滑动轴承,便于安装。

柱塞泵的典型结构参见图5-26。

图5-26 三缸柱塞泵

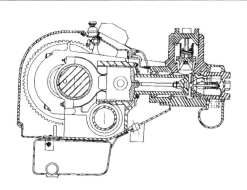

动力端机座(箱壳)由合金钢板焊接而成,内有一级齿轮减速。动力可由传动轴的两侧输入,使泵的曲轴可以顺时针或逆时针旋转。传动轴由两个实心轴和一段钢管组焊而成,重量轻,强度高,通过花键与小螺旋齿轮连接,两端采用青铜衬巴氏合金滑动轴承,曲轴由高合金钢锻造经过热处理加工而成,轴承的材料为青铜,并衬以巴氏合金。大螺旋齿轮用键固定在曲轴上,齿轮上装配有用于调节动平衡的平衡配重,使不平衡质量的振动状态趋于最小。连杆是整体铸造的,十字头由轻质高合金钢制成整体圆筒形。十字头及其导板和全部轴承靠压力油润滑。

液力端的液流通道采用T形结构,如图5-27所示。排出阀采用翼型导向,吸入阀采用柱型导向,相当于去掉了吸入阀室部分,使液力端的重量减少20%~30%。泵头由整块高合金钢坯加工而成,内部有较厚的硬化层。通过密封盒中的支撑环向密封盒中灌注润滑油,对密封件起润滑作用;同时设置柱塞外洗系统,用细的水流冲刷外露柱塞表面的细磨粒、泥浆或其他腐蚀性物质。

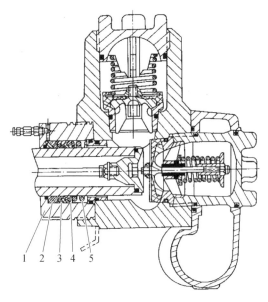

图 5-27 三缸柱塞泵液
力端结构

1—密封盒;2—后环;3—密封圈;4—前环;5—弹簧

5.8　　　往复式泥浆泵的易损件与配件

在往复式泥浆泵中,由于工作液体具有腐蚀性并含有磨粒性物质,且经常处于高压力及运动状态,故易损件的消耗量比较大。仅就缸套而言,据统计,一台泵一年内平均消耗的缸套,其净重约为泵自重的30%。因此必须要有充分的备用件,但同时也带来了更换易损件的额外工作时间。因此,为了充分延长泵的工作时间,应尽可能地减少泵的维修工作量,延长易损件的使用寿命。为此,必须对易损件的损坏过程及原因进行分析,从而采取有效措施,延长其工作寿命。

往复泵的易损件主要有缸套活塞副,阀和阀座,活塞杆与密封盘根以及各种密封垫圈、导向零件等。

5.8.1   缸套和活塞

缸套和活塞是往复式泥浆泵中最易损坏的一副零件。因为当活塞在缸套内作往复运动时,有规律地反复挤出通常带有固体磨砺颗粒的液体,活塞与缸套之间既是一对密封副,又是一对摩擦副,容易磨损或被高压液体刺漏而失效。为了密封可靠,活塞常由具有弹性的软质材料如合成橡胶等制成,而缸套则用硬度较大的材料如碳钢等淬火处理,或陶瓷等坚硬材料。工作中,总是活塞先坏,失去密封作用,使泵的流量下降,严重时可使泵不能工作,故须及时更换。

活塞的结构形式可按单作用泵和双作用泵分为两大类,每一类又有各种不同的结构形式。

1. 双作用泵的活塞

双作用泵活塞将缸套分为两个工作室,两边交替吸入低压液体和排出高压液体,故活塞皮碗在钢芯两边呈对称布置。双作用泵活塞常用的结构如图 5-28 所示。

图 5-28(a)中的活塞由活塞座(3)、活塞衬圈(4)、活塞密封圈(5)、活塞盖(6)组成。除密封圈用天然橡胶或人造橡胶外,其余全部用低碳钢制成。这种活塞密封圈磨损后可以更换,因而得到广泛使用。

图 5-28(b)为一种组合式双作用泵活塞,皮碗(即活塞密封圈)为高耐磨性合成橡胶制成,形如图中(3)所示,其唇部形状比较突出,有利于密封和清刮缸套。活塞由活塞体(4)、皮碗(3)及(5)、垫片(2)和螺母(6)组成整体后,再装于活塞杆上。

图 5-28(c)中(4)为可更换的密封圈,活塞座(3)装于活塞杆(2)上,再装上衬圈(5)、压盖(6)、由螺母经垫圈(7)紧固在活塞杆上。

图 5-28(d)为另一种双作用泵用活塞结构,其特点是用优质耐磨橡胶(3)与金属活塞体(2)做成一个整体,整个活塞用螺母经垫圈(4)拼紧在活塞杆上。

为了减少活塞在缸内运动时与缸壁的摩擦,通常使金属活塞体的外径稍小于缸套内径,避免金属部分与缸套接触。为了保证缸内工作过程中的有效密封,通常使密封圈的外径稍大于缸套的内径,同时将密封圈做成图 5-28 所示之唇部形状,以增强其自封及清砂作用。为了方便更换,可拆卸的活塞密封圈两侧的形状做成对称的。

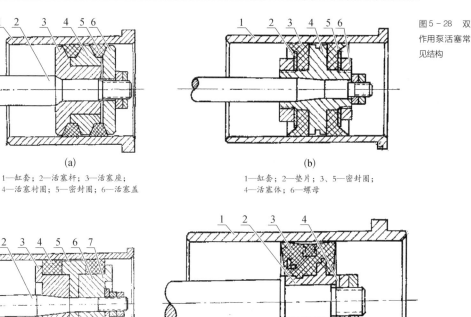

(a)

1—缸套；2—活塞杆；3—活塞座；
4—活塞衬圈；5—密封圈；6—活塞盖

(b)

1—缸套；2—垫片；3、5—密封圈；
4—活塞体；6—螺母

(c)

1—缸套；2—活塞杆；3—活塞座；
4—密封圈；5—活塞衬圈；6—压盖；
7—垫圈

(d)

1—缸套；2—活塞体；3—橡胶；4—垫圈

活塞破坏的主要形式为密封圈表面四周被砂粒或其他硬质颗粒磨出沟槽,使密封失效,此情况一般可视为正常磨损。活塞的另一种损坏形式是由于活塞座、衬圈等金属件外径过小,与缸套间形成的环状间隙过大,密封圈在高压力作用下被挤入间隙内,在长期反复作用下,将密封圈唇部橡胶撕裂或剥离,使密封圈失去工作能力,这种情况多在高压状态下产生,一般视为非正常磨损。

2. 单作用泵的活塞

由于双作用泵存在一些难以克服的缺点,使得单作用泵得到了广泛的使用。单作用泵活塞的结构如图5－29所示,形式多样,一般由阀芯和皮碗等组成;通常采用自动封严结构,即在液体压力的作用下能自动张开,紧贴缸套内壁。单作用泵活塞的前部

图5-29 单
作用泵活塞常
见结构

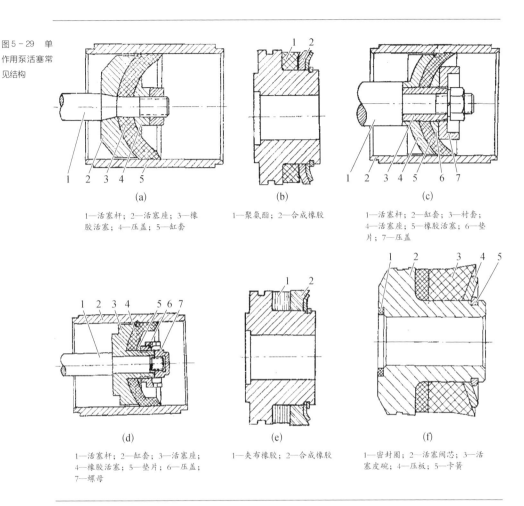

(a)

1—活塞杆；2—活塞座；3—橡
胶活塞；4—压盖；5—缸套

(b)

1—聚氨酯；2—合成橡胶

(c)

1—活塞杆；2—缸套；3—衬套；
4—活塞座；5—橡胶活塞；6—垫
片；7—压盖

(d)

1—活塞杆；2—缸套；3—活塞座；
4—橡胶活塞；5—垫片；6—压盖；
7—螺母

(e)

1—夹布橡胶；2—合成橡胶

(f)

1—密封圈；2—活塞阀芯；3—活
塞皮碗；4—压板；5—卡簧

为工作室,吸入低压液体,排出高压液体;后部与大气连通,一般由喷淋装置喷出的液体冲洗和冷却。

由于活塞座与缸套间存在间隙,在压力作用下橡胶被挤进间隙内。因而其主要损坏方式为在橡胶活塞与活塞座外圈处产生裂纹或剥落,这是高压时出现的非正常损耗。为了满足高压工作的要求,出现了另外两种形式的活塞结构。图5-29(b)为聚氨酯与合成橡胶做成的组合式活塞,图5-29(e)所示为夹布橡胶与合成橡胶组成的活塞。

活塞橡胶正常情况下磨损的根本原因是零件的加工表面不可能达到理想的光洁

度,活塞在缸套内运动时,会产生摩擦阻力,且工作压力越大,摩擦阻力也越大。活塞所传递的能量有一部分由于摩擦直接转变为热能,使活塞与缸套接触表面上温度升高,导致橡胶加速老化、弹性与强度降低,缩短了活塞的工作寿命。所以,当泵的工作压力较高时,若活塞的往复速度较高,则应考虑对缸套进行冷却。

3. 缸套

缸套结构比较简单,目前常用的有单金属和双金属两种。由高碳钢或合金钢制造的单金属缸套,一般经过整体淬火后回火,或内表面淬火,保证一定的强度和内表面硬度;由低碳钢或低碳合金钢制造的单金属缸套,一般进行表面硬化处理,如渗碳、渗氮、氰化或硼化处理等,将内表面硬度提高到 HRC60 以上,也有对缸套内部进行镀铬、镍磷化学镀或激光处理的。单金属缸套工作寿命短,贵金属消耗量大。

双金属缸套有镶装式和熔铸式两种结构形式。镶装式外套材质的机械性能不低于 ZG35 正火状态的机械性能;内衬为高铬耐磨铸铁(实际是耐磨白口铸铁),内外套之间有足够的过盈量保证结合力;内衬硬度 HRC≥60。熔铸式外套材质的机械性能不低于 ZG35 正火状态的机械性能;用离心浇铸法加高铬耐磨铸铁内衬;毛坯进行退火处理,机械粗加工后进行热处理(淬火 + 低温回火),精加工。目前,国产双金属缸套的平均寿命可达 700 h。金属陶瓷缸套是高技术产品,其寿命可达双金属缸套的 2 ~ 3 倍。

缸套内表面的磨损,主要表现在两个方面:① 内表面的硬化层逐渐磨损;② 工作液体中含有砂粒或某些坚硬的颗粒,这些坚硬颗粒在缸套内表"拉槽",缸套内表面拉出一定深度的沟槽后,即使换上新活塞也不能保证泵的工作性能,此时必须更换缸套。

5.8.2 柱塞-密封总成

柱塞泵通常在更高的压力下工作,液缸排出液体时,缸内的高压液体极易从柱塞密封处泄漏。为了防止泄漏,必须保证密封件压紧在柱塞上,但这会加剧密封件和柱塞的磨损,缩短密封寿命。实际统计表明,某些柱塞泵中,柱塞及其密封件的消耗费用约占泵易损件费用的 70%。

高压柱塞泵的柱塞采用的材料为45号钢,表面喷涂镍基合金,可以提高表面质量和耐磨性。柱塞密封的使用寿命与其结构形式、材料及工作条件等有关。当前,碳纤维密封和自封式密封应用比较广泛。

自封式密封装置如图5-30所示。由联结法兰、密封盒、柱塞密封、支撑环、压套、背帽等组成。法兰上有4个45°凹槽,密封盒上有4个45°凸键,将密封盒上的凸键对准法兰上的凹槽,转动45°,通过4个大螺栓压紧法兰,使两者形成端而结合,并通过联结法兰将密封盒与阀箱连接起来。密封盒与阀箱之间靠矩形密封圈密封,作用在密封盒与柱塞之间环形面积上的高压液体产生的轴向力,由4个联结螺栓承受,不像传统往复泵那样由泵壳承受。法兰外径与泵壳前板上的孔形成严格的定位间隙配合,泵壳前板上的孔与泵壳安装十字头导向套的孔为同一定位基准。

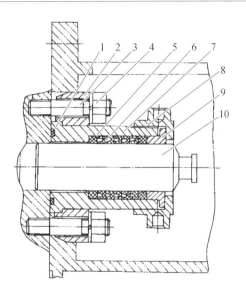

图5-30 自封式柱塞密封总成

1—矩形密封圈;2—联结法兰;3—联结螺栓;4—螺母;5—支撑环;
6—自封式密封圈;7—密封盒;8—背帽;9—压套;10—柱塞

自封式密封圈由骨架、帘布增强橡胶、改性聚四氟乙烯和高耐磨丁腈橡胶等经高压硫化而成。骨架的作用是保证安装时和高压下不产生轴向和径向变形,高压下只可压紧不可压缩,避免过紧、过热、加剧磨损。密封圈截面为"L"形,唇部采用高耐磨橡胶,与柱塞有一定的过盈量;当高压液体进入唇部时,唇口胀大,抱紧柱塞,起自封作用;安装时在唇部涂抹二硫化铝减摩剂,以减小摩擦力。

柱塞的密封结构形式很多,常见的有自封式 V 形密封、压紧力自调式密封和 J 形密封。

1. 自封式 V 形密封

自封式 V 形密封是一种常见的密封结构,其密封圈唇部前端的夹角大于背部夹角,在压差的作用下,唇部自动张开,实现密封。

2. 压紧力自调式密封

压紧力自调式密封由几个特殊的密封环、两个金属垫环和一个弹簧组成,如图 5-31 所示。工作时靠液体的工作压力将密封件压紧,实现自封。当密封环损失后,弹簧在预压力的作用下自动张紧,因此安装后无须人工进行密封间隙调节。

图 5-31 压紧力自调式密封

3. J 形密封

J 形密封结构如图 5-32 所示,密封圈内有内外两个密封唇,内密封唇对活塞杆外径进行密封,外密封唇对密封盒的内径进行密封。密封圈的中间部分承受轴向力,一般不会出现压垮和互相卡阻现象,因此该密封结构又叫"压不垮式"密封。

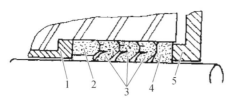

图 5-32 J 形密封

1—垫环;2—上适配环;3—密封圈;4—下适配环;5—压盖

有些密封结构中带有冲洗装置,即在柱塞密封与液缸之间安装有用金属或其他较硬材料(如硬橡胶)制成的刮环,又称限制环或挡环,在密封与刮环之间的柱塞周围形成一个环形空间。用一个与柱塞冲程同步的定量泵在柱塞泵的吸入行程中,以不太高的压头将一定体积的冲洗液(一般为清水)通过泵壳上的注入孔注入这个空间。环形空间内的冲洗液可以阻止磨砺性介质进入密封。在注入孔通向环形空间的通道上安装单向阀,使进入环形空间的冲洗液在柱塞的排出行程中不能返回注入孔。为了减轻柱塞和密封的磨损,通常通过泵壳上的注油孔和间隔环向密封部位注入润滑油脂。

5.8.3　介杆-密封总成

往复泵的介杆,一端与十字头相连接,处于润滑机油环境中,另一端与活塞杆相连接,经常受到损失泥浆、污水等的冲刷或污染。为了防止各类污染液体窜入动力端机油箱破坏机油的润滑性能,避免机油外漏,必须采用介杆密封装置(图5-33)将动力端

图5-33　介杆密封装置

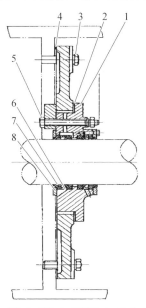

1—密封盒;2、4—垫片;3—螺栓;5—压板螺钉;6—环;7—密封圈;8—压板

与液力端严格地隔离。

对于三缸单作用往复泵,由于泵速和压力都较高,有的还带有活塞或柱塞喷淋冷却液系统,介杆作往复运动时,很容易造成油液、泥浆等的相互渗漏。国内外往复泵采用的介杆密封有多种形式,如图5-34~图5-36所示。这些介杆密封装置,在工作一段时间后,由于导板磨损、十字头下沉或十字头、介杆及活塞(柱塞)杆之间连接不牢固,或壳体发生变形,以及加工和安装误差等原因,使介杆发生偏磨,密封会很快失效。

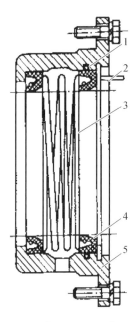

图5-34 弹簧油封式介杆密封装置

1—O形密封圈;2—锁紧弹簧;3—油封张紧弹簧;4—油封;5—密封盒

目前应用较多的介杆密封有两种形式,即跟随式介杆密封和全浮动式介杆密封装置。

1. 跟随式介杆密封

跟随式介杆密封如图5-35所示。波纹密封套的一端用压板紧固在中间隔板上,另一端用卡子固紧在介杆上。

图5-35 跟随式介杆密
封装置

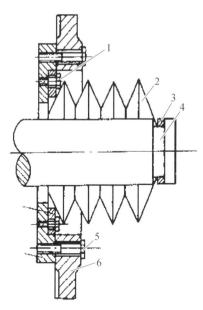

1—螺钉;2—波纹密封套;3—卡子;4—介杆;5—压板;6—连接板;7—螺栓;8—中间隔板

图5-36 全浮动式介杆
密封结构

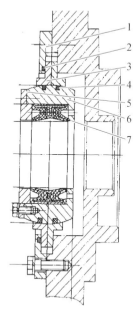

1—联结盘;2、4—O形密封圈;3—左右浮动套;5—定位块;6—球形密封盒;7—K形自封式介杆密封

2. 全浮动式介杆密封装置

图 5 - 36 为全浮动式介杆密封装置结构图,包括联结盘、定位块、O 形密封圈、左右浮动套、球形密封盒、K 形自封式介杆密封等。

球形密封盒可以在浮动套内任意转动调整。与此同时,左右两个浮动套与联结盘和壳体形成端面间隙配合,可以随着球形密封盒的浮动,而在联结盘与壳体之间上下浮动,自动调整径向偏移量;浮动套与联结盘及球形密封盒之间,都安装有 O 形密封圈,具有多重保险密封的作用。因此,当包括介杆、十字头、柱塞等运动件的组合轴心线与理论轴心线由于加工误差、安装误差、十字头等自重偏磨引起偏移时,通过球形密封盒在左右浮动套内任意转动,以及左右浮动套的上下左右浮动,进行自动补偿,从而使介杆密封的中心线与介杆中心线始终保持一致,避免偏磨。

K 形自封式介杆密封包括骨架和帘布增强橡胶两部分。骨架与帘布增强橡胶高压硫化在一起,使密封被压紧时不产生轴向变形;密封内圈的两唇部与介杆有一定的过盈量,使其两端密封;密封的两唇部包裹一层耐磨橡胶,耐磨耐热。

此外,十字头与介杆之间采用活络联结,使得活塞或柱塞可以与十字头同时转动,也减轻了活塞-缸套、柱塞-密封、介杆-密封等的偏磨。

5.8.4　　　　阀芯和阀座

泵阀是往复泵控制液体单向流动的液压闭锁机构,是往复泵的心脏部分,一般由阀座、阀体(阀芯)、胶皮垫和弹簧等组成。目前,有三种主要形式的泵阀被广泛采用。往复泵的阀和阀座是一副比较重要的零件,在制造上有较高的精度要求,保证密封可靠,尤其是阀座与泵头的阀座孔要求严密配合,有时可加 O 形密封圈协助密封。在材料上要求刚性好不易变形。

往复泵中的阀芯和阀座是一副易损件,它们中只要有一方损坏,泵就不能正常工作,甚至根本无法工作。显然,阀芯和阀座的好坏将关系到泵的性能好坏。因为阀和阀座受到具有磨砺性和腐蚀性的泥浆的强烈冲刷,工作寿命会缩短。

泵座的损坏,绝大多数是由于阀芯和阀座之间的密封失效,密封面被泥浆刺坏。

在大部分报废的泵阀或阀座的工作面上,都可以见到其刺坏的痕迹。这种损坏总是从微小开始,而后迅速扩大。因为一旦有了密封不严的情况,则在阀关闭时,带砂粒和其他硬质颗粒的工作液体,在高压力作用下,以很高的速度通过微小缝隙倒流(吸入阀和排出阀相同),使缝隙迅速扩大,泵阀很快失去工作能力。

目前,有三种主要形式的泵阀被广泛采用,它们是球阀、平板阀及盘状锥阀。

1. 球阀

球阀的结构如图5-37所示。主要用于深井抽油泵和部分柱塞泵。

图5-37 球阀结构

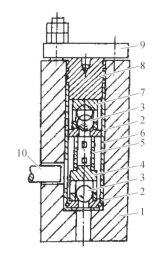

1—泵头;2—阀座;3—阀球;4—下阀套;5—压套;6—阀筒;
7—上阀套;8—联结盖;9—阀盖;10—柱塞

2. 平板阀

平板阀的结构如图5-38所示,主要用于柱塞泵和部分活塞泵。阀座采用3Cr13不锈钢,表面渗碳处理,或采用45号钢喷涂,耐腐蚀、抗磨损;阀板采用新型聚甲醛工程塑料,综合性能好,质量轻、硬度高、耐磨、耐腐蚀,与金属表面相配后密封可靠;弹簧采用圆柱螺旋形式,材料为60Si2MnA,经过强化喷丸处理,疲劳寿命高。

3. 盘状锥阀

盘状锥阀主要用于大功率的活塞泵及部分柱塞泵。盘状锥阀的阀体和阀座支承

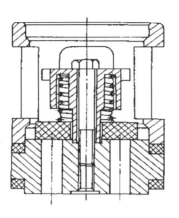

图5-38 平板阀

密封锥面与水平面间的斜角一般为 45°~ 55°。阀座与液缸壁接触面的锥度一般为
1:8~1:5,目前多采用(1:6)的锥度。锥度过小,阀座下沉严重,且不易自液缸中取出;
锥度过大,则接触面间需要加装自封式密封圈。

　　锥面盘阀有两种结构形式,一种是双锥面通孔阀,如图 5-39 所示。其阀座的内
孔是通孔,由阀体和胶皮垫等组成的阀盘上下运动时,由上部导向杆和下部导向翼导
向。这种阀结构简单,阀座有效过流面积较大,液流经过阀座的水力损失较小,但阀盘

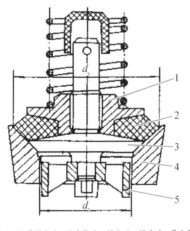

图5-39 双锥面通孔阀结构

1—压紧螺母;2—胶皮垫;3—阀体;4—阀座;5—导向翼

与阀座接触面上的应力较大,阀盘易变形,进而影响泵的工作寿命。另一种是双锥面带筋阀,如图 5－40 所示。其主要特点是阀座内孔带有加强筋,阀盘上下部都靠导向杆导向,增加了阀盘与阀座的接触面和强度,但阀座孔内的有效通流面积减小,水力损失加大。

图 5－40　双锥面带筋阀结构

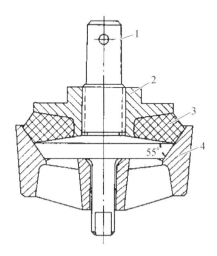

1—阀体;2—压紧螺母;3—橡胶垫;4—阀座

往复泵工作时,阀盘和阀座的表面受到含有磨砺性颗粒液流的冲刷,产生磨砺性磨损。此外,阀盘滞后下落到阀座上,也会产生冲击性磨损。目前提高泵阀寿命的方法有以下几种。

(1) 合理确定液体流经阀隙的速度,即阀的结构尺寸要与泵的结构尺寸和性能参数相匹配,保证阀隙流速不要过大。

(2) 控制泵的冲次,对于阀盘或阀座上有橡皮垫的锥阀,按照无冲击条件 $h_{max}n \leqslant 800 \sim 1000$ 条件确定泵的冲次 $n(\min^{-1})$,其中的 h_{max} 是泵阀的最大升距,单位为 mm。

(3) 阀体和阀座采用优质合金钢 40Cr,40CrNi2MoA 等整体锻造,经表面或整体淬火,表面硬度达 HRC60 ~ 62,橡胶圈由丁腈橡胶或聚氨酯等制成。

(4) 保证正常的吸入条件,首先,要满足 $p_{smin} > p_t$,即最低吸入压力 p_{smin} 应大于液体的汽化压力 p_t;其次,吸入系统不应吸入空气或其他气体,吸入的液体中应尽可能少含气体。若不能保证正常吸入条件,则阀将极易损坏,特别是吸入阀。

（5）净化工作液体。

此外,阀箱虽然不是易损件,但在高压液体的交变作用下容易发生裂纹,从而导致破坏。因此,全部采用整体优质钢(35CrMo 等)锻件,经过调质处理。在圆孔相贯处采用平滑圆弧过渡,降低集中应力;在阀箱内腔采用喷丸或高压强化处理,或进行镍磷镀,较好地解决阀箱开裂等问题。

5.8.5　空气包

曲柄连杆传动往复泵工作时,每个液缸在一个冲程中排出或吸入的瞬时流量,都近似地按正弦规律变化,即使有几个液缸交替工作,总的流量也达不到均匀程度。而总流量的不均匀,必然导致压力波动,进而引起吸入和排出管线振动,吸入条件恶化,破坏管线和机件,甚至使泵不能正常工作。为了消除流量不均匀和压力波动,往复泵通常都安装各种减振装置,空气包是常见的也是很有效的减振装置之一。

空气包有排出和吸入之分,一般为预压式。其结构方案如图 5–41 所示。其中(a)(b)为球形橡胶气囊预压式,1 为外壳,2 为气室;(c)(d)(e)为圆筒形橡胶气囊预压式,1 为气室,2 为外壳,3 为多孔衬管;(f)的气室 5 为金属波纹管,2 为外壳;(g)的气室 3 与下液胶由金属活塞环 4 隔开。当输送液体温度高于橡胶的允许温度时,采用(f)(g)方案,排出空气包安装在泵的排出口附近,吸入空气包安装在泵的吸入口附近。

空气包利用其内部气体的可压缩性进行工作。以排出空气包为例,当液缸排出瞬时流量增加、液体压力加大时,胶囊内气体受压缩,空气包储存来自液缸内的一部分液体,当液缸排出的瞬时流量减少、液体压力减小时,胶囊内气体膨胀,空气包放出一部分液体,始终使进入排出管内的液体量保持基本不变,从而保持排出管内压力趋于均匀。

吸入空气包的作用是使吸入管中的液体流量趋于均匀,保持吸入压力稳定。

空气包气囊内一般充以惰性气体,如氮气、空气等,充气预压力视泵的工作压力而定。对于泥浆泵的排出空气包,充气压力一般为 4 ~ 7 MPa;对于吸入空气包,充气压

图5-41 预压式空气包
结构形式

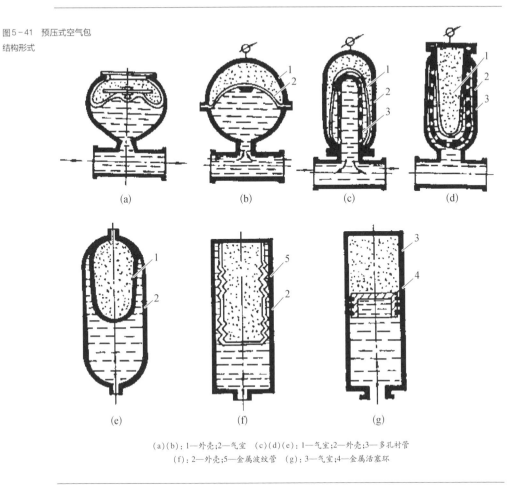

(a)(b)：1—外壳;2—气室　(c)(d)(e)：1—气室;2—外壳;3—多孔衬管
(f)：2—外壳;5—金属波纹管　(g)：3—气室;4—金属活塞环

力为吸入压力的 80% 左右。

5.8.6　安全阀

往复泵一般都在高压下工作,为了保证安全,在排出口处装有安全装置,即安全
阀,以便将泵的极限压力控制在允许的范围内。常见的安全阀为销钉剪切式,此外,还
有膜片式和弹簧式。

图 5-42～图 5-44 分别是直接销钉剪切式、杠杆剪切式和膜片式安全阀结构图。其活塞或膜片下端作用着高压液体,当压力达到一定值后,活塞推动连杆,切断销钉,活塞上移或膜片破裂,高压液体由安全阀排出口进入吸入池或大气空间,达到泄压保安全的目的。

杠杆剪切式安全阀只需要同一种材料和同一截面的销钉,通过改变安全销的安装位置来设定不同的压力限定值。销钉距离作用点越远,承受的压力越高,限定的安全压力(或额定压力)值就越大。

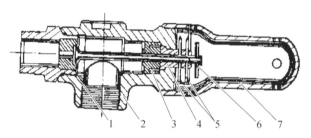

图 5-42 直接销钉剪切式安全阀

1—阀帽;2、4—活塞杆;3—安全销钉;5—密封;6—阀体;7—活塞

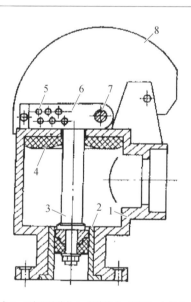

图 5-43 杠杆剪切式安全阀

1—阀体;2—衬套;3—阀杆阀芯总成;4—缓冲垫;5—销钉;6—杠杆;7—销轴;8—护罩

图5-44 膜片式安全阀

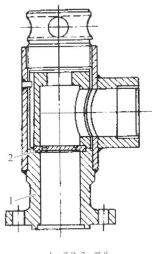

1—母体;2—膜片

销钉剪切式安全阀的结构简单,拆卸容易,但安全销钉的材料、尺寸及加工工艺必须恰当。同时还要防止安全阀的活塞和导杆在缸套内锈蚀,否则灵敏度降低,不能准确地控制排出压力。当安全阀打开后,必须停泵更换安全销。

第 6 章

井口工具与装置

6.1   370-393   井口工具

370   6.1.1   起吊工具

376   6.1.2   卡夹工具

382   6.1.3   丝扣拧卸装置

6.2   394-399   井控装置

396   6.2.1   双闸板防喷器

397   6.2.2   环形防喷器(万能防喷器)

399   6.2.3   旋转防喷器

　　页岩气调查钻井施工中,升降作业是一道重要的工序。要安全可靠地完成升降作业,井口必须配备动作灵活可靠的井口工具。同时,页岩气勘探开发过程中,井底地层压力有可能异常高,因此,为了预防井喷等事故的发生,需在井口安装防喷器。

6.1　　井口工具

　　在钻进接单根、提下钻、下套管作业中,常用的井口工具主要有起吊工具、卡夹工具与丝扣拧卸装置。

6.1.1　　起吊工具

　　起吊工具包括提引器、吊环、吊卡等。

　　1. 提引器

　　提引器是在升降钻具作业中,卡住钻杆接头以便起、下钻具的工具。当提下一个立根的操作完成后,必须使提引器与该立根上的钻杆接头脱开,以便重新卡住另一个立根,继续完成提下钻工作。

　　(1) 爬杆斜脱式提引器

　　爬杆斜脱式提引器的结构参见图6-1。它由本体(1)、提环(6)、活门滚轮(12)、斜头挡板(24)、压力弹簧(7)、弯把拔销(21)等零件组成。

　　提钻时不安滚轮(12),直接用提引器的蘑菇挡头挂在立根的蘑菇头上。每当提起一个立根后,叉上垫叉卸扣。由于弹簧(7)的作用,可将立根弹起60~80 mm。然后由孔口将立根移到立根台,放下立根后松绳。松绳后靠提引器自重,并借助于斜头挡板(24)的作用使提引器自动脱离立根。然后降下提引器继续下一个立根的提升。

　　下钻时,由立根台将提引器挂上立根后,必须安上滚轮(12),锁好销栓(14),然后拉起提引器,此时提引器靠滚轮的滚动沿立根往上爬,到顶部后由蘑菇挡头(2)挂住蘑

图6-1 爬杆斜脱式提
引器

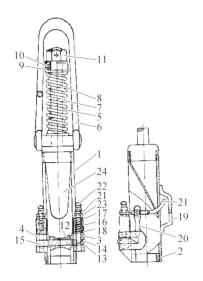

1—本体;2—蘑菇挡头;3、4—卡耳;5—弹簧轴;6—提环;7、16—弹簧;8—保护支管;9—轴承盖;
10—轴承;11—螺帽;12—滚轮;13—滚轮轴;14、15—销栓;17—弹簧压盖;18—弹簧套管座;19—
拉手;20—弯把拔销支柱;21—弯把拔销;22—销栓顶螺帽;23—并紧螺帽;24—斜头挡板

菇头,然后将立根提起移至孔口对中,拧紧后将钻柱放入孔内,插好垫叉。孔口操作者
以左手握住手把,同时以拇指按弯把拔销(21),销栓(14)被拔出。此时滚轮便自动脱
开。然后摘下提引器,再挂下一个立根。

如果孔内掉块,阻力过大,以及放倒钻具时,必须安上滚轮,并锁好销栓,以防止钻
具脱落造成事故。

(2) 球卡式提引器

球卡式提引器的结构参见图6-2。

提钻时,拔出销子(11),使内套(7)在弹簧(6)作用下移动至最下方位置。提引器
罩着带环槽的接头后,接头进入内套(7),顶着钢球(12)带动内套(7)压着弹簧(6)一
起向上移动。此时钢球沿导向套(13)的内锥面向外移动。当球间距大于接头最大外
径时,接头的环槽部位进入内套(7)。当提动提引器时,处在内套(7)中的钢球(12)在
弹簧(6)的作用下,沿内锥面向里移动。卡在接头的环槽中,即可提升钻具。插好垫叉
后略微回绳,接头顶着内套(7)的内镗,压缩弹簧(6),使销子(11)进入内套(7)上的定

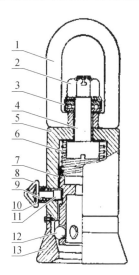

图6-2 球卡式提引器

1—提环;2—螺帽;3—轴承;4—轴杆;5—外壳;6,9—弹簧;7—内套;
8—销子手把;10—销子套;11—销子;12—钢球;13—导向套

位环槽内,此时内套(7)则不能向下移动,迫使钢球(12)沿着锥面退回,即可摘下提引器。

下钻时,将销子手把(8)转动90°,放在下钻位置,销子(11)不能进入内套的定位环槽内,使内套(7)在弹簧(6)的张力作用下处于最低位置,钢球(12)的间距缩至最小,牢牢地卡在接头的环槽内,有效地防止下钻时的跑钻事故。

球卡式提引器结构简单,制造容易,提升时不需要特制的提升接头,只要与带环槽的接头配套使用即可。其最大的缺点是在塔上摘挂立根困难,全凭操作升降机者的经验。

(3)卡块斜脱式提引器

卡块斜脱式提引器的特点是不需爬杆,升降工序可以平行作业,不受钻杆胶套的影响。

此类提引器的结构参见图6-3。由吊环(1)、推力轴承(2)、本体(3)、斜脱挡板(5)、卡块(8)、扭簧(7)及活门(11)等零件组成。

提钻前卸下枢纽轴(4)、活门(11)、活门销杆(10)及挡板(9)。

图6-3 卡块斜脱式提
引器

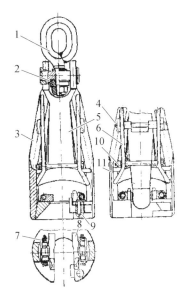

1—吊环;2—轴承;3—本体;4—枢纽轴;5—斜脱挡板;6—滑道架;
7—扭簧;8—卡块;9—挡板;10—活门销杆;11—活门

提钻时将提引器罩在孔口的钻杆锁接头上,由于提引器自重作用,钻杆锁接头顶开卡块(8)进入提引器内。当蘑菇头超过卡块(8)后,在扭簧(7)的作用下,恢复原位。稍许提动,则卡块卡住蘑菇头即可提升钻具。提升立根后,插好垫叉,回绳并下降提引器。在自重作用下,提引器沿斜脱挡板(5)脱开锁接头。继续下降以便提另一立根。

下钻前用枢纽轴(4)装上活门(11)及活门销杆(10),但不装挡板(9)。

移管至孔口对中,同时提起提引器。当提引器罩住锁接头后,卡块(8)卡住蘑菇头(如前述),此时锁接头被活门(11)及活门销杆(10)挡住,使之不能脱出提引器,然后吊起钻具下放。当提引器下降到孔口时,插好垫叉,坐稳于拧管机上,稍许回绳,将活门销杆(10)在滑道架(6)内提起,即可打开活门并从锁接头上摘下提引器,滑道架(6)可以导正提引器。

提起或放倒钻具时,应将挡板(9)装上(用后再取掉),以防钻具脱出造成事故。

卡块斜脱式提引器结构简单、制造容易、工作可靠、操作方便。

2. 吊环

吊环悬挂在大钩的耳环上用以悬持吊卡,有单臂和双臂两种形式,其结构参见图6－4。

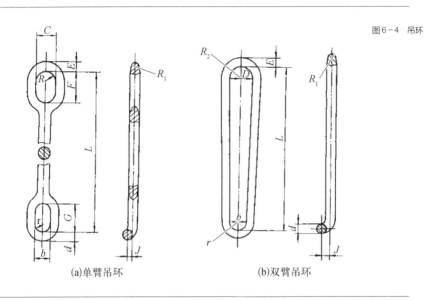

(a)单臂吊环　　　　　(b)双臂吊环

图6-4 吊环

吊环结构形式和基本参数已标准化,有统一的型号表示方法,如 DH350,SH150,第一个字母 D 为单臂型,S 为双臂型,第二个字母 H 是"环"字汉语拼音第一个字母,数字表示一副吊环的额定载荷×10 kN(tf)。吊环长度按供货要求确定。

吊环的额定载荷系列,DH 型有 DH 50,DH 75,DH 150,DH 250,DH 350 和 DH 500;SH 型有 SH 30,SH 50,SH 75 和 SH 150。

DH 型单臂吊环采用高强度合金钢(如 20SiMn2MoVA)整体锻造而成,特别适用于深井作业。SH 型双臂吊环采用一般合金钢(如 35CrMo)锻造、焊接而成,适用于一般钻井作业。

3. 吊卡

吊卡是悬挂在吊环上,扣在钻杆接头或套管接箍下面,用以提下钻杆、油管、套管的专用工具。

根据用途不同,吊卡可分为钻杆吊卡、套管吊卡和油管吊卡三类;按结构分可分为对开式、侧开式和闭锁环式三种。对开式吊卡(图6-5)适用于钻杆和套管,它重量较轻,开合比较方便,但制造比较复杂,适用于一吊(吊卡)一卡(卡瓦)起下钻,以及接头下部有18°锥度的钻杆。侧开式吊卡(图6-6)既适用于钻杆,也适用于套管和油管,它能用作双用卡起下钻,结构复杂,重量重,不宜用于接头下部有18°锥度的钻杆。闭锁环式吊卡(图6-7)只适用于小尺寸中等负荷的油管。

图6-5 对开式吊卡

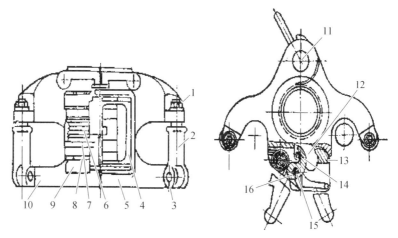

1—螺栓;2—耳环;3—耳销;4—锁板;5—右主体;6—扭力弹簧;7—弹簧座;8—长销;9—锁环;
10—左主体;11—轴销;12—右体锁舌;13—锁孔;14—锁销;15—短销;16—锁板

图6-6 侧开式吊卡

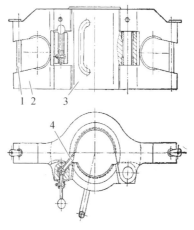

1—安全销;2—主体;3—活页;4—保险阻铁

图6-7 闭锁环式吊卡

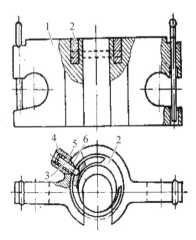

1—壳体;2—凹槽;3—插门;4—手柄;5—弹簧;6—弹簧底垫

　　侧开式吊卡目前应用得比较广泛,它主要由主体、活页、活页轴销、锁销手柄、上锁销、下锁销、双保险阻铁、弹簧、夹圈手柄和安全锁等组成。主要受力零件如主体、活页等多用合金钢35CrMo经调质热处理制成,也有采用20SiMn2MoVA低碳合金钢经淬火处理而成。安全起见,侧开式吊卡都装有保险锁紧机构,它利用钻杆或套管的台肩压住保险阻铁,将活页与主体锁住,以保证提升时活页不会脱开。侧开式吊卡两侧的开口圆孔称作吊耳,工作时吊环挂于此处后,插入安全销,以防吊环脱出。

6.1.2　　卡夹工具

　　井口卡夹工具形式多样,主要有垫叉、夹持器、卡瓦、动力卡瓦等。不同类型的钻机,配备不同形式的卡夹工具。

1. 孔口夹持器

　　夹持器作为岩心钻机的一个重要部件,其主要作用是在自动装卸钻杆时,与钻机的马达协调运动正反转,实现钻杆间对接、脱离,钻头拆卸等,必要时夹持孔内钻具,防止孔内钻具滑移,因此其性能的好坏将直接影响到钻机整机的性能、钻进效率以及钻孔质量等。

常用的夹持器主要可分为常闭式、常开式、液压松紧型和复合式等类型。

(1) 常闭式夹持器

常闭式夹持器靠弹簧的预紧力夹紧钻具,油压松开,在不工作时,处于夹紧钻具状态,常用在钻进大角度倾斜孔的钻机上。

一组经过预压缩的弹簧作用在斜面(图6-8中卡瓦座)或杠杆等增力机构上,使卡瓦座产生轴向移动,带动卡瓦径向移动,夹紧钻具;高压油进入卡瓦座与外壳形成的油缸,进一步压缩弹簧,使卡瓦座和卡瓦产生反向运动,松开钻具。

图6-8 斜面增力常闭式夹持器

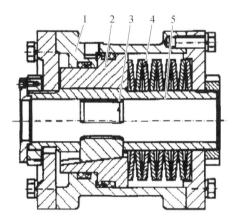

1—外壳;2—卡瓦座;3—卡瓦;4—碟形弹簧;5—主轴

此类夹持器结构紧凑、工作可靠、夹持力取决于弹簧预紧力不受油压变化的影响。可在突然停电时实现快速、可靠地夹紧钻具,防止跑钻事故。

(2) 常开式夹持器

常开式夹持器一般采用液压夹紧、弹簧松开的方式,在不工作时处于松开状态。这种夹持器结构与常闭式夹持器相似,不同的是弹簧和油缸使卡瓦产生的运动方向与常闭式相反。夹持器靠油缸的推力产生夹持力,油压的下降将直接引起夹持力的下降,一般需在油路上设置性能可靠的液压锁来保持压力。

（3）液压松紧型夹持器

夹紧松开都由液压力实现，结构较为简单，两侧油缸进油口分别通高压油时，卡瓦跟随活塞运动向中心收拢，夹紧钻具，改变高压油入口，卡瓦则背离中心，松开钻具。该类夹持器结构对称，但是夹紧力容易受油压力变化的影响。

（4）复合式夹持器

所谓复合式夹持器就是将常闭式夹持器与液压夹紧、弹簧松开式夹持器巧妙地结合在一起，见图6-9。其工作原理是利用压缩弹簧的预紧力来克服钻具自重，主油缸松开夹持器，副油缸侧连接一组碟簧，当高压油进入主油缸，推动主油缸缸体（4）向右移动，通过顶柱（5）将力传给右卡瓦座（9），碟簧（11）被进一步压缩，右卡瓦座右移；同时，在圆柱弹簧（15）的作用下，左卡瓦座左移，松开钻具。弹簧的预紧力和副油缸的合力用于克服钻具自重与钻机转矩的合力。副油缸在油路上与动力头反转相连。当钻机反转拧卸钻具时，高压油同时进入副油缸。副油缸活塞（12）对右卡瓦座产生推力，与压缩的碟簧共同夹紧钻具。

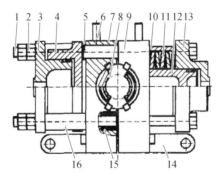

图6-9 复合式夹持器

1—螺栓；2—螺母；3—主油缸活塞；4—主油缸缸体；5—顶柱；6—插销；7—左卡瓦座；
8—卡瓦；9—右卡瓦座；10—碟簧套；11—碟簧；12—副油缸活塞；13—副油缸缸体；
14—导轨；15—圆柱弹簧；16—限位套

复合式夹持器开口量大、开启压力低、体积小、结构简单、性能可靠，并且也可以实现突然断电时夹紧钻具。但其结构设计较复杂，重量非对称布置，在某些特定的使用场合可能引起一定的偏载。

2. 卡瓦

卡瓦是用来将钻杆柱或套管柱卡紧在转盘上的工具,普通卡瓦如图 6-10 所示,外形呈圆锥形,可楔落在转盘的内孔中,组合后其内壁合围成圆孔并有许多钢牙,在起下钻、下套管或接单根时,可卡住钻杆或套管柱,以防落入井中。

图 6-10 卡瓦

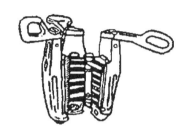

钻杆卡瓦为铰链销轴联结的三片式结构,如图 6-11 所示。钻铤卡瓦和套管卡瓦为铰链销轴联结的四片式结构,卡瓦体背锥度为 1:3。

图 6-11 三片式钻杆卡瓦

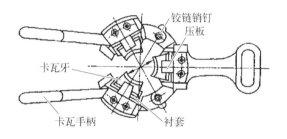

铰链销钉
压板
卡瓦牙
卡瓦手柄
衬套

卡瓦形式和基本参数已标准化,有统一的型号表示方法。前面的汉语拼音字母表示产品名称,W 为钻杆卡瓦,WT 为钻铤卡瓦,WG 为套管卡瓦;后面的第一组数字表示卡瓦的名义尺寸,单位为 in,即英寸;第二组数字表示额定载荷 kN(tf)。如 WT$5^1/_2$/750 表示内径为 $5^1/_2$in、额定载荷 750 kN 的钻铤卡瓦。

图 6-12 所示为安全卡瓦,它可以防止无台肩的管柱(如钻铤)从卡瓦中滑脱。增减牙板套的数量可以调整卡持钻铤的尺寸,拧紧调节丝杠上螺母,即可以卡紧夹持的钻铤。安全卡瓦是为无台肩的管柱人工造出一个挡肩,位于卡瓦之上,起双保险作用。

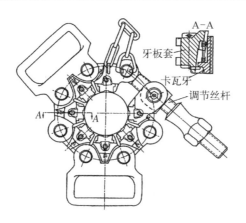

图6-12 安全卡瓦

牙板套

卡瓦牙

调节丝杆

3. 动力卡瓦

为免除钻井工人在井口来回搬运笨重的吊卡或卡瓦,加速提下钻作用,提高套管提下钻效率,在升降作用中可采用动力卡瓦,动力卡瓦一般为气动,并备有手动操作装置。

动力卡瓦有两种类型,一类安装在转盘外部,另一类安装在转盘内部。

(1) 安装在转盘外部的动力卡瓦

安装在转盘外部的动力卡瓦如图6-13所示。这类卡瓦适用于普通转盘,应用广泛。它利用气缸提放卡瓦,气缸支架在转盘体侧面,气缸活塞带动拨叉,拨叉带动可旋

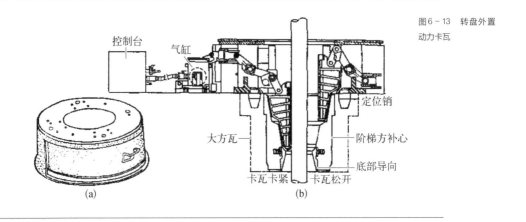

图6-13 转盘外置
动力卡瓦

控制台

气缸

定位销

大方瓦

阶梯方补心

底部导向

卡瓦卡紧   卡瓦松开

(a)   (b)

转的滑环,通过杠杆机构带动卡瓦体。当拨叉滑环下行时,卡瓦上行移动到阶梯方补心大孔位置,卡瓦体张开,允许管柱从卡瓦中心自由通过。当滑环上行时,卡瓦体下放,卡瓦体沿着阶梯方补心的锥孔收拢,卡住管柱。拨叉滑环的相对滑动允许转盘带动钻杆转动,卡瓦的动作由司钻控制台旁的脚踏控制阀操纵。

上提卡瓦体的力量为气缸的推力和管柱上行时与卡瓦间的摩擦力。动力卡瓦侧面装有活门[图6-13(a)],可以随时打开活门抬高管柱、离开井口,便于钻井操作。

(2) 安装在转盘内部的动力卡瓦

安装在转盘内部的动力卡瓦如图6-14所示,这类卡瓦配有特制的卡瓦座安放在转盘内以代替大方瓦。在卡瓦座的内臂上开有四个斜槽,四片卡瓦体可沿斜槽升降。卡瓦体沿斜槽下降时在径向收拢,卡紧钻杆或套管。卡瓦体沿斜槽上升时在径向分开,允许管柱从中自由通过。卡瓦体的升降靠气缸经杠杆驱动,卡瓦与卡瓦导杆的上端用提环连接,导杆的下端固定在滑环上。拨叉的一端带有滚轮,装在滑环槽形轨道中。拨叉可以带动滑环上下移动,也允许滑环转动。气缸用支架固定在转盘体上,并用脚踏气阀控制,气阀安装在司钻台下。卡瓦的尺寸可以根据钻杆或套管的直径进行更换。

图6-14 转盘内置动力卡瓦

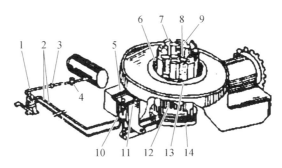

1—气阀;2—气阀线;3—滤清器;4—去湿器;5—气缸;6—转盘;7—卡瓦导杆;8—提环;
9—卡瓦体;10—支架;11—接头;12—滑环;13—卡瓦座;14—拨叉

在转盘内需要通过直径大于卡瓦体内径的钻头等工具时,卡瓦座可以从上面提出,卡瓦导杆和滑环可以从下面拿掉。

上述两类卡瓦各有优缺点。前者可以用于普通的转盘,便于推广;后者因升降机构在转盘内,结构紧凑,机件不易损坏。它们的共同缺点是只能用于提下钻操作,当需要钻进时,为了放入小方瓦,需要将动力卡瓦移离井口,比较麻烦。

6.1.3　丝扣拧卸装置

丝扣拧卸装置主要有吊钳、动力大钳、拧管机及方钻杆旋扣器等。

1. 吊钳

吊钳又名大钳,是用于拧紧或松开钻杆、套管等的连接螺纹的专用工具。根据用途不同,吊钳主要有钻杆吊钳和套管吊钳两种。吊钳的外观如图 6 - 15 所示。

图6 - 15　吊钳

吊钳的结构参见图6 - 16,主要由扣合钳(1)(6)、固定扣合钳(2)、吊杆(3)、钳柄(4)、短钳(5)、长钳(7)和吊钳牙板等组成。固定扣合钳、短钳和长钳的内表面上各装有吊钳牙板共四块,各钳头之间以铰链互相联结。扣合钳上有台肩、扣合钳(1)可扣住扣合钳(6)上的台肩,以便卡住管柱。扣合钳(6)有各种规格,更换不同规格的扣合钳(6)和扣合不同的台肩,可以卡住不同尺寸的管柱。

图6－16　吊钳结构

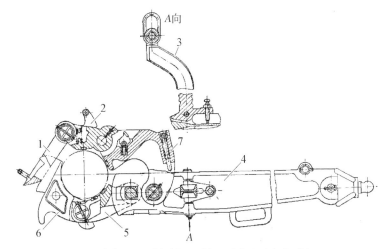

1、6—扣合钳;2—固定扣合钳;3—吊杆;4—钳柄;5—短钳;7—长钳

吊钳用钢丝绳吊在井架上,为了使工作时吊钳的上下位置能方便变换,吊钳钢丝绳绕过井架上的小滑车,拉到钻台下面并坠以重物,以平衡吊钳重量。

为了拧紧或松开接头丝扣,在钻台的两侧各吊一把吊钳,一把吊钳卡住钻柱接头连接处的下端,另一把吊钳卡住钻柱接头连接处的上端。卡住钻柱接头连接处上端的吊钳的尾部连接猫头绳,靠猫头牵引猫头绳拧紧或松开接头丝扣。

吊钳牙板的牙形有直牙、斜牙和圆弧牙等多种形式。

吊钳已标准化,用统一型号表示,如Q$3^3/_8$/75,Q代表钳,分子$3^3/_8$代表扣合范围,单位为英寸,分母75代表钳能承受的额定扭矩,单位为kN·m。

2. 动力大钳

动力大钳的用途是完成拧卸扣工作,替代工人在井口的繁重而危险的手工操作。因此要求动力大钳必须满足以下要求。

（1）卡紧可靠。对于钻杆动力大钳要求能在钻杆接头有不同程度磨损及磨偏时,都能可靠地卡紧。

（2）有足够的扭矩,以满足拧紧或卸开丝扣的需要。

（3）能准确、迅速地移向管柱并卡紧,工作完毕后又能自行松开并退回原处。

（4）操作使用简便,工效高。根据工作对象不同,动力大钳可分为钻杆钳、套管钳、油管钳及抽油杆钳等。后几种由于管子接头很少磨损,管径比较固定,所需的拧扣扭矩也较小,因此,可以成功地采用多种类型钳口卡紧机构,而钻杆钳则由于丝扣紧,接头常被磨损,对钳口卡紧机构的设计要求比较高。

根据所用动力的不同,动力大钳有气动、电动和液压等三类。

根据安装方式的不同,动力大钳有悬吊式与坐式两类,这两类都可以利用油缸或气缸来升降或进退。各种不同形式的动力大钳各有其优缺点及其适用的范围。

(1)电动油管钳

图6-17为一种比较成熟的玉门型电动油管钳示意图。油管钳以电动机为动力,动力输入到一个有高低两挡的变速箱,高挡直接由小圆锥齿轮(3)将动力传给大圆锥齿轮(4),再由齿轮(5)经过齿轮(6)转动缺口大齿轮(7),使固定于其上的上钳(8)旋转,进行拧扣。挂低挡摩擦离合器,则动力经两级齿轮减速,再由输出轴端的小圆锥齿轮输出。

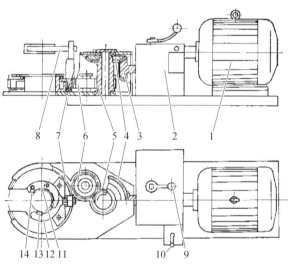

图6-17 玉门型电动油管钳示意

1—电动机;2—变速箱;3—小圆锥齿轮;4—大圆锥齿轮;5,6—齿轮;7—缺口大齿轮;8—上钳;9—变速箱手柄;10—手把;11—活钳头;12—死钳头;13—牙板;14—方牙

上钳(8)的钳口由活钳头及死钳头组成,其上有牙板及方牙,当上钳随缺口大齿轮(7)转动时,死钳头和活钳头的钳牙自动卡紧油管进行上扣或卸扣,钳口的最大拧扣扭

矩为 108 kg·m (图示为上扣位置)。固定钳可用另一管钳直接装到油管钳机架上。当需要改为卸扣时,可将上钳整体拔出,翻过来再装上使用,此时下部的固定钳也应换向使用。

(2) 液动钻杆钳

图 6-18 为 YQ-10000 型液动钻杆钳的示意图。YQ-10000 型液动钻杆钳为上、下钳合一的整体结构。下钳的钳口卡紧机构装在壳体内,而上钳的钳口部件则浮动于壳体之上。大钳的动力由低速大扭矩的液马达供给,经过一套两挡行星变速器变速,再经两级齿轮减速到缺口大齿轮,由它经过三个大销子传动上钳外环,从而带动上钳钳头卡紧钻杆上接头,进行上扣或卸扣。下钳则由气缸推动下钳钳头转动,以卡紧钻杆下接头。

图 6-18　YQ-10000 型
液动钻杆钳示意

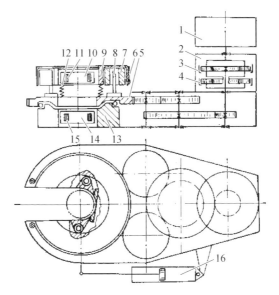

1—液压马达;2—行星变速器;3—上刹带;4—下刹带;5—缺口大齿轮;6—刹带;7—上钳外环;8—销子;
9—内环;10—上钳钳头;11—上钳牙;12—弹簧;13—壳体;14—下钳钳头;15—下钳牙;16—气缸

上下钳的钳口内各有一对月牙形钳头(图 6-19),内镶钳牙分别装在上钳外环及壳体内的弧形钳口里,在与月牙形钳头接触的钳口内有坡板,坡板内壁为螺旋斜面,其坡度角在 7°~11°。

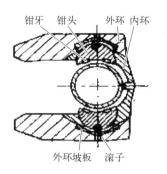

图6-19 上钳钳口卡紧
示意

钳牙　钳头　外环　内环

外环坡板　滚子

上钳钳口的卡紧原理是:当钻杆进入钳口后,刹车带将上钳钳头制动,并带动其相对于上钳外环上的坡板转动一个角度,此时钳头背部滚子即沿坡板的螺旋面滑动,迫使月牙形钳头向中心靠拢,由钳牙卡紧接头。当钳头卡紧钻杆接头后,松开制动,由上钳外环带动钳头卡住钻杆接头进行拧扣。

由于在拧卸扣过程中,上、下钳的钳头间的相互位置是变化的,因此要求上钳对下钳能相对浮动。图6-18中的上钳外环部分通过四个弹簧坐于缺口大齿轮之上,依靠弹簧的弹性可保证上钳口能有足够的垂直位移。为了能在钻杆接头有偏磨时仍能卡紧钻杆接头,与缺口大齿轮相连的三个主动大销子与上钳外环上的矩形孔槽间留有足够的间隙,以保证上钳口部件相对于缺口大齿轮作水平方向的位移。

当大钳进行冲扣动作(又称蹦扣,即将拧得很紧的丝扣拧松)时,为了能获得较大的扭矩,可利用行星变速器的低速挡,此时应摘开上刹带的离合器而挂合下刹带的离合器。当进行旋扣动作(丝扣不紧时的拧扣动作)时,要求钳口有较高转速,此时可换用高速挡,即摘开下刹带而挂合上刹带。这样依靠上、下刹带的交替离合,可在大钳运转过程中自由换挡,操作方便。

(3) 液动套管钳

液动套管钳的结构参见图6-20。液压马达(3)安装在齿轮变速箱(2)上,其动力经过变速箱减速后传给钳体,带动齿圈(7)旋转,而位于齿圈(7)内的钳头(9)在磁力制动器的制动下暂时不回转,直至爬坡滚子(14)沿坡板(10)爬坡,迫使钳头(9)向套管中心收拢卡紧套管后,钳头(9)才和齿圈(7)一起旋转进行拧扣。上扣与卸扣时,

图6-20 液动套管钳

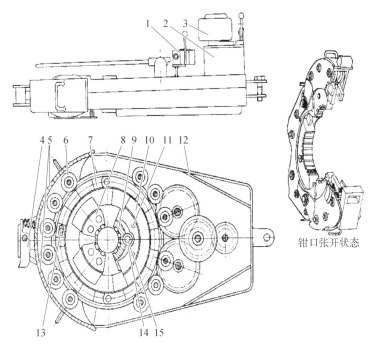

1—换向阀;2—齿轮变速箱;3—液压马达;4—活门;5—左右活钳体;6—偏心滚轮;7—齿圈;8—副钳头;
9—钳头;10—坡板;11—逆动销;12—壳体;13—旋转柱塞;14—爬坡滚子;15—滚子轴

钳口张开状态

齿圈转向不同。上扣或卸扣时,将逆动销(11)分别插入标有"上扣"和"卸扣"的孔中即可。齿圈(7)的正反转,靠三位四通手动换向阀(1)控制。高低速挡由变速手把进行切换。

套管钳的齿圈由三段组成,中间一段是半齿圈,两头两段都是1/4齿圈。1/4齿圈和半齿圈用铰链连接,两个1/4齿圈就像门一样绕绞链中心旋转打开,以便套管进入钳口。这样的三段结构,可以在同样钳头尺寸条件下使开口最大。当套管钳工作时,在两个1/4齿圈的连接处,用一个旋转柱塞将齿圈连成一个整体。在工作时左、右活钳体(5)用活门连接起来,以保证壳体有足够的强度和刚度。

钳头的制动和一般常见的制动方法不同,它是利用一块弯曲的 CoNiAlTi 磁钢作为磁力制动器进行制动。

套管钳的主要零部件采用 CrMo 合金钢制作,热处理后硬度都较高,传动副的硬度都在 HRC60 左右,坡板硬度达 HRC70 左右。

套管钳用钢丝绳悬挂(图6-21),人力移送,套管钳的最大扭矩靠调节三位四通阀上的安全阀加以限制,以防过载。

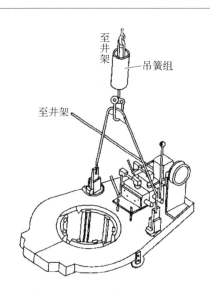

图6-21 液动套管钳悬挂方式

套管钳本身不带下钳,刚开始下套管时要用 B 形大钳辅助一下,当下入的套管具有一定重量后,只用卡瓦就可起到下钳的作用。

3. 方钻杆旋扣器

方钻杆旋扣器接在方钻杆和水龙头之间,取代通常接单根过程中的旋绳器、拉猫头等手工操作,可大大减轻钻井工人的劳动强度,提高接单根速度。

图6-22 所示为电动方钻杆旋转短节,由直流电机驱动。现在使用的旋扣器普遍由双向气马达驱动。电机或气马达直接由一对齿轮传动带动方钻杆旋接单根。

4. 旋绳器

旋绳器(图6-23)是专门用来旋接钻杆丝扣的工具。旋绳器的扇形牙板可以咬住钻杆接头外表面,旋绳一端缠绕在旋绳器上,另一端缠绕在猫头轮上。工作时通过拉猫头带动旋绳,使旋绳器快速旋转、实现钻杆丝扣的拧卸。

随着井口机械化程度的提高,旋绳器已逐渐被淘汰。

图6-22　方钻杆旋转短节

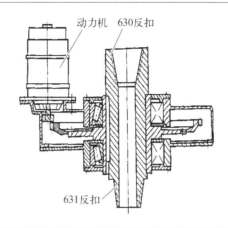

动力机　630反扣

631反扣

图6-23　旋绳器

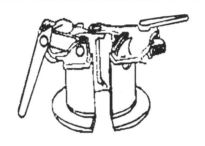

5. 液气大钳

液气大钳是目前应用最为广泛的井口装置,能完成拧卸扣、活动井下钻具等多种作业。液气大钳是背钳和转钳的复合体,将卡夹机构与拧卸扣装置合为一体。液气大钳通过钢丝绳悬吊在装于井架上的滑轮上,钢丝绳一端与液气大钳的吊杆相连,另一端与气葫芦相连,依靠气葫芦调节上下位置。进入与推出井口依靠液气大钳尾部的移送气缸来完成。

液气大钳的传动系统如图6-24所示,结构如图6-25所示。动力由液压马达(15)供给,经行星变速箱、两级齿轮减速后带动浮动钳头(转钳)旋转。钳头分上下两层,上钳为转钳,钳口夹紧钻杆等管柱后可正反向旋转,实现上扣与卸扣;下钳为背钳,钳口夹紧管柱后承受拧卸扣时的反扭矩。上下钳的夹紧机构、定位手把结构完全相同。

液压马达将动力传至两挡行星齿轮变速箱(旋扣时用高速挡,此时输出扭矩相对较低;冲扣时用低速挡,此时输出扭矩大),在不停车换挡刹车机构的配合下,实现高、低挡之间的切换。高挡时,液压马达驱动框架上的行星轮(游轮)Z_3,高挡刹带刹住外齿圈 Z_2,动力经中心轮(太阳轮)Z_1 输出。低挡时,液压马达驱动中心轮(太阳轮)Z_6 旋转,低挡刹带刹住外齿圈 Z_4,动力经行星轮(游轮)Z_5 输出(图 6-24)。

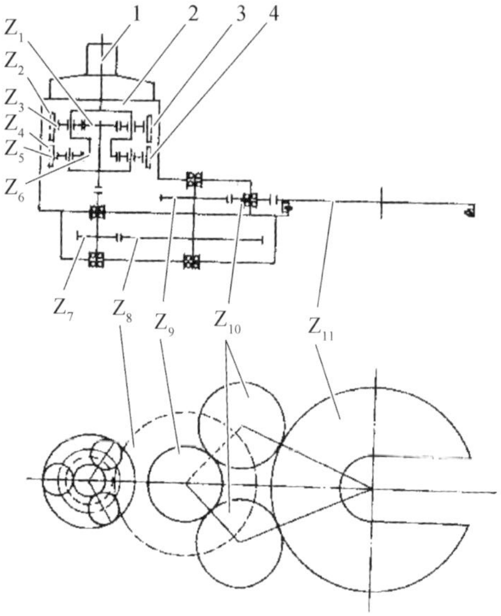

图 6-24 液气大钳传动
系统示意

1—液压马达;2—行星变速箱;3—高挡刹车;4—低挡刹车

下钳的钳口卡紧机构装在壳体内,由气缸推动钳头转动,卡紧钻杆下接头。上钳的钳口部件浮动于下钳壳体上方,动力经两挡行星变速器、二级齿轮减速(Z_7-Z_8、Z_9-Z_{10}-Z_{11})传到缺口大齿轮(7),再由三大销子(5)带动浮动体(1)转动。刹带(32)始终以一定的力矩刹住制动盘(24),带有颚板(钳头)的颚板架(29)与制动盘(24)用螺钉相连。当浮动体(1)开始转动时,因钳头(31)未与钻杆接头接触,故制动盘(24)和颚板架(29)均被刹住不转。但内壁为螺旋面、具有一定坡度角的坡板(36)随浮动体(1)转动,使坡板(36)相对于颚板(31)有一角位移,于是颚板(31)背部的滚子(35)便沿着坡板的螺旋面滑动上坡,并迫使钳头向中心靠拢,最后夹紧钻杆接头。此后,缺口大齿轮(7)带动浮动体(1)、制动盘(24)、颚板架(29)、钳头(颚板)(31)及管柱旋转,进行上卸扣作业。

旋扣过程中,上、下钳口座间的相互位置是变化的,要求上钳对下钳能相对浮动(图 6-25)。浮动体(1)通过四个弹簧(39)坐定在缺口大齿轮(7)上,依靠弹簧的弹性

图6-25　液气大钳结构
示意

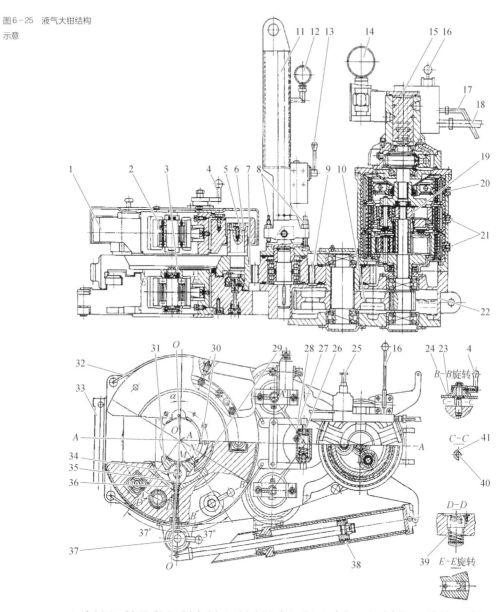

1—浮动体;2—牙板(钳牙);3—颚板架镶块;4—上钳定位把手;5—销子;6—套筒;7—缺口大齿轮;8—调节丝杆;9—惰轮;10—齿轮;11—吊杆;12—气压表;13—双向气阀;14—压力表;15—液压马达;16—手动换向阀;17—进油管;18—回油管;19—中心轮;20—高挡气胎;21—低挡气胎;22—下壳;23—套;24—制动盘;25—溢流阀;26—正反螺钉;27—刹带调节筒;28—连杆;29—颚板架;30—堵头螺钉;31—颚板(钳头);32—刹带;33—门框;34—颚板销子;35—颚板滚子;36—坡板;37—下钳定位手把;38—夹紧气缸;39—弹簧;40—定位销;41—定位转销

可保证浮动体(上钳口)有足够的垂直位移。

为保证在接头有偏磨时仍能夹紧管柱,浮动体还可以相对于缺口齿轮作水平方向的位移。该位移靠装在缺口齿轮上的三个销子(5)的套筒(6)与浮动体上的矩形孔槽间的大间隙来保证。

制动盘(24)外边的两根刹带(32)、连杆(28)和刹带调节筒(27)组成制动机构,转动调节筒内的弹簧(39)可以改变制动力矩的大小。

6. 拧管机

岩心钻探中,孔口拧卸扣的主要工具为拧管机。拧管机有机械式、电动式和液压式三种类型。机械式拧管机结构复杂、重量较大,现已基本被淘汰。电动式拧管机由于受野外供电条件的限制,也不常采用。目前,应用得比较广泛的为液压拧管机。

液压拧管机的结构见图6-26,它由操纵阀、液压马达、拧卸机构(拧管机本体)、冲击机构等组成。液压马达(1)通过花键轴(2)与马达齿轮(3)接合在一起。马达齿轮(3)与中间齿轮(4)相啮合,中间齿轮(4)与大齿轮(7)相啮合。大齿轮(7)以螺钉(8)与动盘(5)固定在一起。动盘(5)的外周为棘轮,动盘(5)上焊接有拨柱(12),拨柱(12)可以在回转时推动上垫叉(13)转动,以拧卸管柱丝扣。

图6-26 液压拧管机结构示意

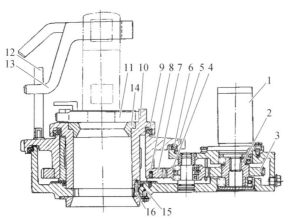

1—液压马达;2—花键轴;3—马达齿轮;4—中间齿轮;5—动盘;6、9、15—密封圈;7—大齿轮;
8、16—螺钉;10—静盘;11—下垫叉;12—拨柱;13—上垫叉;14—锥形套

　　静盘(10)通过螺钉(16)固定在拧管机的壳体上,静盘(10)的上面嵌放有锥形套(14),锥形套(14)上可放置下垫叉(11),在动盘(5)与静盘(10)各相对部位之间均有耐油胶圈密封(如9、6、15)。

　　为了可靠地卸开管柱螺纹的第一扣,在拧管机体的侧面,安装有棘轮冲击装置(即冲扣机构),如图6-27所示。冲扣油缸(1)固定在机体一侧的壳体上,油缸的两端分别有油管接头(11)和(12)与操纵阀的两个油口相接。缸中有活塞(2)与活塞杆(3),活塞杆(3)的前端与爪座(6)用螺钉固定,爪座(6)通过销轴(4)与棘爪(5)连接,棘爪(5)的前端连接复位弹簧(7),复位弹簧(7)的前端以定位销固定在爪座(6)上。

图6-27　液压拧管机的
冲扣机构

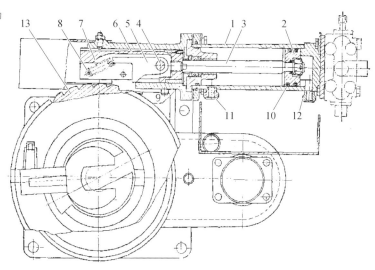

1—冲扣油缸;2—活塞;3—活塞杆;4—销轴;5—棘爪;6—爪座;7—复位弹簧;8—定位销;
9—密封压盖;10—活塞环;11、12—油管接头;13—棘轮

　　爪座(6)在活塞(2)的推动下带动棘爪(5)作往复位移,在移动时棘爪(5)可与棘轮啮合或分离。当其啮合时棘爪(5)对棘轮(13)进行冲击,这种冲击功即被用作增大卸开钻具第一扣的扭矩。

6.2　井控装置

为了确保钻井安全,在钻开高压油、气层时,必须有一套井口钻进控制设备,即井控装置或防喷系统。防喷系统与钻井液循环系统联合工作示意见图6-28。

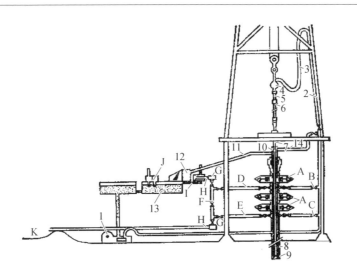

图6-28　钻井液循环系统与防喷系统示意

循环系统:1—泥浆泵;2—立管;3—水龙带;4—水龙头;5—方钻杆阀;6—方钻杆接头;7—钻杆;8—钻铤;
9—钻头;10—放溢管;11—钻井液出口管线;12—振动筛;13—泥浆罐;14—钻井液回灌管线
防喷系统:A—防喷器;B—压井管线;C—紧急压井管线;D—阻流管线;E—紧急阻流管线;F—阻流器管汇;
G—阻流器;H—放喷管线;I—飞溅箱;J—除气器;K—泥浆储存池

当钻井液柱静液压力小于地层流体压力时,地层流体将进入井筒,引起井涌(溢流),此时需利用井控装置防止井喷。

典型的井口控制装置结构组成如图6-29所示,其核心部件是防喷器。根据功能不同,防喷器可分为闸板防喷器、万能防喷器(环形防喷器)和旋转防喷器。根据地层情况和钻井工艺要求可将几种防喷器进行组合以组成防喷器组,见图6-30。

防喷器应满足以下钻井工艺要求:安全可靠,耐压能力高,操作方便,能快速关闭和开启,可在司钻台上控制,也可在远离井口的远程控制台上控制,能够有控制地泄压放喷。同时,要求能在不压井的情况下进行边喷边钻进、起下钻具、完井和换装井口等作业。

图6-29 井口控制装置
示意

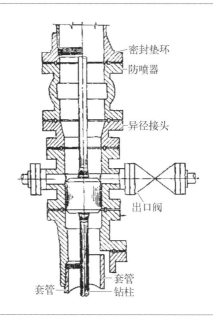

密封垫环
防喷器
异径接头
出口阀
套管
套管
钻柱

图6-30 防喷器组示意

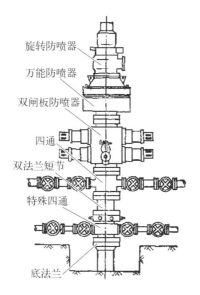

旋转防喷器
万能防喷器
双闸板防喷器
四通
双法兰短节
特殊四通
底法兰

　　国产防喷器的型号由代号和基本参数组成,代号用汉字拼音字母表示,FH 代表环形防喷器,FZ 代表单闸板防喷器,2FZ 代表双闸板防喷器,第一组数字表示直径,单位为 cm;第二组数字表示额定工作压力,单位为 MPa。例如 FZ35－35 表示公称直径为

35 cm、额定工作压力为 35 MPa 的单闸板防喷器。

6.2.1　双闸板防喷器

　　双闸板防喷器的结构参见图6-31。上部为半封闸板,下部为全封闸板,故又称两用防喷器(全封、半封)。当井内有钻具时,可封闭套管(或井壁)与钻具间的环形空间,称为半封;当井内无钻具时可封闭井口,特殊情况下配以剪切闸板可切断钻具封井,称为全封。在关井情况下,可通过旁侧出口连接管汇进行钻井液循环、节流放喷、压井等作业。闸板由橡胶芯子、闸板体、盖板和螺钉组成,如图6-32所示。闸板体由合金钢制成,能承受高压力;橡胶芯子有较高的强度和韧性,保证高压下密封性能良好。

　　当液压油通过高压胶管进入壳体内藏式油道后,进入左右液缸活塞后腔,推动活塞闸板轴及左右闸板总成分别向井口中心移动,实现封井。当高压油进入左右液缸活塞前腔,推动活塞闸板轴及左右闸板总成向离开井口中心方向运动,打开井口。闸板开关由液控系统手动换向阀控制,一般5~10 s即可完成关闭动作。

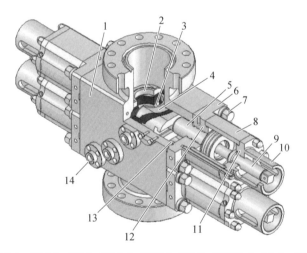

图6-31　双闸板防喷器

1—壳体;2—前密封;3—闸板;4—顶密封;5—闸板轴;6—侧门;7—侧门螺栓;8—油缸;9—锁紧轴;
10—护罩;11—锁紧轴密封件;12—闸板轴密封件;13—侧门密封圈;14—进油法兰

图6-32 闸板结构示意

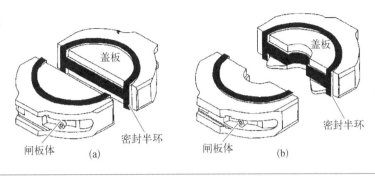

闸板防喷器要有四处密封起作用才能有效地密封井口,即闸板顶部与壳体、闸板前端与管子、壳体与侧门、闸板轴与侧门。

闸板的密封过程分为两步:一是在液压油作用下闸板轴推动闸板向中心移动,两前密封互相挤压变形密封前部,顶密封胶件与壳体间靠胶件过盈压缩密封顶部,从而形成初始密封;二是在井内有压力时,井压从闸板后部推动两闸板向中心挤压,使前密封进一步受到挤压变形,同时井压从下部推动闸板上浮贴紧壳体上密封面,使顶密封更加密封可靠,即为井压助封原理,实现高压密封。

6.2.2 环形防喷器(万能防喷器)

环形防喷器一般结构如图6-33所示。当井内无钻杆时能封闭井口,且能对工作通径以下的任何形状的钻柱、油管、套管、方钻杆、测井电缆、钢丝绳等进行密封,胶芯能通过带18°锥度的钻杆接头强行起、下钻柱,故又称万能防喷器。

环形防喷器的工作原理是当液压油进入下油缸推动活塞上行时,推挤胶芯向内收缩实现密封;液压油进入上油缸时,活塞下行,胶芯胀开复原。

图6-34是一种球形胶芯万能防喷器,是专为满足海上钻井工艺需要而设计的,可以装在水下器具内,也可以装在钻井浮船上。结构上的突出特点是胶芯呈球形,壳体上腔也相应为球形,当胶芯封住钻杆柱时,芯子与防喷器体形成球铰,允许钻杆柱对防喷器有相对摆动。

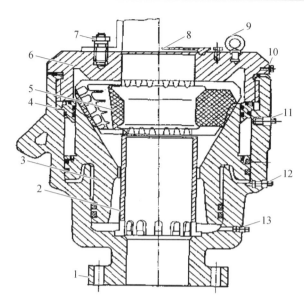

图6－33 环形防喷器

1—壳体;2—支持筒;3—活塞;4—防尘圈;5—胶芯;6—顶盖;7—螺栓;8—阀盖;
9—吊环;10—挡圈;11—上接头;12—下接头;13—接头

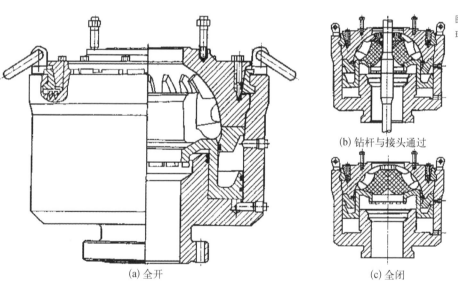

(a) 全开

图6－34
球形防喷器

(b) 钻杆与接头通过

(c) 全闭

6.2.3 旋转防喷器

旋转防喷器一般结构如图 6-35 所示。其作用主要是与闸板或万能防喷器联合工作以实现边喷边钻。旋转筒通过轴承坐于外壳,钻杆带动自封头和旋转筒在外壳内旋转。

图 6-35 旋转防喷器

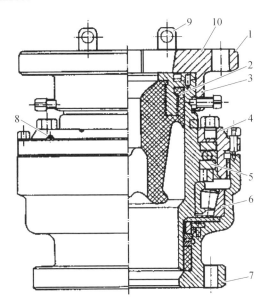

1—旋转头;2—自封头;3—旋转筒;4—顶盖;5、6—轴承;
7—外壳;8—注油杯;9—方补心;10—圆柱销

第 7 章

井下工具

7.1   403-413   螺杆钻具

403   7.1.1 螺杆钻具的结构组成

408   7.1.2 螺杆钻具分类

410   7.1.3 螺杆马达的工作特性

7.2   413-421   涡轮钻具

414   7.2.1 涡轮钻具的结构组成

415   7.2.2 工作液在涡轮中的运动

416   7.2.3 涡轮钻具的工作特性

7.3   421-448   水平定向钻井工具

422   7.3.1 常规钻进造斜工具

425   7.3.2 滑动钻进造斜工具

427   7.3.3 旋转导向工具

434   7.3.4 国外典型旋转导向钻井系统

7.4   449-468   井下事故处理工具

449   7.4.1 套管开窗工具

452   7.4.2 震击解卡工具

459   7.4.3 钻具打捞工具

464   7.4.4 井下落物打捞工具

页岩气钻井施工中,需要使用各种各样的井下工具,这些井下工具包括螺杆钻具、涡轮钻具、水平定向钻井工具、井下事故处理工具等。

7.1　　螺杆钻具

螺杆钻具是一种容积式井下动力钻具。由于其本身结构和性能方面的一系列优点,自 20 世纪 50 年代中期问世以来,广泛地应用于常规油气资源、煤层气、页岩气、固体矿产资源等的勘探开发中。螺杆钻具常用于定向井、大斜度井、水平井、大位移井、多分支井、丛式井等特殊工艺井的井眼轨迹控制,以完成造斜、纠斜、扭方位等施工作业。

7.1.1　　螺杆钻具的结构组成

螺杆钻具的结构如图 7-1 所示。它由旁通阀(1)、螺杆马达总成(2)、万向轴总成(3)和传动轴总成(4)等组成。螺杆马达是一个由钻井液驱动的容积式动力机,它只有两个元件,即转子(7)和定子。转子(7)是一根表面镀有耐磨蚀材料的钢制螺杆,定子则是一根在内壁硫化有橡胶衬套(6)的钢管(5)。橡胶衬套内孔为一螺旋曲面的型腔(图 7-1 的 A-A 剖面图)。转子(7)的下端与万向轴总成(3)相接,万向轴总成(3)的下端与传动轴总成(4)相接。在一般的螺杆钻具中,定子固定,转子在压力钻井液驱动下绕定子的轴线作行星运动。万向轴则将转子行星运动中的自转部分传递给传动轴,使传动轴做定轴转动,以驱动装在它下端的钻头。旁通阀装在马达的上端,其作用是在提下钻(停泵)时,由旁通口提供钻柱内外钻井液的通道。当钻具正常钻进或循环钻井液时,旁通口关闭,压力钻井液全部进入马达。

1. 旁通阀总成

旁通阀是螺杆钻具的辅助部件,它的作用是在停泵时使钻柱内空间与环空沟通,以避免起下钻和接换单根时钻柱内钻井液溢出污染钻台,影响正常工作。

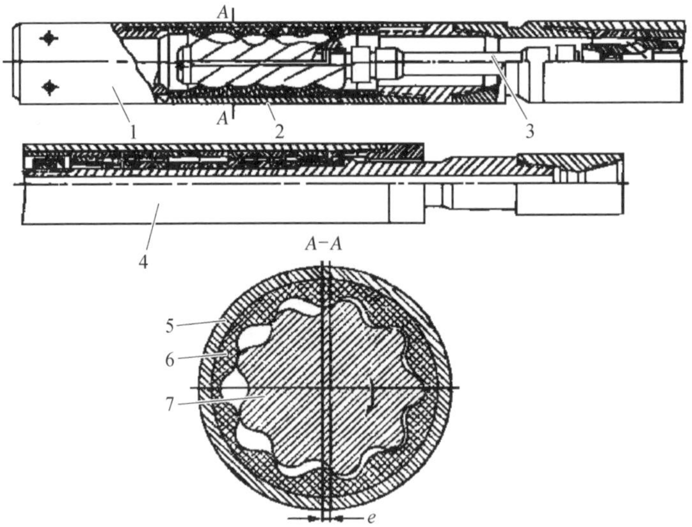

图 7-1 螺杆钻具结
构组成

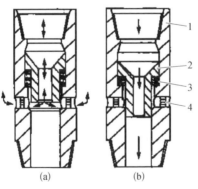

1—旁通阀;2—螺杆马达总成;3—万向轴总成;4—传动轴总成;5—钢管;6—橡胶衬套;7—转子

如图 7-2 所示,旁通阀由阀体(1)、阀芯(2)、弹簧(3)、筛板(4)等组成。开泵时,
钻井液压力迫使阀芯(2)向下运动,使弹簧压缩并关闭阀体上的通道(一般有 5 个沿圆
周均匀分布的通道孔,内装筛板过滤异物)。此时螺杆钻具可循环钻井液或正常钻进。
停泵时,钻井液压力消失,被压缩的弹簧伸长使阀芯(2)上行,旁通阀开启,使钻柱内空
间与环空沟通。

图 7-2 旁通阀结构

(a)　　　　(b)

1—阀体;2—阀芯;3—弹簧;4—筛板

　　显然,旁通阀不是螺杆钻具工作时的**必需**部件。在水平钻井中,为了防止停泵时环空钻井液内的岩屑从旁通阀的筛板进入马达,往往不装旁通阀,或将旁通阀的弹簧取出来使旁通阀呈常闭状态,而在直井段的钻柱上安装一个钻柱旁通阀,来代替钻具旁通阀的作用。

　　2. 马达总成

　　马达是螺杆钻具的动力部件,马达总成实际上是由转子和定子两个基本部件组成的单螺杆容积式动力机械。转子是一根表面镀有耐磨材料的钢制螺杆,其上端是自由端,下端与万向轴相连。定子包括钢制外筒和硫化在外筒内壁的橡胶衬套,橡胶衬套内孔为一个螺旋曲面的型腔。图7-3示出了马达转子和定子在某一横截面上的线型关系。根据马达线型理论研究结论可知,转子线型和定子线型是一对摆线类共轭曲线副,常用的马达转子若为 N 头摆线线型,则定子必为 $N+1$ 头摆线线型;转子和定子曲面的螺距相同,导程之比为 $N/(N+1)$。在工程上,N 一般取 1~9 的正整数。由于万向轴约束了转子的轴向运动,所以高压钻井液在流过马达副时,不平衡水压力驱动转子作平面行星运动,转子的自转转速和力矩经万向轴传给传动轴和钻头。转子轴线和定子轴线间有一距离,称为偏心距,一般以 e 表示。

图7-3　螺杆马达结构

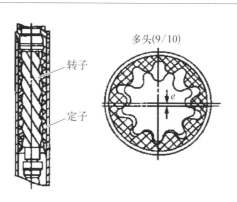

　　螺杆马达有单头($N=1$)和多头($N\geq2$)之分。图7-3所示为9头马达结构截面图。图7-4所示为单头($N=1$)马达结构截面图。

　　定子橡胶衬里有一定的耐温性能和抗油性能。目前绝大多数螺杆马达的衬里都

单头(1/2)

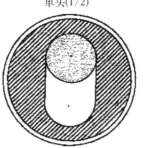

图7-4 单头螺杆马达
结构

采用丁腈橡胶,这在一般的水基钻井液和水包油钻井液中使用良好。但因水平井常用油基钻井液,会造成橡胶膨胀,影响螺杆钻具的工作性能和寿命。对于深井和地温梯度高的水平井,选择螺杆马达时应考虑橡胶的耐温性能,必要时要选用特殊的抗高温橡胶。

3. 万向轴总成

万向轴总成由壳体和万向轴两个元件组成。壳体通过上、下锥螺纹分别和马达定子壳体下端及传动轴壳体上端相连接。直螺杆钻具的万向轴壳体无结构弯角,而弯壳体螺杆钻具的万向轴壳体则是一个带有结构弯角的弯壳体。万向轴有几种不同的结构形式,例如应用最普通的瓣形连接轴(图7-5)和挠性连接轴(有一定柔度、上下两端为连接螺纹的光轴),以及其他形式的万向轴。万向轴的上端和马达转子下端相连,而下端则和传动轴上端的导水圈相连。万向轴的作用是将马达转子的平面行星运动转化为传动轴的定轴转动,同时将马达的工作转矩传递给传动轴和钻头。

螺杆钻具在工作或循环钻井液时,从马达内流出的钻井液穿过万向轴壳体内壁与万向轴之间的空间,通过传动轴上端导水圈的通道进入传动轴的内部通道,然后从钻头水眼流出。

挠性连接轴的结构如图7-6所示。它是一根两端制有螺纹的细长光轴,依靠其弹性变形,满足安装偏心距并在工作过程中传递轴向压力和扭矩。由于挠性连接轴很长,为缩短螺杆钻具的总长度,将它装在马达转子内孔中(转子内专门镗出细长孔),其上端和转子上端的母螺纹相连,其下端和传动轴导水圈的螺纹相连。

图7-5 万向轴总成

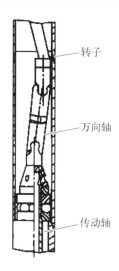

转子

万向轴

传动轴

图7-6 挠性连接轴

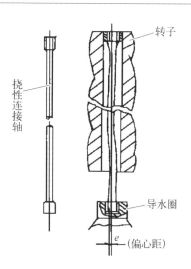

挠性连接轴

转子

导水圈

e（偏心距）

4. 传动轴总成

传动轴总成的结构如图7-7所示。它由壳体、传动轴、上部推力轴承、下部推力轴承、径向扶正轴承组及其他辅助零件总装组成。上、下推力轴承分别用来承受钻具在各种工况下产生的轴向力。径向扶正轴承组则用于对传动轴进行扶正,保证其正常工作位置。早期的螺杆钻具传动轴不采用滚动径向轴承组,而是用一个套筒型的滑动

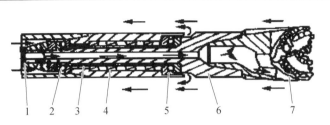

图7-7 传动轴总成

1—万向轴;2—上推力轴承;3—限流器;4—径向扶正轴承;5—下推力轴承;6—钻头短节;7—钻头

轴承,它是在钢制圆筒内壁压铸耐磨橡胶而成的,在橡胶内壁刻有沿圆周均布的轴向沟槽,用于对分流润滑和冷却轴承的钻井液进行限流,因此通常称为限流器。流经万向轴壳体的钻井液从导水圈进入传动轴的中间流道,同时也有一小部分钻井液(约7%以内)流经轴承组进行润滑和冷却,然后从传动轴壳体下部排向环空。

传动轴总成的推力轴承是螺杆钻具最易损坏的部位,因为螺杆钻具在恶劣的井底环境中工作时,轴承组负荷重,且为幅度很大的交变载荷,很易造成滚珠、滚道磨损,甚至碎裂。理论分析和现场使用经验表明,这种情况常发生在上部推力轴承。因此,对轴承组结构与材质的改进一直是螺杆钻具设计研究的重点,例如将轴承材质改为优质的 TC(碳化钨)硬质合金,将滑动扶正轴承换为滚动径向扶正轴承等。

7.1.2　螺杆钻具分类

螺杆钻具的性能特点是由其动力部件螺杆马达决定的。螺杆马达虽然结构简单,只有两个基本元件定子和转子,但却有以下两个突出特点:

① 理论转矩与马达进出口间的压差成正比。

② 理论转速与通过的流量有关而与钻压无关。

这两个特点对于钻井作业具有十分重要的意义。由于理论转矩与马达进出口间的压差成正比,螺杆钻具的输出扭矩与螺杆钻具所消耗的钻井液压降基本成正比,所以可通过钻台上的立管压力表数据变化来反映井下螺杆钻具的扭矩情况;当钻压增大时,钻井液压降相应变大,导致扭矩增加,有助于增大井底切削力矩;当井口立管压力表的读数突然增大时,表明井下切削力矩突然变大,可适时减小钻压以减小切削力矩,防止钻具超载。由于理论转速与通过的流量有关而与钻压无关,螺杆钻具的转速基本上只与流量有关而受钻压影响很小,而钻进过程中流进钻具的钻井液排量是固定的,因此,螺杆钻具的转速基本不变,不因加大钻压而造成钻头转速明显下降。这说明螺杆钻具具有很好的过载性能和硬机械特性。

螺杆钻具的分类方法很多,最常用的是根据其螺杆马达的结构特征与结构参数、螺杆钻具外径、万向轴壳体结构进行分类。

1. 按螺杆钻具万向轴壳体结构特征分类

根据螺杆钻具的万向轴壳体是否带有结构弯角,可将螺杆钻具划分为直螺杆钻具(无结构弯角)和弯壳体(或叫弯外壳)螺杆钻具(带结构弯角)。直螺杆钻具上方加配弯接头主要用于钻常规定向井。弯壳体螺杆钻具主要用于钻水平井、大位移井、多分支井等,而且随着钻井技术发展及螺杆钻具弯壳体品种规格的增加,弯壳体螺杆钻具的应用更加普遍。

2. 按螺杆钻具(马达)的公称外径分类

这种分类方法便于钻井工作者根据所钻的井眼尺寸来选择相应直径的螺杆钻具(马达),或螺杆钻具的设计制造单位根据井眼尺寸系列来开发生产螺杆钻具的系列与规格。如用于216 mm 井眼的最常用螺杆钻具为165 mm,但不同国家、不同厂商往往针对同一井眼尺寸生产出外径相近的产品,以增加使用者的选择余地,如172 mm 螺杆钻具同样可以在 216 mm 的井眼中使用。常见的用于中、大尺寸井眼的螺杆钻具有 $\phi165$ 与 $\phi172$(用于 $\phi216$ mm 井眼)、$\phi197$ 与 $\phi203$(用于 $\phi244$ mm ~ $\phi311$ mm 井眼)、$\phi244$(用于 $\phi311$ mm 以上井眼)。常见的用于小尺寸井眼($\phi152$ mm 以下)的螺杆钻具有 $\phi120$、$\phi100$、$\phi95$、$\phi89$、$\phi54$ 等。这些小尺寸螺杆钻具多用于油气井的套管开窗侧钻和修井作业,以及地质勘探和其他地下工程的钻小孔作业。

3. 按螺杆马达的结构特征分类

(1)按螺杆马达转子端面线型的"头"数 N 分类

按螺杆马达转子端面线型的"头"数 N(又称波瓣数)可将螺杆钻具分为单头钻具和多头钻具。一般可取 $N = 1 \sim 9$,$N = 1$ 为单头马达(钻具),$N \geqslant 2$ 为多头马达(钻具）。单头马达具有高转速、小扭矩特性,多头马达具有低转速、大扭矩特性。

（2）按马达转子与定子头数的关系分类

从原理上讲,只要马达转子与定子头数的差值为1,均可构成螺杆马达,因此,按马达转子与定子头数的关系,螺杆钻具可分为 $N/(N+1)$ 和 $N/(N-1)$ 两种类型。目前在钻井作业中普遍采用的均为 $N/(N+1)$ 型螺杆马达（钻具）,如1/2、3/4、5/6、9/10等。

（3）按马达的"级"数分类

螺杆马达定子-转子运动副的长度与定子导程长度的比值,即定子-转子运动副所包含的定子导程的整倍数,工程上称为螺杆马达的级数。级数选择是马达设计要考虑的重要内容。级数 $S \geqslant 1$ 才能构成可应用的马达。实际用于钻井作业的螺杆钻具马达,单头的多在3级以上,多头的多在2级以上。级数越大,马达可输出的工作力矩越大。

7.1.3　螺杆马达的工作特性

螺杆马达的工作特性（即外特性）包括理论工作特性和实际工作特性。了解和掌握螺杆马达的外特性,对于正确选择和使用螺杆钻具至关重要。

1. 螺杆马达的理论工作特性

单螺杆马达是典型的容积式马达,其理论转矩和理论功率与转速有如下关系:

$$M_{\mathrm{T}} = \frac{1}{2\pi}\Delta p\, q \qquad\qquad (7-1)$$

$$n_{\mathrm{T}} = \frac{60Q}{q} \qquad\qquad (7-2)$$

$$N_{\mathrm{T}} = \Delta p\, Q \qquad\qquad (7-3)$$

式中, M_{T} 为马达的理论转矩; n_{T} 为马达的理论转速; N_{T} 为马达的理论功率; Δp 为马达进出口压力降; q 为马达每转的排量,与螺杆的线型和几何尺寸有关,为结构参数; Q 为流经马达的流量。

从式（7-1）~式（7-3）可以看出:

（1）螺杆马达的转速只与流量 Q 和结构参数 q 有关,而与工况(钻压、扭矩等)无关。

（2）螺杆马达的输出扭矩与压降 Δp 和结构参数 q 有关,而与转速无关。

（3）转速和转矩是各自独立的两个参数。

（4）螺杆马达具有硬转速特性(不因负载 M 的增大而降低)和良好的过载能力(Δp 增大可导致工作转矩 M 变大)。

（5）泵压表可作为井底工况的监视器,由 Δp 来判断和显示井下工况(钻头上的扭矩和钻压)。

（6）转速 n 随流量 Q 的变化而线性变化,因此,可通过调节流量 Q 来进行转速调节。

（7）扭矩与转速均与结构(结构参数 q)有关,增大马达的每转排量,可获得适合于钻井作业的低速大扭矩特性。

螺杆马达(单螺杆马达)的理论工作特性曲线见图7-8。

图7-8　螺杆马达理论特性曲线

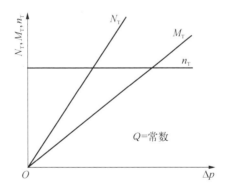

2. 螺杆马达的实际工作特性

实际工作中,螺杆马达存在转子与定子间的摩擦阻力和密封腔间的漏失,其他部分(如传动轴的轴承节)也存在机械损失和水力损失,因此螺杆马达存在机械效率 η_m 和容积(水力)效率 η_V,其总效率 η 为

$$\eta = \eta_m \eta_V \tag{7-4}$$

其实际转矩 M、实际输出转速 n 和实际输出功率 N_0 为

$$M = M_T\eta_m = \frac{1}{2}\Delta p q \eta_m = \frac{1}{2}\Delta p_2 q C \qquad (7-5)$$

$$n = n_T\eta_V = \frac{60Q}{q}\eta_V \qquad (7-6)$$

$$N_0 = N_T\eta = \Delta p Q \eta \qquad (7-7)$$

式中,C 为马达的转矩系数。

$$C = \eta_m\left(1 + \frac{\Delta p_1}{\Delta p_2}\right) = \eta_m\frac{\Delta p}{\Delta p_2} \qquad (7-8)$$

图 7-9 是某螺杆马达由实验台架作出的实际工作特性曲线。图中 Δp_1 称为马达启动压降,视转子与定子间的配合松紧程度而定,一般为 $0.5 \sim 1$ MPa;Δp_2 称为负荷压降,又称工作压降;Δp 称为负荷压降。三者之间的关系为

$$\Delta p = \Delta p_1 + \Delta p_2 \qquad (7-9)$$

$$\Delta p_2 = \Delta p - \Delta p_1 \qquad (7-10)$$

图 7-9 中的 η_L 曲线称为负荷效率曲线,负荷效率是指在不计马达启动压降时,工作阶段输出机械能与水力能的比值关系的一种计算效率。

$$\eta_L = \eta \frac{\Delta p}{\Delta p_2} \qquad (7-11)$$

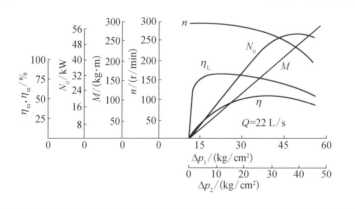

图 7-9 某螺杆马达的
实际工作特性曲线

对比螺杆马达的理论工作特性曲线(图7－8)和实际工作特性曲线(图7－9),可以发现螺杆马达的理论工作特性和实际工作特性间的差异,具体如下。

(1) 由于容积效率 η_V 的影响,导致实际转速 n 随 Δp 的增大而降低。

(2) 转速差 $\Delta n = n_T - n$ 是由马达定子橡胶衬套在 Δp 作用下的变形和漏失所引起的。

(3) 转矩 M 与 Δp 成线性相关,M 随 Δp 的增大而线性增加,表明螺杆马达实际上有良好的过载能力。

(4) 当钻压变大时,导致钻头阻力矩增加,此时马达压降 Δp 增大导致马达转矩 M 增大,以克服阻力矩,但同时也会导致相应的转速降低。

当 Δp 逐渐增大达到临界值 Δp_c 时,$n = 0$,钻头转速为零,出现制动,此时转矩 M 达到 M_{max},称为制动力矩。当钻具出现制动时,进入马达的钻井液流量 Q 全部由转子和变形了的定子橡胶衬里间的缝隙漏失,$\eta_V = 0$,转子停转,总效率 $\eta = 0$。制动工况使钻具的转子、万向轴和传动轴承受最大扭矩 M_{max},密封线承受最大压差 Δp_c,对工具危害甚大,因此应予避免。在操作时应缓慢施加钻压,如果一旦发生制动工况(此时钻台上泵压表数值突增),应立即将钻具提离井底循环钻井液,待泵压表上的压力值下降后再下放钻具缓慢施加钻压。

由上述分析可知,螺杆钻具的实际转速特性与 Δp 有关,而变得比理论特性要"软"。但是,转速曲线 $n - \Delta p$ 的前面部分相对平缓,下降速率相对较小,所对应的负荷效率 η_L 值较大。定义负荷效率最大的工况为螺杆钻具的工作点,工作点对应的工作参数应是钻具工作的最优参数,如产品说明书上推荐的额定排量、额定钻压、额定扭矩、额定转速和额定功率。按照规定,用户在现场应用中应尽量使螺杆钻具工作在其工作点附近。在这一范围内,螺杆钻具仍具有很强的转速硬特性。

7.2　涡轮钻具

涡轮钻具是一种叶片式井下动力钻具。它将钻井液的压能和动能转变为输出轴转动的机械能量,进而驱动钻头转动以破碎岩石。涡轮钻具 1873 年问世以来,随着钻具性能和轴承寿命的不断提高,由于其没有橡胶件但却能适应高温环境的突出优点,越来越普遍地被应用在深井、超深井的钻井作业中。

7.2.1　涡轮钻具的结构组成

普通涡轮钻具主要由涡轮节、万向轴和传动轴三部分组成,如图 7 - 10 所示。涡轮节由涡轮定转子、扶正轴承、主轴及外壳等组成,将钻井液的压能和动能转换为主轴旋转的机械能。万向轴由壳体和挠轴等组成,传递扭矩和水力载荷,挠轴可产生小角度弯曲,便于定向钻进,钻进直井时涡轮钻具可不带挠轴。传动轴主要由径向硬质合金滑动轴承(TC 轴承)、止推轴承、轴及壳体等组成,承担上部钻具的自重、轴向水力载荷、钻压及钻头的反扭矩等。减速涡轮钻具主要由涡轮节与减速器两部分组成。

图 7 - 10　涡轮钻具结构

涡轮钻具中最主要的工作元件是涡轮(图 7 - 11),而涡轮又由定子(图 7 - 12)和转子(图 7 - 13)组成。涡轮定子包括圆筒状的定子本体、若干个定子叶片和圆环状定子叶冠三部分,若干个定子叶片沿定子本体的内圆周表面均匀布设。涡轮转子包括圆

415

图7-11 单级涡轮

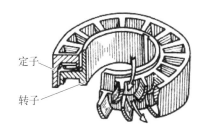

定子

转子

图7-12 涡轮定子

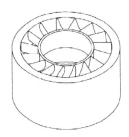

图7-13 涡轮转子

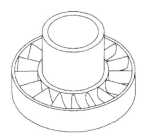

筒状的转子本体、若干个转子叶片和圆环状转子叶冠三部分,若干个转子叶片沿转子本体的外圆周表面均匀布设。高压工作液流通过涡轮时,分别与涡轮定子和涡轮转子叶片相互作用,发生动量矩的改变,使液体压能和动能转化为涡轮钻具输出主轴上的机械能。涡轮钻具中的易损件为径向扶正轴承和轴向止推轴承。

7.2.2 工作液在涡轮中的运动

涡轮钻具中涡轮定子与涡轮转子是轴流式的,轴流涡轮的特点是液体沿轴向流动,如图7-14所示。液体自涡轮定子中沿叶片方向流出,进入下部涡轮转子,一方面随涡轮转子旋转做圆周运动(具有圆周速度 u),另一方面沿涡轮转子叶片方向流出(具有与涡轮转子叶片的相对速度 w),接着进入下一级涡轮定子,直到最下部涡轮。

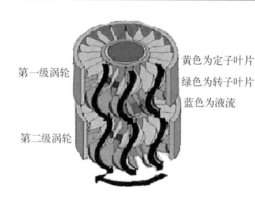

图7-14 液体在涡轮中
流动示意

第一级涡轮

第二级涡轮

黄色为定子叶片
绿色为转子叶片
蓝色为液流

涡轮钻具工作时,在不同载荷条件下,涡轮转子圆周转速会发生改变,因而工作液体会以不同相对速度进入涡轮转子。重载时,转子旋转圆周速度降低,液体将与涡轮叶片正面发生冲击,在叶片进口背面产生漩涡,水力损失增加。当载荷很轻时,圆周速度将增大,液体将与涡轮叶片背面发生冲击,在叶片进口前方产生漩涡,水力损失也会增加。显然,只有在合适的中等载荷条件下才可以保证液流相对速度的方向与转子进口处相切,转子进口处才不产生水力冲击损失。同样,应该避免涡轮转子出口处的液流与涡轮定子进口产生水力冲击损失。对于各级涡轮定转子而言,要达到水力损失最小、效率最高,应同时避免液流与涡轮定子或转子的进口发生冲击。此时的工况称为无冲击工况,涡轮转子圆周速度称为无冲击转速。

7.2.3 涡轮钻具的工作特性

涡轮钻具是由多级转子定子副组成,理论上认为,多级涡轮钻具的工作特性是单级涡轮叶片特性的叠加。因此,对单级涡轮叶片特性进行分析,就可以了解整个涡轮钻具的性能特点。涡轮钻具定转子叶片特性分析的理论基础是一元欧拉方程,它的推导基于以下假设: ① 涡轮钻具叶片无限薄;② 叶片数无限多;③ 叶片工作的液体为理想流体。

1. 涡轮叶片的转化力矩特性

$$M_i = A - Bn \qquad (7-12)$$

其中:

$$A = \frac{\rho Q_i^2}{2\pi b \varphi}(\cot\alpha_{1k} + \cot\beta_{2k}) \qquad (7-13)$$

$$B = \rho Q_i \frac{\pi D^2}{120} \qquad (7-14)$$

式中,Q_i 为进入叶片流道的有效流量;M_i 为涡轮叶片的转化扭矩;A、B 为系数;b 为涡轮叶片的径向高度;n 为涡轮叶片的转速;φ 为叶片断面缩小系数,通常取 0.9;D 为通流部分平均直径;α_{1k} 为涡轮定子出口结构角;β_{2k} 为涡轮转子出口结构角;ρ 为工作液体密度。

当 $n=0$ 时,

$$M_T = A = \frac{\rho Q_i^2}{2\pi b \varphi}(\cot\alpha_{1k} + \cot\beta_{2k}) \qquad (7-15)$$

式中,M_T 为涡轮叶片的制动扭矩。

当 $M=0$ 时,

$$n_X = \frac{A}{B} = \frac{60Q_i}{(\pi D)^2 b \varphi}(\cot\alpha_{1k} + \cot\beta_{2k}) \qquad (7-16)$$

式中,n_X 为涡轮叶片的空转转速。

力矩公式(7-12)还可写为

$$M_T = \frac{\pi}{30}\rho Q_i R^2 (\cot\alpha_{1k} + \cot\beta_{2k})$$

式中,R 为通流部分平均半径。

2. 涡轮叶片的转化功率特性

涡轮叶片的转化功率为

$$N_i = M_i\omega = \left(\frac{\pi R}{30}\right)^2 \rho Q_i n(n_{max} - n) \qquad (7-17)$$

涡轮叶片的最大功率为

$$N_{max} = M_i\omega = \left(\frac{\pi R}{30}\right)^2 \rho Q_i n_{max}^2 \qquad (7-18)$$

设涡轮钻具整机的涡轮定转子级数为 Z,我们定义:

$$G = \frac{Z M_T}{n_X} = ZB = Z\frac{\pi}{120}\rho Q_i D^2 \qquad (7-19)$$

式中,G 为涡轮钻具承载能力系数;Z 为涡轮钻具叶片级数。

涡轮叶片的输出能量是输入的流体与涡轮叶片相互作用的结果。当涡轮叶片结构参数一定时,流体输入能量越多,涡轮输出能量就越大。从式(7-12)可以看出,液体的流量 Q_i 和密度 ρ 都对涡轮叶片的转化力矩产生影响:随着流量的增加,转化力矩呈平方关系增加;流体密度与输出力矩成正比。从式(7-16)可以看出,涡轮叶片的转速 n 只受输入流体流量 Q_i 的影响。流体流量 Q_i 和密度 ρ 对力矩所产生的影响大于对转速 n 的影响。

在流体条件一定时,涡轮叶片的输出受其结构影响。在计算直径 D 和涡轮径向高度 b(即涡轮叶片的径向尺寸)一定时,叶片的输出特性由定子和转子出口角决定。出口角减小,涡轮叶片的扭矩和转速相应增加;当出口角相同时,无论涡轮叶片其他的结构尺寸如何变化,扭矩特性曲线完全相同。当出口角一定时,随着计算直径和径向高度的增加,涡轮叶片的输出扭矩和转速相应降低,但扭矩下降程度远远低于转速。从式(7-12)可以看出,在给定液流条件下,相同计算直径和径向高度的单级涡轮叶片具有相似的力矩特性曲线形态,即相同计算直径的任何涡轮叶片的扭矩特性曲线都是平行的;当扭矩增加时,转速亦相应增加,涡轮钻具的力矩性能调节只能通过调整涡轮级数来实现。

3. 涡轮叶片的转化效率特性

在液流的水力能转换为涡轮轴上机械能的过程中,不可避免地伴随有能量的损失。涡轮能量损失包括水力损失、容积损失及机械摩擦损失等。水力损失主要包括冲击损失(在不考虑其他因素时,取决于液流角与结构角的关系,随转速近似呈抛物线规律)、水力摩擦损失(取决于叶片结构、表面粗糙度及液体黏度等,且与流态及外载有关,当一种涡轮设计完成后,该值可近似看作定值)。容积损失主要是指一小部分液体流过定转子的间隙,并未通过涡轮叶片做功。机械摩擦损失主要是指在传动的过程中涡轮各个装配部件之间的摩擦阻力损失,主要取决于轴承密封处的结构特点及装配质量。

涡轮的效率 η_i 表示涡轮机械能量转换过程的有效程度,可表示为上述三项效率的乘积:

$$\eta_i = \eta_h \eta_V \eta_m = \frac{H_i Q_i N_z}{H Q N_{iz}} = \frac{H_i Q_i N_z}{(H_i + h_h)(Q_i + q)(N_z + \Delta N_m)} \quad (7-20)$$

式中,η_i 为涡轮总效率;η_h 为涡轮水力效率;η_V 为涡轮容积效率;η_m 为涡轮机械效率;H_i 为转变为机械能的有效压头;H 为涡轮消耗的总压头;Q_i 为进入涡轮转子的有效流量;Q 为进入涡轮的全部液体流量;N_z 为涡轮轴输出的有效功率;N_{iz} 为涡轮从液体获得的转化功率;ΔN_m 为机械损失功率;h_h 为水力损失压头;q 为定转子漏失流量。

4. 涡轮叶片的最优工况点

当涡轮定子的液流进口角等于定子的进口结构角、转子的液流出口角等于转子的出口结构角时,流体沿叶型的中心骨线流动,涡轮叶片的水力损失最小,此时的工况称为无冲击工况,亦称最优工况。

(1)最优工况点的涡轮力矩

$$M_o = \frac{\eta_V^2 \eta_m \, \overline{c_u}}{2\pi b \varphi \overline{c_z}} \rho Q^2 \quad (7-21)$$

式中,$\overline{c_u}$ 为涡轮叶片的环流系数;$\overline{c_z}$ 为涡轮叶片的轴向速度系数。

(2)最优工况点的涡轮转速

$$n_o = \frac{60 \eta_V Q}{(\pi D)^2 b \varphi \overline{c_z}} \quad (7-22)$$

(3)最优工况点的涡轮压降

$$H_o = \left(\frac{\eta_V}{\pi D b \varphi}\right)^2 \rho \frac{Q^2}{\eta_h} \frac{\overline{c_u}}{\overline{c_z^2}} \quad (7-23)$$

（4）无冲击工况转速与空转转速的关系

$$n_o = \frac{n_X}{1 + \overline{c_u}} \qquad (7-24)$$

从式（7-21）~式（7-24）中可以看出，在一定流量下，当涡轮叶片的径向尺寸一定时，最优工况点的扭矩与涡轮叶片的环流系数 $\overline{c_u}$ 成正比，与涡轮叶片的轴向速度系数 $\overline{c_z}$ 成反比，即，当 $\overline{c_u}$ 增加时，M_o 相应增加；当 $\overline{c_z}$ 增加时，则 M_o 相应减少。最优工况点的涡轮转速 n_o 只与 $\overline{c_u}$ 成反比关系。

式（7-21）反映了涡轮叶片的能量消耗特点，除了 $\overline{c_u}$、$\overline{c_z}$ 的影响外，η_h 对涡轮叶片压降也有影响。当 η_h 增加时，涡轮叶片压降降低，表明涡轮叶片的效率增加。η_h 本身也是 $\overline{c_u}$、$\overline{c_z}$ 的函数。

式（7-22）说明，对于给定出口角和径向尺寸的涡轮叶片，其环流系数不会改变涡轮叶片的扭矩特性曲线形态，只会改变涡轮叶片的无冲击工作工况点。随着环流系数的增加，无冲击工况点向制动端移动。

5. 涡轮钻具工作特性曲线

涡轮钻具是一种透平式（液力式）机械，其物理基础是液力传动的欧拉方程。其理论压头、理论扭矩、理论功率和转速有如下关系：

$$H_k = K \frac{u}{g}(C_{1u} - C_{2u}) \qquad (7-25)$$

$$M_k = KQ\rho R(C_{1u} - C_{2u}) \qquad (7-26)$$

$$N_k = KQ\rho u(C_{1u} - C_{2u}) \qquad (7-27)$$

其中：

$$u = \frac{\pi D n}{60} \qquad (7-28)$$

式中，H_k 为理论压头；M_k 为理论扭矩；N_k 为理论功率；K 为涡轮级数；u 为转子叶轮计算直径 D 上的圆周速度；n 为涡轮主轴转速；Q 为通过涡轮的体积流量；ρ 为钻井液密度；R 为转子叶轮计算半径（$R = D/2$）；C_{1u} 为转子叶轮进口处绝对速度的切向分量；C_{2u} 为转子叶轮出口处绝对速度的切向分量；g 为重力加速度。

从式（7-25）~式（7-28）可以看出，涡轮钻具的扭矩（M_k）与钻井液的流量（Q）、密度(ρ)及转速参数($C_{1u} - C_{2u}$)有关;涡轮钻具的压头(H_k)取决于转速(n)和结构尺寸(D)及流量(Q),一旦n、D、Q确定,压头即确定,不会随工况(钻压、扭矩)的变化而变化。

涡轮钻具的理论工作特性曲线见图 7 – 15。

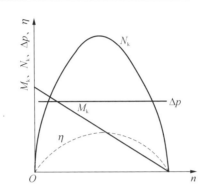

图 7 – 15　涡轮钻具理论
特性曲线

7.3　　　水平定向钻井工具

20 世纪 20 年代末,人们意外地发现一口新钻的井钻穿了旁边老井的套管,于是认识到井是可以斜的。至 20 世纪 30 年代初,在海边向海里打定向井开采海上油田的尝试成功之后,定向井得到了广泛的应用。

定向井钻井技术最早应用于事故处理,当井下落物无法处理时,采用定向钻进方法进行绕障侧钻。20 世纪 30 年代初美国在加利福尼亚海岸的亨廷滩油田钻成了第一口定向井。20 世纪 90 年代以来,定向钻井技术逐步细化为具有代表意义的水平井、多分支水平井、大位移井,并相继开发了许多新工具、新装备。

世界上最早的定向钻井技术是采用槽式斜向器造斜配合氢氟酸测斜仪测量实现定向的,属于一种初级的导向钻井。20 世纪 50 年代以后,随着新的井下工具、测量仪器以及轨迹设计方法的出现,定向钻井技术进入了现代导向钻井阶段,主要经过了滑动导向、地面控制导向和旋转导向三个发展阶段。

（1）滑动导向钻井阶段。定向钻井过程采用滑动方式进行，定向钻进完成之后要提钻换下旋转钻进钻具，需要再次导向时要再次提钻换上定向钻具并以滑动的方式导向钻进。由于滑动钻进与旋转钻进交叉作业，一方面增加了起下钻次数，降低了钻井效率，同时所钻出的井眼轨迹不圆滑，井身质量不高，造成井下扭矩、摩阻增加，使井下出现复杂情况的概率大大增加；另一方面，轨迹控制精度和灵活性无法满足难度较高的定向钻井的需要。

（2）地面控制导向钻井阶段。采用弯外壳马达、铰接马达等导向工具配合可变径稳定器/可调弯接头进行导向，轨迹测量采用 MWD 或 LWD。由于该导向方式可以通过地面控制实现对井斜的控制，与滑动导向方式相比，提高了钻井效率，井身质量和井眼轨迹控制精度也大有提高；但是需要调整方位时，仍需进行滑动导向钻进。

（3）旋转导向钻井阶段。旋转导向钻井系统包括井下旋转导向钻井系统、MWD/LWD 等先进的井下随钻测量仪器，以及配套的地面监控双向通信系统，该导向方式完全抛开了滑动导向方式，而以旋转导向钻进方式自动、灵活地调整井斜和方位，大大提高了钻井效率和钻井安全性，提高了井眼极限井深和极限位移，轨迹控制精度也非常高，特别适用于超深井、高难度定向井、水平井、大位移井等三维多目标井等的施工。

按照应用的先后次序，定向钻井按定向方式可分为常规钻进造斜、滑动钻进造斜和旋转导向钻井三种。

7.3.1　常规钻进造斜工具

常规钻进造斜是指定向钻进技术早期应用的造斜技术方法，有变向器（造斜器）造斜、射流钻头造斜、孔底钻具组合（BHA）造斜等几种。其工作特点是在钻进过程中，井内钻具带动钻头沿造斜工具确定的方向旋转钻进。

（1）变向器（造斜器）造斜

变向器的造斜原理如图 7-16 所示。由于变向器的作用，钻头在钻压的作用下被迫钻入井壁，逐渐改变钻进方向，从而实现造斜。变向器是早期的造斜工具，由于工艺

图7-16 槽式变向器造
斜原理

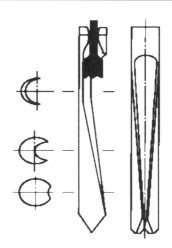

复杂,现在仅用于套管内开窗侧钻或用于不宜用井下动力钻具的井内。目前现场使用
的变向器种类较多。

（2）射流钻头造斜

钻头上安放一个大喷嘴,两个小喷嘴,造斜时,先定向,开泵循环,靠大喷嘴射流冲
击出斜井眼,再用钻头扩眼,反复操作,直至完成造斜,如图7-17所示。该方法仅适
用于较软的地层和缺少井下动力钻具的情况。

图7-17 射流钻头造斜
原理

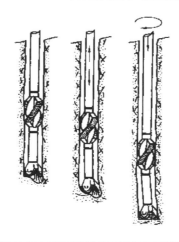

（3）孔底钻具组合造斜

严格地说,孔底钻具组合不能用于造斜,仅用于对已有一定斜度的井眼进行增斜、降斜或稳斜。它是在转盘钻进的基础上,利用靠近钻头的钻铤部分,巧妙地利用扶正器,得到各种性能的钻具组合。其造斜原理是:钻头、钻铤、钻杆、扶正器组成的钻柱入井前处于自由状态,入井后在弯曲井眼和钻压作用下钻柱弯曲并受到扶正器（支点）及井壁的限制,从而使钻头对井壁产生斜向力。此外,钻头轴线与井眼轴线不重合,从而产生对井壁的横向破碎和对井底的不对称破碎,这就保证井眼朝一定方向倾斜一定角度而达到变斜的目的。常用的组合有增斜组合(图7－18)、稳斜组合(图7－19)及降斜组合(图7－20)3 种。对于增斜组合,钻头与近钻头扶正器的间距越小、近钻头扶正

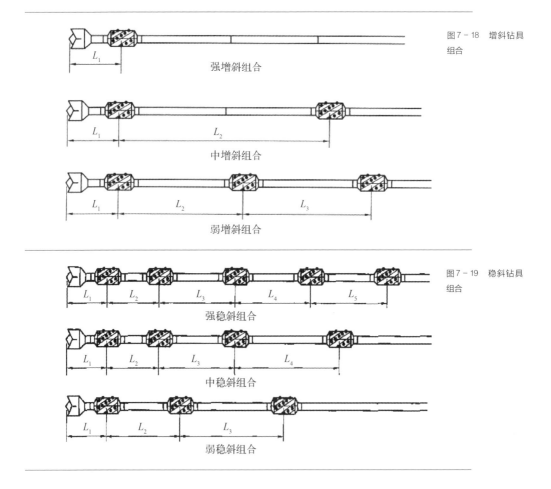

图7－18　增斜钻具组合

强增斜组合

中增斜组合

弱增斜组合

图7－19　稳斜钻具组合

强稳斜组合

中稳斜组合

弱稳斜组合

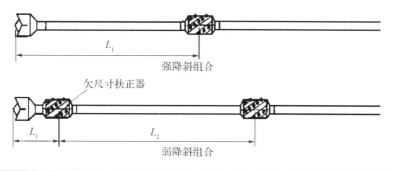

图 7 - 20　降斜钻具
组合

器直径越大、钻压越大,增斜能力越强;反之,增斜能力越弱。对于降斜组合,钻头与近
钻头扶正器的间距越大,降斜能力越强。

7.3.2　　滑动钻进造斜工具

　　滑动钻进是指在钻进过程中依靠井下动力钻具带动钻头旋转破碎岩石,而钻具本
身不旋转,只做滑动前进。滑动钻进造斜工具入井前处于自由弯曲状态。在井眼中,
钻柱的弯曲由于受到井壁的限制,而使钻头对井壁产生造斜力(弹性力或指向力),此
外,钻头轴线与井眼轴线不重合,从而产生对井壁的横向破碎和对井底的不对称破碎,
在井下动力钻具带动钻头旋转的过程中,造斜工具不转动,这就保证钻头朝一定方向
偏斜一定角度从而达到造斜的目的,如图 7 - 21 所示。

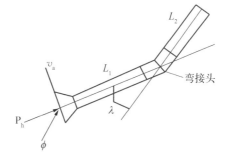

图 7 - 21　滑动钻进
增斜原理

滑动钻进造斜工具有弯接头+动力钻具、弯外壳螺杆钻具和偏心垫块 3 种类型。

1. 弯接头+动力钻具

弯接头接在动力钻具和钻铤之间,弯角越大,造斜率越高。弯曲点以上的刚度越大,造斜率越大。弯曲点至钻头的距离越小,且重量越小,造斜率越高。钻进速度越小,造斜率越高。此外,造斜率的大小还与井眼间隙、地层因素及钻头结构类型有关。弯接头+动力钻具结构类型如图 7－22(a)所示。

2. 弯外壳螺杆钻具

弯外壳螺杆钻具是将动力钻具的外壳做成弯曲形状,比弯接头的造斜能力更强。

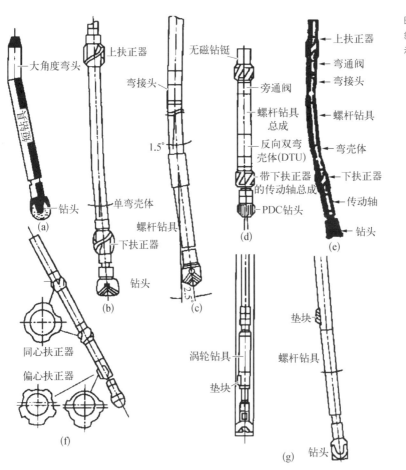

图 7－22 常用造斜工具的结构类型示意

弯外壳螺杆钻具结构类型如图 7 - 22 [(b)~(e)] 所示。

3. 偏心垫块

偏心垫块是指在动力钻具壳体的下端一侧加焊一个"垫块"或加装一个偏心扶正器,垫块的偏心距越大,造斜率越大。偏心垫块结构类型如图 7 - 22 [(f) (g)] 所示。

7.3.3　旋转导向工具

旋转导向钻井技术是 20 世纪末发展起来的一项尖端自动化钻井技术,它代表了当今世界钻井技术发展的最高水平,该技术使世界钻井技术发生了一次质的飞跃。世界上有关旋转导向钻井系统(Rotary Steerable System, RSS)的专利最早见于 1955 年。但直到 20 世纪 90 年代初,国外一些公司,包括 Baker Hughes 公司与 ENI - Agip 公司的联合研究项目组、英国的 Amoco 公司、英国的 Cambridge Drilling Automation Ltd.、日本国家石油公司(JNOC)等,才开始进行旋转导向钻井系统开发的前期研究。20 世纪 90 年代中期上述几家公司分别形成了各自的旋转导向钻井系统样机,并开展试验和应用,到 20 世纪末,逐渐形成了一系列较为成熟的旋转导向系统并开始商业化。其中以 Schlumberger 的 PowerDrive SRD、Baker Hughes 的 AutoTrak RCLS 和 Halliburton 的 Geo - Pilot 旋转导向钻井系统最具代表性。随后 Pathfinder、Weatherford 和 Gyro - Data 等钻井服务公司也相继推出了各自的旋转导向系统,而且小直径旋转导向系统也已经问世。该技术具有超过以前导向钻井技术的位移延伸能力,精确的井眼轨迹控制精度和灵活性的特点,提高钻井速度及钻井效率的优势,很快代替了变径稳定器、遥控可调弯接头等导向工具,在高难度特殊工艺井的导向作业中占据了主要市场,并在特殊油藏的开发中起到了无法替代的作用。世界上已经开发的旋转导向钻井系统如表 7 - 1 所示。

1. 旋转导向系统的类型

旋转导向钻井是利用旋转式导向工具直接引导钻头沿着设计的轨道钻进,在钻进过程中可以避免钻柱由于重力的作用而躺在井壁上滑动,从而使井眼得到很好的清洗。旋转导向钻井的导向方式有两种:几何导向和地质导向(或地层导向)。几何导

所 属 公 司	系 统 名 称	现 状
Baker Hughes Inteq	Auto Trak RCLS	1997 年商用
Schlumberger Anadrill	Power Drive SRD	1998
	Power Drive Xceed	2002
Halliburton Sperry–Sun	Geo–Pilot	1998
Rotary Steerable Tools LLC	SmartSleeve RST	已投入商用
Noble Corp. NDT	Well Director Express Drill	2004
Precision Drilling Corp.	Revolution	2003
Gyro–Data Drilling Automation Ltd	Well–Guide RSS	已投入商用
Pathfinder Energy Services Inc.	PATHMAKER	2003
Terra Vici Drilling Solutions	Terra Vici X2	2005
Cambridge Drilling Automation Ltd	AGS	与 Gyro–Data 合并
Camco international Inc.	SRD	与 Schlumberger 合并
JNOC	RCDOS	与 Sperry–Sun 合并
Smart Stabilizer System Ltd	Smart Stabilizer System	被 Precision 合并
NQL Drilling Tool Inc.	CroBar	2003
Directional Drilling Dynamics Co.	Contra–Nutating System	
3D Stabilizers		被 Pathfinder 收购
Smith Drilling&Complections	Rotary steerable stabilizers	
Validus International, LLC	NAS/DS AUTOGUIDE	2006
Amoco Production Campany	The Side Winder	1997

表7-1 世界上已经开发的旋转导向钻井系统

向方式由井下随钻测量工具(MWD/LWD)测量的几何参数(井斜角、井斜方位角和工具面角)的数值传输给控制系统,由控制系统及时纠正钻头的前进方向。地质导向是在拥有几何导向能力的基础上,根据随钻测井仪(LWD)得出的地质参数(地层岩性、地层层面和油层特点等),实时控制钻头,使钻头沿着地层的最优位置钻进。这样可在不掌握地层特性的情况下对井眼轨迹实现最优控制。

2. 旋转导向钻井系统的组成

旋转导向系统包括地面监控系统、双向通信系统、井下测量系统、井下控制系统及井下旋转导向工具等五部分组成(图7-23)。

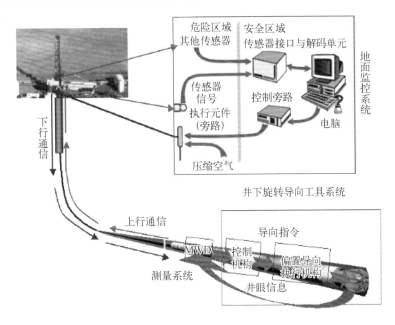

图7-23 旋转导向钻井系统原理示意

（1）地面监控系统

地面监控系统包括信号接收和传输子系统及地面计算存储分析模拟系统,有些还具有智能决策支持系统。其主要功能可概括为以下3个方面。① 随钻监测旋转导向钻井工具在井下的工作状况,此即所谓的"监"。② 当实钻井眼轨迹偏离了设计轨道,能够及时分析和计算出轨迹的偏离程度,设计出新的待钻井眼轨道,并产生使旋转导向系统按新的井眼轨道钻进的控制指令,此即所谓的"控";③ 将设计井眼轨道和实钻井眼轨迹以及其他相关的重要参数可视化地显示出来,便于现场工程技术人员直观地掌握和分析钻头所在位置以及旋转导向钻井工具对井眼轨迹的控制情况。

（2）地面与井下双向通信系统

将井下测量信息通过上行通信系统传至地面。上传数据包含两部分：① MWD测量的实钻井眼轨迹参数;② 井下工具系统自身测量的近钻头轨迹参数和有关旋转导向井下工具工况的参数。上传至地面的数据可通过通信电缆或数据传输线直接传到地面监控计算机。现场工程师利用地面监控系统可对设计井眼轨道与已钻井眼轨迹进行比较,然后通过下行通信系统发送控制指令到控制机构,实现对井眼轨迹的实时监控。

信号传输方式主要有4种,即钻井液(泥浆)脉冲、电磁波、声波和绝缘导线。通过比较分析,这4种传输方式各有优缺点和应用局限,如表7-2所示。

传 输 方 式		传输深度/m	传输速率	可靠性	钻井液介质	开发成本
钻井液脉冲		>6 000	一般	好	必须	中等
电磁波		600~6 000	高	一般	不必	较高
声 波		约1 000	高	一般	不必	较低
绝缘导线	电 缆	>6 000	很高	好	不必	较高
	光 缆	>6 000	很高	好	不必	很高
	特种钻杆	>6 000	很高	一般	不必	很高

表7-2 4种信息传输方式的比较

(3) 井下测量系统

井下测量系统主要由随钻测量系统和工具测控系统两部分组成。随钻测量/测井系统(MWD/LWD)主要用于测量井眼轨迹几何参数和地质参数,如井斜角、方位角、工具面角、自然伽马、电阻率等。工具测控系统主要用于测量和控制旋转导向工具自身姿态稳定的控制。当导向工具自身稳定平台姿态偏离预设的偏置矢量(主要包括预设方位和造斜强度等级等参数)时,通过自身的测控系统,控制和调整偏置单元,使井底导向工具按照预设的导向矢量导向钻进,从而实现导向工具处导向矢量的"小闭环"控制。

(4) 井下控制系统

井下控制系统是整个系统的信息处理和管理中心,它接收来自各个传感器的信号,根据预设好的钻井轨迹数据和井下随钻测量工具测得的当前井眼轨迹几何参数和地质参数,并依据特定的数据处理方法和控制规律,来控制偏置机构的偏置,从而改变钻头的行进方向,达到控制钻井轨迹的目的。

(5) 井下旋转导向工具

井下旋转导向工具是整个系统的执行部分,通过对导向工具的调整从而调整钻头的钻进方向。

3. 井下旋转导向工具的类型

井下旋转导向工具利用偏置机构使钻头或钻柱偏置,从而实现导向。偏置机构的工作方式可分为静态偏置式和动态偏置式(调制式)两种,如图 7-24 所示。静态偏置式是指偏置导向机构在钻进过程中不与钻柱一起旋转,从而在某一固定方向上给钻头提供侧向力;动态偏置式是指偏置导向机构在钻进过程中与钻柱一起旋转,依靠控制系统使其在某一不固定的位置上定向给钻头提供侧向力。

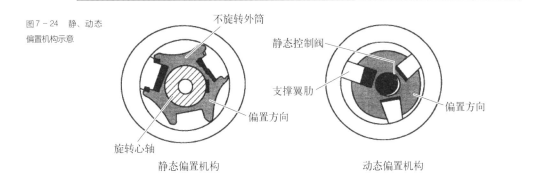

图 7-24 静、动态偏置机构示意

井下旋转导向工具是旋转导向钻井系统的核心。按照导向原理的不同,可将现有井下旋转导向工具划分为推靠式和指向式两大类,如图 7-25 所示。推靠式旋转导向工具通过偏置机构在钻头附近偏置钻头,直接给钻头提供侧向力,如图 7-26 所示。指向式旋转导向工具通过偏置机构向外偏置近钻头处钻柱,间接偏置连接钻头的心轴使其弯曲(外推指向式),或向内直接偏置连接钻头的心轴使其弯曲(内推指向式),使钻头指向井眼轨迹控制方向,如图 7-27、图 7-28 所示。

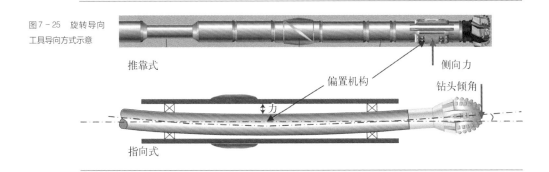

图 7-25 旋转导向工具导向方式示意

图 7 - 26　推靠式
旋转导向工具

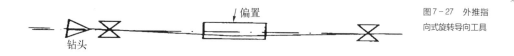

图 7 - 27　外推指
向式旋转导向工具

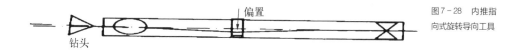

图 7 - 28　内推指
向式旋转导向工具

　　综合考虑导向系统和偏置方式,可以将目前世界上所有的旋转导向钻井系统的井下旋转导向工具工作方式分为 4 种,即静态偏置推靠式、动态偏置推靠式、静态偏置指向式和动态偏置指向式。目前,静态偏置推靠式钻井系统、动态偏置推靠式钻井系统、静态偏置指向式钻井系统都已经研制成型并成功实现商业化,动态偏置指向式钻井系统尚处于研究阶段,还未有成型的系统出现。国外已开发并成功应用的旋转导向钻井系统见表 7 - 3。

表7-3　国外目前已开发并应用的旋转导向钻井系统

所 属 公 司	系 统 名 称	工 作 方 式	现　　状
Baker Hughes Inteq	AutoTrak RCLS	静态偏置推靠式	1997 年商用
Weatherford International	Revolution	静态偏置指向式	2005 年商用
Gyro - Data Drilling Automation	Well - Guide RSS	静态偏置指向式	已投入商用
Pathfinder Energy Services	PathMaker	静态偏置指向式	2003 年商用
Halliburton Sperry - Sun	Geo - Pilot	静态偏置指向式	1998 年商用
	EZ - Pilot		2006 年商用
Schlumberger Anadrill	Power Drive SRD	动态偏置推靠式	1998 年商用
	Power Drive Xceed	动态偏置指向式	2002 年商用

4. 旋转导向钻井系统的控制方式

旋转导向钻井系统控制的最终目的是实现可控的旋转导向钻井,即实现旋转导向钻井系统导向方向可控、导向能力可控。旋转导向钻井系统的控制方式有地面控制(大闭环)和井下闭环控制(小闭环)两种,而实际应用时常将两者结合使用。不论哪种控制方式,其最终的控制对象都是偏置机构,最终控制指令都包含两项参数,即与造斜率相关的偏置程度或偏置时间,以及与导向方向相关的偏置方向。

地面控制指的是井下工具系统预置固定的导向程序(一般是控制偏置机构产生偏置的"偏置方向 + 偏置程度/偏置时间"的不同组合的偏置指令)。工具下井后,地面监控系统根据测量所反馈的信息计算处理得出需要导向方向(或目标井斜/方位)和造斜率,并进一步处理形成新的偏置指令,通过下行通信传送到井下工具系统,井下工具系统根据接收到的地面控制指令直接控制偏置机构的偏置,进行导向。

井下闭环控制包含两个方面。一方面是指井下旋转导向工具系统在每次下井之前按设计井眼轨迹预置了工作程序(一般是造斜率 + 目标井斜/方位),工具下井后,由井下工具的 CPU 按预置程序计算出偏置机构的"偏置方向 + 偏置程度/偏置时间",指导偏置机构产生偏置,实现导向。当根据反馈的井眼轨迹测量信息与预定的目标井斜/方位对比,确定已达到预置的工作目标(预定的井斜、方位)以后,工具自动转入稳斜钻进阶段(偏置机构非偏置状态),并在稳斜钻进过程中,通过闭环控制方式随时启动偏置机构,纠正可能由地层原因造成的井斜变化或方位漂移,直到接收到新的地面控制指令。此后,进入地面控制阶段。目前,主要的旋转导向钻井系统都是采用这样的控制方式。由于目前还没有井下实时监测手段,所以还无法达到理想的"闭环控制、自动跟踪中靶"的程度,除非采用地质导向工作模式,即根据地层测量参数"闭环控制、自动跟踪地层",但也仅限于中靶前后的有限的井段的导向。

另一方面仅指井下工具系统控制其偏置机构的过程。当偏置机构根据控制指令(可以是"大闭环"产生的地面控制指令也可以是"小闭环"产生的控制指令)产生偏置时,由于空间姿态的变化将导致其与导向方向直接相关的偏置方向发生变化,为了及时纠正这一变化,井下工具系统需要随时监测到这一变化,并根据需要进行调整、纠正,这一过程必须依靠井下工具系统的闭环控制来实现。

7.3.4　国外典型旋转导向钻井系统

世界上仅有少数几家石油技术服务公司具有较成熟的商业化应用的闭环自动导向钻井系统。Baker Hughes 公司的 AutoTrak® RCLS 以及 Pathfinder 能源技术服务公司的 Pathmaker® 旋转导向钻井系统属于静态推靠式闭环导向钻井系统；Schlumberger 油田技术服务公司的 PowerDrive 旋转导向钻井系统属于动态调制全旋转推靠式导向钻井系统；Halliburton 油田技术服务公司的 Geo‐Pilot® 旋转导向钻井系统属于机械式内偏置指向式；Weatherford 技术服务公司的 Revolution™ RSS 及 Gyro‐Data 公司的 Well‐Guide RSS 旋转导向系统属于液压式内偏置指向式；Pathfinder 能源技术服务公司的 Pathmaker® Point‐The‐Bit 旋转导向钻井系统属于静态推靠式外偏置导向机构指向钻头式闭环导向钻井系统。

1. 静态推靠式旋转导向钻井系统

目前世界上较成熟的静态推靠式旋转导向钻井系统主要是 Baker Hughes Inteq 公司开发的 AutoTrak RCLS。Baker Hughes 公司的 Auto Trak RCLS 静态推靠式闭环旋转导向钻井系统的外筒不旋转，以其精确的轨迹控制精度和完善的地质导向技术为特点，非常适用于高开发难度的特殊油藏的开发方案设计和导向钻井作业。Auto Trak® RCLS 系统的井下偏置导向工具由不旋转外套和旋转心轴两大部分通过上下轴承连接形成一可相对转动的结构。旋转心轴上接钻柱，下接钻头，起传递钻压、扭矩和输送钻井液的作用。不旋转外套上设置有钻井 CPU、控制部分和支撑翼肋。

静态推靠式旋转导向钻井系统的导向原理如图 7‐29 所示。沿不旋转外筒径向均布的三个支撑翼肋分别以不同液压力支撑于井壁时，将使不旋转外套不随钻柱旋转。同时，井壁的反作用力将对井下偏置导向工具产生一个偏置力矢量。由于不旋转外套并非绝对静止，而是受到导向工具上下机械密封等摩阻力的影响而慢速旋转，通过交替控制单掌、双掌伸出液压力的大小，即可控制偏置力的大小和方向，从而实现导向钻进。液压力的大小由井下 CPU、压力测控单元、电磁比例阀等调整。井下测控系统在下井前，预置了井眼轨迹数据。导向工具工作时，可将 MWD 测量的井眼轨迹信息或 LWD 测量的地层信息与设计数据进行对比，自动控制液压力，也可根据接收到的地面指令调整设计参数，控制液压力，以实现导向钻进。

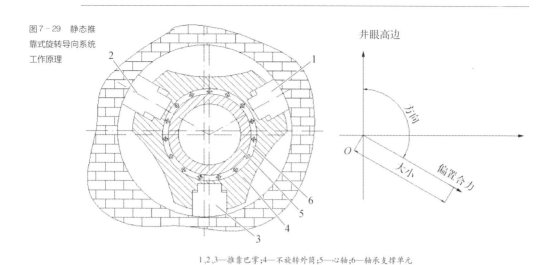

图 7 - 29　静态推靠式旋转导向系统工作原理

1、2、3—推靠巴掌；4—不旋转外筒；5—心轴；6—轴承支撑单元

目前，AutoTrak RCLS 有 AutoTrak G3.0、AutoTrak X‑treme 和 AutoTrak eXpress 系列，各系列产品规格参数及性能指标见表 7‑4～表 7‑6。

表 7 - 4　AutoTrak G3.0 系列规格参数及性能指标

规　　格	9.5′	8.25′	6.75′	4.75′
公称外径 /in	9.5	8.25	6.75	4.75
总长度 /m	17.7	17.4	14.9	14.3
适用井眼 /in	12 ~ 28	10.625	8.375 ~ 10.625	5.75 ~ 6.75
造斜率	0 ~ 6.5°/100 ft	0 ~ 6.5°/100 ft	0 ~ 6.5°/100 ft	0 ~ 10°/100 ft
最大钻压 /kN	454	258.8	258.8	102.2
最大流量 /(L/min)	7 274	5 864	4 091	1 591
最大转速 /(r/min)	300	400	400	400
最高工作温度 /℃	175	175	175	175
最大井下压力 /MPa	207	207	207	207

表 7 - 5　AutoTrak X‑treme 系列规格参数及性能指标

规　　格	9.5′	6.75′	4.75′
公称外径 /in	9.5	6.75	4.75
总长度 /m	25.0	21.3	20.7

（续表）

规　格	9.5′	6.75′	4.75′
适用井眼/in	12～28	8.375～10.625	5.875～6.75n
造斜率	0～6.5°/100 ft	0～6.5°/100 ft	0～10°/100 ft
最大钻压/kN	272.4	163.4	66.3
最大流量/(L/min)	7 274	3 000	1 432
最大转速/(r/min)	300	400	400
最高工作温度/℃	175	175	175
最大井下压力/MPa	207	207	207

表7-6 AutoTrak
eXpress 系列规格
参数及性能指标

规　格	9.5′	6.75′	4.75′
公称外径/in	9.5	6.75	4.75
总长度/m	19.5	16.5	17.4
适用井眼/in	12～28	8.375～10.625	5.75～6.75
造斜率	0～6.5°/100 ft	0～8°/100 ft	0～10°/100 ft
最大钻压/kN	454	258.8	102.2
最大流量/(L/min)	7 274	4 091	1 591
最大转速/(r/min)	300	400	400
最高工作温度/℃	150	150	150
最大井下压力/MPa	138	138	138

2. 动态推靠式旋转导向钻井系统

目前国外较成熟的动态推靠式旋转导向钻井系统主要是 Schlumberger Anadrill 公司的 Power Drive SRD 系统。Schlumberger 公司的 Power Drive SRD 属推靠式动态调制式闭环旋转导向钻井系统，以其精确的轨迹控制精度和特有的位移延伸钻井能力为特点，非常适用于超深、边缘油藏开发方案中的深井、大位移井的导向钻井作业。

SRD 系统由稳定平台和翼肋伸出偏置机构组成。稳定平台内部包括惯性测量单元、井下 CPU 和控制电路、通信单元、上下扭矩发生器及发电机单元，通过位于稳定平台两端轴伸上的上下轴承单元悬挂于钻铤内。与 Auto Trak® RCLS 系统靠独立的液压系统为支撑翼肋的伸出提供动力来源不同的是，Power Drive SRD 系统的支撑翼肋的伸出动力来源于钻井过程中偏置单元内部与导向工具外部环空的钻井液压差。

动态推靠式旋转导向钻井系统的导向原理见图7-30和图7-31。控制轴沿稳定平台延伸到下部的翼肋伸出偏置机构,其底端联结上盘阀组件,下盘阀固定于井下偏置单元内部,随钻柱一起转动,其上的液压孔分别与翼肋支撑液压腔相通。在井下工作时,由钻井液驱动稳定平台轴伸两端彼此反向旋转的涡轮,旋转的涡轮分别驱动发电机和上下扭矩发生器,通过调节扭矩发生器的电流来控制稳定平台控制轴的转角、转动的方向以及保持稳定。随导向工具一起旋转的下盘阀上的液压孔将依次与稳定的上盘阀上的高压孔接通,使钻柱内部的小部分高压钻井液通过该临时接通的液压通道进入相关的翼肋支撑液压腔,在钻柱内外钻井液压差的作用下,将翼肋推出。这样,随着钻柱的旋转,每个支撑翼肋都将在设计位置伸出,从而为钻头提供一个侧向力,进而产生导向作用。导向力的大小与控制轴带动上盘阀摆动的角度相关,通过控制上盘阀高压孔在定向方位摆动角度的幅值即可调整导向力的大小。

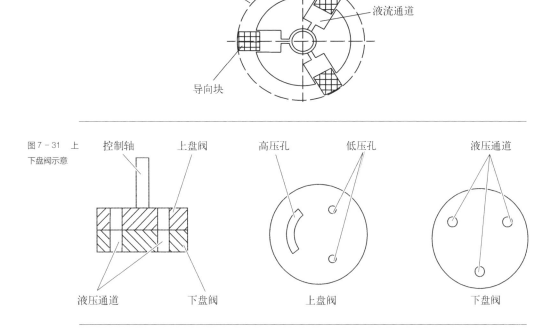

图7-30 调制式旋转导向系统导向工具示意

图7-31 上下盘阀示意

Power Drive SRD 系统结构见图 7 – 32。

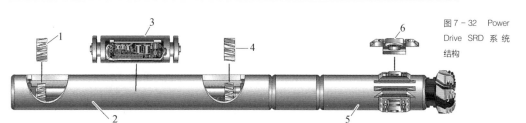

图 7 – 32 Power Drive SRD 系 统 结构

1—上涡轮;2—测控稳定平台;3—控制电路;4—下涡轮;5—偏置单元;6—支撑肋翼

目前,Power Drive SRD 主要有 PowerDrive X6 和 PowerDrive X5 两个系列,各系列产品规格参数及性能指标如表 7 – 7 和表 7 – 8 所示。

表 7 – 7 PowerDrive X6 系列规格参数及性能指标

型 号	PowerDrive X6 475	PowerDrive X6 675	PowerDrive X6 825	PowerDrive X6 900	PowerDrive X6 1100
公称外径/in	4.75	6.75	8.25	9.00	9.50
总长度/m	4.56	4.11	4.45	4.45	4.60
重量/kg	330	750	846	1 050	1 149
适用井眼/in	5.5 ~ 6.75	7.875 ~ 9.875	10.625 ~ 11.625	12 ~ 14.75	15.5 ~ 28
最大通过狗腿度	30°/100 ft (30 m) 滑动时;10°/100 ft (30 m) 旋转时	16°/100 ft (30 m) 滑动时;8°/100 ft(30 m)旋转时	12°/100 ft (30 m) 滑动时;6°/100 ft(30 m)旋转时	10°/100 ft (30 m) 滑动时;5°/100 ft(30 m)旋转时	15.5 ~ 18.5 in: 8°/100 ft (30 m) 滑动时;4°/100 ft(30 m)旋转时;20 ~ 28 in: 4°/100 ft (30 m) 滑动时;2°/100 ft(30 m)旋转时
造斜率	0 ~ 8°/100 ft	0 ~ 8°/100 ft	0 ~ 6°/100 ft	0 ~ 5°/100 ft	0 ~ 3°/100 ft
最大工作扭矩/(N·m)	5 420	21 700	21 700	65 000	65 000
最大承受载荷/kN	1 500	4 900	4 900	6 200	10 140
最大钻压/kN	223	290	290	290	290
最大过液量/(L/min)	1 430	3 590	7 550	7 550	7 550
最大转速/(r/min)	220	220	220	220	15.5 ~ 18.5 in: 220 20 ~ 28 in: 125

（续表）

型　号	PowerDrive X6 475	PowerDrive X6 675	PowerDrive X6 825	PowerDrive X6 900	PowerDrive X6 1100
最高工作温度/℃	150	150	150	150	150
最大井下压力/MPa	138	138	138	138	138
钻头压降/MPa	4.1~5.2	4.1~5.2	4.1~5.2	4.1~5.2	4.1~5.2
泥浆含砂率	1%体积比	1%体积比	1%体积比	1%体积比	1%体积比
水平震动	3级震动（50-gnthreshold）30-min 极限	3级震动（50-gnthreshold）30-min 极限	3级震动（50-gnthreshold）30-min 极限	3级震动（50-gnthreshold）30-min 极限	3级震动（50-gnthreshold）30-min 极限

表7-8 PowerDrive X5 系列规格参数及性能指标

型　号	PowerDrive X5 475	PowerDrive X5 675	PowerDrive X5 825	PowerDrive X5 900	PowerDrive X5 1100
公称外径/in	4.75	6.75	8.25	9.00	9.50
总长度/m	4.56	4.11	4.45	4.45	4.60
重量/kg	330	750	846	1 050	1 149
适用井眼/in	5.75~6.5	8.5~9.875	10.625	12.75~14.75	16~22
最大通过狗腿度	20°/100 ft（30 m）滑动时；10°/100 ft（30 m）旋转时	20°/100 ft（30 m）滑动时；10°/100 ft（30 m）旋转时	20°/100 ft（30 m）滑动时；10°/100 ft（30 m）旋转时	20°/100 ft（30 m）滑动时；10°/100 ft（30 m）旋转时	20°/100 ft（30 m）滑动时；10°/100 ft（30 m）旋转时
造斜率	0~8°/100 ft	0~8°/100 ft	0~6°/100 ft	0~5°/100 ft	0~3°/100 ft
最大工作扭矩/(N·m)	5 420	21 700	21 700	65 000	65 000
最大承受载荷/kN	1 500	4 900	4 900	6 200	10 140
最大钻压/kN	223	290	290	290	290
最大过液量/(L/min)	1 500	2 460	6 800	7 200	7 200
最大转速/(r/min)	250	220	220	200	200
最高工作温度/℃	150	150	150	150	150
最大井下压力/MPa	138	138	138	138	138
钻头压降/MPa	4.1~5.5	4.1~5.5	4.1~5.5	4.1~5.5	4.1~5.5
泥浆含砂率	1%体积比	1%体积比	1%体积比	1%体积比	1%体积比
水平震动	3级震动（50-gnthreshold）30-min 极限	3级震动（50-gnthreshold）30-min 极限	3级震动（50-gnthreshold）30-min 极限	3级震动（50-gnthreshold）30-min 极限	3级震动（50-gnthreshold）30-min 极限

3. 静态偏置指向式旋转导向钻井系统

目前世界上已经研发的静态偏置指向式旋转导向钻井系统近十种,主要有
Halliburton Sperry‑Sun 的 Geo‑Pilot 和 EZ‑Pilot,Gyro‑Data Drilling Automation
Ltd. 的 Well‑Guide RSS,Weatherford International Ltd. 的 Revolution 以及 Pathfinder
Energy Services Inc. 的 PathMaker 等。

内偏置指向式旋转导向系统通过偏置机构在两端有轴承支撑的旋转心轴上施加
一定的作用力,使心轴产生一个挠度,如图 7‑33 所示。而在心轴与钻头联结方向的
末端支撑处产生一个小的角度,该角度的大小直接决定了指向式系统的造斜能力。对
于两支撑轴承位之间一定长度的心轴,对其施加不同的作用力,在钻头末端产生的角
度不同。当选定一种角度进行定向钻进,偏置机构所施加的作用力必须保持其力的大
小和作用的方向;并且在钻进的过程中,可根据定向需要,作用力的方向 360°可调以及
心轴末端挠曲角度可调。

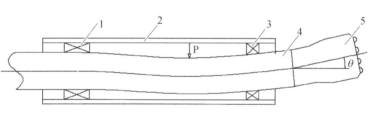

图 7‑33　内偏置指
向式旋转导向系统

1—上支撑轴;2—支撑外筒;3—下支撑轴;4—心轴;5—钻头

（1）Halliburton Sperry‑Sun 的 Geo‑Pilot

Halliburton Sperry‑Sun 的 Geo‑Pilot 导向钻井系统主要由驱动心轴、不旋转外
筒和偏心环偏置机构组成。其偏心环偏置机构由外偏心环、内偏心环及各自的偏置驱
动机构组成。偏置驱动机构主要由欧式连轴节、减速机构及离合器等组成。该系统的
结构如图 7‑34 所示。

心轴的转动通过欧式连轴节传递到减速机构,经减速机构按 180∶1 的比例减速后,
通过离合器传递到偏心环,并带动偏心环转动。当两个偏心环分别转动一定角度以
后,离合器脱开并起锁紧作用,阻止偏心环继续转动。这样,通过控制两个偏心环的转

441

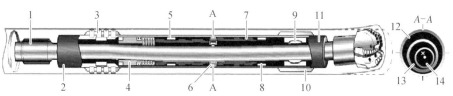

图 7 - 34
Geo - Pilot 系统结构示意

1—驱动轴;2—密封装置;3—稳定平台;4—压力补偿器;5—控制电路;6—偏置机构;7—轴承;8—近钻头井斜传感器;
9—居中轴承;10—近钻头稳定器;11—密封装置;12—外偏心环;13—内偏心环;14—柔性心轴

动角度,就可以控制偏置方向和位移,从而实现可控导向。

　　Halliburton 公司的 Geo - Pilot 属机械式(非液压式)内偏置指向式旋转导向系统。Geo - Pilot 旋转导向钻井系统也是一种不旋转外筒式导向工具,但与 Baker Hughes 公司的 Auto Trak RCLS 系统和 Schlumberger Anadrill 公司的 Power Drive SRD 系统不同,其偏置的心轴为钻头提供了一个与井眼轴线不一致的倾角,从而实现导向。

　　该套机械式(非液压式)旋转导向工具导向原理见图 7 - 35。Geo - Pilot 旋转导向系统通过一整套机械式驱动链(主要包括联轴器、离合器、减速器等)将心轴回转动力引入偏心环组的驱动。通过调整两个偏心环的相对位置,使得心轴获得需要的挠曲变形和挠曲方向。调整两偏心环的相对位置可以获得控制平面 360°范围内不同的挠曲变形和挠曲方向。当给定一组偏置矢量参数(预设方位和以百分比表示的造斜强度),在井下自动控制系统完成两偏心环组合调整之后,双环组锁定于不旋转姿态稳定外筒,

图 7 - 35　偏心环组导向原理

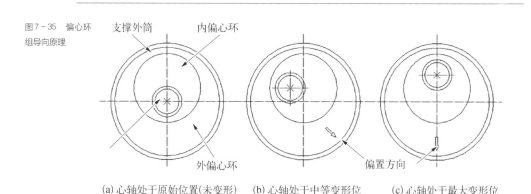

(a) 心轴处于原始位置(未变形)　　(b) 心轴处于中等变形位　　(c) 心轴处于最大变形位

即该偏置单元将相对于不旋转外套固定,从而始终将旋转心轴向固定方向偏置,为钻头提供一个方向固定的倾角,这就相当于定向螺杆马达的弯外管,由此来实现旋转导向钻进。

Geo - Pilot 目前有三个系列产品,这些产品的规格参数及性能指标见表 7 - 9。

表 7 - 9 Geo - Pilot 系列规格参数及性能指标

型 号	5200 Series	7600 Series	9600 Series
公称外径/in	5.25	6.75	9.875
总长度/m	4.9	6.1	6.7
重量/kg	570	1 500	2 200
适用井眼/in	5.875 ~ 6.75	8.375 ~ 10.675	12 ~ 26
最大通过狗腿度	滑动时 25°/100 ft; 转动时 14°/100 ft	滑动时 21°/100 ft; 转动时 10°/100 ft	滑动时 14°/100 ft; 转动时 8°/100 ft
造斜率	0 ~ 10°/100 ft	0 ~ 5°/100 ft	0 ~ 6°/100 ft
最大工作扭矩/(N·m)	10 846	27 116	40 674
最大钻压/kN	111.5	245.3	446
最大过液量/(L/min)	2 280	4 560	9 120
最大转速/(r/min)	250	250	250
最高工作温度/℃	195	190	190
最大井下压力/MPa	207	207	207
泥浆含砂率	2%体积比	2%体积比	2%体积比

(2) Halliburton Sperry - Sun 的 EZ - Pilot

EZ - Pilot 是一种偏置内推指向式旋转导向系统,它由心轴、带有偏心凸轮的内筒、含有测控系统的偏置外筒及轴承和密封机构组成,如图 7 - 36 所示。

心轴与钻柱和钻头连接,起到传输钻井液和传递钻压、扭矩的作用。偏置外筒在一定井斜的井中,在偏置作用下自然稳定,并由其内部的测控机构确定出井眼高边方向和内筒上的偏心凸轮的方向,以便控制其按预定要求偏置。偏置外筒内部有一航空性能的电控马达,由测控系统控制其转动,并带动带有偏心凸轮的内筒(偏心内筒)旋转到预定位置后加以锁定,使心轴产生偏置,实现导向。EZ - Pilot 系列规格参数及性能指标见表 7 - 10。

图 7 - 36 EZ -
Pilot 导向系统

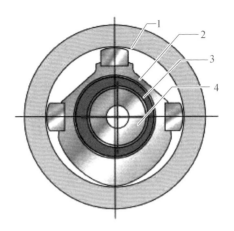

1—井壁;2—偏置外筒;3—偏心内筒;4—心轴

表 7 - 10 EZ -
Pilot 系列规格参数
及性能指标

型　　号	850 System	1225 System
公称外径/in	6.75	8
总长度/m	3.97	3.57
重量/kg	816.4	952.5
适用井眼/in	8.5 ~ 9.875	12.25 ~ 14.75
最大通过狗腿度	17°/100 ft(30 m)滑动时 4°/100 ft(30 m)转动时	14°/100 ft(30 m)滑动时 10°/100 ft(30 m)转动时
造斜率	0 ~ 5°/100 ft	0 ~ 8°/100 ft
最大工作扭矩/(N·m)	18 710	66 571
最大钻压/kN	189.6	392.5
最大过液量/(L/min)	6 364	6 364
最大转速/(r/min)	280	280
最高工作温度/℃	150	150
最大井下压力/MPa	138	124
泥浆含砂率	3%体积比	3%体积比

（3）Weatherford 能源技术服务公司的 Revolution RSS

Weatherford 能源技术服务公司的 Revolution RSS 属于内偏置指向钻头式旋转导向工具,该套导向工具与 Halliburton 的 Geo - Pilot 导向工具唯一的差别就在于其偏置机构不是靠一整套机械式驱动链来实现偏置力的,而是通过导向工具内置的液压系统驱动偏置机构工作,导向工作原理见图 7 - 37。该套导向工具偏置机构由 12 个小柱塞、不回转外筒、柱塞套、液压泵、高精度电液比例伺服阀及配流组件等组成。当心轴处于中位时,12 个小柱塞也位于中位。当需要导向时,由心轴驱动的液压泵通过配流组件以脉冲的方式对柱塞套上的柱塞孔进行高压油配流,以悬链线流量控制方式精确控制每个小柱塞的流量,以获得要求的导向矢量。当井下自动控制系统完成柱塞配流之后,该机构将相对于静止外筒固定,从而始终将旋转心轴向固定方向偏置,为钻头提供一个方向固定的倾角。

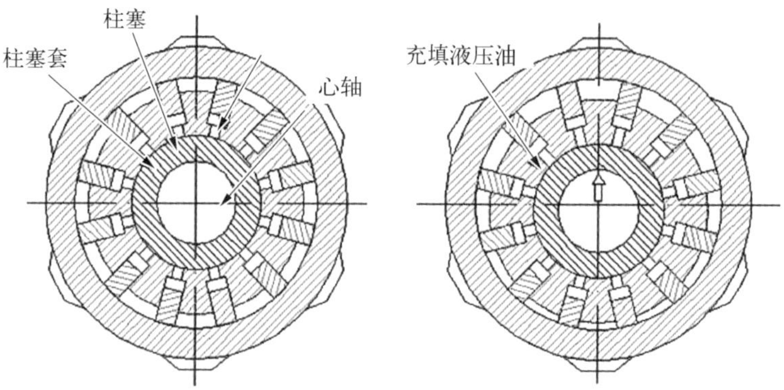

图 7 - 37 Revolution™ RSS 导向原理

(a) 心轴处于中位　　　　(b) 心轴处于向下挠曲状态

Revolution 系列规格参数及性能指标见表 7 - 11。

表 7 - 11 Revolution 系列规格参数及性能指标

型　　号	825	675	475
公称外径/in	8.25	6.75	4.75
总长度/m	4.42	3.87	3.41
适用井眼/in	18.25 ~ 10.625	8.375 ~ 9.875	5.875 ~ 6.75
最大井眼曲率	7.5°/100 ft	10°/100 ft	10°/100 ft
最大钻压/kN	408.6	227	113.5
最大过液量/(L/min)	6 819	3 410	1 591

（续表）

型　号	825	675	475
最大转速/(r/min)	250	250	250
最高工作温度/℃	175	175	175
最大井下压力/MPa	172	172	172

（4）Gyro - Data 公司的 Well - Guide RSS

和 Weatherford 公司一样,Gyro - Data 公司的 Well - Guide RSS 旋转导向系统采用内偏置指向钻头式导向方式。该套导向工具与 Weatherford 公司的导向工具唯一的差别就在于其偏置机构通过位于偏置心轴周围的四个导向液压包工作。导向工作原理见图 7 - 38。其工作原理为：由回转心轴驱动内置的液压油泵,通过电液比例伺服阀等配流系统给液压包配以高压液压油,通过控制每个液压包液压油的压力,形成导向力矢量,使得心轴发生弯曲,从而实现导向钻进。

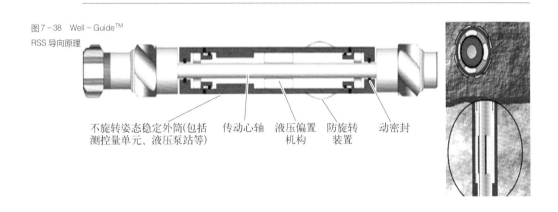

图 7 - 38　Well - Guide™ RSS 导向原理

不旋转姿态稳定外筒(包括　传动心轴　液压偏置　防旋转　动密封
测控量单元、液压泵站等)　　　　　机构　　装置

Well - Guide RSS 系列规格参数及性能指标见表 7 - 12。

表 7 - 12　Well - Guide 系列规格参数及性能指标

型　号	Well - Guide 7 - 100	Well - Guide 10 - 300
公称外径/in	7.25	10.25
总长度/m	7.62	9.45

（续表）

型 号	Well－Guide 7－100	Well－Guide 10－300
重量/kg	1 000	3 000
适用井眼/in	8.375～9.875	12.25～17.5
造斜率	0～6°/100 ft	0～3°/100 ft
最大工作扭矩/(N·m)	20 757	41 514
最大承受载荷/kN	2 270	4 540
最大钻压/kN	240.6	317.8
最大转速/(r/min)	200	150
最高工作温度/℃	150	125
最大井下压力/MPa	138	138
钻头压降/MPa	13.8	13.8
泥浆含砂率	无限制	无限制
泥浆种类	任何	任何

（5）Pathfinder Energy Services Inc. 的 PathMaker

1999 年 Pathfinder Energy Services Inc. 开始开发其指向式三维旋转导向系统 PathMaker,2002 年收购了拥有三维旋转导向系统专利及开发经验的 3D Stabilizers 公司,对其开发此系统起到了巨大的推动作用。

PathMaker 是一种偏置外推指向式旋转导向系统,由旋转心轴和不旋转外筒两大部分组成。不旋转外筒上有三条可独立运作的支撑翼肋,用于提供偏置导向力,如图 7－39 所示。

当驱动心轴旋转时,液压测控系统控制液压油进入预定偏置执行机构活塞液压腔中,该活塞被支出,将不旋转外筒在该方向推出。偏置后的不旋转外筒支撑于井壁,在井壁的反作用力作用下,反向推动心轴套筒,将驱动心轴压弯,从而带动钻头偏斜,产生指向式导向作用。

PathMaker 系列规格参数及性能指标见表 7－13。

（6）Schlumberger 的 Power Drive Xceed

Power Drive Xceed 是 Schlumberger 的第二代产品。该系统与 Power Drive 系统一样是全旋转的,与井壁没有静止的触点,其导向机构的外筒随钻柱一起旋转,主要由万

图 7 - 39 PathMaker 导
向机构

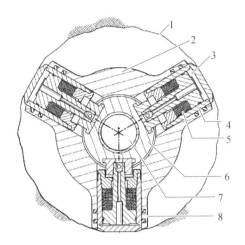

1—井壁;2—不旋转外筒;3—液压腔;4—液压缸;5—回位弹簧;
6—套筒;7—旋转心轴;8—支撑翼肋

表 7 - 13
PathMaker 系列规
格参数及性能指标

型 号 规 格	PathMaker 8 in	PathMaker 6.75 in	PathMaker 4.75 in
公称外径/in	9.5	6.75	5.2
总长度/m	6.4	6.1	6.1
适用井眼/in	12.25 ~ 17.5	8.375 ~ 8.75	5.875 ~ 6.75
最大井眼曲率	6°/100 ft	10°/100 ft	10°/100 ft
最大钻压/kN	272.4	227	113.5
最大过液量/(L/min)	6 819	3 410	1 591
最大转速/(r/min)	250	250	300
最高工作温度/℃	150	150	175
最大井下压力/MPa	103	138	138

向节和驱动心轴两大主要部分组成,偏置方式类似 Geo - Pilot 的偏心环结构,如图
7 - 40 所示。

万向节用于向钻头传递钻压、扭矩,并允许钻头倾斜。驱动心轴与钻头连接,用于
向钻头传送钻井液,同时在偏置机构的作用下一直处于一个固定的角度(0.6°)的倾向
指向状态,并靠马达相对钻柱的反向旋转保持其指向方向的稳定,实现预定方向的导

图 7 - 40
Power Drive
Xceed 系统
结构及导向
原理示意

1—钻井液流动方向;2—涡轮发电机;3—钻柱;4—钻柱旋转;5—马达反向旋转;6—电控马达;
7—偏置机构;8—驱动心轴;9—万向接头

向。当不需要导向时,马达控制偏置机构和驱动心轴以一个不同于钻柱转速的速度旋转,使钻头的指向一直处于旋转变化中。这样,导向作用抵消,实现非导向钻进。

Power Drive Xceed 系列规格参数及性能指标见表 7 - 14。

型 号 规 格	PowerDrive Xceed 675	PowerDrive Xceed 900
公称外径/in	6.75	9
总长度/m	9	13
重量/kg	1 188	2 041
适用井眼/in	8.375 ~ 9.875	12.25 ~ 17.5
最大通过狗腿度	15°/100 ft(30 m)滑动时; 8°/100 ft(30 m)旋转时	12°/100 ft(30 m)滑动时; 6.5°/100 ft(30 m)旋转时
造斜率	0 ~ 8°/100 ft	0 ~ 6.5°/100 ft
最大工作扭矩/(N·m)	27 116	47 454
最大承受载荷/kN	1 500	4 900
最大钻压/kN	245	367
最大过液量/(L/min)	3 028	6 814
最大转速/(r/min)	350	350
最高工作温度/℃	150	150
最大井下压力/MPa	138	124
钻头压降/MPa	1.4 ~ 5.2	4.1 ~ 5.2
泥浆含砂率	2%体积比	2%体积比
水平震动	3 级震动(50 - gnthreshold) 30 - min 极限	3 级震动(50 - gnthreshold) 30 - min 极限

表 7 - 14
PowerDrive Xceed
系列规格参数及性
能指标

7.4   井下事故处理工具

钻井是一项隐蔽的地下工程,存在着大量的模糊性、随机性和不确定性,是一项真正的高风险作业。钻井的对象是地层岩石,目标为寻找与开发资源。在钻探作业中,由于对深埋在地壳内的岩石的认识不清(客观因素)或技术因素(工程因素)的影响以及作业者决策的失误(人为因素),往往会产生许多孔内复杂情况,甚至造成严重的孔内事故,轻者耗费大量人力、财力和时间,重者将导致资源的浪费和全孔的废弃。据近年来的钻井资料分析,在钻井过程中,处理井下复杂情况和钻井事故的时间,占钻井总时间的 3%~8%。正确处理因地质因素产生的井下复杂情况,避免或减少因决策失误、处理不当而造成的井下事故是提高钻井速度、降低钻井成本的重要途径,也是钻井工程技术人员(包括现场钻井监督)的主要任务和基本功。要安全、快速、正确、经济地处理井下事故,首先必须正确选择和使用井下事故处理工具。

7.4.1   套管开窗工具

井下事故处理中,有些事故由于井下情况复杂,处理难度极大,此时为了节约成本,需抛弃事故井段,进行侧钻绕障。为了确保侧钻的顺利进行,有时将侧钻的起点选择在套管内,因此需要进行套管开窗作业。此外,油气田开发中后期,由于井下事故、套管变形、破裂、错断等原因,造成难以处理的事故井很多。为了提高油气井的利用率,应设法恢复这些井的正常生产,通常的做法是丢弃下部层段,在其上部进行侧钻作业。套管开窗侧钻是一项较为经济的修复井下严重故障的油气井大修技术。目前,套管开窗侧钻有两种方法,第一种方法是利用套管割铣工具铣掉 20~30 m 套管,裸露出地层,然后进行侧钻;第二种方法是下入倾斜器用铣锥开创。

1. 套管割铣工具

套管割铣工具由上接头、调压总成、活塞总成、缸套、弹簧、导流管总成、本体、刀片总成、扶正块及下扶正短节等部件组成,其结构如图 7－41 所示。

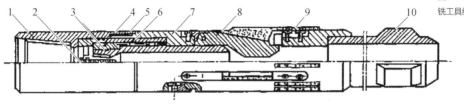

图 7 - 41 套管割铣工具结构示意

1—上接头;2—调压总成;3—活塞总成;4—缸套;5—导流管总成;6—弹簧;7—本体;8—刀片总成;9—扶正块;10—下扶正短节

套管割铣工具的基本工作原理是:当套管割铣工具下放到切割位置时,开动钻机使套管割铣工具回转,同时开泵进行钻井液循环。钻井液在导流管总成(5)的喷嘴处产生压降,推动活塞(3)和导流管总成(5)下行,同时压缩弹簧(6)。导流管先推动 3 个长刀片伸出切割套管。切断套管后,活塞和导流管总成继续下行,推动 6 个刀片(3 长、3 短)继续外伸,并由限位机构控制 6 个刀片伸开的最大外径。同时,由于调压总成的作用,泵压将有所下降,表明套管已被割断,6 个刀片完全伸开,然后,缓慢下放钻具加压,6 个刀片骑在套管上正常断铣。出于扶正块及扶正短节的作用,断铣过程平稳。断铣完毕,停泵、停转盘,弹簧向上回位,推动活塞和导流管总成上行,6 个刀片自动往本体内收缩回位,完成割铣。

2. 铣锥套管开窗工具

利用铣锥套管开窗是侧钻的另一种手段,其方法是用铣锥沿着倾斜器斜面磨铣套管,在套管上开出一个斜长圆滑的窗口,然后进入地层进行侧钻。

(1)斜向器

导斜和造斜面板的长度和斜度对侧钻作业有重要的影响,造斜面板的斜度根据侧钻井底的位移大小确定,斜面的长度直接影响窗口的大小,一般选择斜面长 2～2.5 m,斜度为 3°～4°,斜面的形状有平面和弧面两种,弧面的优点是定向性好、开窗铣锥工作平稳,窗口规则。因此,进行定向侧钻用弧面斜向器比较好。

斜面的硬度要与开窗位置的套管硬度相同,这样,开窗时能使斜向器与套管均匀切割,窗口比较规则、均衡。表面太硬,开窗距离短、易提前外滑,使窗口过小;表面过软则窗口太长,有时可能侧钻不进去。

斜向器底部与桥塞接头内凸起键配合进行定向,结构设计为键槽的斜口接头,该接头用丝扣与斜面板下端连接,并可以调节相对位置,以适应定向需要。下井前用电焊焊死接口,以固定其方向。

(2)铣锥

铣锥用优质钢锻制加工而成,其主要工作面为底部的刀刃和侧面的硬质合金刀刃。侧钻常用的铣锥有单式铣锥和复式铣锥两种,如图7－42所示,两者作用不尽相同。

图7－42　铣锥

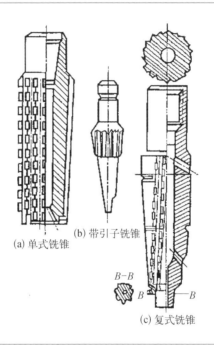

(a) 单式铣锥　(b) 带引子铣锥

B－B

(c) 复式铣锥

复式铣锥由4个不同锥度的刀刃组成,最下一段是锥体,锥度为2°~ 3°,具有底部切削功能,它引导铣锥铣进,防止提前滑出套管。第二段刀刃最长,锥度为6°~ 10°,是向下磨铣套管的主要工作段。第三段锥体斜度与斜向器斜度基本相同,作用是稳定铣锥扩大窗口。最上一段的斜度为0°,起修整窗口作用。

单式铣锥是在复式铣锥开出窗口后,继续加长和修整窗口的工具。用单式铣锥可沿斜向器斜面加长窗口到最大位置,它是一平底铣锥,主要用底部刀刃向下铣磨,侧面刀刃起扩大作用。

对铣锥的基本要求是开窗快、耐磨性好、几何形状利于切削和便于排屑,其刀刃要具有轴向和横向的两种切铣作用。

7.4.2　震击解卡工具

如果发生了卡钻事故,经上下活动钻具或采用泡解卡剂等方法不能解卡,则需要利用震击解卡工具进行震击解卡。利用震击器震击被卡钻具,使其受突然的强烈震击而松动解卡的方法称为震击解卡法。震击解卡工具有液压式和机械式两种,它能与上下钻柱相互连接,建立循环通道,传递扭矩,密封可靠,储存能量,突然释放,震击解卡工具有震击偶。

震击器种类很多,各部分零件结构也有差异。震击作用是在相对运动中产生的,所以它必然有一个固定件和一个活动件,固定件和下部钻柱连接,处于相对固定状态,活动件和上部钻柱连接,随钻柱的拉、压而做上、下运动,其蓄能、释放、加速及撞击的过程,都是利用钻柱的上提下放来完成的。震击解卡工具的种类,根据用途分为解卡震击器与随钻震击器,根据加放位置不同分为地面震击器与井下震击器,根据原理不同分为液压震击器与机械震击器,根据作用力方向不同分为上击器与下击器等。无论何种震击器,都必须满足下列要求:

① 能提供循环钻井液的通道,满足事故处理工艺要求;

② 能传递扭矩,且心轴与外筒之间不能有周向运动;

③ 必须有寿命可靠的密封,保持持久的工作能力;

④ 要有承受高压高温提供高速运动的储能机构;

⑤ 要有强度极高的震击偶(撞击锤与震击垫);

⑥ 具有调节动载的调节机构;

⑦ 工具两端具有与钻柱联结的螺纹。

1. 液压上击器

液压上击器是利用压缩液压油来积蓄能量的一种工具,形式多样,但基本结构相同,如图7-43所示。液压上击器是缸套与活塞的组合体,缸套部分作为固定件与下部钻柱连接,活塞部分作为活动件与上部钻柱连接。组成缸套的部分有上缸体、中缸体和下接头。三者组成一个外完整体,使活动件(心轴、活塞、震击垫及冲管)在其内做上下相对运动,其下限由下接头上肩面控制,上限由承击体控制。组成活动件的有心轴、活塞、震击垫及冲管。活塞与活塞杆(心轴加冲管)组成了一个运动部件,受上部钻柱的驱使而做往复运动。

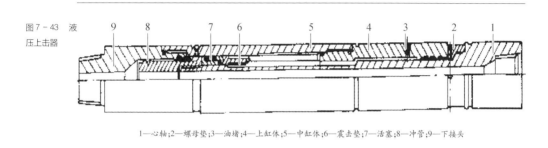

图7-43 液压上击器

1—心轴;2—螺母垫;3—油堵;4—上缸体;5—中缸体;6—震击垫;7—活塞;8—冲管;9—下接头

　　震击器要实现震击作用,必然要有互相撞击的震击偶,在这里,震击偶就是活塞上部的震击垫和上缸体下端的承击体。

　　液压上击器的工作原理如图7-44所示。上缸体、中缸体和两端的密封件组成一个空腔,中间充满了耐磨液压油,心轴、震击垫、活塞浸泡在液压油中,活塞本身就是一个不太密封的单流阀。

　　活塞下行复位时,活塞环被迫靠向环槽上部,但它堵不住旁通孔,活塞环不起密封作用,液压油从下油腔经活塞环槽、旁通孔而至上油腔,形成无阻流动,活塞仅克服摩擦力即可下行,完成复位动作,如图7-44(a)所示。

　　当心轴受拉力时,活塞上行,活塞环被压向环槽下面,堵住旁通孔,同时和缸体的内壁紧紧贴住,形成一个有效的金属密封。但是活塞环上有特殊设计的小缝,允许液压油有少量的泄漏,这个泄漏的速度决定了上提钻具和等待震击的时间。待钻柱有了足够的伸长量,就刹车等候震击,这时活塞在钻具弹性力的驱动下继续上行,如图7-44(b)所示。

　　当活塞的第二个活塞环上行到上缸体卸载槽时,上油腔的液压油畅通无阻地流向

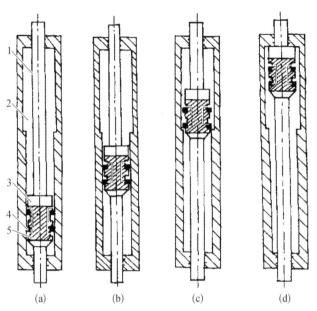

图7-44 液压上击器工作原理

1—心轴;2—液压缸;3—震击垫;4—活塞环;5—活塞

下油腔,活塞不再受液压油的限制,开始加速向上运动,如图7-44(c)所示。

由于活塞在钻具弹性力的驱动下加速向上运动,使震击垫和承击体猛烈相撞,产生强有力的上击作用,这个撞击力通过缸体传到下部钻具的卡点上,如图7-44(d)所示。

2. 随钻上击器

随钻上击器是连接在钻柱中随钻具进行井下作业的工具,在作业中发生卡钻事故时,能及时启动震击器进行连续震击,使之解卡。

随钻上击器是采用液压工作原理进行工作的,和液压上击器的工作原理完全相同,但是在结构上有一些不同。随钻上击器的结构如图7-45所示。

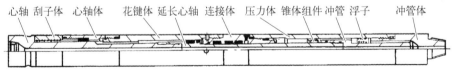

心轴 刮子体 心轴体   花键体 延长心轴 连接体   压力体 锥体组件 冲管 浮子   冲管体

图7-45
随钻上击器
结构示意

随钻上击器的活塞主要由两部分组成,一部分是固定在延长心轴上的活塞体,它和心轴之间用油封密封,但和缸套之间不密封,而且留有较大的环形间隙;另一部分是套在延长心轴上可以上下游动的锥形活塞,外径和缸套内壁密封,内径和延长心轴不密封,和心轴之间留有旁通孔,它的上限受延长心轴上台肩的限制,下限受固定活塞的限制,因此只能在短范围内游动。当心轴下行时,锥形活塞被液压油推动上行,离开固定活塞体,此时上下油腔的通道开放,液压油可以无阻地由下油腔流向上油腔,上击器复位,直到心轴接头下台肩碰到刮子体的上端面为止,如图7-46(a)所示。当心轴向上运动时,锥形活塞下行,与固定活塞的上端面结合,上下油腔的通路被隔绝,液压油只能从锥形活塞底面的小油槽通过很少一部分,因而使上油腔的液压油受压,钻具伸长而积蓄能量,如图7-46(b)所示。当锥形活塞到达卸载腔时,密封失效,液压油无阻地流向下油腔,在钻具弹性能的驱动下,心轴高速上行,延长心轴的顶面撞击到花键筒的下台肩上,产生猛烈的上击力,如图7-46(c)所示。

图7-46 随钻上击器工作原理示意

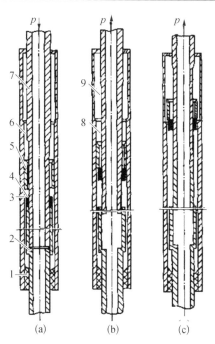

1—浮子;2—冲管;3—活塞套;4—外筒;5—锥形活塞;6—液压油;7—延长心轴;8—压力腔;9—卸载腔
(a)下放钻柱震击器复位;(b)上提钻柱储能于钻柱中;(c)继续上提释放震击

随钻上击器在下井以前必须使心轴呈完全拉开状态。为了防止上击器在地面关闭,配置了一套卡箍,卡在心轴的露出段,在工具与钻柱连接好之后方能拆除。

3. 闭式下击器

闭式下击器的活动部件是由密封在油腔内的液压油进行润滑的,所以叫作闭式下击器,它的行程比开式下击器短,但工作可靠,在这里,液压油只起润滑作用,而不起压缩、储能作用。

闭式下击器的结构如图 7 - 47 所示。闭式下击器的结构和液压上击器相似,固定件仍是上缸体、中缸体和下接头,活动件为震击杆(心轴)、震击垫和冲管。它和液压上击器的主要区别是:① 没有活塞,震击杆是在充满耐磨液压油的缸体内上下滑动;② 缸体是一个内面光滑的圆柱体,没有卸载槽,因为它不需要卸载;③ 震击垫不起震击作用,只起限位作用;④ 闭式下击器的震击偶由震击杆上接头下面的螺母垫和上缸体的上端面组成,螺母垫是撞击体,缸体上端面是承击体。

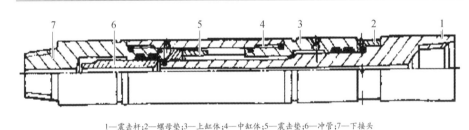

图 7 - 47
闭式下击器
结构示意

1—震击杆;2—螺母垫;3—上缸体;4—中缸体;5—震击垫;6—冲管;7—下接头

上提钻柱时,震击垫上行至限位位置,即为拉开行程。下放钻具时震击杆下行,螺母垫撞击在上缸体上端面上,完成震击行程。如此反复,即可实现连续震击,闭式下击器是一种机械式震击器。

4. 开式下击器

开式下击器是钻井打捞作业中普遍使用的一种工具,它借助于钻柱的重量和钻柱弹性伸长所积蓄的能量而形成强烈的下击力,下击被卡钻具。

开式下击器的结构如图 7 - 48 所示。以活塞心轴为固定件与下部钻柱连接,心轴中段为六方柱体与缸套下接头的内六方孔相配合,用以传递扭矩。活塞装在心轴顶端,

图7-48　开式下击器结构

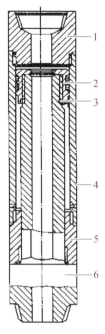

1—上接头;2—活塞;3—固定螺钉;4—缸套;5—下接头;6—心轴

以螺纹连接,并用定位螺钉固定,外周有两道密封槽,安装 O 形密封圈、垫圈和开口垫圈,用以和缸套内壁密封。活动件是缸套及其上下接头,下接头内有六方孔和心轴的六方柱体相配合,缸套下部有 4 个孔,允许钻井液进出,所以叫作开式下击器,上接头与上部钻柱连接,由上部钻柱带动缸套做上下运动,同时下接头的上下端面限制了活塞的行程。

开式下击器的震击偶是以缸套下接头的下端面作为撞击体,以心轴接头的上台肩作为承击体,组成一对互相撞击的震击偶。活塞只起密封和扶正心轴的作用,与震击作用无关。

开式下击器的工作原理是:上提钻柱时,缸套随钻柱上行,而心轴固定不动,待缸套下接头的上端面与活塞下端面接触时,下击器全部拉开,完成一个工作行程。如果继续上提钻柱,钻柱便开始弹性伸长,积蓄弹性能。当猛放钻柱时,钻柱由于自身的重量和弹性的释放而迅速下行,因为开式下击器有足够的行程(900~1 600 mm),下行钻柱有一定的加速时间,使缸套下接头以极高的速度撞击心轴接头上台肩,给被卡钻具一个强烈的下击力。转动钻柱时,由于有六方套的配合,可以传递扭矩,驱动心轴以下的钻柱旋转。循环钻井液时,由于缸套与上接头之间及缸套内壁与活塞之间都有密封装置,可以进行高泵压循环。缸套下部有 4 个排液孔,当缸套下行时,缸套内的钻井液可以迅速排出。

5. 随钻下击器

随钻下击器是连接在钻柱中随钻具在井下进行作业的一种工具,它可以单独使用,也可以和随钻上击器组合起来使用。当在作业中发生卡钻事故时,它可以及时启动,进行连续震击,使被卡钻柱解卡。

随钻下击器和地面下击器的结构原理基本一样,都是采用摩擦副的机构来实现震击的,但地面下击器是利用工具下部的钻具重量实现下击,而随钻下击器是利用工具上部钻具的重量实现下击,它们利用的都是势能,而不是弹性能,如图 7 - 49 所示。随钻下击器和地面下击器的主要不同点如下。

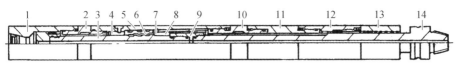

图 7 - 49
随钻下击器
结构示意

1—上接头;2—连接体;3—卡瓦心轴;4—调节环;5—套筒;6—卡瓦;7—滑套;8—间隔套;
9—心轴接头;10—连接体;11—花键体;12—心轴体;13—刮子体;14—心轴

(1)地面下击器以筒体为固定件,以心轴为活动件;而随钻下击器是以心轴为固定件,连接下部钻柱,以筒体为活动件,连接上部钻柱,并受上部钻柱的驱动。

(2)在储能和复位过程中,心轴和筒体之间的相对运动关系正好相反,对地面下击器来说,心轴拉出为储能过程,心轴缩入为复位过程;对随钻下击器来说,心轴缩入为储能过程,心轴拉出为复位过程。

(3)地面下击器没有震击偶,工具本身不发生撞击,因此需要较长的行程和较长的冲管;而随钻下击器则以刮子筒下端面(即整个筒体的下端面)为撞击体,以心轴接头的上台肩为承击体,组成一对震击偶,它的行程也较短,只有前者的 1/6 左右。

(4)随钻下击器需要长期经受井下高温、高压工作环境的考验,所以加强了工具两端的密封装置,增加了刮子体。需要启动下击器下击时,可下放钻具,钻具下放的过程就是储存势能的过程。当压力达到预先调定的摩擦阻力时,摩擦心轴从摩擦卡瓦中滑脱,在这一瞬间,已经储有势能的钻柱推动工具外壳迅速下行,刮子筒下端面猛烈撞击心轴接头台肩,给被卡钻具以猛烈的下击力。

7.4.3　钻具打捞工具

钻具断落是钻井过程中经常碰到的事故。打捞落鱼的工具多种多样,主要根据鱼头(断落钻具顶部)的形状和管壁的厚薄进行选择,分插入式和套入式两种。插入式工具是插入鱼头水眼进行打捞,如公锥、卡瓦打捞矛等;套入式工具是把鱼头引入工具内部即从鱼头外径进行打捞,如母锥、卡瓦打捞筒等。

1. 公锥

公锥是打捞管柱内孔部位的一种常用打捞工具,按照接头螺纹与打捞螺纹规格分为右旋螺纹(正扣公锥)和左旋螺纹(反扣公锥)。有的公锥开有排屑槽,打捞螺纹分锯齿形螺纹和三角形螺纹两种。

公锥虽已不属于先进的打捞工具,但在目前尚有一定的使用价值,无论是打捞还是倒扣,都还离不开它。使用公锥的条件是鱼顶规则、鱼顶管壁较厚,如接头、钻杆加厚部分及钻铤等均可用公锥打捞。下钻打捞之前首先要弄清落鱼水眼直径,以选择合适的公锥,然后在公锥上准确地量出造扣位置,造扣位置的螺纹必须完好。

公锥由高强度合金钢锻料车制,并经热处理制成,如图7－50所示。为了便于造扣,有的公锥开有排屑槽。如果捞获后需要开泵循环,可选用未开排屑槽的公锥。

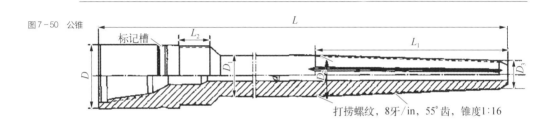

图7－50　公锥

打捞螺纹,8牙/in,55°齿,锥度1:16

2. 母锥

母锥是从鱼顶外部打捞落鱼的一种打捞工具。母锥是由高强度合金钢锻料车制,并经热处理制成,如图7－51所示。为了便于造扣,有的母锥开有排屑槽。母锥打捞螺纹分锯齿形和三角形两种,螺纹规格与公锥相同。

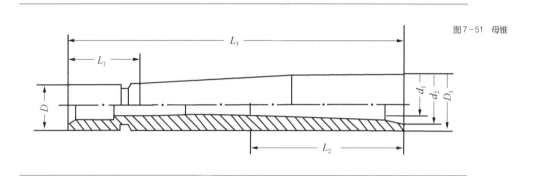

图7-51 母锥

3. 卡瓦打捞矛

卡瓦打捞矛和公锥一样,是从落鱼内孔打捞落鱼的一种常用工具,不仅可以打捞钻杆、钻铤,还可以打捞套管、油管。

LM型卡瓦打捞矛的结构如图7－52所示,它由心轴、卡瓦、释放环及引锥等组成。心轴上车有宽锯齿左旋螺纹斜面,下大上小,与卡瓦的内锯齿左旋螺纹斜面相配合。卡瓦分组装式和整体式两种,卡瓦体是圆筒状,纵向上开有等分胀缩槽,其内部车有锯齿形左旋螺纹斜面,和心轴的外螺纹斜面相配合,卡瓦外部爪牙亦为多头锯齿螺纹。卡瓦下行时,外径胀大,可捞住落鱼;卡瓦上行时,两斜面脱离接触,卸去外挤力,可以从鱼头退出。大直径打捞矛多用组合式卡瓦,小直径打捞矛因受空间限制,多用整体式卡瓦。

如打捞后活动仍不解卡,可退出打捞矛。退打捞矛时,首先利用钻具重量向下顿击,或由下击器下击,松开卡瓦与矛杆(心轴)宽锯齿螺纹的咬合,然后上提钻具,使其悬重大于捞矛以上,钻具悬重5～10 kN,右旋钻具。右旋钻具时,卡瓦相对于矛杆下移,当卡瓦下端与释放环接触时,卡瓦与矛杆之间再不会有相对运动,卡瓦不会被胀开,因而可以从落鱼内孔起出。卡瓦牙在周向上呈左旋螺纹分布,正转时可以退扣,当

图 7 - 52 卡瓦打捞矛

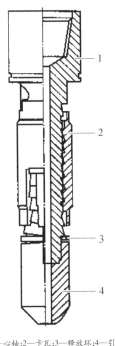

1—心轴;2—卡瓦;3—释放环;4—引锥

拉力消失后,上提 5 ~ 10 kN 再转动,如此边提边转,直至打捞矛脱离鱼顶为止。

4. 卡瓦打捞筒

卡瓦打捞筒是从落鱼外径抓捞落鱼的一种工具。由于它和落鱼的接触面积大,所以能经受强力提拉、扭转和震动。由于它设计有可靠的密封件,能密闭筒体与鱼顶之间的环空,可以实现憋泵与循环。由于每套工具可以配备数种不同尺寸的卡瓦,所以它打捞的适用范围较广,钻铤、钻杆本体、钻杆接头、螺杆钻具、油管及其接箍均可打捞。卡瓦打捞筒抓捞和释放落鱼均方便,而且内径大,不妨碍其他作业,所以在现场得到了较广泛的应用。卡瓦打捞筒种类繁多,现就常用的 LT 型卡瓦打捞筒为例进行简述。

卡瓦打捞筒的主体结构如图 7 - 53 所示。上接头为打捞钻具与打捞筒连接之用。筒体为卡瓦打捞筒主体。篮状卡瓦打捞筒内装篮状卡瓦、控制环、R 形密封圈。螺旋卡瓦打捞筒内装螺旋卡瓦、控制卡和 A 形密封圈。外筒中部车有节距较大的倒锯齿形

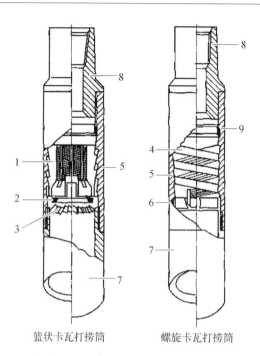

图7-53 卡瓦打捞筒结
构简图

篮状卡瓦打捞筒   螺旋卡瓦打捞筒

1—篮状卡瓦;2—R形密封圈;3—铣鞋;4—螺旋卡瓦;5—筒体;
6—控制卡;7—引鞋;8—上接头;9—A形密封圈

左旋螺纹,共有 3~4 圈,它与卡瓦外部的左旋螺纹相配合。在螺纹的最下部有一凹槽,其槽底与外筒壁平齐,此槽使卡瓦和控制环的凸键或控制卡的卡键配合在一起,阻止卡瓦在筒体内转动。

卡瓦是打捞筒的核心部件,分为螺旋卡瓦和篮状卡瓦两种,每类卡瓦又有几种不同的尺寸。

螺旋卡瓦形如弹簧,外面为宽锯齿左旋螺纹,与筒体的内螺纹相配合,螺距相同,但螺纹面较筒体的内螺纹面窄得多,因此可以上下移动一定距离。螺旋卡瓦内部有抓捞牙,为多头左旋锯齿形螺牙,节距为 5 mm、牙高为 2 mm、螺牙硬度为 HRC58~62、渗碳深度为 0.8~1.2 mm。螺旋卡瓦下端焊有指形键,与控制卡配合,防止卡瓦在筒体内转动。

篮状卡瓦为圆筒状,形如花篮,卡瓦外部为完整的宽锯齿左旋螺纹,与外筒的内螺纹相配合,螺距相同,但齿面要窄得多,可以在筒体内上下移动一定距离;内部抓捞牙亦为多头左旋锯齿螺纹,卡瓦下端开有键槽,与控制环上的凸键相配合,防止卡瓦在筒体内转动。卡瓦纵向上开有等分胀缩槽,可以使卡瓦的内径胀大或缩小。有的卡瓦内孔上部有限位台肩,可防止鱼顶超出卡瓦。

相同外径的打捞筒,螺旋卡瓦和篮状卡瓦可以互换使用。螺旋卡瓦体积较小,可以打捞较大的落鱼,而篮状卡瓦体积较大,只能打捞较小的落鱼。

控制卡由控制卡套和卡键组成,卡套为圆环状零件,外圆上带有凹口槽,槽内焊有卡键,它与螺旋卡瓦配套使用,固定筒体与卡瓦,使卡瓦在筒体内只能上下移动而不能转动,并引导落鱼进入卡瓦。

控制环为圆环状,上端有凸键,和篮状卡瓦下端的键槽相配合,使其只能在筒体内上下移动而不能转动,下端为光滑的喇叭口,用以引导鱼头进入卡瓦。如果把喇叭口改做成铣齿,就成为磨铣型控制环,用来磨铣鱼顶毛刺、飞边和破口。选配时,卡瓦与控制环的规格必须一致。

螺旋卡瓦用 A 形密封圈密封,它是一个橡胶筒,内部有密封唇,两端有压紧斜面,用以实现落鱼外径与筒体内壁之间的密封,使之能循环钻井液。选配时,A 形密封圈的尺寸必须与螺旋卡瓦的尺寸一致,否则不起作用。

篮状卡瓦用 R 形、E 形、M 形密封机构密封。在控制环外面有密封台肩,安装 O 形密封圈,其内表面有密封环槽,黏结 R 形密封圈,用以实现落鱼外径与筒体内壁之间的密封,使之能循环钻井液。密封件根据安装方法不同,可以分为 R 形、E 形、M 形 3 种,R 形内外密封圈可以在现场更换,使用起来比较方便,但密封的可靠性较差;E 形内密封件是模压的,外密封件可以在现场更换;M 形的内外密封件都是模压的,在现场不能更换,但密封的可靠性最好。

引鞋为圆筒体,下有螺旋形斜面,用以引导落鱼进入捞筒。

打捞筒的抓捞部件是卡瓦,有螺旋卡瓦和篮状卡瓦两种。卡瓦的外锯齿左旋螺纹与筒体的内锯齿左旋螺纹相配合,但配合的间隙较大,能使卡瓦在筒体中一定的行程范围胀大和缩小,所配卡瓦的内径一定要小于鱼头外径 1~2 mm。当鱼头被引入捞筒后,只要施加一轴向压力,鱼头便迫使卡瓦上行并将卡瓦胀大而进入卡瓦。卡瓦在弹性力的作用下紧紧抱住鱼头。当上提钻柱时,筒体与卡瓦配合之锯齿螺纹做相对运动,迫使卡瓦收缩,坚硬而锋利的卡瓦牙将鱼头死死咬住,拉力越大,卡得越牢。抓捞的全部力量被均匀地分布在筒体的螺旋面上,所以虽然受力很大,但不致损坏筒体和鱼头。

当井内落鱼被卡需要释放时,可用钻柱下压或用震击器下击,使筒体与卡瓦产生相对运动,锯齿螺纹斜面松开,然后右旋管柱同时上提,每次上提1~2 cm,使捞筒受拉力不大于10 kN即可,直至捞筒脱离鱼头。

7.4.4　　井下落物打捞工具

井下落物妨碍正常钻进,必须加以处理。但井下落物有大有小,形状各异,因此,处理井下落物的方法也是多种多样。不规则细碎物体如牙轮、刮刀片、钳牙、卡瓦牙、小型手工具等可用打捞器进行打捞。常用打捞器有一把抓、随钻打捞杯、磁力打捞器及反循环打捞篮。

1. 一把抓

一把抓也叫指形打捞篮,结构如图7-54所示,是最古老、最简单的一种打捞工具。牙高与牙数根据管子的直径决定,一般牙高为管子直径的3/4或等于管子直径,牙数以8~10个为宜。抓齿在入井前要做退火处理,以防折断。一把抓连接在打捞钻柱下边下入井内,在距井底0.5~1 m的位置,开始循环钻井液。钻井液循环一段时间后,停泵慢转下放一把抓,把落物从井壁处拨向井眼中心,使一把抓容易套着落物。在抓齿接触井底以后,慢慢加压,先加一点压力,转动一圈或两圈,再加一点压力,再转动一圈或两圈,使一把抓齿向内收拢,包住落物(最大压力以每英寸管子直径不超过10 kN为宜,转动总圈数以6~8圈为限。打捞过程不能循环钻井液,以免把落物冲向井壁)。然后上提钻柱,以不同的方向转动试探井底,如各方向方入相同,说明一把抓已经包好,即可起钻。如各方向方入有高有低,说明落鱼未进入一把抓,则再加压转动一次。使用一把抓,下钻要慢要稳,因为一把抓抓齿在与壁阶接触时会提前收拢或变形而失去打捞的作用。

图7-54 一把抓

接头

筒体

抓捞齿

2. 随钻打捞杯

随钻打捞杯是在钻进过程中用于打捞细碎落物如牙齿、滚柱、滚珠等小物件的工具,在磨铣井底落物的过程中,也用于打捞铣碎的铁块,对于保持井底清洁、提高钻头使用寿命、减少或防止钻头意外损伤有重要作用。

如图7-55所示,随钻打捞杯由心轴、外筒、扶正块及下接头等组成,分G形随钻打捞杯和H形随钻打捞杯两种。G形打捞杯较短小,使用方便,但容量较小;H形打捞杯的外筒可卸下更换,便于取出捞获的碎物、容量较大,使用的效果比G形更好。

随钻打捞杯的外筒外径较大,与井眼形成的环形间隙较小,而杯口处的心轴直径较小,与井眼形成的环形间隙较大。因此,钻井液上返时在杯口处流速突然下降,形成涡流,其携带能力也大大减弱,在钻井液中携带的较重碎物便落入杯中,在起钻时随钻具捞出。

随钻打捞杯可直接接在钻头、磨鞋或打捞篮上。在起钻前,改变钻井液排量冲洗井底,使形状大小不同的碎物在适应的排量下携带至杯口处,落入杯中。打捞杯杯口处是平台肩,因此起钻至套管鞋处要特别注意,防止杯口挂住套管进而造成事故。

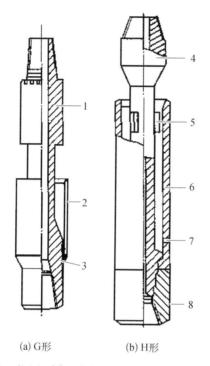

图7-55　随钻打捞杯

(a) G形　　　　(b) H形

1、4—心轴;2、6—外筒;3—焊缝;5—扶正块;7—排液孔;8—下接头

3. 磁力(铁)打捞器

磁力打捞器是打捞井内可被磁化的金属碎物的一种工具,按磁铁类型分为永磁式和充磁式两种,按循环方式分有正循环式和反循环式两种。

正循环磁力打捞器的结构如图7-56所示,由接头、外筒、橡皮垫、螺钉、压盖、绝缘筒、垫圈、磁铁、喷水头、铣鞋等组成。打捞器外筒由高导磁性材料制成,磁心上端的磁力线通过接头和外壳传导,组成磁力线通路,因此可以把外壳和引鞋看成是由磁性材料制成的磁铁外套,是磁铁的一个磁极,而永久磁心的下端为另一个磁极。在引鞋与磁心中间用非磁性材料(铜)隔开,防止短路。打捞时,铁磁与落物将两磁极搭通,使之牢固地吸附在磁力打捞器底部。

4. 反循环打捞篮

反循环打捞篮是利用工具的特殊结构,造成钻井液在井底局部反循环作用、将井

图7-56　正循环磁
力打捞器结构示意

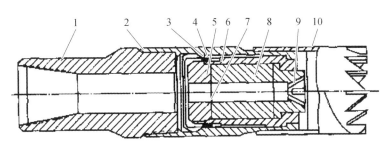

1—接头;2—外筒;3—橡皮垫;4—螺钉;5—压盖;6—绝缘筒;7—垫圈;8—磁铁;9—喷水头;10—铣鞋

底碎物冲入篮内而进行打捞的工具,如图7-57所示,它由接头、筒体(包括外筒和内筒)、喇叭口、钢球球座、打捞篮、铣鞋等组成。筒体是双层结构,上水眼向上倾斜45°,水眼直径通常为20~25 mm,数量为4~6个,它使内筒空间与井眼环空连通,但与内外筒之间的环形间隙隔开。反循环时,它是井底钻井液从内筒返出的通道。下水眼向下倾斜15°,直径一般为8~10 mm,数量为16~20个,它使内外筒之间的环形间隙与井眼环空相通,是使射流通向井底形成反循环的通道。筒体下接铣鞋,铣鞋有多种类型,如内外出刃敷焊钨钢粉铣鞋,适用于较软地层;敷焊碳化钨块铣鞋可用于较硬地层;底部不出刃的平底铣鞋可用于磨铣井底落物,并可在硬地层中取心,使用时要根据井下情况选用。

喇叭口用以引导钢球进入球座。钢球投入后,坐于球座上,断绝钻井液正循环的通路。打捞篮(篮筐与篮爪)像取心工具的岩心抓一样,是捞取落物的主要部件,它只允许落物进入而不允许落物退出。另外,打捞后还可以取一段岩心,把落物承托于岩心之上。篮筐、篮爪和外筒之间有一定的间隙,在工作中不随外筒转动,以免落物或岩心蹩断篮爪。篮爪多为铜制,万一掉入井内,也不妨碍正常钻进。

反循环打捞篮工作时,先下到井底,充分循环钻井液,清洗井底,然后停泵、投入钢球,钢球坐于球座上,将钻井液向下的通道堵塞,迫使钻井液流经双层筒的环形间隙由下水眼射向井底,然后从井底通过铣鞋进入捞筒内部,经上水眼返到井眼环空,形成局部的反循环。在钻井液反循环作用力的冲击和携带下,被铣鞋拨动

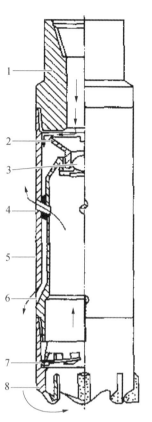

图7-57　反循环打捞篮结构
示意

1—接头；2—喇叭口；3—钢球球座；4—上水眼；5—筒体；
6—下水眼；7—打捞篮；8—铣鞋

的碎物随钻井液一起进入篮筐。当钻井液循环停止时，篮爪闭合，把落物集中在捞筒
内捞出。

第8章

页岩气压裂装备

8.1   470-477   地面大型压裂设备

471   8.1.1   压裂车

473   8.1.2   混砂车

475   8.1.3   仪表车

476   8.1.4   压裂液罐车和砂罐车

476   8.1.5   压裂管汇车

477   8.1.6   其他地面设备

8.2   477-485   井下工具

477   8.2.1   封隔器

479   8.2.2   滑套

481   8.2.3   可钻式桥塞

482   8.2.4   悬挂器

483   8.2.5   投球器

483   8.2.6   水力锚

页岩气压裂需要有整套的压裂设备、地面工具以及井下工具来实施大型的压裂施工。压裂设备主要包括压裂车、混砂车、砂罐车、液罐车、高低压管汇、仪表车以及井口附件等。不同的压裂施工工艺需要采用不同的井下工具,常见的井下工具有封隔器、滑套、喷砂器、水力锚、可钻式桥塞及安全接头等。图 8-1 所示为水力压裂施工现场。

图8-1 水力压裂
施工现场

8.1　　　地面大型压裂设备

页岩气增产一般需要采用大型的水力压裂,所需的场地大、设备多。现场一般需要压裂车 18~20 台,对于埋藏深、压裂难度大的页岩气井,压裂泵车甚至可能在 40 台以上。地面大型压裂设备除了压裂车外,还有混砂车、控制采集中心、液罐等。

目前主流的压裂机组有 2000 型、2300 型、2500 型、3100 型及 4500 型等,主要由美国的 Halliburton 公司、双 S 公司,加拿大的 Crown、Nowsco 公司,国内的杰瑞装备、三一重工、江汉石油管理局第四机械厂(以下简称"江汉石油四机厂")等生产。

8.1.1 压裂车

压裂车是页岩气压裂的关键设备之一,它的作用是向井内注入高压、大排量的压裂液,将地层压开,把支撑剂挤入裂缝。现场施工对压裂车的技术性能要求很高,压裂车必须具有压力高、排量大、较好的变化范围、工作可靠、能够连续稳定运转,以及较强的耐腐蚀性、耐磨性和越野性能好等特点。压裂车主要由运载、动力、传动、泵体等四大件组成,其主要组成部件包括载重车底盘,车台发动机、车台传动箱、压裂泵,其中压裂泵是压裂车的工作主机。此外,压裂车的其他组成系统包括气路控制系统、液压控制系统、仪表控制台、高压排出管汇、低压吸入管汇、润滑系统和高压管汇、活动弯头等。

压裂车按照底盘形式可分为车载式、半挂式和撬装式;按照压裂泵的输出功率可分为 2000 型、2300 型、2500 型、3100 型及 4500 型等。

压裂车控制系统采用国际最先进的控制技术,具有控制精准、可靠性高、兼容性强、切换方式灵活等特点,配备本地控制、远程控制、便携式控制等多种操作方式。

压裂车系列还具有以下性能特点。

(1) 采用流线型防护结构,外形美观、风阻小、油耗低,同时加强了电气、液压等关键部件的安全防护;

(2) 配置多路自动安全保护系统,确保压裂施工作业安全和可靠性;

(3) 采用国际一流品牌的柱塞泵,排量大、效率高、压力波动小、可靠性高。

以 HQ‐2000 型压裂车为例,其主要性能参数如下。

最高工作压力: 103.4 MPa;

最高工作压力下的排量: 0.447 m^3/min;

最大排量: 2.48 m^3/min;

最大排量下的压力: 36.5 MPa;

额定功率: 2 024 hp;

转弯半径: <18 m;

离地间隙: 250 mm;

吸入管口径: 101.6 mm;

排出管口径: 76.2 mm。

国内近几年来由江汉石油四机厂研发的 2500 型压裂车及由杰瑞装备研发的 Apollo-4500 型压裂车其性能处于世界先进地位,开始在国内外页岩气压裂开采中得以应用。

江汉石油四机厂生产的世界首台 2500 型压裂车(图 8-2),在国际上开创二类汽车底盘作为大型压裂装备的载运车,对底盘选型发动机动力匹配集成优化,提高装备的移运能力,采取该厂具有自主知识产权的输出功率达 2500 马力的五缸柱塞泵,该泵可抗高疲惫强度,冲击、韧性好,优化设计了压裂泵腔及吸排出口,使吸入排出效率从 90% 上升到 95%,相当于将压裂车的排量提高 5%。该车采取耐硫化氢(H_2S)高压管汇,整车全体采取三维设计,提高了设计可靠性,第一次将发动机、变速箱、柱塞泵、液压系统控制信号纳入 1939 通信协议当中进行网络控制。该款车型动力匹配、控制信号采集方式处在国际先列。2500 型压裂车实际装机功率 3 200 hp,压裂车在输出水功率 2 500 hp 的情况下,功率储备达到 10% 以上,能够适应高压力、大排量下的长时间连续工作,满足页岩气大型水力压裂施工对设备的要求。

图 8-2　江汉石油四机厂 2500 型压裂车

杰瑞装备自主研发制造的 Apollo-4500 型压裂车(图 8-3)是以涡轮发动机为动力的压裂装备。作为目前世界上单机功率最大的压裂车,它搭载了 5 600 hp 的涡轮发动机和 5 000 hp 的压裂泵,仅 8 台车即可到达 36 000 hp,减少了井场面积、车组人员和现场管汇连接工作量等,燃料使用不挑剔(柴油、天然气、井口气、生物燃油等可用),最多可节省 82% 的燃料成本。Apollo-4500 型压裂车通过更小的体积、更轻的重量,

图8-3 杰瑞装备
Apollo-4500型压
裂车

提供比两台常规柴油机压裂车更大的输出功率,从而实现单机功率的大幅提升。

Apollo-4500型压裂车采用了比常规2000型压裂轴距更短的底盘车,极大地提高了山

区运输的通过性和灵活性。

江汉石油四机厂生产的2500型压裂车和杰瑞生产的4500型压裂车的相关参数

的对比见表8-1。

表8-1 江汉石油四机厂2500型压裂车与Apollo-4500型压裂车参数对比

机 型	压裂车形式	装机功率/hp	泵输入功率/hp	输出水功率/hp	最高压力/MPa	最大排量(4″ Plunger)/(m³/min)	整机重量/t
2500型	车载式	3 000	2 800	2 500	140	2.47	45
Apollo-4500型	车载式	5 600	5 000	4 500	140	2.71	37.1

8.1.2 混砂车

混砂车的主要作用是将压裂液自压裂罐吸进混砂罐,同时将支撑剂输送到混砂

罐,按一定比例进行搅拌、混合后将混砂液供给压裂车,并辅助供输添加剂,配合压裂

车施工,经压裂泵加压后泵入地层。主要组成部件包括运载汽车、车台发动机(或运载

汽车发动机)、传动变速箱、供液系统、输砂器、混合系统、排出系统、操作控制和辅助系统等。

运载汽车均采用性能好、功率大的载重卡车(如黄河、奔驰),载重量大,越野能力强。

车台发动机是为供液、输砂、混合、排液系统提供动力的主机,所提供的功率要大于各工作机功率之和。以前生产的混砂车采用汽油机,功率小、混砂比小;现在生产的混砂车多采用大功率柴油机(如 SHC‐60D 型混砂车的车台发动机为 OM403 柴油机,功率为235 kW),或同一发动机行驶、车台同用(如 HSC‐300 型混砂车,发动机为康明斯 KTA‐1150C‐600,作业用功率为 448 kW,行车用功率为 224 kW)。

供液系统的作用是将压裂液自压裂罐吸入后供给混合罐,主要由水龙带、吸入管、离心泵等组成。

输砂系统是将支撑剂输送到混合罐中,主要部件由进砂斗、输砂桶、螺旋输砂器、计量器等组成。

混砂系统的作用是将输入的压裂液和支撑剂按一定比例混合搅拌均匀,再由输砂泵供给各压裂车,主要由混合罐、输砂泵和排出管等组成。

操作系统的作用是操纵控制各机构按指令工作运行。

辅助系统的作用主要是进行各种添加剂的输入工作。

供液风吸式混砂车是将机械螺旋输砂改为风吸输砂,其原理是利用鼓风机的抽汲作用,使管道内产生一定的真空度,当空气流速超过砂子的沉降速度时,砂子被旋起,随流动的空气经吸入管进入混砂罐。风吸混砂车的传动,由车台发动机提供动力,经变速箱减速后传给分动箱,再由分动箱的三根输出轴同时驱动鼓风机、上水泵和砂泵工作,将混合好的携砂液供给压裂车。

以江汉石油四机厂 HSC‐360 型混砂车(图 8‐4)为例,其主要性能如下。

砂泵最大清水排量: 16 m^3/min;

最高工作压力: 0.7 MPa;

输砂器最大输砂量: 10 500 kg/min;

三个液体添加剂排量: 37.8 kg/min, 200 kg/min, 340 kg/min;

干粉添加剂排量: 10^2 L/min;

图8-4 江汉石油
四机厂 HSC-360
型混砂车

混合罐容积: 1.5 m³;

整机外形尺寸: 10 634 mm×2 500 mm×4 205 mm;

重量: 28 000 kg。

8.1.3　仪表车

压裂仪表车(图8-5)可分为网络与手动控制两种,均适用于陆地油气井酸化、防砂、压裂作业的全过程监测,它能够集中控制多台泵车和混砂车,能够实时采集、显示、记录压裂作业全过程的数据,并对工作数据进行相关处理、记录保存,最后打印输出施工数据和曲线。整车由底盘车、厢体、柜体、减震系统、电源系统、通信系统、冷暖系统、计算机数据采集分析系统、泵车控制系统、混砂车控制系统和井场监测系统组成。以H-2000型仪表车为例,其主要性能参数如下。

遥控泵车台数: 10 台;

数据采集系统: 1 个;

压裂设计软件: 1 个;

液压驱动发电机: 1 台;

图8-5　压裂仪表车

便携式数据采集系统：1 套；

混砂车遥控系统：2 套。

8.1.4　　　　压裂液罐车和砂罐车

压裂液罐车是用于装运各种压裂液的专用汽车,砂罐车是用于装运各种压裂砂的专用汽车,它们与压裂车、混砂车、仪表车等关键设备组成页岩气水力压裂车组。

8.1.5　　　　压裂管汇车

压裂管汇车(图8-6)是在压裂、防砂作业中用于运载和吊装大量管汇的专用设备,主要由汽车底盘、液压吊臂、撬架、高低压管汇系统以及液压系统组成,主要有105 型(最大工作压力为105 MPa)和140 型(最大工作压力为140 MPa)等型号,可根据用户

图8-6 压裂管汇车

需要设计和配备管汇系统。

8.1.6　其他地面设备

　　除了压裂车组外,其他地面设备还包括防喷器组、井口球阀、投球器、压裂管汇等井口装置。根据每个页岩层所需压裂参数不同,压裂井口装置所需关键设备、设计方法也不同,这些工具随着井控技术的发展而不断优化。

8.2　井下工具

　　页岩气水力压裂工艺所采用的井下压裂工具不尽相同,不同的压裂工艺采用的井下压裂工具存在很大差异。

8.2.1　封隔器

　　压裂封隔器是页岩气分层压裂最关键、最常用的工具之一。目前世界上封隔器类型繁多,各个服务公司以及国外各大油田公司均有自主研发的封隔器。从封隔器形式上来说,大致可分为膨胀式(图8-7)和机械式(图8-8)两种。

(a) 膨胀弹性封隔器

(b) 短半径封隔器

(c) 双组件开孔式封隔器

图8-7 膨胀式压裂封隔器

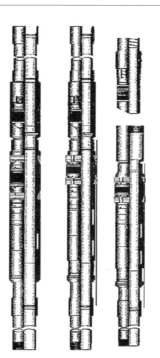

图8-8 机械式压裂封隔器

膨胀式封隔器是以遇油或者遇水膨胀橡胶作密封材料,通过与井眼内液体接触胀封实现充填环空的。机械式封隔器通过下放管柱方式座封,上提解封方式,操作工艺简单。下井时,控制销钉处在短轨道,当封隔器下到预定位置时,上提管柱一定高度,然后下放管柱,使控制销钉换向至长轨道,使卡瓦张开,卡在套管内壁上,压缩胶完成座封;上提管柱、胶筒、卡瓦复位,封隔器解封。

8.2.2　滑套

滑套与封隔器配合使用,可实现多层压裂。目前页岩气压裂滑套有多种,除了常规的与油管连接以实现分层压裂的滑套外,还有固井滑套,以及采用特制工具开关实现分层压裂的滑套。页岩气水平井常用的滑套类型如图8-9所示。

图8-9　页岩气压裂常用滑套

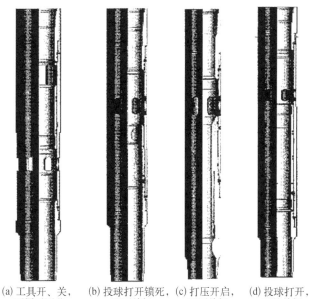

(a) 工具开、关,可用于固井　(b) 投球打开锁死,不可关闭　(c) 打压开启,不可关闭　(d) 投球打开,工具关闭

套管滑套是滑套封隔器分层压裂技术中重要的工具,通过与投球器和喷砂器之间的配合完成,依次投对应球座的球完成所有层改造后合层排液生产。套管滑套分层压裂管柱主要由浮鞋、浮箍、套管滑套组成。浮鞋、浮箍、套管滑套等工具随套管一起下

入校深后固井,套管滑套位于储层中部。压裂时第一层采用常规射孔压裂,第二层投球打开套管滑套压裂端口。依靠压力将水泥环和地层挤开,建立压裂通道,完成压裂施工。

套管滑套(图8-10)主要由上接头、筒体、球座滑套芯子、剪钉、锁环、端口保护罩、密封圈、固定销钉及下接头等组成。其特征在于上接头、筒体及下接头由螺纹连接在一起,并通过固定销钉固定;端口保护罩套在筒体和上接头上,并通过上接头固定销钉来固定,端口保护罩内填充有耐高温固体油脂,防止固井过程中水泥进入端口,影响滑套芯子的开启和压裂;滑套芯子装在筒体内,通过剪钉固定;球座装在滑套芯子内,螺纹固定;通过投球产生的推力剪断滑套芯子剪钉。滑套芯子下移,露出端口挤开水泥环和地层压裂;滑套芯子内置开关槽,用于关闭滑套;锁环主要防止滑套意外关闭。

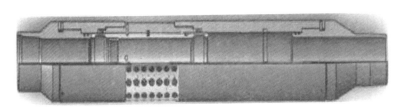

图8-10 套管滑套

斯伦贝谢最新研制的 TAP 套管固井滑套可与完井工具一起下入固井,无须封隔器,通过滑套和飞镖即可实现无限级压裂,并能满足分层测试和分层生产等功能。其原理是:第一级采用射孔或爆破阀开启,第二级采用启动阀,第三级以后都采用 TAP 阀,启动阀投镖启动后,通过控制线使下一级 TAP 阀的 C 环闭合,成为飞镖座并控制下一级 C 环,重复"控制线-C 环闭合"过程完成后续过程。其示意如图8-11、图8-12。

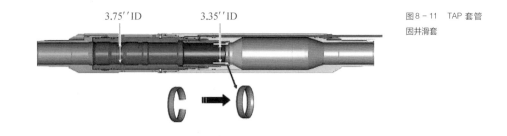

3.75″ID   3.35″ID

图8-11 TAP 套管
固井滑套

图 8 - 12 飞镖

8.2.3　可钻式桥塞

　　页岩气压裂中应用较多的是桥塞分级压裂技术,其主要工具是快速可钻式桥塞。可钻式桥塞多用于套管井压裂,适用的尺寸广泛,主要有 3.5 in、4.5 in、7 in 等。其最大优点在于压裂后可以快速钻掉,且材质很轻、易于排出,可以节约大量时间。美国 Halliburton 公司生产的可钻式桥塞如图 8 - 13 所示。

图 8 - 13　可钻式桥塞

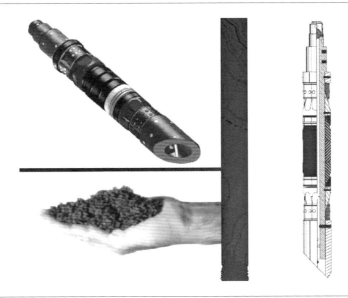

可钻桥塞井下工具中最为关键的工具是复合桥塞,复合式桥塞具有耐高温、耐高压、材质轻、可钻性好等特点,它的性能对整个压裂施工的成功与否具有决定性的影响。国外可钻式复合桥塞技术成熟、性能处于领先地位的主要有 Baker Hughes、Schlumberger、Halliburton 和 Weatherford 等几个公司生产的复合桥塞,系列齐全,基本上能满足不同页岩气的压裂要求,其主要性能详见表 8-2。材料发展水平滞后导致我国国内复合材料可钻式桥塞的性能明显低于国外产品,国内使用的主要是国外的一些工具。目前,大庆油田、华北油田等都开展了可钻式桥塞的研究工作。目前常用的复合桥塞主要有三种:① 投球式可钻桥塞,桥塞中间有通道,投球后封隔下部地层;② 单流阀式可钻桥塞,内置提升阀,只允许流体由下往上单向流通;③ 全堵式可钻桥塞,无生产通道,压裂后需要磨除桥塞再进行生产。其中投球式和单流阀式可钻桥塞因有生产通道,可以在磨除桥塞前进行试采。

厂　　商	桥塞系列	耐温性能/℃	抗压性能/MPa	尺寸/in
Baker Hughes	Quick Drill	232	86	4.5、5、5.5
Schlumberger	Diamondback	135	55	4.5、5
	Copper Head	177 ~ 204	69 ~ 103	2.875、3.5、4.5、5、5.5、7
Halliburton	Fas Drill	121、149、177、204	34.5 ~ 103.4	4.5、5、5.5
Weatherford	Frac Guard	149、177	69、83	4.5、5、5.5

表8-2 复合材料可钻式桥塞主要性能参数

8.2.4　　悬挂器

压裂过程中的管柱悬挂器一般使用水力锚,它在压裂施工中起固定管柱的作用,可以防止管柱位移影响压裂的准确性。其工作原理是:通过加压,锚爪在液压阻作用下压缩弹簧,并推向套管内壁,卡在套管内壁上,从而达到固定管柱的目的。泄压时,锚爪在弹簧力的作用下回位解卡。

8.2.5　投球器

投球器(图8-14)是与滑套式喷砂器配套使用,在压裂时,根据井下压裂层段的要求,在投球器中装入不等数量、不同尺寸的钢球,以达到在不停泵的情况下一次管柱可压裂多层的目的。

图8-14　压裂投球器

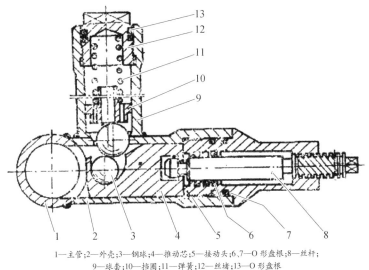

1—主管;2—外壳;3—钢球;4—推动芯;5—接动头;6,7—O形盘根;8—丝杆;
9—球套;10—挡圈;11—弹簧;12—丝堵;13—O形盘根

使用时,利用丝杆的旋转将推动芯向前移动。同时,已经落入推动芯中的钢球也随之向前运动。当移动位置到达主管时,球自动落入井中。再将丝杆反转,使推动芯后移退至原来位置,球套中的另一个球在弹簧的压力下落入推动芯,待第二次投球使用。

压裂投球器在现场使用过程中,由于投球时不需停泵,操作比较简单,因此深受欢迎。这种投球器一次能装入三个球,可以满足压裂四层的需要。

8.2.6　水力锚

水力锚是用于油气井加砂压裂作业的一种工具,起固定管柱的作用。图8-15 为

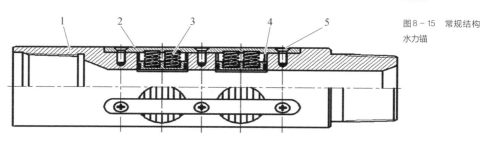

图8-15 常规结构
水力锚

1—本体;2—压板;3—弹簧;4—卡瓦;5—螺钉

常规结构的水力锚。当从油管打压时,压力推动卡瓦将卡瓦卡到套管内壁上,防止管柱位移,实现锚定作用。卸压后,卡瓦在弹簧力作用下缩回,解除锚定。一旦卡瓦与本体卡死,弹簧有限的弹力不足以解卡,从而造成卡钻事故。另外,这种径向活塞结构决定其外径难以满足小井眼尺寸要求。

图8-16所示是一种防卡水力锚,锥体与卡瓦之间采用燕尾嵌合结构,实现锥体与卡瓦的联动。当从油管打压时,压力从中心管(9)的A孔进入活塞腔,推动下活塞(5)下行,活塞(5)在压缩弹簧(7)的同时会推动锥体(8),锥体(8)将卡瓦(10)径向推出,实现锚定。油管卸压后,弹簧(7)会推动下活塞(5)和锥体(8)恢复原位,同时锥体(8)带动卡瓦(10)径向缩回,解除锚定。如果出现卡瓦缩回困难,上提管柱,缸套(6)被锚在套管内壁的卡瓦限位,控制环(2)剪断缸套上的剪钉(3),继续上提管柱,中心管带动锥体使卡瓦强行缩回,水力锚解卡。

图8-17为可连续作业防卡水力锚的结构示意。从油管打压,下芯管割缝进液,

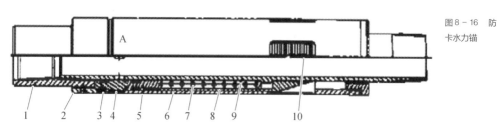

图8-16 防
卡水力锚

1—上接头;2—控制环;3—剪钉;4—上活塞;5—下活塞;6—缸套;7—弹簧;8—锥体;9—中心管;10—卡瓦

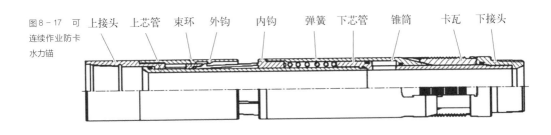

图8-17 可连续作业防卡水力锚

上接头　上芯管　束环　外钩　内钩　弹簧　下芯管　锥筒　卡瓦　下接头

推动锥筒下行,撑开卡瓦,卡住套管,用于承受下面管柱的上顶力。锥筒与卡瓦是T形槽连接,油管卸压,锥筒在弹簧的作用下上行,卡瓦收回,如果弹簧不足以解锚,下放管柱,外钩挂住内钩,上提管柱,强行将卡瓦收回,当内钩爪子进入束环时,内外钩脱开,工具恢复原始状态,上提管柱进行上一储层的压裂。

起下钻时如果猛提猛刹,加上封隔器的摩擦阻力较大,外钩和内钩可能会相对运动,但此时在弹簧的作用下内钩始终被束环束拢,内、外钩不会干涉。即使有摩擦等原因导致锥筒意外下行而使卡瓦锚于套管,下放管柱将起钩回原位即可。

参考文献

［ 1 ］ 薛华庆，胥蕊娜，姜培学，等. 岩石微观结构 CT 扫描表征技术研究. 力学学报，2015，47(6)：1073－1078.

［ 2 ］ GB/T 19145—2003 沉积岩中总有机碳的测定.

［ 3 ］ GB/T 6948—2008 煤的镜质体反射率显微镜测定方法.

［ 4 ］ JY/T 009—1996 转靶多晶体 X 射线衍射方法通则.

［ 5 ］ SY/T 5125—2014 透射光-荧光干酪根显微组分鉴定及类型划分方法.

［ 6 ］ GB/T 8899—2013 煤的显微组分和矿物测定方法.

［ 7 ］ GB/T 18602—2012 岩石热解分析.

［ 8 ］ GB/T 19143—2017 岩石有机质中碳、氢、氧、氮元素分析方法.

［ 9 ］ SY/T 5162—2014 岩石样品扫描电子显微镜分析方法.

［10］ SY/T 5163—2010 沉积岩中黏土矿物和常见非黏土矿物 X 射线衍射分析方法.

［11］ SY/T5336—2006 岩心分析方法.

［12］ GB/T 21650.1—2008 压汞法和气体吸附法测定固体材料孔径分布和孔隙度第 1 部分：压汞法.

［13］ GB/T 21650.2—2008 压汞法和气体吸附法测定固体材料孔径分布和孔隙度第 2 部分：气体吸附法分析介孔和大孔.

[14] SY/T 5358—2010 储层敏感性流动实验评价方法.

[15] GB/T 19559—2008 煤层气含量测定方法.

[16] GB/T 13610—2014 天然气的组成分析 气相色谱法.

[17] SY/T 5238—2008 有机物和碳酸盐岩碳、氧同位素分析方法.

[18] SY/T 6132—2013 煤岩中甲烷等温吸附量测定 干燥基容量法.

[19] 陈金鹰,龚江涛,庞进,等. 地震检波器技术与发展研究. 物探化探计算技术, 2007,29(5): 382－385.

[20] 陈祖庆,杨鸿飞,王静波,等. 页岩气高精度三维地震勘探技术的应用与探讨——以四川盆地焦石坝大型页岩气田勘探实践为例. 天然气工业,2016, 36(2): 9－20.

[21] 侯明汉. 桑植-石门地区页岩气地震勘探采集技术. 江汉石油职工大学学报, 2015,28(5): 6－8.

[22] 刘绘清,付清锋. 用于地震勘探的三分量检波器. 传感器世界,2003, 9(9): 32－35.

[23] 刘振武,撒利明,巫芙蓉,等. 中国石油集团非常规油气微地震监测技术现状及发展方向. 石油地球物理勘探,2013,48(5): 843－853.

[24] 罗福龙. 地震勘探仪器技术发展综述. 石油仪器,2005,19(2): 1－5.

[25] 汪海山. 大型地震数据采集记录系统中数据传输的关键技术研究. 北京:清华大学,2010.

[26] 王万合. 页岩气地震勘探技术研究. 黑龙江科技信息,2014(14): 120－121.

[27] 王文良. 地震勘探仪器的发展、时代划分及其技术特征. 石油仪器,2004 18(1): 1－8.

[28] 王文良. 从 428XL 的推出看地震数据采集系统的新发展. 物探装备,2006, 16(1): 1－15.

[29] 曾维望,常锁亮. 湘西碳酸岩山区页岩气地震勘探采集技术研究. 中国煤炭地质,2015,29(1): 66－71.

[30] 张胜. VSP 仪器现状及发展展望. 物探装备,2008,18(2): 86－93.

[31] 张帅帅,张林行. 遥测地震仪发展综述. 地球物理学进展,2014,29(3): 1463－

1471.

［32］张禹坤,刘俊,章玉平,等. GEOWAVES 多级数字阵列 VSP 仪器与应用. 石油仪器,2009,23(1)：31-34.

［33］张志勇,代伟明,任晓娟,等. 428Lite 便携式遥测地震数据采集系统简介. 物探装备,2008,18(6)：413-416.

［34］James E S, Omole O, Diedjomahor J. Calibration of the elemental capture spectroscopy tool using the niger delta formation, SPE111910. Abuja, Nigeria： Society of Petroleum Engineers, 2007.

［35］Galford J E, Quirein J A, Shannon S, et al. Field test result of a new neutron-induced gamma-ray spectroscopy geochemical logging tool. New Orleans, USA： Society of Petroleum Engineers, 2009.

［36］Pemper R, Sommer A, Guo P, et al. A new pulsed neutron sond for derivation of formation lithology and mineralogy. San Antonio, Texas： USA Society of Petroleum Engineers, 2006.

［37］贺昌明. 5700 系统在涪陵页岩气测井中的问题探讨. 科学与财富,2015(4)： 360.

［38］黄隆基. 放射性测井原理. 北京：石油工业出版社,1985.

［39］聂昕,邹长春,杨玉卿,等. 测井技术在页岩气储层力学性质评价中的应用. 工程地球物理学报,2012,9(4)：434.

［40］沈琛. 测井工程监督. 北京：石油工业出版社,2005.

［41］石文睿,张占松,张智琳,等. 偶极阵列声波测井在页岩气储层评价中的应用. 江汉石油职工大学学报,2013,26(6)：54-55.

［42］邹长春,谭茂金,魏中良,等. 地球物理测井教程. 北京：地质出版社,2010.

［43］滕龙,徐振宇,黄正清,等. 页岩气勘探中的地球物理方法综述及展望. 资源调查与环境,2014,35(1)：61-66.

［44］张谦,胡泊,安晓璇. 页岩气评价套件一综合地层评价方案. 北京：中国油气论坛：石油测井专题研讨会,2010.

［45］刘祜,魏文博,程纪星,等. 音频大地电磁测深在江西修武盆地页岩气目标层研

究中的应用. 物探与化探,2015,39(5):904-908.

[46] 雷闯. 复电阻率法在涪陵地区页岩气勘探中的试验. 2015年物探技术研讨会论文集. 北京:中国石油学会,2015.

[47] 张春贺,刘雪军,何兰芳,等.基于时频电磁法的富有机质页岩层系勘探研究. 地球物理学报,2013,56(9):3173-3183.

[48] 徐风姣,兴兵,周磊,等. 时域电磁法在我国南方富有机质页岩勘探中的可行性分析. 石油物探,2016,55(2):294-302.

[49] 蒙应华,汪玉琼,杨仕欲. AMT法与TEM法在黔南页岩气勘查中的综合应用. 工程地球物理学报,2015,12(5):627-632.

[50] 屈挺,刘建利,李磊,等. 重、磁、电综合物探方法在雪峰山西侧油气远景区地质调查中的应用. 物探与化探,2016,40(3):452-460.

[51] 于鹏,张罗磊,王家林,等. 重磁电震资料联合反演黔中隆起物性结构. 同济大学学报(自然科学版),2008,30(3):406-412.

[52] 张家德,王亮,杨建辉,等. 黔中隆起及南北斜坡区至省界油气构造盆地的重磁法推断. 贵州地质,2014,32(2):116-120.

[53] 姚荣辉.利用通信网络信号为载体的rtk测量技术在复杂地形下作业的方法与探讨——以四川雷波地区页岩气重磁电测量测网布设为主. 世界有色金属,2016(22):152-154.

[54] 何继善,李帝铨,戴世坤,等.广域电磁法在湘西北页岩气探测中的应用. 石油地球物理勘探,2014,49(5):1006-1012.

[55] 王家映. 石油电法勘探. 北京:石油工业出版社,1992.

[56] 程志平. 电法勘探教程. 北京:冶金工业出版社,2007.

[57] 郑运生. 电法勘探:仪器与设备. 北京:地质出版社,1986.

[58] 吕友生,曾庆全,赵恒. 重磁电勘探在油气资源评价中的应用. 中国海上油气地质,1989,3(1):19-26.

[59] Zonge地球物理设备公司.GDP-32多功能电法工作站操作手册.

[60] 凤凰公司中国联络处. V8中文操作说明书. 200712v3.2.1.

[61] 西安强源物探研究所. EMRS-3型瞬变电磁仪. http://www.xaqywt.com/

productshow. asp?id =80.

［62］孙松尧. 钻井机械. 北京：石油工业出版社,2006.

［63］赵怀文,陈智喜. 钻井机械. 北京：石油工业出版社,1995.

［64］王锡光. 钻井机械. 北京：石油工业出版社,1990.

［65］嵇彭年. 钻井机械. 北京：石油工业出版社,1982.

［66］符明理. 钻井机械. 北京：石油工业出版社,1987.

［67］李继志,陈荣振. 石油钻采机械概论. 东营：石油大学出版社,2001.

［68］华东石油学院矿机教研室. 石油钻采机械. 北京：石油工业出版社,1980.

［69］武汉地质学院等. 岩心钻探设备及设计原理. 北京：地质出版社,1980.

［70］杨惠民. 钻探设备. 北京：地质出版社,1988.

［71］梁人祝. 钻探设备. 北京：地质出版社,1986.

［72］王见学,万建仓,沈慧,等. 钻井工程. 北京：石油工业出版社,2008.

［73］苏义脑. 螺杆钻具研究与应用. 北京：石油工业出版社,2001.

［74］Barr J D, Clegg J M. Steerable rotary drilling with an experimental system. Society of Petroleum Engineers, 1995, 9: 435 - 450.

［75］Gruenhagen H, Hartmut U, Alrord G. Application of New Generation Rotary Steerable System for Reservoir Drilling in Remote Areas. Society of Petroleum Engineers, 2002,9: 127 - 133.

［76］Rotary steerable systems on the right track. Offshore Technology, 2003, 1: 16 - 19.

［77］Tetsuo Y, Cargill E J, Gaynor T M, et al. Robotic Controlled Drilling: A New Rotary Steerable System for the Oil and Gas Industry. Society of Petroleum Engineers, 2002, 9.

［78］Geo -Pilot® Rotary Steerable System Steering the Well bore While Rotating the Drill string. ［EB/OL］. http://www. halliburton. com/.

［79］Stround D, Russell M. Development of Industry's First Slimehole Point-the-Bit Rotary steerabe system.

［80］Revolution™ Rotary-Steerable Systems. ［EB/OL］. http://www. weatherford. com/.

［81］ 3-D Rotary Steerable Point the Bit. ［EB/OL］. http://www. pathfinderlwd. com/.

［82］ Poli S, Donati F, Oppelt J, et al. Advanced tools for advanced wells : rotary closed loop drilling system-results of Prototype field testing. Drilling & Completion, 1998, 13(02): 67 – 72.

［83］ Powerdrive xceed Schlumberger. ［EB/OL］. http://www. slb. com/.

［84］ Akinniranye G, Kruse D. Rotary Steerable System Technology Case Studies in a High-Volume, Low-Cost Environment. Society of Petroleum Engineers, 2007.

［85］ Schaaf S, Pafitis D. Application of a Point the Bit Rotary Steerable System in Directional Drilling Prototype Well-bore Profiles. Society of Petroleum Engineers, 2000.

［86］ Schaaf S, Mallary C R. Point-the-Bit Rotary Steerable System: Theory and Field Results. Society of Petroleum Engineers, 2000.

［87］ Schaaf S, Pafitis D. Field Application of a Fully Rotating Point-the-bit Rotary Steerable System. Society of Petroleum Engineers, 2001.